中药饮片生产技术

ZHONGYAO YINPIAN SHENGCHAN JISHU

主　编 段　启

副主编 李绍林　夏　黎

编　者（以姓氏笔画为序）

于　涛（香港浸会大学）

刘楚元（广州市志宁药业有限公司）

李绍林（广东食品药品职业学院）

杜沛欣（广东食品药品职业学院）

张　翘（广东食品药品职业学院）

段　启（广东食品药品职业学院）

夏　黎（广东食品药品职业学院）

黄昌杰（广州至信中药饮片有限公司）

黄龙涛（广东康美药业股份有限公司）

彭　刚（中山市启泰中药饮片有限公司）

主　审 龚千锋（江西中医药大学）

广东高等教育出版社

Guangdong Higher Education Press

·广州·

图书在版编目（CIP）数据

中药饮片生产技术/段启主编．—广州：广东高等教育出版社，2017.8（2021.7重印）

ISBN 978-7-5361-5918-1

Ⅰ.①中… Ⅱ.①段… Ⅲ.①饮片-中药炮制学-教材 Ⅳ.①R283.64

中国版本图书馆CIP数据核字（2017）第129339号

出版发行	广东高等教育出版社 地址：广州市天河区林和西横路 邮政编码：510500　电话：（020）87554153 http://www.gdgjs.com.cn
印　　刷	佛山市浩文彩色印刷有限公司
开　　本	787毫米×1 092毫米　1/16
印　　张	20
字　　数	634千
版　　次	2017年8月第1版
印　　次	2021年7月第4次印刷
定　　价	89.00元

前　言

中药饮片生产技术是中药类专业，如中药制药技术、中药学、中药鉴定与质量检测、中药生产与加工等专业方向的主干课程，为了适应我国高等职业教育迅猛发展的形势，根据市场对中药类人才的需求，编写组精心组织企业生产一线专家和高校有丰富教学经验的教师，结合中药饮片生产实际，按照中药类专业人才培养目标和要求编写本教材。本教材适合大学专科、本科、研究生，以及有志于从事中药饮片生产行业的人员作为教材或者参考书。

我国药品管理法规定，中药饮片必须按照国家药品标准或各级炮制规范炮制生产，因此，本教材依据中药饮片 GMP 等规范、参照国家药典等标准编写而成，特色是一册在手，即可囊括中药饮片生产知识和技能全貌，既可以作为高校专业教科书，也可以作为中药饮片生产企业培训教材。

随着我国高等教育改革的不断深入，一些专业教材在体系和内容等方面已不能完全适应我国高等职业教育培养应用型、操作型人才的需要，目前高校教材对应的中药饮片生产技术课程为“中药炮制技术”，课程编写内容和编排均与生产一线实际状况脱节，不能体现对中药饮片生产技术教学的要求。为此，我们在编写过程中，充分借鉴中药类专业教材的编写经验，紧密结合生产一线，本着“重点讲透，理论够用，突出技能操作”的原则，以实践能力的培养为抓手，依据中药饮片生产工艺环节为脉络展开。有利于学生自学，有利于教师教学，从而使教师在有限的教学时间里，引导学生准确把握教学内容，提高学习质量。

与以往教科书相比，本教材在每个药品项下增加了拼音，以便学习者正确读音；增加了药材产地初加工，凸显产地初加工对中药质量的重要性；为体现“依法炮制”，在每种炮制方法后加注该方法依据（如《中华人民共和国药典》或《全国中药炮制规范》等）；为方便学习者比较同一饮片不同炮制品的质量差异和功效，特别列表说明质量控制要点和功效，并配有彩色图谱，以方便学习；特别是本教材囊括了目前市场存在的各种类型的中药饮片生产技术，可谓是一部中药饮片生产的工具书。

本教材是广东食品药品职业学院具有丰富教学和行业实践经验的教师，以及在中药饮片生产企业长期从事生产管理和质量管理的厂长、质量总监等行业能手智慧的结晶。特别感谢杭州春江自动化研究所肖杰明老师，本教材大部分设备图谱都引用自他们的研究成果。还有从大品种联盟微信平台分享的专业论文、研究成果等也引用在本教材中，作者恕不一一列出，如果有任何专利或著作权利事宜，敬请与作者联系，定当妥善解决。

本教材特聘全国著名中药炮制学专家，国家级中药炮制教学团队带头人，江西中医药大学教授，博士研究生导师，樟、建两帮炮制技术继承人龚千锋教授主审。龚教授对本教材提出了许多建设性的意见，并对教材内容进行了认真审校，在此深表谢意。

由于编者的水平和能力有限，难免有疏漏和不足之处，恳请使用本教材的教师、学生和同行提出宝贵意见，以便在今后修订中改正。

编　者

2016 年 1 月

目 录

第一章 总 论

中药饮片生产技术是依据国家药品标准和地方中药炮制规范，对中药材加工制造成适合调剂、制剂的产品的制药技术。与中药材生产技术、中药制剂生产技术一样，是中药制造的三大生产技术之一，由于中药饮片的质量首先是要有优质中药材做原料，而高质量的中药饮片为后续的中药调剂、中成药和中药提取物等提供质量保证。

第一节 中药饮片的概念和分类

中药饮片是指在中医药理论的指导下，根据辨证施治和调剂、制剂的需要，对“中药材”进行特殊加工炮制的制成品。《中华人民共和国药典》（简称《中国药典》）对饮片的定义是：“饮片系指药材经过炮制后可直接用于中医临床或制剂生产使用的处方药品。”也就是说，中药饮片可直接作为药剂配方服用或直接服用，或进一步加工为中成药产品。中药饮片的质量至关重要，只有保证中药饮片的质量才能保证中医用药的安全和有效。与中药饮片相关的另外一个概念是“炮制”。炮制是我国传统特有的制药技术，是指根据中医药理论，依照施治用药的需要和药物的自身性质，以及调剂、制剂的不同要求，所使用的一系列制药加工技术。中药饮片根据市场情况分以下几类。

1．传统饮片

传统饮片是指中药材通过净制、软化、切制、干燥等工序制成生饮片，或进一步炒、炙、煅、蒸等炮炙方法加工后的产品。根据《中国药典》和各省市自治区中药炮制规范中传统饮片的类型分为薄片、厚片、直片（顺片）、斜片或丝、块、段、节等。

2．包煎饮片

包煎饮片指将中药材经过炮制后，粉碎成40目左右的颗粒（籽类药材除外），然后按一般处方用量装成几种不同质量规格的布袋或纤维袋，供配方用。其可直接包煎，因颗粒度小、表面积大，提高了有效成分的溶出率和溶出度，各批产品质量稳定，重现性好。亦有粉状制成袋泡茶包装形式直接用开水冲泡服用的。

3．中药颗粒饮片

中药颗粒饮片指将单位中药饮片经提取、浓缩、干燥制成颗粒，按一般处方用量装成几种不同重量规格的塑料袋，供配方用。其产品质量均一、稳定、可控、体积小、溶出快，可直接冲服，便于储存和运输。

当然具体中药饮片种类繁多，可以有不同的分类方法，如按照炮制前中药材是否具有毒性，中药饮片可划分为普通饮片和毒性饮片两类。

传统意义上的中药产业包括了中药材、中药饮片和中成药三大部分，这三个部分构成了中药产业的三大支柱。中药饮片处于中药产业的中间环节。根据我国2010年版《中华人民共和国药典》规定，中成药的生产须以中药饮片作为原料，由此看来，中药饮片相当于“中药材炮制品”和“中成药原材料”，在中药产业中具有承上启下的作用。

第二节 中药饮片生产技术的发展

中药饮片生产技术的发展大体分为古代和现代两个时期，古代时期指从前秦到民国；现代时期开始于民国至今，两个时期中药饮片生产技术发展由于人口、时代与政策的不同，出现了较大的变化。

一、我国古代中药饮片生产技术的发展概况

由于以炮制技术加工生产的产品为饮片，那么我国古代炮制发展的历史就是古代中药饮片生产的发展史。炮制古称“炮炙”，亦有称“修事”“修治”。如南北朝时期的《雷公炮炙论》，清代的《修事指南》，明代的《本草纲目》药物正文中设了“修治”专项。从字义上看，“炮”和“炙”都离不开“火”，随着社会生产力的发展，对药材加工处理技术超出了火的范围，使“炮炙”二字不能确切反映和概括药材加工处理的全部，因此，现代多用“炮制”一词，代表各种更广泛的加工处理方法。

中药炮制是随着中药的发现和应用而产生的，有了中药就有了中药炮制。中药起源于原始社会，那时候，人们过着群居的生活。原始人群在“茹毛饮血”“饥不择食”的日子里，常常误食一些有毒的植物或动物而产生呕吐、腹泻或昏迷等中毒反应，甚至死亡，也会偶尔食用了某些动植物使自己原有的病痛得以缓减或消除。经过无数次的尝试和体验，这种感性认识逐渐上升为理性认识，渐而成为自觉的行动。我国的先民们在觅食、劳动的进程中积累了医药知识，同时也创造了药物的加工技术，如将野外采来的天然药物洗净、打碎、剥切成小块、锉为粗末等简单加工，这便是中药炮制的萌芽。

火的出现及应用，是人类一大进步。我国古代早就有“钻木取火”的传说，有了火不但对于防御和进攻野兽具有重要作用，还可以用以排寒取暖、炮生为熟等。《礼纬·含文嘉》明确指出：“燧人氏始钻木取火，炮生为熟，令人无腹疾，有异于禽兽。”炮制古称“炮炙”，据《说文解字》解，“炮，毛炙肉也”，“炙，炙肉也，从肉在火上”。把这种熟食的方法，如“烧”“煮”等引用到药物的加工处理上来，使生药变成熟药，毒药转为良药，这便是中药炮制的雏形，可见炮制的起源与火的发现和使用有着非常密切的关系。

酒的发明与应用，在我国非常久远，起源于旧石器时代。繁体字“醫”字，下从“酉”，古字“酉”与“酒”通。《汉书·王莽传》称“酒为百药之长”，后世将酒应用于药物的炮制，并由此创建了加辅料炮制药物（酒炙）的方法。

中药炮制至少已有两千年的历史，从现存的文献资料分析来看，古代中药炮制的发展大体经历了两个时期。

1. 中药炮制技术和炮制基本理论的形成时期［春秋战国（前722）—宋代（1279）］

有关中药炮制的文字记载始于春秋战国时期，湖南长沙马王堆三号汉墓中出土的帛书《五十二病方》，大约成书于这个时期，是迄今为止我国发现的最古老的医方书，共修复整理出医方283个，其中含中药247种，文中记载了修治、切制、水制、火制、水火共制等多个方面的炮制方法。

这个时期炮制理论的最高成果是《雷公炮炙论》，作者为南北朝刘宋时的雷敩，该书分三卷，是我国第一部炮制学专著。书中记载了300种药物的炮制方法和技术，在总结前人炮制技术的基础上，又将整个中药炮制的技术水平大大提高。在炮制理论方面，该书对中药炮制后的作用进行了较多的论述，如“……半夏上有隟延，若洗不净，令人气逆，肝气怒满”。除沿用前代方法外，工艺操作上有

较多创新，如煅法、米泔水浸法等，并广泛地应用辅料炮制药物。随着炮制辅料的增多，炮制工艺也趋向复杂，炮制技术亦要求更精细。雷公炮制的目的多是为了解除药物的毒性，缓和药物作用，提高药物疗效，便于贮藏或有利于粉碎调剂等，具有很强的科学性与实用价值。如巴豆“凡修事巴豆敲碎，以麻油并酒等可煮巴豆子，研膏后用”。巴豆经过了上述处理，使部分巴豆油溶于麻油中，以便控制剂量，同时经过加热油煮后，破坏其毒性蛋白质，而达降低毒性的目的。又如当归“若要破血，即使头一节硬实处；若要止痛、止血，即用尾；若一时用，不如不使，服食无效，单使妙也”。这些论述说明当归头有破血之功，当归尾有上血之效。由于头尾作用相反，主张不宜合用。此一论述当为医家主张当归头、当归尾区分使用之始，临床实践和药理实验都表明，当归各部位的作用是不一样的。

除《雷公炮炙论》外，该时期重要的著作还有以下几部。

《黄帝内经》约为战国至秦汉时期的著作，在《灵枢·雅客》篇中有“治半夏”的记载，可见当时已注意到有毒物质的炮制。《黄帝内经》中的“五味所入，酸入肝、辛入肺、苦入心、咸入肾、甘入脾”理论就是后世炮制理论学说的本源。

《神农本草经》成书于汉代，是我国第一部药学专著，序录中记载有“药有酸、咸、甘、苦、辛五味，又有寒、热、温、凉四气，及有毒无毒。阴干、暴干，采造时月，生熟，土地所出，真伪新陈，并各有法”及“若有毒宜制，可用相畏相杀者，不尔，勿合用也”等炮制内容。“阴干、暴干”是指产地加工，而“生、熟”则说的是药物炮制。根据药性不同，有用水煮，有用酒渍，对有毒中药可用相畏相杀制之，这就是当时对有毒药物炮制方法与机理的解释。

唐代苏敬等人编纂的《新修本草》是我国历史上，也是世界最早的药典，记载了很多炮制方法，除有煨、煅、燔、炒、煮、蒸等外，还有作曲、作豉、作大豆黄卷、芒硝提净等。炮制内容已发展为“专章论述”，逐步形成自己的学术体系，成为中药炮制史上的一个重要发展时期。《新修本草》已把炮制工艺的内容收载了进去，对中药炮制品的质量做了明确规定，这对保证中药饮片质量和统一饮片规格都起到了很大的促进作用。

宋代政府对药学事业非常重视，不仅建立了世界上第一所药局，还组织翰林医官重修本草，对宋以前的医药著作进行整理、校注、增辑。在此时期，药物的炮制方法有很大进步，药物的炮制目的也趋于多样化。医官王怀隐所著大型方书《太平圣惠方》，不仅具体记载了大量炮制内容，还始载乳制法。唐慎微所编撰《证类本草》一书载药 1 558 种，每种药物之下都记有炮制方法。这些内容为后世制药行业所采用。陈师文等受诏编撰了《太平惠民和剂局方》，这是宋代颁布的第一部国家成药规范。该书重申，药材如炮制不当，将会直接影响临床疗效。因此强调：“凡有修合，依法炮制。”书中特设“论炮炙三品药石类例”章节，专门讨论炮制工艺技术。

2. 炮制理论的发展、完善时期［元、明、清时期（1280—1911）］

金元时期名医辈出，各有专长，他们注重临床实用、探讨中药药性机理，应用中药归经学说理论来阐述中药炮制的原委，使得炮制理论不断发展和提高。元代王好古在《汤液本草》中阐述熟地黄的炮制时认为“生则性大寒而凉血，熟则性温而补肾”，“借火力蒸九数，故能补肾中元气”，以此来说明某些中药炮制前后有生寒熟温之意。

葛可久在《十药神书》中首次提出“大抵血热则行，血冷则凝……见黑则止”的炭药止血理论，根据这一理论，创制了专治肺痨呕血、吐血、咯血的“十灰散”。

明代是中国历史上经济高度发展的时期，这一时期中药炮制在传统工艺技术方面有较大的进步，在炮制理论上也有显著的建树。陈嘉谟在《本草蒙筌》中系统地论述了若干炮制辅料的作用原理，他在“制造资水火”中写道：“凡药制造，贵在适中，不及则功效难求，太过则气味反失。火制四：有煅，有炮，有炙，有炒之不同；水制三：或渍，或泡，或洗之弗等；水火共制造者：若蒸，若煮而有二焉，余外制虽多端，总不离此两者。”这些论述，虽有一定的局限性，但简便易诵，颇具影响。

明代伟大的医学家李时珍以毕生精力，亲历实践，广收博采，实地考察，对本草学进行了全面的整理总结，历时 27 年，编成《本草纲目》这一药学著作。共 52 卷，载有药物 1 892 种，其中有 330 味药记有“修治”专目，记载的炮制方法有近 20 类 70 法，其中有 50 多种炮制方法至今仍被沿用，这大大地发展了前人的炮制技能和理论。《本草纲目》是我国医药宝库中的一份珍贵遗产，是对16世纪以前中医药学的系统总结，被誉为“东方药物巨典”，对人类近代科学影响最大。

缪希雍编撰的《炮炙大法》是继《雷公炮炙论》之后第二部炮制专著，收载了439种药物的炮制方法，简要叙述了各种药物的出处、采药时间、优劣鉴别、炮制辅料、操作工艺、饮片贮藏。将前人的炮制方法归纳为17种，即“雷公炮炙十七法”。

清代的本草著作有近400种之多，民间医药得到进一步发掘和整理。该时期较为重视中药药性、药理的阐述，也有人注意对西方医药知识的吸收，大大地扩大了中药品种及有关内容。

张仲岩所撰的《修事指南》为我国第三部炮制专著，收录药物232种，较为系统地叙述了各种炮制方法，指出：“炮制不明，药性不确，则汤方无准而病症无验也。”在炮制理论上也有所发挥，提出：“吴茱萸汁制抑苦寒而扶胃气，猪胆汁制泻胆火而达木郁，牛胆汁制去燥烈而清润，秋石制抑阳而养阴，枸杞汤制抑阴而养阳……”

赵学敏撰写的《本草纲目拾遗》是在《本草纲目》刊行100余年之后编著的。该书特别记载了相当数量的炭药，并在张仲景“烧灰存性”的基础上，提出“炒炭存性”的要求。全书载药921种，其中《本草纲目》未收载的有716种，涉及炮制的药物有240余种，现代沿用的炮制方法大体都包括了，并有一些现代不常用的或已经不使用的，如炒制类，除有清炒、炒黄、炒焦、炒炭（炒黑）外，又有炒干、炒熟、炒枯、炒黄烟尽等。蒸制类有饭上蒸、蜜蒸、乳蒸、桂圆拌蒸等。淬制类除醋淬外，还有烧酒淬、韭汁淬、三黄汤淬等。

另外，明末清初，在江西樟树，产生了很著名的“樟帮”饮片加工体系。饮片切制方面，“薄如纸，吹得起，切面齐，造型美”的特点，而有“不同凡品”的美称。此外，有“川帮”“建昌帮”“京帮”等饮片加工体系，各有所长，丰富了传统炮制技术。

二、现代中药饮片生产技术的发展概况

中华民国时期（1912—1948），这个时期由于国内外混乱的局面，中药饮片行业处于停滞状态。民国时期唯一一部中药饮片炮制专著是1935年王一仁编写的《饮片新参》，另有张骥的《雷公炮炙论》辑本、杨熙龄撰写的《著园药物学》等涉及炮制内容的书籍。

中华人民共和国成立以后，政府十分重视祖国医药这份宝贵遗产，中药饮片行业也得到了迅速的发展，政府对中药业户实行计划管理，提出“中国医药学是一个伟大的宝库，应当努力发掘，加以提高”，尤其在国家实施“七五”“八五”“九五”“十五”“十一五”“十二五”期间，包括目前开始实施的“十三五”规划，使得中药饮片行业发展进入了快速发展阶段。

在继承方面，各地对散在本地区的具有悠久历史的炮制经验进行了整理，由地方卫生部门制定了各省、自治区、直辖市的中药饮片炮制规范，作为地方法规在各辖区内执行。《中华人民共和国药典》从1963年版起，正式把中药炮制作为法定内容予以收载。相继出版了一些炮制专著，如《中药炮炙经验介绍》《中药炮炙经验集成》《历代中药炮制资料辑要》《中药饮片炮制述要》《历代中药炮制法汇典》，1988年卫生部出版了《全国中药炮制规范》。

在教育方面，各高等中医药院校中药类专业均开设了“中药炮制技术”课程，教材在教学实践中不断充实提高。1979年经国家卫生部组织，首次编写出全国高等医药院校《中药炮制学》统一教材，1996年出版《中药炮制学》全国规划教材，此后又陆续有多种版本的中药炮制学教材面世。多年来，培养了一大批具有一定中药炮制实践技能的中药学人才，为继承和发扬中药炮制奠定了坚实的基础。

在科研方面，20世纪70年代后期以来，开始采用现代科学技术对中药炮制的原理、工艺、生产设备以及饮片的质量标准等进行多学科研究。进入21世纪后，中药炮制技术进入了高速发展时期，“十五”国家科技攻关计划将川芎、巴戟天、大戟等30个品种列入攻关项目，至今已对200多种常用中药进行了较深入的实验和生产研究，对一些药物的炮制机理有了深入认识，改进了炮制工艺，制定了科学而合理的质量标准，取得了显著的成果。由科技部等八部委制定、国务院办公厅转发的《中药现代化发展纲要》，要求到2010年建立和完善500种常用中药饮片的现代质量标准。

在生产方面，现在全国各地相继建立了不同规模的中药饮片厂，以适应中医药事业发展需要。近年来，炮制生产规模不断扩大，炮制工艺不断更新，炮制设备不断改进，中药炮制的规模化、机械化、自动化程度越来越高，管理也更加科学规范，这一切都促进了中药炮制事业的发展。特别是根据《中华人民共和国药品管理法》及有关规定，为加强中药饮片生产质量，自2005年1月1日起，各省、自治区、直辖市食品药品监督管理局（药品监督管理局），负责对辖区内的中药饮片生产企业的GMP认证工作。为规范中药饮片的生产管理，在企业申报中药饮片认证和核发中药饮片药品GMP证书时，其认证范围应注明含毒性饮片、含直接服用饮片及相应的炮制范围，包括净制、切制、炒制、炙制、煅制、蒸制等。自2008年1月1日起，所有中药饮片生产企业必须在符合GMP要求的条件下生产。这一管理制度直接借鉴国内对化学原料药和中成药的生产管理，实施GMP管理为中药饮片生产走上规范化管理的道路，具有里程碑意义。

2016年，国务院印发了《中医药发展战略规划纲要（2016—2030年）》（以下简称《规划纲要》），《规划纲要》提出了7个方面24项重点任务，涵盖了中医医疗服务、中医养生保健服务、中医药继承与创新、中药产业发展、中医药文化、中医药海外发展等方面。指出“加强对传统制药、鉴定、炮制技术及老药工经验的继承应用”，“健全完善中药质量标准体系，加强中药质量管理，重点强化中药炮制、中药鉴定、中药制剂、中药配方颗粒以及道地药材的标准制定与质量管理”。《规划纲要》从国家层面对未来15年中医药的发展做出了部署。

随着我国人口数量的增加，野生药材资源的不断减少，中药材来源已经发生了根本性的变化，由大部分野生变为绝大多数为栽培和家养，也就是说从中药材种植、养殖或采集业中取得中药材，进而对中药材进行炮制加工，形成中药饮片，用于进一步加工和终端消费。即中药饮片的产业链上游为种植、养殖和采集等的中药材产业；产业链下游包括中成药制造业、医院（门诊）、药店，以及饮品、食品、保健品等制造业。通过这些渠道，中药饮片以饮片处方、中成药品、保健品、食品等形式被消费者服用，此外，还有一部分中药饮片可直接作为保健品、食品进入商场或超市，以及作为药膳进入普通家庭或餐饮业。

从2004年以来，中药饮片行业就一直保持了强劲的增长势头，同比增长最快的2011年增长率高达56.11%，虽然在2012年有所回落，但整体增长率保持在30%以上，大大地超过了医药加工行业的平均增长速度。

2013年，根据企业销售额、总资产、品牌知名度等情况分析，国内主要代表性中药饮片企业前十强分别是：康美药业股份有限公司、佛山宝资林药业集团有限公司、四川新绿色药业科技发展股份有限公司、四川新荷花中药饮片股份有限公司、江西樟树天齐堂中药饮片有限公司、广州采芝林药业有限公司、江苏江阴天江药业有限公司、上海康桥中药饮片有限公司、南京海源中药饮片有限公司、安徽沪谯中药饮片有限公司。中药饮片行业虽历经数千年发展，但是，其真正开始规范化和产业化的时间并不长，以致没形成一家独大或几家独大的局面，行业中有大量企业存在。中药饮片行业自身存在的特点，诸如行业发展不规范，产业化时间较短，注重药材的产地，产品种类多样化，禁止外资进入等决定了中药饮片行业集中度较低。

根据国家食品药品监督管理总局的统计数据，截至2013年12月，我国取得中药饮片GMP资格认证的企业有1 580家。国家统计局统计数据显示，截至2013年12月，纳入统计范围的中药饮片加工企业有662家，大多是规模不大的中小企业。此外，根据公开披露的资料，康美药业作为本行业规模最大的企业，其2013年整个中药产品的营业收入占中药饮片行业营业总收入的比重仅为8%，如果剔除康美药业中药材及中成药部分的收入，比重将会更低。

随着时间的推移，传统中药饮片已经不能够满足人们多样化的需求，于是产生了新型中药饮片，如中药配方颗粒是采用现代科学技术，仿照传统中药汤剂煎煮的方式，将中药饮片经浸提、浓缩、干燥等工艺精制而成的单味中药产品。中药配方颗粒保留了中药饮片的全部特征，同时又具有不需煎煮、直接冲服、疗效确切、携带方便等许多优点，迅速获得饮片消费者的认可；由于满足中医辨证论治、随症加减的需要，药性强、药效高，对中成药也有部分替代。2013年配方颗粒的市场规模不到饮片的

5%，不到中成药的1%，但增速远超传统饮片和中成药，一部分饮片和中成药消费者正在向配方颗粒转移。2013 年中药配方颗粒的市场规模达到50 亿元。目前全国共有6 家试点企业，预计未来仍可保持40%以上的增速。

此外，在传统饮片快速发展的带动下，精致饮片、小包装饮片、贵细饮片等新型中药饮片形式也得到快速发展，市场前景广阔。

知识拓展

2013 年，我国中药材及饮片出口额为 12. 11 亿美元，同比增长 41. 24%；出口量基本与上年持平，出口均价平均同比上涨 40. 37%。

中国香港、日本、韩国、中国台湾和东盟依然是传统中药材及饮片的主要销售市场，这 5 个市场的销售额占整个中药材及饮片销售额的 85. 3%。

中国香港：2013 年内地对香港销售量为 94 009 232 千克，同比增长 0. 94%，销售额为 5. 3 亿美元，同比增长 122. 19%，香港转口贸易的优势有所扩大。目前内地对香港销售的中药材产品主要有田七、党参、杜仲、白术、菊花、川芎、白芍、人参和地黄等，销售额同比都呈大幅增长。

日本：2013 年，我国中药材及饮片对日本出口数量为 19 759 226 千克，同比下降 3. 09%，出口额为 2. 18 亿美元，同比下降 2. 72%，这主要是一些不可抗拒的因素造成双边贸易不畅而致。值得关注的是，一些日本企业为了保证货源的充足和稳定，开始在越南和南美等地区试种部分药材品种。目前我国对日本出口的药材及饮片主要是半夏、人参、茯苓、甘草、白芍和田七等。

2011 年以前，我国药材销售的两大省份——广东和广西主要是借助区位优势。广东省毗邻中国的香港、台湾地区及东南亚等中药材及饮片的主要销售目的地，产品主要是人参、黄芪、地黄和党参等品种，今年广东的药材出口量同比下降较大，幅度高达 84. 8%，主要是原先通过广东地区代理销售的外省企业改为直接销售所致，如重庆市，2013 年对香港的药材销售量达到了 18 663 913千克，同比增长了 4 869. 79%。广西则是因为靠近越南的地理位置优势，大部分中药材饮片通过边境贸易出口到越南。

第三节　有关中药饮片生产的法规和标准

中华人民共和国第九届全国人民代表大会常务委员会第二十次会议于 2001 年 2 月 28 日修订通过了《中华人民共和国药品管理法》，并于 2001 年 12 月 1 日起施行。其中第二章《药品生产企业管理》中第十条规定："中药饮片必须按照国家药品标准炮制，国家药品标准没有规定的，必须按照省、自治区、直辖市人民政府药品监督管理部门制定的炮制规范炮制。省、自治区、直辖市人民政府药品监督管理部门制定的炮制规范应当报国务院药品监督管理部门备案。"

《中国药典》从 1963 年版开始收载中药及中药炮制品，规定了饮片生产的工艺流程、成品性状、用法、用量，一些药物还规定了炮制品的含量指标。附录设有"中药炮制通则"专篇，属于国家级质量标准。1988 年卫生部药政局组织编写了《全国中药炮制规范》，书中精选了全国各省（市）、自治区现行实用的炮制品、炮制工艺及质量要求，为部级中药饮片炮制标准。从 2010 年版《中国药典》开始，对中药饮片标准有了大幅度的提升，收载数量大为增加，初步解决了长期困扰中药饮片产业发展的国家标准少、地方标准规范不同等问题。特别是将以往收载在中药材项下的功能主治，规范在饮片项下，充分说明了中药材经过炮制变成饮片后才可以药用，才具有功效的法律意涵。这一行动对于提高中药饮片质量，对于提高中医临床用药的安全有效，推动中药饮片产业健康发展，将起到积极的作用。2015 年版《中国药典》在 2010 年版的基础上又有了比较大的进步，2015 年版《中国药典》最大的变化就是对 2010 年版《中国药典》内中药、化学药、生物制品三部分别收载的附录（凡例、制剂通则、分析方法指导原则、药用辅料等）进行了“三合一”，整合后与药用辅料独立成卷为四部，制定了统一的技术要求。2015 年版《中国药典》在中药安全性方面对二氧化硫残留、农药残留、重金属及有害元素，黄曲霉毒素、色素、微生物、内源性有害物质等，都增加了检测项目。根据统计，2015 年版《中国药典》增加了 4 个中药安全性的技术指导原则，增修订 7 个与安全性相关的检测方法。特别是在 2010 年版基础上，又对 30 个品种的标准中分别增加了二氧化硫残留、重金属残留、农药残留、黄曲霉毒素等检测。

根据《药品生产质量管理规范（2010 年修订）》认证要求，中药饮片生产企业要在 2015 年 12 月 31 日前，必须通过国家新版 GMP 认证，否则不得继续生产，这一要求必将大大提高中药饮片生产企业门槛，加速提高饮片生产质量。

除了国家标准外，中药炮制由于传统以来的地域特点，根据药品管理法，对于国家药品标准没有收录的品种，可依据地方中药炮制规范或标准炮制，如广东省的《广东省中药饮片炮制规范》。

图 1－1 《全国中药炮制规范》

图 1－2 《中华人民共和国药典（2015 年版）》

图 1－3 《广东省中药饮片炮制规范》

此外国家对中药标准上升到战略层面，陆续推出一系列措施，如国家标准化委和国家中医药管理局联合召开新闻发布会，发布《中药方剂编码规则及编码》（GB/T 31773—2015）、《中药编码规则及编码》（GB/T 31774—2015）和《中药在供应链管理中的编码与表示》（GB/T 31775—2015）等系列中医药国家标准。这标志着全国将实施统一的中药、中药方剂、中药供应链编码体系，聚焦中医药传承创新的前沿问题和重点领域，理清中医药传承创新的战略举措和路径方法，以加快中医药标准化、信息化、规范化的进程，这 3 个系列国家标准的颁布实施，旨在贯彻落实《国务院关于扶持和促进中医药事业发展的若干意见》（国发〔2009〕22 号），国务院《深化标准化工作改革方案》，国家中医药管理局《中医药标准化中长期发展规划纲要（2011—2020 年）》等有关政策法规和文件精神。今后没有标识条码的中药饮片、中药材等产品将退出市场。同时，建立实施方案以及配套制度，如构建中药质量认证体系及标识制度，使该系列标准落地。具体来说，就是在中药产品上条码和二维码前，中医药管理部门、食品药品管理部门和市场监督管理部门建立沟通机制，成立专家组，对中药材、中药饮片、中药配方颗粒、中药超微饮片、中药超微配方颗粒等进行质量认证，通过产品质量认证后，方可进行标识，也就是上条码和二维码，到中国物品编码中心注册。具体流程要符合食品药品管理政策法规。

我国目前针对中药饮片行业的法规、制度见表 1－1。

表1-1

法规名称	发布部门	发布日期
医疗机构中药饮片质量管理办法（试行）	国家中医药管理局	1996年5月10日
关于推广使用小包装中药饮片的通知	国家中医药管理局	2008年8月11日
关于加强中药饮片生产监督管理的通知	国家食品药品监督管理局	2008年2月10日
关于加强中药饮片包装监督管理的通知	国家食品药品监督管理局	2003年12月18日
中药饮片生产企业质量管理办法（试行）	国家中医药管理局	1992年4月9日
国家中医药管理局中药饮片包装管理办法（试行）	国家中医药管理局	1998年4月7日
关于外商投资中药饮片生产企业生产范围有关问题的通知	国家食品药品监督管理局	2006年2月10日
药品生产质量管理规范（2010年版）	国家食品药品监督管理局	2011年2月
关于征求《中药辐照灭菌技术指导原则（征求意见稿）》意见的函	国家食品药品监督管理总局	2015年7月20日
中医药发展战略规划纲要（2016—2030）	国务院	2016年2月22日
中华人民共和国中医药法	全国人民代表大会常务委员会	2016年12月25日
药品数据管理规范	国家食品药品监督管理总局	2016年10月

目标检测题

一、单项选择题

1.《修事指南》的作者是（　　）。

A. 陶弘景　B. 张仲岩　C. 缪希雍　D. 李时珍

2. 炮制理论的发展、完善时期是（　　）。

A. 汉代　B. 唐代　C. 元、明代　D. 清代

3. 提出“雷公炮炙十七法”的是（　　）。

A. 雷敩　B. 缪希雍　C. 陶弘景　D. 陈嘉谟

4. 炮制品种的扩大应用时期是（　　）。

A. 元代　B. 明代　C. 清代　D. 梁代

5. 第一部炮制学专著是（　　）。

A.《雷公炮炙论》　B.《本草经集注》　C.《炮炙大法》　D.《神农本草经》

二、多项选择题

1. 关于《本草纲目》描述正确的是（　　）。

A. 作者李时珍　B. 我国古代最大型的药学著作

C. 全书52卷，载药1 892种　D. 专列有“修治”专目

E. 历时27年

2. 关于《本草纲目拾遗》正确的说法是（　　）。

A. 著于宋代　B. 作者苏敬

C. 载药921种

D.《本草纲目》未收载的药物有716种

E. 涉及炮制药物240种

三、简答题

1. 判断中药炮制品质量的依据是什么？
2. 中药炮制应遵循哪些主要的法规？
3. 我国古代的炮制专著有哪几部？并说出作者和成书年代。

第二章 中药饮片生产管理

中药饮片的生产加工作为中药产业链中的重要环节，其生产加工过程的规范化、标准化和科学化都直接关系到中药饮片的质量稳定及临床疗效的可靠。为了规范生产过程和有效管理，国家制定了《药品生产质量管理规范》，凡是药品生产企业（含中药饮片）必须通过国家的认证才能生产以及销售。

一、GMP的发展历程

1. 世界GMP的发展历程

GMP是英文“Good Manufacturing Practice for Drugs”，标准翻译为“药品生产质量管理规范”。GMP的发展史，是药品质量的发展史，是保证公众所用药品安全、有效的发展史，是血与火的经验教训史。20世纪60年代，“反应停事件”导致欧洲1 000例以上的婴儿严重畸形，促使美国政府不断加强对药品安全性的控制力度，1963年美国FDA颁布了世界上第一部《药品生产质量管理规范》。GMP产生后显示了强大的生命力，在世界范围内迅速推广。1968年，澳大利亚确定药品GMP认证审核制度，1969年世界卫生组织（WHO）颁发了自己的GMP，并向各成员国家推荐，1971年，英国制定了GMP（第一版），1972年，欧共体公布了《GMP总则》指导欧共体国家药品生产，1974年日本推出GMP，1976年通过行政命令来强制推行。1988年，东南亚国家联盟也制定了自己的GMP。1982年我国台湾地区也开始强制推行GMP。现在，美国又推出了CGMP，欧盟也推出新的药品GMP，世界药品GMP正处于不断发展之中，为各国人民用药安全和有效发挥出越来越大的作用。

《药品生产质量管理规范》（GMP）的内容包括人员、厂房、设备、卫生条件、起始原料、生产操作、包装和贴签、质量控制系统、自我检查、销售记录、用户意见和不良反应报告等方面的要求。在硬件方面要有符合要求的环境、厂房、设备；在软件方面要有可靠的生产工艺、严格的制度、完善的验证管理。GMP的基本点是：要保证生产药品符合法定质量标准，保证药品质量的均一性；防止生产中药品的混批、混杂、污染和交叉污染。

2. 我国GMP的发展

我国GMP制度的演进和GMP体系的建立，受到国内行业发展水平、政策环境及国民生活水平及国际GMP发展水平等诸多因素的影响。我国制药工业发展初期，生产水平较低，市场处于计划经济时代，不能满足基本的供应，质量管理观念处于初始阶段。随着对外开放和医药经济的发展，GMP概念逐渐引入我国。为推进医药行业实施GMP，20世纪80年代初，中国医药工业公司开始组织力量调研，于1982年制定了《药品生产质量管理规范（试行稿）》，经过几年的实践，经修改后于1985年由原国家医药管理局正式颁布，定为《药品生产管理规范》，作为医药行业的GMP正式推广、执行。

1985年第一部《中华人民共和国药品管理法》正式实施，第九条规定，药品生产企业必须按照国务院卫生行政部门制定的《药品生产质量管理规范》的要求，制定和执行保证药品质量的规章制度和卫生要求。这是第一次从法律高度提出GMP，并规定药品生产企业应实施GMP，这成为我国实施GMP

的基础。鉴于此，卫生部在1984年开始组织人员学习、调研WHO及其他国家GMP，并根据我国企业生产和质量管理的现状，以WHO的GMP为基础，正式起草了我国的《药品生产质量管理规范》，几经修改，于1988年3月颁布了我国第一部法定的GMP。1990年卫生部组织起草了GMP《实施细则》，随后又加以修订并于1992年12月28日以卫生部第27号令颁布了《药品生产质量管理规范》（1992年）修订本。1998年国家药品监督管理局成立后，吸取WHO、FDA、欧盟、日本等实施GMP的经验和教训，结合我国实施药品GMP的实际情况，在充分调研的基础上，对1992年版GMP进行了修订，于1999年6月18日，以国家药品监督管理局第9号令颁布，1999年8月1日正式施行，同时发布了《药品生产质量管理规范》（1998年修订）附录，《药品生产质量管理规范（2010年修订）》已于2010年10月19日经卫生部部务会议审议通过，并予以发布，自2011年3月1日起施行。2010年的新版GMP对不少制药企业而言既是机遇又是挑战。

二、GMP的作用

1. 人员

企业必须按要求对各类人员进行行之有效的教育和培训，提高员工的素质，不断进行人事制度、分配制度、用工制度改革，鼓励、要求职工积极学习，参加培训，不断补充新知识，提高专业水平能力，真正实现管理的内涵。

2. 硬件

在硬件方面，如厂区规划、厂房设计均要按GMP要求进行设计，严格按照洁净厂房施工规范进行施工，一般都能达到GMP的要求；组织与人员方面则要有充分的思想准备，抛弃传统的观念，借鉴外资或合资企业的经验，建立精悍高效的组织机构和运行机制，因为组织与人员是GMP活动中最活跃的因素，也是GMP能否实现的根本保证。

3. 软件

软件是GMP实施的重点和关键。企业要在精干的组织机构下建立和完善管理体系，形成符合GMP要求的规范化人员、物料、设备、工艺技术、质量、验证等管理，然后强化培训工作。通过培训使企业员工明确实施GMP的目的和意义，提高对GMP的认识水平，掌握GMP实施的具体要求，使各岗位、各工序规范运作。

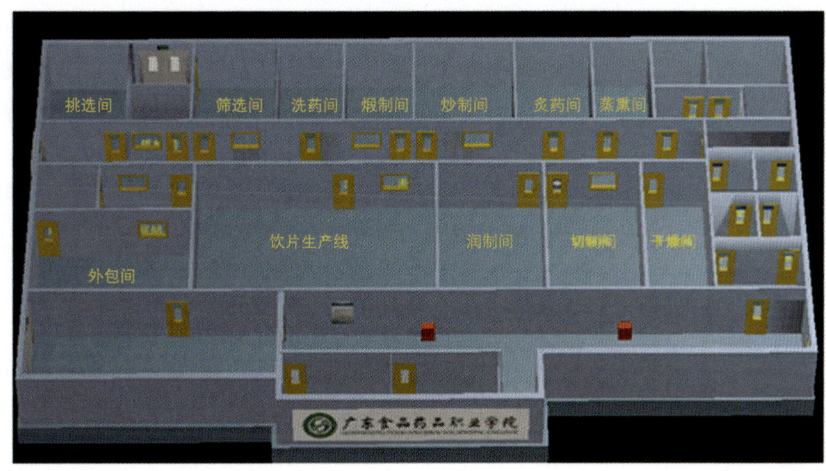

图2-1　中药饮片GMP车间

三、我国GMP存在问题及意义

1. 企业GMP管理意识有待进一步加强，人员素质有待进一步提高

（1）药品GMP观念需要进一步加强。在推行GMP认证之初，不少企业对GMP的认识有误区。重

认证、轻管理；重硬件、轻软件，将 GMP 认证当作过关。认证之前日夜突击，加班加点进行厂房设计、设备安装、编制 SOP、赶制各种管理软件，造成制定的一些 SOP 和管理软件与生产实际不一致，甚至相差甚远，实际实施 GMP 过程中生产、质量管理的具体问题和文件规定之间存在差距，管理软件也未及时进行修订，致使少数企业认证后出现管理滑坡现象。

（2）企业各级生产、质量管理人员和技术工人的素质亟待提高。药品生产、检验专业技术人员是药品生产全过程的第一要素。我国现有 5 000 多家制剂和原料药生产企业，需要大量的专业技术人员，但由于历史的原因，特别是强制推行 GMP 认证之初，各个药品生产企业为赶在最终停产限之前完成 GMP 认证，采取了多种方式的 GMP 引资改造活动，大量不同领域的人员进入药品生产领域。一些药品生产企业负责人不懂药，部门负责人不理解药品生产质量控制过程，生产检验人员缺乏应有的药品生产质量意识和专业水平，随着药品 GMP 的深入实施，药品生产企业的这种状况亟待改善。

2. 政策法规有待进一步完善

法律法规是实施药品 GMP 的坚强后盾和有力支持。《药品管理法》规定药品生产企业必须按照国务院药品监督管理部门依据本法制定的《药品生产质量管理规范》组织生产。此范围非常广泛，涵盖制剂、原料药、医用氧、中药饮片、空心胶囊、药用辅料等所有药品生产企业。将所有范围都按同一标准进行 GMP 认证，由于人员、厂房、设备等不同，生产要求不同，缺乏一定的法律依据。药品注册管理和药品生产管理等环节的法律法规衔接也有待进一步加强。研究、生产、流通等方面的监督管理法规体系也有待于进一步完善。

3. GMP 认证管理体系及监管协调有待进一步加强

（1）解决监管部门不同管理方法和管理模式之间的矛盾，确保药品质量是一项涉及多方面的系统工程，源于研发，止于流通、使用。药品注册管理、生产监督管理、药品流通管理是药品生产的上游、中游和下游的三个关键环节，是药品管理的三项基石，是保证产品质量安全有效的根本。研发、生产、流通既是相互独立的，又是有机统一的整体，它们的协调一致决定了向社会提供的药品安全、有效。但是，这三者从政策法规方面看有相互矛盾的方面。所以，作为监管机构，首先要明确哪些是影响产品质量的关键因素，针对不同剂型、不同品种的实际情况，确定不同的关键点，才能使监管工作顺畅起来，才能使 GMP 的实施合情、合理、合法，合乎科学规范的要求。

（2）解决监管的相对滞后与生产技术不断发展之间的矛盾。

美国 FDA 在其 GMP 中鼓励企业采用新技术、新工艺、新材料，促进企业在更高的技术水平上发展。随着我国医药经济的快速发展，新设备、新工艺、新材料不断涌现，不少品种在原有注册工艺的基础上进行了改进，产生了生产工艺的变更。由于一些法律法规的不完善，申报程序烦琐，审批时限过长，累积了较多的工艺变更问题。

（3）药品 GMP 认证体制有待进一步完善。

应加强 GMP 检查员队伍建设，提高检查员的业务素质和能力，熟练掌握和运用 GMP 认证检查评定标准，保证药品 GMP 认证的公平性和严肃性，促进医药经济健康发展。

按照国家食品药品监督管理总局（以下简称“食药总局”）《药品生产质量管理规范（2010 年修订）》（以下简称“新版 GMP”）规定，以中药和中药饮片为代表的药品生产企业均应在 2015 年 12 月 31 日前达到新版 GMP 要求。若年底之前未能通过检查，企业将面临停产的窘境。而随着 GMP 认证时间节点临近，有史以来规模最大、频率最高的“飞行检查”正在进行。据不完全统计，截至 2015 年 11 月底，全国已有超过 100 家药企在“飞行检查”中被收回 GMP 证书，其中中药和中药饮片企业就占近 70%。中西药生产交替共线、编造虚假检验报告、中药材霉变、涉嫌生产假冒中药饮片、涉嫌出借包材及生产场所等，都出现在证书被收回的原因之列。

1998 年，中国参照国际标准首推 GMP 认证，并在 2004 年要求所有药品不通过认证就不得生产。不过，在旧版 GMP 标准执行期间，中药饮片企业并不在标准的监管之内。直到 2004 年，原国家食品药品监督管理局才对中药饮片企业实施 GMP 认证，要求所有生产企业自 2008 年 1 月起必须在符合

GMP 的条件下生产。

(4) 中药饮片 GMP 认证重点。

中药饮片生产与药品制剂和原料药生产有较大区别，中药饮片企业的 GMP 认证现场检查项目 110 项，其中关键项目为 18 项，包括：

①企业是否建立了与质量保证体系相适应的组织机构，是否明确了各级机构和人员的职责；

②企业的生产管理部门和质量管理部门负责人是否互相兼任；

③毒性药材（含按麻醉药品管理的药材）等有特殊要求的饮片生产是否符合国家有关规定，是否有专用设备和生产线；

④物料是否符合药品标准、包装材料标准和其他有关标准，不会对中药饮片质量产生不良影响；

⑤进口药材是否有国家食品药品监管部门批准的证明文件；

⑥不合格的物料是否在专区存放，是否有易于识别的明显标志，并按有关规定及时处理；

⑦毒性药材（含按麻醉药品管理的药材）等有特殊要求的药材是否按规定验收、储存、保管，是否设置有专库或专柜；

⑧毒性药材（含按麻醉药品管理的药材）等有特殊要求的药材的外包装上是否有明显的规定标志；

⑨生产过程中关键工序是否进行设备验证和工艺验证；

⑩是否有生产工艺规程、岗位操作法或标准操作规程，是否任意更改，如需更改时是否按规定程序执行；

⑪中药饮片是否按照国家药品标准炮制，没有国家药品标准的是否按省级药监局制定的炮制规范炮制；

⑫是否以同一生产周期、同一批中药材生产的、相对均质的中药饮片为同一批号；

⑬生产用水的质量标准是否不低于饮用水的质量标准；

⑭质量文件中是否有中药材、辅料、保障材料、中间产品、中药饮片的质量标准及其检验操作规程；

⑮质量管理部门是否严格履行物料和中间产品使用的决定权；

⑯中药饮片放行前是否由质量管理部门对有关记录进行审核，并由审核人员签字；

⑰质量管理部门是否履行审核不合格品处理程序的职责；

⑱质量管理部门是否履行对物料、中间产品和成品进行取样、检验、留样，并出具检验报告的职责。

四、中药饮片 GMP 认证检查指导原则

附件 1

中药饮片 GMP

第一章 范 围

第一条 本附录适用于中药饮片生产管理和质量控制的全过程。

第二条 产地趁鲜加工中药饮片的，按照本附录执行。

第三条 民族药参照本附录执行。

第二章 原 则

第四条 中药饮片的质量与中药材质量、炮制工艺密切相关，应当对中药材质量、炮制工艺严格控制；在炮制、贮存和运输过程中，应当采取措施控制污染，防止变质，避免交叉污染、混淆、差错；生产直接口服中药饮片的，应对生产环境及产品微生物进行控制。

第五条 中药材的来源应符合标准，产地应相对稳定。

第六条 中药饮片必须按照国家药品标准炮制；国家药品标准没有规定的，必须按照省、自治区、直辖市食品药品监督管理部门制定的炮制规范或审批的标准炮制。

第七条 中药饮片应按照品种工艺规程生产。中药饮片生产条件应与生产许可范围相适应，不得外购中药饮片的中间产品或成品进行分包装或改换包装标签。

第三章 人 员

第八条 企业的生产管理负责人应具有药学或相关专业大专以上学历（或中级专业技术职称或执业药师资格）、三年以上从事中药饮片生产管理的实践经验，或药学或相关专业中专以上学历、八年以上从事中药饮片生产管理的实践经验。

第九条 企业的质量管理负责人、质量受权人应当具备药学或相关专业大专以上学历（或中级专业技术职称或执业药师资格），并有中药饮片生产或质量管理五年以上的实践经验，其中至少有一年的质量管理经验。

第十条 企业的关键人员以及质量保证、质量控制等人员均应为企业的全职在岗人员。

第十一条 质量保证和质量控制人员应具备中药材和中药饮片质量控制的实际能力，具备鉴别中药材和中药饮片真伪优劣的能力。

第十二条 从事中药材炮制操作人员应具有中药炮制专业知识和实际操作技能；从事毒性中药材等有特殊要求的生产操作人员，应具有相关专业知识和技能，并熟知相关的劳动保护要求。

第十三条 负责中药材采购及验收的人员应具备鉴别中药材真伪优劣的能力。

第十四条 从事养护、仓储保管人员应掌握中药材、中药饮片贮存养护知识与技能。

第十五条 企业应由专人负责培训管理工作，培训的内容应包括中药专业知识、岗位技能和药品GMP相关法规知识等。

第十六条 进入生产区的人员应进行更衣、洗手；进入洁净区的工作服的选材、式样及穿戴方式应符合通则的要求；从事对人体有毒、有害操作的人员应按规定着装防护，其专用工作服与其他操作人员的工作服应分别洗涤、整理，并避免交叉污染。

第四章 厂房与设施

第十七条 生产区应与生活区严格分开，不得设在同一建筑物内。

第十八条 厂房与设施应按生产工艺流程合理布局，并设置与其生产规模相适应的净制、切制、炮炙等操作间。同一厂房内的生产操作之间和相邻厂房之间的生产操作不得互相妨碍。

第十九条 直接口服饮片的粉碎、过筛、内包装等生产区域应按照D级洁净区的要求设置，企业应根据产品的标准和特性对该区域采取适当的微生物监控措施。

第二十条 毒性中药材加工、炮制应使用专用设施和设备，并与其他饮片生产区严格分开，生产的废弃物应经过处理并符合要求。

第二十一条 厂房地面、墙壁、天棚等内表面应平整，易于清洁，不易产生脱落物，不易滋生霉菌；应有防止昆虫或其他动物等进入的设施，灭鼠药、杀虫剂、烟熏剂等不得对设备、物料、产品造成污染。

第二十二条 中药材净选应设拣选工作台，工作台表面应平整，不易产生脱落物。

第二十三条 中药饮片炮制过程中产热产汽的工序，应设置必要的通风、除烟、排湿、降温等设施；拣选、筛选、切制、粉碎等易产尘的工序，应当采取有效措施，以控制粉尘扩散，避免污染和交叉污染，如安装捕尘设备、排风设施等。

第二十四条 仓库应有足够空间，面积与生产规模相适应。中药材与中药饮片应分库存放；毒性中药材和饮片等有特殊要求的中药材和中药饮片应当设置专库存放，并有相应的防盗及监控设施。

第二十五条 仓库内应当配备适当的设施，并采取有效措施，对温、湿度进行监控，保证中药材

和中药饮片按照规定条件贮存；贮存易串味、鲜活中药材应当有适当的设施（如专库、冷藏设施）。

第五章　设　备

第二十六条　应根据中药材、中药饮片的不同特性及炮制工艺的需要，选用能满足生产工艺要求的设备。

第二十七条　与中药材、中药饮片直接接触的设备、工具、容器应易清洁消毒，不易产生脱落物，不对中药材、中药饮片质量产生不良影响。

第二十八条　中药饮片生产用水至少应为饮用水，企业定期监测生产用水的质量，饮用水每年至少一次送相关检测部门进行检测。

第六章　物料和产品

第二十九条　生产所用原辅料、与药品直接接触的包装材料应当符合相应的质量标准，分别编制批号并管理；所用物料不得对中药饮片质量产生不良影响。

第三十条　质量管理部门应当对生产用物料的供应商进行质量评估，并建立质量档案；直接从农户购入中药材应收集农户的身份证明材料，评估所购入中药材质量，并建立质量档案。

第三十一条　对每次接收的中药材均应当按产地、供应商、采收时间、药材规格等进行分类，分别编制批号并管理。

第三十二条　购入的中药材，每件包装上应有明显标签，注明品名、规格、数量、产地、采收（初加工）时间等信息，毒性中药材等有特殊要求的中药材外包装上应有明显的标志。

第三十三条　中药饮片应选用能保证其贮存和运输期间质量的包装材料或容器。包装必须印有或者贴有标签，注明品名、规格、产地、生产企业、产品批号、生产日期、执行标准，实施批准文号管理的中药饮片还必须注明药品批准文号。

第三十四条　直接接触中药饮片的包装材料应至少符合食品包装材料标准。

第三十五条　中药材、中药饮片应按质量要求贮存、养护，贮存期间各种养护操作应当建立养护记录；养护方法应当安全有效，以免造成污染和交叉污染。

第三十六条　中药材、中药饮片应制定复验期，并按期复验，遇影响质量的异常情况须及时复验。

第三十七条　中药材和中药饮片的运输应不影响其质量，并采取有效可靠的措施，防止中药材和中药饮片发生变质。

第三十八条　进口药材应有国家食品药品监督管理部门批准的证明文件，以及按有关规定办理进口手续的证明文件。

第七章　确认与验证

第三十九条　净制、切制可按制法进行工艺验证，炮炙应按品种进行工艺验证，关键工艺参数应在工艺验证中体现。

第四十条　关键生产设备和仪器应进行确认，关键设备应进行清洁验证。直接口服饮片生产车间的空气净化系统应进行确认。

第四十一条　生产一定周期后应进行再验证。

第四十二条　验证文件应包括验证总计划、验证方案、验证报告以及记录，确保验证的真实性。

第八章　文件管理

第四十三条　中药材和中药饮片质量管理文件至少应包含以下内容：

（一）制定物料的购进、验收、贮存、养护制度，并分类制定中药材和中药饮片的养护操作规程；

（二）制定每种中药饮片的生产工艺规程，各关键工艺参数必须明确，如：中药材投料量、辅料用量、浸润时间、片型、炒制温度和时间（火候）、蒸煮压力和时间等要求；

（三）根据中药材的质量、投料量、生产工艺等因素，制定每种中药饮片的收率限度范围，关键工序应制定物料平衡参数；

（四）制定每种中药材、中药饮片的质量标准及相应的检验操作规程，制定中间产品、待包装产品的质量控制指标。

第四十四条 应当对从中药饮片生产和包装的全过程的生产管理和质量控制情况进行记录，批记录至少包括以下内容：

（一）批生产和包装指令；

（二）中药材以及辅料的名称、批号、投料量及投料记录；

（三）净制、切制、炮炙工艺的设备编号；

（四）生产前的检查和核对的记录；

（五）各工序的生产操作记录，包括各关键工序的技术参数；

（六）清场记录；

（七）关键控制点及工艺执行情况检查审核记录；

（八）产品标签的实样；

（九）不同工序的产量，必要环节物料平衡的计算；

（十）对特殊问题和异常事件的记录，包括偏离生产工艺规程等偏差情况的说明和调查，并经签字批准；

（十一）中药材、中间产品、待包装产品中药饮片的检验记录和审核放行记录。

第九章　生产管理

第四十五条 净制后的中药材和中药饮片不得直接接触地面。中药材、中药饮片晾晒应有有效的防虫、防雨等防污染措施。

第四十六条 应当使用流动的饮用水清洗中药材，用过的水不得用于清洗其他中药材。不同的中药材不得同时在同一容器中清洗、浸润。

第四十七条 毒性中药材和毒性中药饮片的生产操作应当有防止污染和交叉污染的措施，并对中药材炮制的全过程进行有效监控。

第四十八条 中药饮片以中药材投料日期作为生产日期。

第四十九条 中药饮片应以同一批中药材在同一连续生产周期生产的一定数量相对均质的成品为一批。

第五十条 在同一操作间内同时进行不同品种、规格的中药饮片生产操作应有防止交叉污染的隔离措施。

第十章　质量管理

第五十一条 中药材和中药饮片应按法定标准进行检验。如中药材、中间产品、待包装产品的检验结果用于中药饮片的质量评价，应经过评估，并制定与中药饮片质量标准相适应的中药材、中间产品质量标准，引用的检验结果应在中药饮片检验报告中注明。

第五十二条 企业应配备必要的检验仪器，并有相应标准操作规程和使用记录；检验仪器应能满足实际生产品种要求，除重金属及有害元素、农药残留、黄曲霉毒素等特殊检验项目和使用频次较少的大型仪器外，原则上不允许委托检验。

第五十三条 每批中药材和中药饮片应当留样。中药材留样量至少能满足鉴别的需要，中药饮片留样量至少应为两倍检验量，毒性药材及毒性饮片的留样应符合医疗用毒性药品的管理规定。留样时间应当有规定，中药饮片留样时间至少为放行后一年。

第五十四条 企业应设置中药标本室（柜），标本品种至少包括生产所用的中药材和中药饮片。

第五十五条 企业可选取产量较大及质量不稳定的品种进行年度质量回顾分析，其他品种也应定

期进行产品质量回顾分析，回顾的品种应涵盖企业的所有炮制范围。

第十一章　术　语

第五十六条　下列术语含义是：

（一）直接口服中药饮片

指标准中明确使用过程无需经过煎煮，可直接口服或冲服的中药饮片。

（二）产地趁鲜加工中药饮片

指在产地用鲜活中药材进行切制等加工中药饮片。不包括中药材的产地初加工。

附件 2

取　样

第一章　范　围

第一条　本附录适用于药品生产所涉及的物料和产品的取样操作。

第二章　原　则

第二条　药品生产过程的取样是指为一特定目的，自某一总体（物料和产品）中抽取样品的操作。取样操作应与取样的目的、取样控制的类型和待取样的物料及产品相适应。应有书面的取样规程。取样应使用适当的设备与工具按取样规程操作。

第三条　应制定有效措施防止取样操作对物料、产品和抽取的样品造成污染，并防止物料、产品和抽取的样品之间发生交叉污染。

第四条　取样操作要保证样品的代表性。一般情况下所取样品不得重新放回到原容器中。

第三章　取样设施

第五条　取样设施应能符合以下要求：

1. 取样区的空气洁净度级别应不低于被取样物料的生产环境；
2. 预防因敞口操作与其他环境、人员、物料、产品造成的污染及交叉污染；
3. 在取样过程中保护取样人员；
4. 方便取样操作，便于清洁。

第六条　β－内酰胺类、性激素类药品、高活性、高毒性、高致敏性药品等特殊性质的药品的物料或产品取样设施，应符合本规范的生产设施要求。

第七条　物料取样应尽可能在专用取样间中进行，从生产现场取样的除外。取样间的使用应有记录，按顺序记录各取样区内所取样的所有物料，记录的内容至少应包括取样日期、品名、批号、取样人。

第八条　取样设施的管理应参照本规范生产区域的管理要求，每种物料取样后应进行清洁，并有记录，以防止污染和交叉污染。

第四章　取样器具

第九条　取样辅助工具包括：包装开启工具、除尘设备、重新封口包装的材料。必要时，取样前应清洁待取样的包装。

第十条　各种移液管、小杯、烧杯、长勺、漏斗等可用于取低黏度的液体，应尽可能避免使用玻璃器皿。高黏度的液体可用适宜的惰性材料制成的取样器具。粉末状与粒状固体可用刮铲、勺、取样钎等取样。无菌物料的取样必须在无菌条件下进行。

第十一条　所有工具和设备应由惰性材料制成且能保持洁净。使用后应充分清洗，干燥，并存放在清洁的环境里，必要时，使用前用水或适当的溶剂淋洗、干燥。所有工具和设备都必须有书面规定的清洁规程和记录。应证明取样工具的清洁操作规程是充分有效的。

第五章　取样人员和防护

第十二条　取样人员应经过相应的取样操作培训，并充分掌握所取物料与产品的知识，对于无菌物料及产品的取样人员应进行无菌知识和操作要求的培训，以便能安全、有效地工作。培训应有记录。

第十三条　取样时应穿着符合相应防护要求的服装，预防污染物料和产品，并预防取样人员因物料和产品受到伤害。

第十四条　取样人员对取样时发现的异常现象必须保持警惕。任何可疑迹象均应详细记录在取样记录上。

第六章　文　件

第十五条　应有取样的书面操作规程。规程的内容应符合《药品生产质量管理规范（2010 年修订)》第二百二十二条的要求。至少包含取样方法、所用器具、样品量、分样的方法、存放样品容器的类型和状态、样品容器的标识、取样注意事项（尤其是无菌或有害物料的取样以及防止取样过程中污染和交叉污染的注意事项)、贮存条件、取样器具的清洁方法和贮存要求、剩余物料的再包装方式。

第十六条　对于物料一般采用简单随机取样原则。对于产品除要考虑随机取样原则外，还要关注在生产过程中的偏差和风险，应抽取可能存在缺陷的产品进行检验。

第十七条　应填写取样记录，记录中至少应包括品名、批号、规格、总件数、取样件数、取样编号、取样量、分样量、取样地点、取样人、取样日期等内容。

第十八条　已取样的物料和产品的外包装上应贴上取样标识，标明取样量、取样人和取样日期。

第十九条　样品的容器应当贴有标签，注明样品名称、批号、取样日期、取自哪一包装容器、取样人等信息。

第七章　取样操作

第二十条　取样操作的一般原则

被抽检的物料与产品是均匀的，且来源可靠，应按批取样。若总件数为 n，则当 $n \leqslant 3$ 时，每件取样；当 $3 < n \leqslant 300$ 时，按 $\sqrt{n}+1$ 件随机取样；当 $n > 300$ 时，按 $\sqrt{n}/2+1$ 件随机取样。

第二十一条　一般原辅料的取样

若一次接收的同一批号原辅料是均匀的，则可从此批原辅料的任一部分进行取样。

若原辅料不具有物理均匀性，则需要使用特殊的取样方法取出有代表性的样品。可以根据原辅料的性质，采用经过验证的措施，在取样前，恢复原辅料的均匀性。例如，分层的液体可以通过搅拌解决均匀性问题；液体中的沉淀可以通过温和的升温和搅动溶解。

第二十二条　无菌物料的取样

无菌物料的取样应充分考虑取样对于物料的影响，取样过程应严格遵循无菌操作的要求进行，取样人员应进行严格的培训，取样件数可按照《中华人民共和国药典》附录无菌检查法中批出厂产品最少检验数量的要求计算。

在对供应商充分评估的基础上，可要求供应商在分装时每件留取适当数量的样品置于与物料包装材质相同的小容器中，标识清楚，并置于同一外包装中，方便物料接收方进行定性鉴别，以减少取样对物料污染的风险。

第二十三条　血浆的取样操作应按照《中华人民共和国药典》三部“血液制品原料血浆管理规程”的要求对每袋血浆进行取样检验。

第二十四条　中药材、中药饮片的取样人员应经中药材鉴定培训，以便在取样时能发现可能存在的质量问题，药材的取样操作应按照《中华人民共和国药典》一部附录“中药材取样法”的要求进

行，在取样时应充分考虑中药材的不均一性。

第二十五条　工艺用水取样操作应与正常生产操作一致，取样后应及时进行检验，以防止质量发生变化。

第二十六条　为避免印刷包装材料取样时存在混淆的风险，每次只能对一种印刷包装材料取样，所取印刷包装材料的样品不能再放回原包装中。样品必须有足够的保护措施和标识，以防混淆或破损。

第二十七条　应考虑到一次接收的内包装材料与药品直接接触的不均匀性，因此，至少要采用随机取样方法，以发现可能存在的缺陷。取样件数可参考 GB/T 2828.1（ISO 2859－1）“计数抽样检验程序　第1部分：按接收质量限（AQL）检索的逐批检验抽样计划”的要求计算取样。

第二十八条　中间产品的取样应能够及时准确反映生产情况，在线取样时应充分考虑工艺和设备对样品的影响，选择相应的生产时段和取样位置进行取样操作；非在线取样，取样件数可按照本附录第二十条的要求进行计算取样。

第二十九条　成品的取样应考虑生产过程中的偏差和风险。对于无菌检查样品的取样，取样件数应按照本规范无菌药品附录第八十条的规定，结合《中华人民共和国药典》附录无菌检查法中批出厂产品最少检验数量的要求计算。

第三十条　放射性药品的取样操作可根据产品的实际情况进行，并采取相应的防护措施。

第三十一条　物料和产品标准中有特定取样要求的，应按标准要求执行。对包装材料、工艺用水等，按具体情况制定取样操作原则。

第三十二条　取样后应分别进行样品的外观检查，必要时进行鉴别检查。若每个样品的结果一致，则可将其合并为一份样品，并分装为检验样品、留样样品，检验样品作为实验室全检样品。

第三十三条　取样数量应能够满足《药品生产质量管理规范（2010年修订）》中检验及留样的要求。

第八章　样品的容器、转移和贮存

第三十四条　样品的容器应能够防止受到环境、微生物、热原等污染，容器应避免与样品发生反应、吸附或引起污染，并根据样品的贮存要求，能避光、隔绝空气与水分，防止样品出现较原包装更易降解、潮解、吸湿、挥发等情况。样品容器一般应密封，最好有防止随意开启的装置。

第三十五条　取样后应及时转移，其转移过程应能防止污染，不得影响样品质量。

第三十六条　实验室应有样品贮存的区域和相应的设备。样品的贮存条件应与相应的物料与产品的贮存条件一致。

第九章　术　语

第三十七条　下列术语含义是：

（一）简单随机取样

从包含 N 个抽样单元的总体中按不放回抽样抽取 n 个单元，若任何 n 个单元被抽出的概率都相等，也即等于 1/（Nn），则称这种取样方法为简单随机取样。

注：简单随机抽样可以用以下的逐个抽取单元的方法进行；第一个样本单元从总体中所有 N 个抽样单元中随机抽取，第二个样本单元从剩下的 $N-1$ 个抽样单元中随机抽取，以此类推。

（二）具有代表性的样品

根据一个抽样方案，该方案可以确保抽取的样品按比例地代表同一批次总体的不同部分或一个非均匀样品总体的不同属性，这样的样品就是具有代表性的样品。

（三）样品

取自一个批并且提供有关该批的信息的一个或一组物料或产品。

知识拓展

2010版GMP修订的基本思路是紧跟WHO所推荐的GMP标准，参照美国、欧盟的标准，力争使我国GMP标准达到国际认可的水平，为国际招标采购我国药品奠定基础。在药品生产管理标准升级方面，2010版GMP吸纳融合了国际先进GMP的内容，参照了美国FDA、欧盟的标准，再结合中国国情来编制，在某种程度上说比美国FDA、欧盟的标准更为严格。

目前，我国已形成较为完备的药品生产供应体系，药品质量状况明显改善，但医药企业不诚实、不守信等问题依然存在。GMP第四条要求企业严格执行本规范，坚持诚实守信，禁止任何虚假、欺骗行为。执行2010版GMP的基础是诚实守信，即相信企业是诚实守信的。如果在GMP检查中，发现企业有虚假欺骗行为的，即可判为检查不合格或不通过。为此，2010版GMP强调对实际生产的指导性、可操作性和可检查性；明确了企业负责人、生产管理负责人、质量管理负责人、质量受权人等各项具体职责。2010版GMP细化文件管理，增大了违规操作的难度。

目标检测题

简答题

1. 中药饮片GMP验证的关键环节有哪些？
2. 如果你要成立一家中药饮片生产企业，应如何着手，需要哪些条件？

第三章　中药饮片生产理论

第一节　传统饮片生产理论

中药饮片生产在古代称为炮制，是一门传统的制药技术，古代药物炮制教育通过师徒之间言传身教和药工长期锻炼中熟能生巧，古代药物炮制主要完成者是药铺的药工或者是医生自己，炮制理论来自于长期的实践，古代的医药不分家，所以炮制的理论往往与临床联系紧密，许多医家十分重视炮制在临床中的作用。中药饮片作为我国传统中药产业的重要组成部分，历经数千年的发展，形成了悠久的中医药传统文化，在我国广大群众中拥有着极其深厚的文化基础。中药饮片作为我国国粹，无不体现着古老中医的精髓，是中医药传统文化的智慧结晶和载体，悠久的中医药理论与文化优势为我国中药产业的发展奠定了良好的基础，也为中药走向世界提供了坚实的保障。炮制技术的发展具有几千年的历史，从最早的火、酿酒、陶器的使用开始。古代没有像如今专门负责加工原药材的饮片厂，加之许多医家熟知药性，对药物往往自己进行处理加工，使之更加符合自己的诊疗需求。现在研究炮制可以参考的专门的著作主要有三部，南北朝刘宋时期雷敩的《雷公炮炙论》，明代缪希雍所著的《炮炙大法》和清代张仲岩的《修事指南》。此外，许多中药的著作中会列出中药炮制项目并对炮制方法做了简单描述，另外在医家医书的处方中也有药物的炮制方法。

一、生产工具

古代炮制生产工具由于受当时科技的限制，基本是手工工具。比如：中药炮制的文字记载始于春秋战国时期。在现存的我国第一部医书《黄帝内经》中记载的“治半夏”即是炮制过的半夏。到了汉代，炮制方法已非常多，如蒸、炒、炙、煅、炮、炼、煮沸、火熬、烧、研、挫、捣、酒洗、酒浸、酒蒸、苦酒煮、水浸、汤洗、刮皮、去核、去足翅、去毛等。中药古法炮制及基本工具如图 3－1 至图 3－7 所示。

1. 中药古法炮制记载

（a）黄帝授医书给雷公

（b）老医者指导炮制

（c）药铺里药工炮制厚朴（背景为药斗）

（d）雷公坐镇指导药工炮制

（e）小药工拿牛角给老药工验视

（f）老药工在取灶心土（伏龙肝）

（g）师傅在指导年经的药工炮制操作

（h）老药工在参与炮制同时指导年轻药工

图 3-1　古代中药炮制部分记载

2. 中药古法炮制用具

(1) 净选用具。

(a) 炮制雌黄研捣后过筛

(b) 用竹刷刷锅底的灰即铛墨

图 3-2　净选用具

(2) 切、碾用具。

(a) 铡刀切牛膝

(b) 刮刀刮玉竹的粗皮

(c) 菜刀切续断

(d) 臼中碾捣滑石

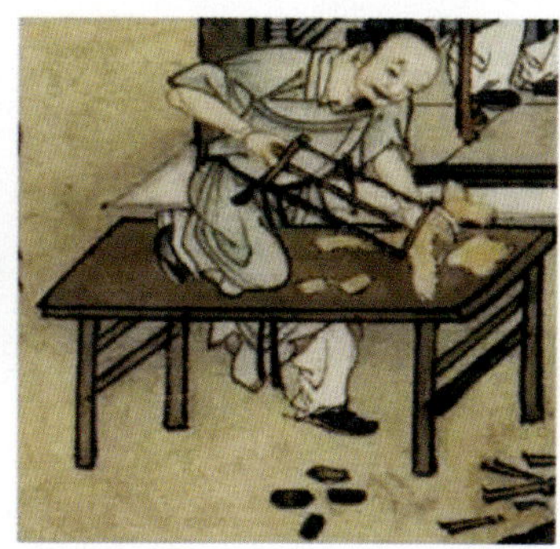

(e) 锯子锯鹿茸为片

(f) 锉刀锉牛角为末

(g) 碾槽碾胡椒为末

(h) 犀牛角需要研槽碾

图 3-3　切、碾用具

（3）煮用具。

（a）在炉上用瓷锅煮朱砂

（b）在简易灶台煮菟丝子

（c）在灶台上煮滑石

（d）在简易灶台上融化铅丹

图 3－4　煮用具

（4）煅用具。

（a）

（b）

图 3－5　煅用具

（5）炒、焙干用具。

（a）在铛中熬干芒硝

（b）在锅内焙干玉竹

（c）在简易灶台上用锅炒炙甘草

（d）在灶台上炒防葵

图 3－6　炒、焙干用具

（6）蒸用具。

（a）在灶台上酒蒸甘草

（b）在灶台上用甑蒸石斛

（c）在炉上蒸地黄

（d）在炉上用锅蒸玉竹

（e）鬲（lì）：三个中空的足，便于加热煮水及食物

（f）甑（zèng）：古代蒸饭的一种瓦器，底部有许多透蒸汽的孔格，置于鬲上蒸煮，如同现代的蒸锅

(g) 甗（yǎn）可分为两部分，上半部分是甑；下半部是鬲，用于煮水；中间是镂空的箅，用来放置食物，可通蒸汽

(h) 箅（bì）：竹制蒸架

图 3-7 蒸具用品

二、古代中药饮片生产理论

（一）古代中药饮片炮制原则

清代徐灵胎将传统的制药原则归纳为：相反为制，相资为制，相畏为制，相恶为制。

1. 相反为制

相反为制，是指用药性相对立的辅料（包括药物）来制约中药的偏性或改变药性。如用辛热升提的酒来炮制苦寒沉降的大黄，使药性转降为升。用辛热的吴茱萸炮制黄连，可杀其大寒之性。用咸寒润燥的盐水炮制益智仁，可缓和其温燥之性。实践证实，大黄生品苦寒，易伤脾阳，导致腹痛，用辛甘大热酒制后可避免，同时改沉降为上升之性，以清上焦实热；益智仁温燥，久服易伤阴，用咸寒之盐以制之可纠此偏。

2. 相资为制

相资为制，是指用药性相似的辅料或某种炮制方法来增强药效。资，有资助的意思。如用咸寒的盐水炮制苦寒的知母、黄柏，可增强滋阴降火作用。酒炙仙茅、阳起石，可增强温肾助阳作用。蜜炙百合可增强其润肺止咳的功效。蜜炙甘草可增强补中益气作用。知母、黄柏本为苦寒之品，在清热泻火同时有一定清虚热之效，用咸寒的盐水炮制可引药入肾，增强滋阴降火的作用。仙茅、阳起石本为辛热壮阳之品，用辛热之酒炮制可增强温肾助阳作用，已被长期临床实践所证实。

3. 相畏为制

相畏（或相杀）为制，是指利用某种辅料以制约某种药物的毒、副作用来炮制该药物。如生姜能杀半夏、南星毒（即半夏、南星畏生姜），故用生姜来炮制半夏、南星。生姜炮制半夏、天南星其毒性降低，不但被临床实践证实也被现在药效学证实。

4. 相恶为制

相恶为制，是中药配伍中“相恶”内容在炮制中的延伸应用，即炮制时利用某种辅料或某种方法来减弱药物的烈性，以免损伤正气。如麸炒枳实可缓和其破气作用；米泔水制苍术，可缓和苍术的燥性。煨木香无走散之性，能实大肠，止泻痢。药物的辛香温燥之性有时可能是治疗的需要，有时可能带来不良反应或副作用，利用某种辅料炮制来抑制其副作用，据药理实验证实苍术过量的挥发油对生物体是有害的，用麸炒后可抑其“酷性”。

（二）古代中药饮片炮制方法

传统制药的具体炮制方法为：或制其形，或制其性，或制其味，或制其质。

1．制其形

制其形，是指改变药物的外观形态和分开药用部位。“形”，指形状、部位。如白芍切薄片后，由圆柱形变成薄片形；茯苓个大体实，切片后亦改变了外形，种子类体质膨大，矿石类、贝壳煅后捣碎等。中药因形态各异，体积较大，不利于配方和煎熬，所以，在配方前都要加工成饮片，煎熬时才能达到“药力共出”的要求。因此，常常通过碾、捣或切片等处理方法来达到目的。

2．制其性

制其性，是指通过炮制，改变药物的性能。生甘草制成炙甘草；生地制成熟地；生大黄酒炙；苍术麸炒；莱菔子炒黄；栀子炒焦等。如通过炮制，抑制过偏之性，免伤正气；或改变药物寒、热、温、凉或升、降、浮、沉的性质，满足临床灵活用药的要求。

3．制其味

制其味，是指通过炮制，调整中药的五味偏胜或偏衰或矫正劣味。乌梅、山楂有过酸损齿伤筋之虑，炒焦可缓之；黄连味苦恐伤胃，酒或姜制可缓之；麻黄辛味太甚恐发散太过，蜜制可缓之等。根据临床用药要求，用不同的方法炮制，特别是用辅料炮制，能改变中药固有的味，使某些味得以增强或减弱，达到“制其太过，扶其不足”之目的。

4．制其质

制其质，即通过炮制，改变药物的性质或质地，或制其毒性。如龟板、鳖甲砂炒至酥脆，矿物药煅或淬，川乌、草乌加水煮等，均有利于煎出有效成分或易于粉碎或降低毒性。毒剧药多以蒸、煮等法加热透心而有余味。药物煨或制霜，既要求保留原有性质，又能纠偏。加入他药共制，或发酵，或复制等，都是在无损或少损固有药效的前提下，增加新的作用，扩大治疗范围或抑制其偏性，更好地适应临床用药的需要。

第二节　现代饮片生产理论

中药炮制发展到现代，并没有提出公认的现代生产理论，但是其核心仍然是“依法炮制”，这个法指的是《中华人民共和国药品管理法》（以下简称《药品管理法》），现从以下几方面加以论述。

一、生产质量标准化

目前《中国药典》《全国中药材炮制规范》和省、市、自治区地方炮制规范共同构成了中药饮片质量的三级标准。按照《药品管理法》第十条规定，饮片必须按照国家标准炮制，国家没有标准的，按地方炮制规范炮制。我国各地都制定有地方性炮制规范，甚至各地对同一种药材的炮制方法都不尽相同，由于存在着全国性和地方性两套“炮制规范”，因此“一药数法”和“各地各法”的现象比较普遍。与此同时，还存在三级标准不完善，部颁标准、地方标准大多年代已久，内容比较陈旧，同一饮片各标准加工炮制方法不一等问题。中国加入 WTO 后要求加快中药实现现代化的步伐，一个既符合中医药基本理论及中医传统用药习惯，又能与药品质量控制的国际惯例接轨的中药饮片标准及炮制规范，也将逐步实现。中药直接用于临床的就是饮片和中成药。中成药的标准近年来得到了很大的提高，而中药饮片的标准还基本沿用20 世纪八九十年代旧的炮制规范，而且《中国药典》的规定还是不尽如人意。目前还有大量饮片没有国家标准，给中药生产经营带来障碍，不利于走出国门。受现代工业，特别是西方药学生产和质量管控方法的影响，中药饮片的生产也走上了质量标准化的道路，我国中药炮制科研在“遵古炮制”的前提下，提出“继承不泥古，发扬不离宗”的现代炮制研究原则。我国炮制研究专家和生产技术人员通过几十年的炮制原理研究，探讨了中药炮制前后有效成分（部位）的变化规律，把部分得到验证和确定的研究成果吸收进《中国药典》和中药炮制规范，然后反过来指导和规范中药饮片的生产，大大促进了中药饮片的质量，但受到基础研究等各方面的限制，进展不够理想。应从文献研究、调研生产工艺、总结制定炮制技术规范、制定炮制操作规程等四个方面对全国中药炮制规范和地方炮制规范进行系统整理研究，开展对《全国中药饮片炮制规范》中各品种的规范的共性工艺和技术的研究，开展对地方炮制规范中部分品种个性工艺和技术的研究。研究制定常用炮制工艺共性和个性的规范及操作指南；建立全国中药饮片炮制技术规范数据库和地方标准数据库，并制定《全国中药饮片炮制规范》及地方炮制规范执行细则。

二、生产工艺规范化

规范化是指饮片生产企业必须严格按照 GMP 要求生产。通过多年的研究和实践，中药饮片生产工艺规范化的内涵就是通过对净制、润制、切制、干燥、炮炙、包装、灭菌等各个环节的工艺进行科学管控，真正生产出优质中药饮片。现阶段以落实中药饮片生产 GMP 为抓手，全国中药饮片生产企业生产条件大大提升。目前主要是对生产企业的生产过程（是否按照 GMP 要求进行生产）进行严格监管，2015 年和 2016 年度全国关停和收回 GMP 证书的企业多达数百家，通过优胜劣汰，改变中药饮片生产企业多、散、乱的状况。近年来，中药饮片行业飞速发展，却仍然存在不少问题，中小型企业面临着被淘汰或者兼并的风险，行业整合已经是大势所趋。随着我国中医药产业扶持政策的不断出台，中药饮片逐步纳入基本药物目录，其市场规模快速扩张，有数据显示，中药饮片下游供应 40% 流向医院、20% 进入药店，此时中药饮片作为中药汤剂的原料直接供应给患者。另外 40% 则进入药厂，作为生产中成药的原料。根据中药饮片行业的发展现状来看，随着行业监管体系的日益完善，以及国家政策对龙头企业的大力扶持，未来中药饮片行业必然会朝着规模化、统一化、质量控制日趋严格、市场集中度进一步提高、优势企业向中药材种植上游拓展、小包装等方向发展，因此，行业整合已是大势所趋。企业对没有法定标准规定的品种，可以根据自身的情况，在传统加工工艺基础之上，经过研究整理汇编成册，作为企业的炮制工艺。实际上存在着《中国药典》与部颁标准，各省、自治区、直辖市标准和企业规范三种。同一品种因炮制方法不同在执行中出现了许多矛盾，这就造成至今全国范围内还存在着“一药数法”和“各地各法”的现象。由于各地炮制方法不同，限制了“饮片”的大流通，所谓中医的“一方吃全国”至今难以实现。比如：净选去除非药用部位不彻底，沾有泥沙、尘土杂质，该制不制，药材统货使用，不加洁净；制不守法，有些人往往追求生产饮片快捷、方便、外观漂亮而不如法炮制；炮制人员素质不高，对炮制程度如颜色变化、气味变化等判断不同，直接影响中药饮片的疗效。

三、生产设备机械化、智能化

目前，中药饮片生产设备实现了机械化，中药饮片行业已经开发出了系列的饮片加工设备，如全浸润工艺和回转式药浸润罐，并应用于饮片生产。在干燥设备上，也先后研制出了相关干燥设备，如隧道翻板式、网带穿流式干燥设备等，但在切药设备、洗药设备、炒药设备的专属性、通用性和信息化方面仍有待进一步研发。同时，中药饮片的生产集成与生产线的研究也是保证中药饮片质量规范一致的重要条件。饮片生产集成研制要与饮片炮制工艺研究紧密结合，特别是要注意先进技术的使用。应对中药饮片生产工艺规范化和工业化的关键设备进行集成组合，达到规范化、自动化和规模化生产。注意借鉴相关行业（如制药、食品等行业）的先进经验，建设具有中药饮片生产特色的集成设备与生产线，使每个设备极大地提高效率，并兼具灵活性与成本有效性特点。未来，随着人工智能的发展，中药机械加工设备必将实现全自动、个性化和高度智能化，必将为中药现代化奠定坚实基础。

古今炮制教育差异[①]

炮制是一门传统的制药技术，古代没有像现在高校专门的专业培养，古代炮制的教育主要通过师徒之间言传身教和药工长期锻炼中熟能生巧。古代的这种模式虽然在现代要完全复制存在一定的困难，但是对于现在炮制教育仍存在一定的借鉴意义。

一、炮制理论教育

1. 古代炮制的理论教育

古代药物炮制主要完成者是药铺的药工或者是医生自己，对于炮制的理论教育，往往是药工通过长期的实践摸索得来，再传给年轻的药工，医生则是基于学习或者临床的实践摸索、经验总结而来。古代的医药不分家，所以炮制的理论往往与临床联系紧密，许多医家十分重视炮制在临床中的作用。

2. 现今的炮制教育的反思

（1）炮制理论教育的授课内容。炮制是一门需要继承古人炮制精华的学科，因此理论学习尤其重要。现今学习理论往往是通过教师授课学习。现在的炮制教材往往会在开始罗列出相应中药的古代炮制方法，而下面提到具体的炮制技术则是现如今通行的技术，因此往往导致我们学生在学习时，忽略了对古代炮制技术的学习和考察。这导致我们往往很少关注古代的炮制技术和方法，因此，教师授课时最好能告诉学生查阅古代炮制技术的获取途径，并且鼓励学生进行古今炮制方法和技术差异的对比。

（2）炮制教育的受众范围。炮制是中药专业的一门课程，但炮制不仅仅在中药加工成饮片、中成药阶段使用，而且炮制品很大程度上用在临床，现在临床医生很多对炮制品种不了解或者不熟悉，然而，在开处方选择药物的时候，很多时候需要进行炮制品种的选择，因此，必须要加强临床类专业的炮制学教育。同时，这也反映出我们中药类专业在学习炮制时，一定要注意中药临床使用，尤其是同一中药不同炮制品的临床使用差异。因为无论是饮片还是中成药最终的服务对象都是临床的患者。

（3）炮制古今文献的对待。炮制的方法包括净制、切制、炒制、蒸制、煅制、复制等，这些炮制的方法之间往往有着紧密的联系，在许多的文献或者参考书目中，往往割裂了，将原本从水洗、去皮、烘干、炒制、过筛，这一连续的流程作为几个单独炮制方法去研究，忽略了前后炮制方法之间的关联性，因此反而又形成一个“新的”炮制方法。另外，在查阅文献时，文献里往往给出简单的提示，将净制、切制、炒制、蒸制、煅制、复制这些流程单列，也给我们造成古代炮制方法中可能使用这些单列的炮制方法的假象，因此，我在文献检索时，遇到文献所列的古籍往往查询原书，虽然这花费很多时间，但是确实能够避免出现盲人摸象的片面性。

二、炮制的实践教育

1. 古代炮制的实践教育

古代的炮制通过师带徒的方式传授技术。在炮制过程中有师傅在旁边一直监督指导，因为古人对于炮制很重视，认为炮制差异会影响疗效。因此在许多的药物炮制图中都有师傅指导坐镇的场景，另外，即使在没有师傅坐镇的图片中，从衣服、穿着和容貌上判断，药工也具有一定的资历。

① 杨明，等. 中药传统炮制技术传承与创新［J］. 中国中药杂志，2016（3）.

2. 现今炮制实践教育的反思

(1) 炮制实验教学的内容。炮制实验课是将课程理论用于实践的最后阶段，如切片的厚片、薄片怎么衡量，炒法的炒焦、炒炭如何界定炒得不够火候还是太过？因此，需要老师实际演示实验整个过程，并且现场指导，同时也要对学生炮制品的结果做出评判。如果缺失了这一环节，即使完成了实验，意义又有多大？这不但浪费了实验经费还没有学习到真正的东西。许多人在做炮制实验时，认为和平时的做饭、切菜、炒菜一样，但是实际上，"炮制"说小了是一个制药的过程，说大了就是一个在救人的过程。因此，许多古人为了自己的患者得到最好的治疗，往往自己亲自动手炮制！需要注意的是现在实验室学习到的技术，今后就可能用到实际生产或者临床，因此，马虎不得！最后，对于实验室学生的炮制品结果的评判，我认为很有必要加入饮片厂的炮制成品做一对比，因为饮片厂的成品作为合格品，是已经经过了检验，并且已经在广泛应用，因此具有一定的参考和对比性。

(2) 炮制实验内容的完整性。炮制发展到今天，判断一个炮制品种的好坏已经有了相应的评价标准，比较全面的是传统鉴别加现代鉴别，传统鉴别主要是通过形、色、气、味、质判断，古代往往通过药工或者医生根据自己的经验判断，现在已经有了相应的客观评价的仪器，传统鉴别的仪器如电子鼻、电子舌、色差仪、质构仪等，现代鉴别则是通过物理化学的实验和仪器如 HPLC/MS/NMR 来深层次地研究。因此，鉴于有这些设备，可以考虑进行多专业的合作，从炮制到鉴别再到含量测定形成一条完整的实验流程，这样不仅使学生学习到了知识，而且能够使实验经费最大化地合理利用。

(3) 炮制实验教学的延伸。炮制由原来药铺后院或医生自己加工到现在已经无法满足大众化的诊疗保健需求，现在往往是饮片厂和药厂自己加工。因此，学习炮制的实际应用还需要参观饮片厂和药厂来了解它们的炮制实际情况。另外往往被忽略的中药房也应该受到重视，因为那里能够真正看到饮片的实际应用并且可以知道饮片临床使用存在问题，而这个部分，却往往被忽略。

四、中药饮片生产设备

依据 GMP 的要求，各中药饮片生产企业要根据中药材、中药饮片的不同特性及生产工艺需要，选择能满足工艺参数的要求，结构性能符合 GMP 要求的生产设备，提高自动化程度及防污染能力。中药饮片生产的设备主要包括净制设备、软化设备、切制设备、湿热炮制设备、干热炮制设备、干燥设备及包装设备等。

（一）净制步骤

净制是中药炮制核心工艺流程的第一个步骤，该步骤涉及面广，劳动量大，工作效率低，是制约饮片质量的第一关。净制设备主要是适应中药饮片生产的净选加工这一操作环节而产生。由于中药材品种繁多，所含杂质或非药用部位各异，净选加工的方法也各不相同。一般来说，净制过程主要包括风选、筛选、水洗、挑选四个环节，因此，该部分设备也主要有风选设备、筛选设备、水洗设备、挑选设备四类，现将生产上常用的设备做简要介绍。

1. 风选设备

风选净化药材的原理主要是利用药材与杂质因质量或者形状上存在差异，而在气流中表现出不同的动力特性，从而利用风力加以区分，达到净化的目的。风选设备主要用于药材、饮片或类似物料的选别、冷却等，尤其是同等形状但质量相差较大的物料的净选。该类设备具有产量大、成本低、效率高等优点。

在生产中常见的有变频卧式风选机和变频立式风选机两种。其中，变频卧式风选机（图 3 - 8），主要适合原材料的选别，能将原料药材按堆积密度、风阻分成多个等级，主要适合饮片药屑、毛发等选别。根据不同的使用要求以及物料所含杂质情况进行选用。

图 3 - 8　FWBL 型变频卧式风选机

变频风选机主要有两种使用方法。

①除重法：除去物料中的铁器、石块、泥沙等较重杂物时，逐渐提高风速至物料从后出料口排出为止。

②除轻法：除去物料中的毛发等较轻杂物时，逐渐减小风速至物料不从后出料口排出为止。

2．筛选设备

筛选机械主要是利用物料与杂质在形态或粒径上存在的差异，通过筛网进行分离的机械。用于药材、饮片或类似物料的选别，尤其是被选杂物与物料的形态有差异的混合物，既能选别杂物，也能按形态大小将物料分级。生产上常用的有振动式筛药机和回旋式筛药机。以振动式筛药机（图 3 - 9）为例，该机器主要工作原理是，通过筛床做往复定向振动，使待筛选的物料沿倾斜的筛网顶端向底端移动，经各层筛网的分筛最终达到筛选要求。该机器的主要特点是：有多种规格筛网可供选择，且机器运转平稳、振动小、噪声低，在生产过程中，往往需要手工工具，如药筛（图 3 - 10）配合使用。

图 3 - 9　SXR 型柔性支承斜面筛选机

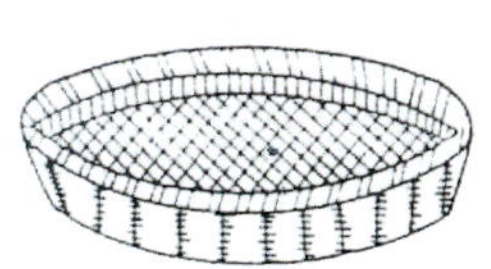

（a）竹编筛

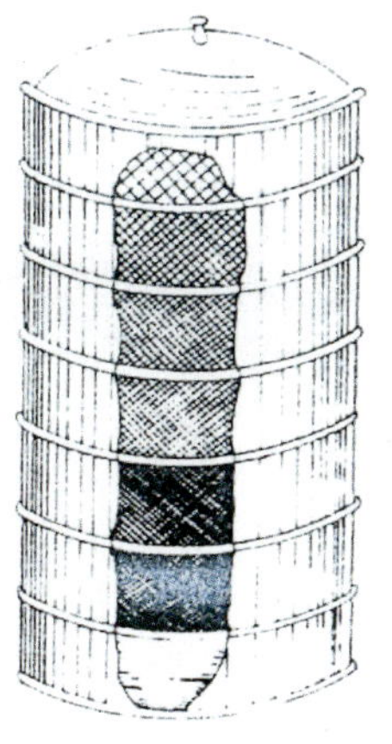

（b）各种号码的叠套手摇药筛

图 3 - 10　药筛

3．水洗设备

附着在中药材表面的杂质和污物有时很难通过挑选、筛选或风选的方式除去，此时需要用水洗的方法来处理。传统的水洗方法费时费力，不适宜大量生产，近年来，刮板式洗药机、滚筒式洗药机以及药材干洗设备先后被研发并投入使用，极大地提高了生产效率。现以生产上常用的滚筒式洗药机为例，进行简要介绍。

滚筒式洗药机（图 3 - 11）主要适用于种子、块根类中药材的水洗。该机器的原理是利用洗药转筒在旋转时与水产生的相对运动，将药材表面的泥沙等杂质洗脱，随水从转筒壁的孔隙排出，洗净的药材则从出药口排出。从结构上看，该机器核心装置为一带孔的鼓式洗药转筒。洗药转筒的下方装有由大小两个水池构成的水箱。转筒的进药口端的下方为小水池，出口端的下方为大水池，两水池之间装有滤筛网以对污水进行过滤，冲洗用水由高压水泵从小水池中抽取。洗药后产生的污水从洗药转筒壁上的孔流出，先进入下面的大水池再过滤入小水池循环利用。该机器的优点在于对清洗用水的循环利用，较传统的清洗方法节约了水的用量。洗药车间如图 3 – 12 所示。

图 3 – 11　XY（G）系列循环水洗药机

图 3 – 12　洗药车间

4. 挑选设备

部分中药饮片所含杂质比较特殊，如缠绕、夹杂在药材中的杂质或非药用部位等，经风选、筛选等净选加工后仍不能达到完全洁净的目的。此时需要通过手工操作，捡出杂质，去除非药用部分来达到洁净药材的目的。

机械化挑选输送机（图 3 – 13）类似于灯检台，在机器的右端有一上料装置，由上料装置将待选的饮片提升上来，然后通过振动均匀平铺到传送带上，可以根据挑选的难易程度，调节上料和传送带的传送速度。平铺到传送带上的药材，由传送带两侧的工人在灯光的照射下手工将杂质挑拣出去。纯净的药材由传送带传送至出料口装入料筐。挑选车间如图 3 – 14 所示。

图 3 – 13　SXF 型挑选输送机

图 3 – 14　挑选车间

（二）切制步骤

饮片切制是中药炮制核心工艺流程的第二个步骤。净药材在切制之前，必须进行软化处理。传统药材的软化，劳动量大，生产周期长，往往因软化程度控制不当而引起药材变质，严重制约了中药饮片的大规模生产。为了适应生产的需要，缩短生产周期，提高饮片质量，近年来研发和投入使用了一批软化设备，主要有冷压浸润机和真空加温润药机等。

1. 软化设备

（1）冷压浸润机。

冷压浸润机的工作原理是利用抽真空减压的方法，抽出药材组织间隙中的空气。然后将水注入罐内至浸没药材，再恢复常压，使水迅速进入药材组织内部，达到与传统浸润方法相似的吸水量，将药材润至可切。操作时，将药材投入罐内，上盖，抽气，减压至设定真空度，维持压力不变。然后向罐内加水至浸没药材，恢复常压，出料，晾润至透即可。该设备特点是：常温下浸润药材，浸润时间短，水溶性成分流失少，不改变药性，且操作简单，省时省工，生产效率高，适于大量生产。

（2）真空加温润药机。

真空加温润药机（图3－15）主要有立式和卧式两种，这两种设备原理上相同，以卧式真空加温润药机为例，做简要介绍。从结构上看，卧式真空加温润药机的主体部分由一横卧的铁筒（直径100 cm、长200 cm）组成，铁筒一头固封，另一头是可开启的密封盖。筒内底部铺一层便于排水和通蒸汽的多孔钢板。筒外底部接蒸汽管，上部接有真空管。操作时，将净药材装入筒内，盖紧，启动真空泵，当筒内压力达到一定程度后，通入蒸汽，至温度达到预定要求，关闭真空泵和蒸汽，闷润10～20分钟即可取出切制。对较难软化的药材，经一次软化后不能满足要求时，可进行二次软化操作。润制车间如图3－16所示。

图3－15　QRY型（水蓄冷）真空气相置换式润药机与装料车

图3－16　润制车间

2．切制设备

中药饮片的切制，传统采用手工操作。手工切制饮片，具有操作方便、灵活，不受药材形状限制，且切出的饮片厚薄均匀、片形美观等优点，但是手工切制劳动强度大，费事费工，生产效率低，不能满足大量生产的需要。为了适应工业化大生产的需求，弥补手工切制饮片效率低的不足，越来越多的饮片切制机器被研发和投入使用。现在生产上常用的有剁刀式切药机和转盘式切药机等。

（1）剁刀式切药机。

剁刀式切药机（图3－17）从结构上看，主要由刀架、输送链、机架及电动机等组成。操作时，将待切制的药材整齐排放于料斗上，人工推送至输送链的入口，连续向刀架输送，由刀架上的刀片将其切成片状。该设备的特点是功率大，切制效率高，适合全草、根茎类药材的切制，不适合团块、颗粒状药材的切制。

图3－17　QYJ1－200剁刀式切药机

图3－18　QYJ2－200转盘式切药机

（2）转盘式切药机。

转盘式切药机（图3－18）从结构上看，整机由切刀装置、送料装置、动力与变速箱及机架、料盘组成。操作时，据需切饮片的片厚，调整好转盘上刀盘压板与刀口的距离，将软化好的药材均匀地铺到进料盘上，由人工将药材推送输送链的入口，药材被上输送链、下输送链压送进入刀门，切成预设厚度的饮片。该机器的特点是既适合切制根茎类药材，又适合切制团块状、果实类药材。

（3）直线往复式切药机。

直线往复式切药机（图3－19）一改以往剁刀式及剪切式切割药材原理，采用切刀做上下往复运动而物料由食品级橡胶带或聚氨酯带输送入刀口，切刀直接在输送带上切料，模仿在砧板上切料的原理切制药材。该机由杭州春江自动化研究所设计，于1998年率先在国内市场上推出，很快得到广泛应用。该机可切药材种类适应范围广，可以切制精制饮片和颗粒饮片。如根茎、草叶、块根、果实类药材都可以切制。该机切药原理为“切刀＋砧板”方式，切刀直落在输送带上，切制片型平整，切口平整光洁，切制碎末较其他切制方法少5%～8%。

图3－19　QWZL－300型直线往复式切药机

图3－20　QGW500型高速万能截断机

（4）QGW型高速万能截断机。

QGW型高速万能截断机（图3－20）是在直线往复式切药机的基础上改进而成，具有易清洗、不漏料、噪声小等特点。该机的操作方法与直线往复式切药机基本相同，不同的是物料步进输送装置。该物料步进输送装置采用“曲柄—摇杆机构”和逆止器，通过偏心调节块的位置即逆止器摆动角度调节切制尺寸。

该机除具有与直线往复式切药机相同的特点外，还具有以下特点：

①切制尺寸无级可调，以适应各种不同切制尺寸的需要。

②采用逆止器作为步进送料机构，机器噪声比直线往复式切药机低5 dB（A）以上。

③该机有一个整体料斗使输送切制部分与机器、其他部分隔开，物料不易落入传动部位，使机器更容易清理，甚至可以用水冲洗，而且减少了药物的切制损失，更符合GMP要求。

（5）旋料式切药机。

上述切药机在药材切制过程中都是切刀运动，物料不动待切，旋料式切药机（图3－21）一改上述切制原理，切刀固定不动，物料相对切刀做切向圆周运动，模仿人手持水果用刀削片的原理。QXL－250型（自适应）旋料式切片机整机由投料、切片、出料及机架、动力传动系统组成。

将经过软化的块、段状药材逐渐喂入进料斗，经投料口进入转盘中心，进入盘中的物料被转盘高速带动，物料自身质量产生的离心力把物料甩向四壁，在转盘上推料块的推动下，物料被推向定子上的刀口，被切下的切片顺着刀刃口的切向飞向出料口。

在大量切制某种药材前，应先行试切，先开动机器，待切药机转盘达到稳定转速时，调节切片厚度旋钮，切出的片厚达到要求后，即可进行正式切制。

有的被切药材具有较大的黏性，机器切制中会发出异常响声，只要在进料口加入少量清水即可顺利切制。切忌投入棉纱、布料、石块、铁器等杂物，它们会引起切刀损坏或机器卡死。

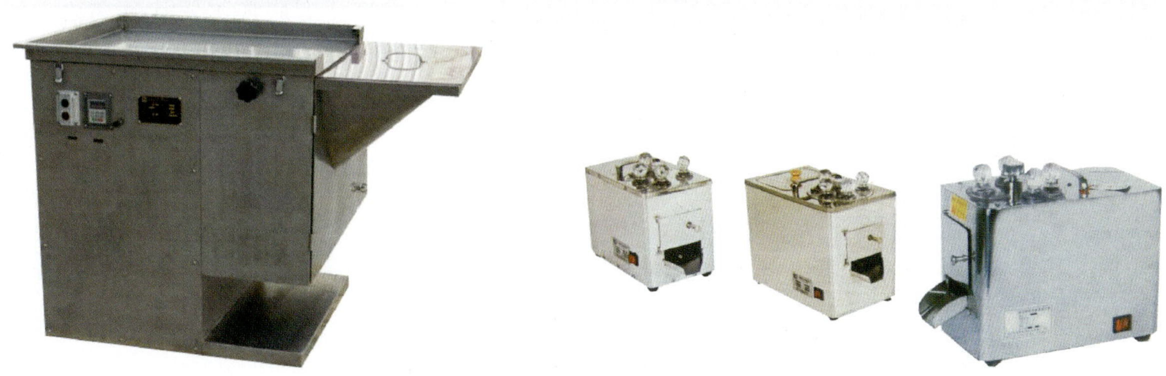

图3－21　QXL－250型旋料式切片机

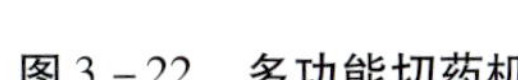

图3－22　多功能切药机

（6）多功能切药机。

多功能切药机（图3－22）属于小型的中药切片机，整机体积小、重量轻，便于搬动及携带，多用于切制少量药材或贵重药材，有不少小型的多功能切药机被一些中药房配置使用。中药材被加工后尤其是经切碎混合后，难以鉴别其质量及真伪，有所谓“膏丸丹散，神仙难辨”之说。面对目前的中药市场极不规范，假药、劣药横行的现状，中药房配置这类小型的多功能切药机，可以现货经鉴别后现场切片、加工，使顾客可以购得信得过的放心饮片。

（7）刨片机。

刨片机（图3－23）首先经试切，调整好切刀伸出距离，将经过软化药材的长度方向按切刀运动方向排列，整齐铺排在盛料框中，滑刀盘应位于曲柄滑块机构中滑块的左端位置（即曲柄与连杆接近一直线的位置），压送气缸使活塞伸出，压在料盘中，开动机器，即能往复刨片，药材切完，可停机新加料再切。

该机有以下特点：

①结构及运动原理简单，利用该机可切制顺药材纵向纤维的饮片，切片面积大，平整，片型美观，切片厚度可调。

②适用于茎秆类、块根类、果实类药材切片，例如玉竹、芍药、山药、首乌、玄参、黄芪、人参等，药材的刨切不宜用于切制草叶类，如柴胡、枇杷叶等药材的刨切。

③该机切片原理是往复刨削，因而不能速度过快，且每一循环存在空行程而且需间歇加料，不能连续切制，故生产效率较低。

④切制带黏性的药材时，如切制熟地、制白术、制首乌、山慈姑等药材时，为顺利切制，常需在滑刀盘表面适当加水以减少黏滞阻力，使能顺利切制。

图3－23　BJ150型刨片机

（三）炒制步骤

炒药机是中药饮片加工中应用最为广泛的一类机械设备，其发展主要经历平锅式炒药机、滚筒式炒药机以及近年新发展起来的中药程控炒药机三个阶段。平锅式炒药机由于敞口操作，易对环境造成污染，现已处于淘汰阶段。中药程控炒药机现主要处于研发阶段，技术尚未成熟。以下对上述三类机器进行简要介绍。

1. 平锅式炒药机

平锅式炒药机（图3－24）从结构上看，主要由平底炒锅、加热装置、活动炒药桨及电机、吸风罩等组成。操作时，先启动机器进行预热，然后将待炒的药物从炒药锅上方投入，炒药桨连续旋转翻动药材使药物均匀受热达到炒制效果，打开出药门，炒好的药物便自动排出炒锅外。该机器适用于种子类药材，以及适合清炒、加辅料炒和炙法类药材的炮制。

图3－24　平锅式炒药机

图3－25　CYY－750型自动控温炒药机

2. 滚筒式炒药机

从结构上看，滚筒式炒药机（图3－25）主要由炒筒、进料门与出料门、加热炉膛、机架、动力传动装置、机壳除烟尘装置及控制箱组成。在炒药机的控制机箱上设有总开关、温度设定及显示、时间设定、变频调速、炒药筒正反转、燃烧器开关、废气处理开关以及报警器。操作时，打开电源设置好各项参数后，设置机器正转、预热，打开进料门，投入待炒的饮片，关上进料门开始炒制，待炒至所需程度，打开出料门，将炒药筒改为反转出药。该机器适用于大多数药物。以煤、油、气、电加热，滚筒内壁有螺齿，正转时炒药反转时出药，减小了劳动强度，又保证了药物炒制质量。优点是炒制温度、时间、转速均可控，除清炒药物外，还适合加辅料炒制、炙制。

3. 中药程控炒药机

中药程控炒药机（图3－26）的主体为一平底炒药锅，炒药锅底部通过电或者燃油加热，顶部设有烘烤加热装置，双重加热。操作时，设定好加热时间、温度、辅料流量的数据，启动加热装置，投药进行翻炒，至所需程度停止翻炒，出锅。该机器的特点是采用底部加热和上方烘烤双重加热系统，缩短了炮制时间，能保证炒制品程度均一质量稳定，特别是采用烘烤与锅底双给热方式，良好的温场更保证饮片受热均匀。适合手工操作或自动操作，可用于炒制、加辅料炒制以及炙制。

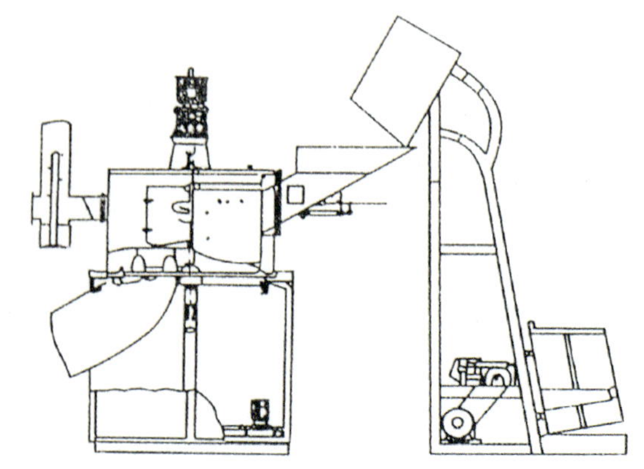

图3－26　中药微机程控炒药机

（四）蒸煮步骤

1．蒸煮原理

蒸法主要是将净选或者切制后的药物置于蒸制容器内，隔水或者通入蒸汽加热至一定程度的方法。蒸制过程中，水分从药物表面逐渐向中心渗透，待药材表面与中心温湿度相同时，即为蒸透。煮法的原理也是最终使药材表面与中心的温湿度差为零，所不同的是煮法的药材直接与煮液相接触。

2．蒸煮设备

常见的蒸煮设备有可倾式蒸煮锅、ZX 系列蒸药箱、回旋式蒸药机等。生产上以可倾式蒸煮锅最为常用。

（1）可倾式蒸煮锅。

从结构上看，可倾式蒸煮锅（图 3－27）主要由支架、罐体及动力传送等部分组成。蒸药时，将药材加入载药锅内，开启蒸汽阀让蒸汽进入锅内进行蒸制，达到蒸制程度时停止，待药材凉透出罐。煮药时，将一定量的水注入锅内，开启蒸汽阀，由蒸汽加热水和药材进行煮制。该设备主要特点是，蒸煮两用，耗能低，操作简便，适合清蒸、清煮和加辅料煮法操作。

（2）ZX 型蒸药箱和电汽两用蒸药箱（图 3－28）。

将设备接上电源、蒸气管、水管及排污管，打开箱门，将装好药材的料筐小车推入箱内，闭锁箱门。进行参数设定：根据不同药材软化要求设定软化（蒸药）时间，温度控制可将温控旋钮在 30～110℃ 范围内设定。根据要求调整好水槽的上液位感应开关位置（上限水位），下液位感应开关一般不用调整（最低水槽极限水位，用热保护元件控制）。在工作过程中，由于水分蒸发，使水槽中水位低于最低极限水位时，蜂鸣器自动报警，提醒操作人员及时补水。参数设定完毕即可拨动开机按钮，软化（蒸药）过程便可自动完成。

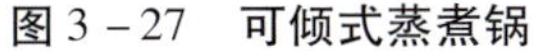

图 3－27　可倾式蒸煮锅

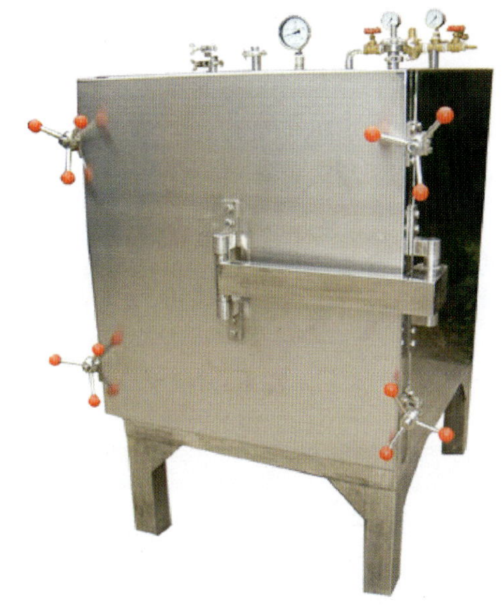

图 3－28　ZX 型蒸药箱

（五）煅制步骤

1．煅制原理

煅制的主要目的是改变药物原有的性状，使其更加适合制剂或临床应用的需要。煅法的主要原理在于：①利用矿物、贝壳或动物骨骼类药材中不同组分遇热后膨胀系数的不同，加热使其产生裂隙，质地由坚实变为酥脆，从而利于粉碎和煎出有效成分，利于调剂制剂。②部分药材含有一些受热易挥发的毒性成分，如硫、砷等，需通过高温处理，使这些毒性成分通过氧化、挥发等方式除去，降低药材的毒副作用，便于临床使用。③部分不易炒炭的药，亦可通过煅制来完成，且品质稳定、可控。

2. 煅制设备

煅制常用的设备有中温煅药锅、反射式高温煅药炉以及闷煅炉等，少量生产还可以采用马弗炉。

反射式高温煅药炉主要由耐火砖、保温材料、型钢等材料砌成。炉身分为燃烧室和煅药室两个部分，两者之间通过反火道组合为一体。药物装载于坩埚内置于煅药室，由燃烧室燃烧产生的热气流经过反火道、煅药室对其进行加热。由于炉体均采用耐火材料砌制而成，使用时基本处于密闭状态，保温效果好、升温快、温度高，煅制效果较为理想。

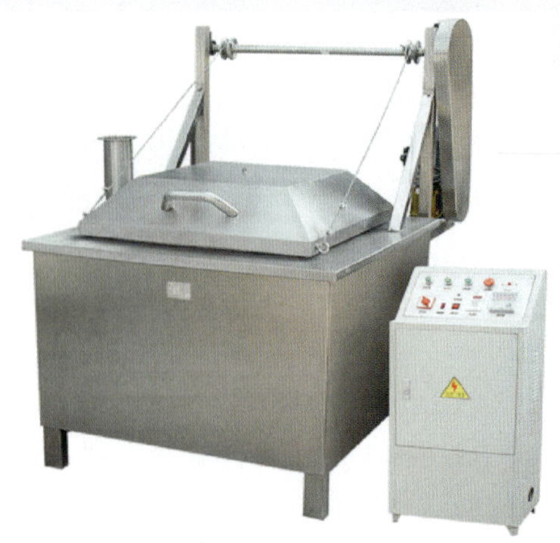

图 3-29 煅药炉

（六）干燥步骤

干燥设备是为了适应饮片干燥这一环节而产生的，主要用于除去饮片中多余的水分，避免发生霉变、变色以及虫蛀等。

1. 干燥原理

水分在药材内部主要以结合型和游离型两种方式存在，饮片干燥主要除去的是位于药材孔隙中的游离水。大多数干燥设备的干燥原理是以空气为介质，将热能传递给药材，药材受热散发出的水蒸气又融入空气被带走，空气既是热能传递者又是水分携带者，故可以通过控制干燥用空气的相对湿度和流速来提高干燥效率。

2. 干燥设备

市场上常见的干燥设备有厢式烘箱、翻板式干燥机、热风干燥机、红外干燥机以及微波干燥机等。红外、微波干燥机由于使用成本较高，在生产上没有得到普及。厢式烘箱、翻板式干燥机因操作简便、不受气候影响、适合批量生产等优点应用相对广泛一些。下面就上述两种应用对使用较多的干燥设备进行简单介绍。

厢式烘箱从外观上看类似一个厢柜，厢柜内框架上逐层排放装物料的带孔料盘和加热器，厢柜的四壁包有绝热保护层。由吸气口吸入的空气经循环风机出风口吹至加热器加热，然后吹过各层料盘对药材进行干燥。该设备的优点在于结构简单、操作方便，不足之处在于所需干燥时间长，且烘干质量不稳定。

翻板式烘干机主要由烘箱、传动装置、输送与出料装置、送风器及热源换热器组成。操作时，先将烘箱充分预热，待温度上升至所需程度时上料。可通过调控热风进风量、风门大小来控制烘箱内温度。烘干的时间，可以通过预试验获得并进行设定。干燥车间如图 3-30 所示，自然干燥场地如图 3-31 所示。

图 3-30 干燥车间

图 3-31 自然干燥场地

第三节 中药饮片生产的目的

中药来源于自然界的植物、动物、矿物，这些天然药物，或质地坚硬、粗大，或含有杂质、泥沙，或含有毒性成分等，一般不可直接用于临床，都需要经过加工炮制成饮片后才能使用。往往一种中药可以有多种炮制方法，一种炮制方法兼有几方面的目的。因此，中药炮制的目的是多方面的，一般认为中药炮制的目的有以下几方面。

一、降低或消除药物的毒性或副作用

有的药物虽有较好的疗效，但因毒性或副作用较大，临床应用不安全，则须通过炮制降低其毒性或副作用。历代对有毒药物的炮制都很重视，如草乌有用浸、漂、蒸、煮、加辅料制等炮制方法，以降低其毒性。相思子、蓖麻子、商陆、萱草根等用加热炮制降低其毒性。

炮制也可除去或降低药物的副作用。汉代张仲景在《金匮玉函经》中提出：麻黄“生令人烦，汗出不可止”。说明麻黄生用有“烦”和“出汗多”的副作用，用时“皆先煮数沸”，则可降低其副作用。临床上遇到失眠、心神不安而又大便稀溏的患者，此时需用柏子仁宁心安神。但生柏子仁有滑肠通便的副作用，服后可使患者发生腹泻，通过去油制霜法炮制后即可消除滑肠致泻的副作用。

对于有毒药物，炮制应当适度，不可太过或不及。如巴豆制霜，应保留脂肪油在18%～20%，马钱子砂烫，其士的宁生物碱含量应在0.8%左右。含量偏高，容易中毒，除去或破坏太过，疗效难以保证。

二、增强药物疗效

中药除了通过配伍来提高疗效外，炮制是达到这一目的又一有效途径和手段。作为药物，起作用的是药物所含的活性物质，通过适当的炮制处理，可以提高其溶出率，并使溶出物易于吸收，从而增强疗效。明代《医宗粹言》提到：“决明子、莱菔子、芥子、苏子、韭子、青葙子，凡药用子者俱要炒过，入药方得味出。”是因为多数种子外有硬壳，其药效成分不易被煎出，经加热炒制后种皮爆裂，便于有效成分煎出。

辅料炮制能与药物产生协同作用而增强疗效，如款冬花、紫菀等化痰止咳药经蜜炙后，增强了润肺止咳的作用，胆汁制南星能增强南星的镇痉作用，甘草制黄连可使黄连抑菌效力提高数倍。可见药物经炮制可以从不同的方面增强其疗效。

三、改变或缓和药物的性能

中医采用四性（寒、热、温、凉）及五味（辛、甘、酸、苦、咸）来表达中药的性能。性和味偏盛的药物，临床应用时往往会带来一定的副作用。药物太寒伤阳，太热伤阴，过辛损津耗气，过甘生湿助满，过苦伤胃，过酸损齿，过咸生痰。药物经过炮制，可以改变或缓和偏盛的性味，以达到改变药物作用的目的。如生甘草，性味甘凉，具有清热解毒、清肺化痰的功效，常用于咽喉肿痛，痰热咳嗽。甘草经炮制后，其药性由凉转温，功能由清泄转为温补，改变了原有的药性。生地黄，性寒，具清热、凉血、生津之功，常用于血热妄行引起的吐衄、斑疹、热病口渴等症。蒸制成熟地黄后，其药性变温，能补血滋阴、养肝益肾。

缓和药性是指缓和某些药物的峻烈之性。因为用药过于猛烈，易伤病家元气，可带来不良影响，炮制则可以制约药物偏性。如麻黄生用辛散解表作用较强，经蜜炙后，其所含具辛散解表作用的挥发油含量减少，辛散作用缓和，且炼蜜可润燥，能与麻黄起协同作用，故而止咳平喘作用增强。苍术、枳壳麸炒缓和燥性，槐花炒黄、黄连酒炙、大黄酒炙缓和苦寒之性，牛蒡子炒黄缓和寒滑之性。

四、改变或增强药物作用的趋向

中医对药物作用的趋向是以升、降、浮、沉来表示的，通过炮制，可以改变药物作用趋向。例如，大黄苦寒，性沉而不浮，生用走而不守，酒制后引药上行，治疗上焦实热引起的牙痛等症。古人认为，莱菔子能升能降，生莱菔子，升多于降，用于涌吐风痰；炒莱菔子，降多于升，用于降气化痰，消食除胀。

五、改变药物作用的部位或增强对某部位的作用

中医对药物作用部位常以经络脏腑来表示。所谓某药归某经，即表示该药对某些脏腑和经络有明显的选择性。如杏仁可以止咳平喘，故入肺经，可润肠通便，故入大肠经。临床上有时嫌一药入多经，会使其作用分散，通过炮制调整，可使其作用专一。柴胡、香附等经醋制后有助于引药入肝，小茴香、橘核等经盐制后，有助于引药入肾，更好地发挥治疗肾经疾病的作用。前人从实践中总结出一些规律性的认识，如“大凡生升熟降”“酒制升提”“醋制入肝”“盐制入肾”等。

六、便于调剂和制剂

中药材经水制软化，切制成一定规格的片、丝、段、块后，便于调剂时称量和煎煮。质地坚硬的矿物类、甲壳类及动物骨甲类药难粉碎，不便于制剂和调剂，采用明煅、煅淬、砂烫等方法，使之质地酥脆而便于粉碎，易于煎出有效成分。如砂烫醋淬穿山甲、龟甲、鳖甲，砂烫马钱子，蛤粉烫阿胶，火煅代赭石、寒水石，火煅醋淬自然铜等。

七、提高药物净度，确保用药质量

中药在采收、运输、贮藏过程中常混有沙土、杂质、霉烂品及非药用部位，因此，必须加以净选、清洗等加工处理，使其达到一定的净度，以保证临床用药的卫生和剂量的准确。如种子类药物要去沙土、杂质，根类药物要去芦头（根上部之根茎部分），皮类药物要去粗皮（栓皮），昆虫类药物要去头、足、翅等。有些药物虽属同一植物，但由于药用部位不同，其作用也不同，更应区分入药。如麻黄茎发汗，根止汗，故要分开入药，以适应临床需要。

八、矫臭矫味，利于服用

某些动物类药材（如紫河车、乌贼骨）、树脂类药材（如乳香、没药）或其他有特殊不良气味的药物，往往为患者所厌恶，服后出现恶心、呕吐、心烦等不良反应。为了便于服用，常用酒制、醋制、蜜制、水漂、麸炒等方法炮制，能起到矫臭矫味的效果，有利于服用。如酒制乌梢蛇、紫河车，麸炒僵蚕，醋制乳香、没药。

第四节　影响中药饮片质量的因素

一、炮制对药性的影响

炮制对药性的影响包括对性味、升降浮沉、归经、毒性的影响等。

（一）炮制对四性五味的影响

四性五味是中药的基本性能之一，它是按照中医理论体系，把临床实践中所得到的经验进行系统

的归纳，以说明各种药物的性能。炮制常常通过对药物性味的影响，从而达到调整治疗作用的目的。炮制对性味的影响大致有三种情况：一是通过“反制”纠正药物过偏之性，以缓和药性。如栀子苦寒，用辛热的姜汁制后，能降低苦寒之性，以免伤中。二是通过“从制”，使药物的性味增强，从而增强疗效。如胆汁制黄连，增强黄连苦寒之性，所谓寒者益寒。酒制仙茅，增强仙茅温肾壮阳作用，所谓热者益热。三是通过炮制，改变药性，扩大药物的用途。如天南星辛温，善于燥湿化痰，祛风止痉，加胆汁制成胆南星，则性味转为苦凉，具有清热化痰，熄风定惊的功效。生地甘寒，具有清热凉血、养阴生津作用，制成熟地后，则转为甘温之品，具有滋阴补血的功效。

（二）炮制对升降浮沉的影响

升降浮沉是指药物作用于机体的趋向，它是中医临床用药应当遵循的规律之一。升降浮沉与性味有密切的关系，一般而言，性温热、味辛甘的药，属阳，作用升浮；性寒凉、味酸苦咸的药，属阴，作用沉降。李时珍说“升降在物，亦在人也”，药物经炮制后，由于性味的变化，可以改变其作用趋向，尤其对具有双向性能的药物更明显。药物大凡花升籽降、根升梢降、生升熟降。辅料对其影响更明显，通常酒炙性升，姜炙则散，醋炙能收敛，盐炙则下行。如黄柏原系清下焦湿热之药，经酒炙后作用向上，兼能清上焦之热。黄芩酒炙可增强上行清头目之热的作用。砂仁为行气开胃、化湿醒脾之品，作用于中焦，经盐炙后，可以下行温肾，治小便频数。莱菔子能升能降，生品以升为主，用于涌吐风痰，炒后则以降为主，长于降气化痰，消食除胀。由此可见，药物升降浮沉性能并非固定不变，可以通过炮制改变其作用趋向。

（三）炮制对归经的影响

所谓归经是指药物有选择性地对某些脏腑或经络表现出明显的作用，而对其他脏腑或经络的作用不明显或无作用。中药炮制很多都是以归经理论作指导的，特别是用某些辅料炮制药物，如醋制入肝经，蜜制入脾经，盐制入肾经等。很多中药都能归几经，可以治几个脏腑或经络的疾病，如生姜能发汗解表，故入肺经，又能和胃止呕，故入胃经。

临床上为了使药物更准确地针对主证，作用于主脏，发挥其疗效，需通过炮制来达到目的。如益智仁入脾、肾经，盐炙后则主入肾。知母入肺、胃、肾经，盐炙后则主要作用于肾经。

（四）炮制对药物毒性的影响

“毒”是指具有一定毒性和副作用的药物，用之不当，可导致中毒。药物通过炮制，可以达到去毒目的。去毒常用的炮制方法有净制、水泡漂、水煮、水飞、砂烫、醋制、去油制霜等。如蕲蛇去头，半夏用白矾水浸泡，川乌、草乌蒸或煮制，雄黄、朱砂水飞，马钱子砂烫，甘遂、芫花醋炙，巴豆制霜等，均可去其毒性。

炮制有毒药物时一定要注意去毒与存效并重，并且应根据药物的性质和毒性表现，选用恰当的炮制方法，才能收到良好的效果。否则，可能造成毒去效失，达不到炮制目的。

二、炮制对药物化学成分的影响

中药的化学成分相当复杂，中药治病是发挥多成分的综合作用。中药经加热、水浸，以及酒、醋、蜜、盐、药汁等辅料处理，其化学成分会发生变化，某些成分的含量增加或减少，或者生成新的化合物。因此，研究炮制对中药化学成分的影响，对探讨中药炮制作用和原理、优选炮制工艺、制定饮片质量标准，具有重要的意义。炮制对药物化学成分的影响，分以下几个方面介绍。

（一）炮制对含生物碱类药物的影响

生物碱存在于生物体内，类似碱的性质，具有明显的生理活性。不但植物来源的中药可含有生物碱，而且动物来源的中药有的也含有生物碱（如蟾酥）。

净制：生物碱在不同植物体内的分布部位各异，净选时应去除不含生物碱的非药用部位，或将含不同生物碱的部位区分药用。如黄柏中的小檗碱集中在黄柏的韧皮部，木质部及栓皮部含量甚微，故黄柏只用韧皮部入药，其木质部及栓皮部应视为非药用部位去除。又如麻黄茎中含有较多的麻黄碱和伪麻黄碱，有升高血压作用，而麻黄根所含麻根碱则具有降低血压的作用，故麻黄净制处理应将茎与根区分药用。

水处理：在植物体内，大部分生物碱以游离状态存在，不溶于水，但有些小分子生物碱（如槟榔碱等）、季铵类生物碱（如小檗碱等）均易溶于水。所以此类药材在用水洗、水浸等处理时，应采取“少泡多润”的原则，尽量减少与水的接触时间，以免生物碱随水流失。

酒炙：游离生物碱能溶于乙醇、氯仿等有机溶剂，不论是游离生物碱或其盐类都能溶解。所以，药物经过酒制后能提高生物碱的溶出率，从而提高药物的疗效。如酒黄连中小檗碱的溶出率较生品大大提高。

醋制：游离生物碱能溶于酸水（形成盐），所以常用醋作为炮制辅料，以增加溶出率，提高疗效。如醋制延胡索，可使其止痛和镇静的有效成分延胡索乙素及去氢延胡索甲素等，与醋酸结合生成醋酸盐，能溶于水，增强镇静止痛效果。

加热炮制：各种生物碱具有不同的耐热性，应根据炮制目的，控制炮制温度与时间。如川乌、草乌炮制的目的是降低乌头碱的毒性，故经烘、焙、煨等干热处理或蒸、煮等湿热处理，可使其剧毒的双酯型乌头碱类水解或分解，生成毒性较低的苯甲酰单酯型乌头碱（乌头次碱）和几乎无毒性的乌头原碱。马钱子中士的宁和马钱子碱，既为有效成分又是有毒成分，控制适宜的加热条件，可使其变为异士的宁和异马钱子碱及其氮氧化合物，保证临床用药安全。有些药物，如石榴皮、龙胆草、山豆根等，其中所含生物碱为治疗成分，遇热活性降低，应少加热或不加热，以生用为宜。

（二）炮制对含苷类药物的影响

苷广泛地存在于植物体中，尤其在果实、树皮和根部最多。一般易溶于水或乙醇。

水处理：由于苷类成分易溶于水，故大黄、甘草、秦皮等主含苷类成分的药材，切制前用水处理应少泡多润，以免苷类成分随水流失。

酒炙：含苷的药物用酒炮制，可提高其溶解度，增强疗效。如黄芩酒炙后，水煎液中黄芩苷的含量较生品提高。

加热炮制：含苷类成分的药物往往在不同细胞中含有相应的分解酶，在一定温度和湿度条件下可被酶分解，影响疗效。如槐花、苦杏仁、黄芩等含苷的药物，若采收后长期放置，相应的酶可分解芦丁、苦杏仁苷、黄芩苷，使这些药物的疗效降低。花类药物所含的花色苷也会因其所含酶的作用而变色脱瓣。因此含苷类药物常用炒、蒸、烘、焯或曝晒的方法破坏或抑制酶的活性，以免其被酶解，保存药效。

（三）炮制对含挥发油类药物的影响

挥发油大多数具有芳香性，在常温下可以自行挥发而不留任何油迹，大多数比水轻，在水中微溶，易溶于多种有机溶剂及脂肪油中。

水处理：含挥发性的药材应及时加工处理，加水处理宜“抢水洗”。挥发油在植物体内若以游离状态存在，如薄荷、荆芥等，宜在采收后或喷润后迅速加工切制，不宜带水堆积久放，以免发酵变质，影响质量。若挥发油在植物体内以结合状态存在，如厚朴、鸢尾，则需经堆积“发汗”后香气方可逸出。

加热炮制：加热处理温度应低，干燥宜采用阴干法，以免挥发油损失。若挥发油具有治疗作用，则应尽量避免加热处理，干燥时宜阴干或于60℃以下烘干，如薄荷、茵陈等。若挥发油具有明显的毒性和强烈的刺激性，通过炮制后可大部分去除，有利于临床使用。如乳香对胃有较强刺激性，易致呕吐，经炒制等加热处理可除去大部分挥发油，使刺激性降低，可供内服。有的药物为达到医疗的需要，往往通过炮制以减少或除去挥发油。如蜜制麻黄，通过蜜炙加热处理，麻黄中具发汗作用的挥发油可减少1/2以上，从而使所含的具有平喘作用的麻黄碱含量相对提高，再加上蜂蜜的辅助作用，更适用于喘咳的治疗。又如苍术含挥发油较多，具有刺激性，用麸炒等方法炮制，可使挥发油减少，“燥性”降低。

（四）炮制对含鞣质类药物的影响

鞣质又称单宁、鞣酸，广泛地存在于植物中，在医疗上主要用于收敛、止血、烧伤等，有时也用作生物碱及重金属中毒的解毒剂。

水处理：易溶于水，尤其易溶于热水。如故地榆、虎杖、侧柏叶、石榴皮等以鞣质为主要药效成分的药物，用水处理时应少泡多润，以减少损失。

加热炮制：鞣质能耐高温，经高温处理，一般变化不大。如大黄含有致泻作用的蒽苷和具有收敛作用的鞣质，经酒蒸、炒炭后，蒽苷的含量明显减少，而鞣质含量变化不大，故可使大黄致泻作用减弱，而收敛作用相对增强。也有一些鞣质经高温处理能影响疗效，如地榆、槐花等炒炭时，若温度适宜，鞣质的含量会有所增加，若温度过高，则鞣质的含量反而降低，甚至全被破坏，因此炮制时要掌握火候。槟榔、白芍等含鞣质的中药，切制的饮片应及时烘干或阴干，因鞣质为强的还原剂，暴露于日光和空气中易被氧化，致使饮片色泽泛红。

鞣质遇铁能发生化学反应，生成黑绿色的鞣质铁盐沉淀，因而在炮制含鞣质成分的药物时忌铁器，宜用竹刀、钢刀、铜刀切制，洗涤时在木盆中洗，煎药时要用不锈钢锅或砂锅，都是为了避免鞣质与铁的反应。

（五）炮制对含有机酸类药物的影响

有机酸广泛存在于植物的各种部位，特别是未成熟的肉质果实内，并随果实的逐渐成熟，其含量逐渐降低。

水处理：低分子的有机酸大多能溶于水，因此，用水处理时宜采用少泡多润的方法，以防止有机酸类成分的损失。若有机酸为有毒成分，应长时间浸泡，将其除去，如白花酢浆草、酢浆草等植物含有可溶性的草酸盐有毒，水处理时应将其除去。

加热炮制：加热可使有机酸破坏，如山楂炒焦后，部分有机酸被破坏，酸性降低，从而减少了对胃肠道的刺激。一些药物加热后，有机酸会发生质的变化，如咖啡炒后，绿原酸被破坏，而生成咖啡酸和奎宁酸。

（六）炮制对含油脂类药物的影响

油脂大多存在于植物的种子中，通常具有润肠通便或致泻作用，有的作用峻烈，有一定毒性。

加热炮制：经加热，压榨除去部分油脂类成分，以免滑肠致泻或降低毒副作用，保证临床用药安全有效。如巴豆、千金子去油制霜以减小毒性，缓和泻下作用。柏子仁、瓜蒌仁去油制霜降低或消除滑肠作用。

（七）炮制对含树脂类药物的影响

树脂通常存在于植物组织的树脂道中，当植物体在外伤的刺激下，即能分泌出树脂来，形成固体或半固体物质。树脂一般不溶于水，而溶于乙醇等有机溶媒中。

加热炮制：加热炮制可增强某些含树脂类药物的疗效，如藤黄经高温处理后，抑菌作用增强。但是有的树脂如果加热不当反而影响疗效，如乳香、没药中的树脂如果炒制时温度过高，促使树脂变性，反会影响疗效。加热炮制可以破坏部分树脂，以适应医疗需要。如牵牛子树脂具有泻下去积作用，经炒制后部分树脂被破坏，可缓和泻下作用。

酒炙、醋炙：炮制含树脂类药物，常用辅料酒、醋处理，可提高树脂类成分的溶解度，增强疗效。如五味子经酒制可提高疗效，因五味子的补益成分为一种树脂类物质。乳香、没药经醋制，能增强活血止痛作用。

（八）炮制对含蛋白质、氨基酸类药物的影响

蛋白质是生物体内所有化合物中最复杂的物质，水解后产生多种氨基酸，很多种氨基酸都是人体生命活动所不可缺少的。

水处理：蛋白质是一类大分子的物质，多数可溶于水，生成胶体溶液，一般煮沸后由于蛋白质凝固，不再溶于水。纯净的氨基酸大多数是无色结晶体，宜溶于水。由于蛋白质和氨基酸都具有水溶性，

故不宜长期浸泡于水中，以免损失有效成分，影响疗效。

加热炮制：加热可使蛋白质凝固变性或产生新的物质。若蛋白质为毒性成分，可通过加热处理，使毒性蛋白质变性而消除毒性，如巴豆、白扁豆、蓖麻子加热后毒性大减。若蛋白质和氨基酸为有效成分，应避免加热。如雷丸、天花粉、蜂毒、蛇毒、蜂王浆等以生用为宜。而一些含苷类药物如黄芩、苦杏仁，经沸水焯、煮，破坏酶的活性，保存苷类有效成分。蛋白质加热处理以后，往往还能产生一些新的物质，而取得一定的治疗作用。如鸡蛋黄、黑大豆等经过干馏处理，能得到含氮的吡啶类、卟啉类衍生物，产生解毒、镇痉、止痒、抗菌的作用。

三、炮制对调剂和制剂的影响

中药饮片应用于调剂和制剂，不同的处方和剂型对炮制都有特殊的要求。炮制品的质量直接影响调剂与制剂的质量，炮制与调剂和制剂的关系极为密切。

（一）炮制对调剂的影响

很多中药材形体粗大，质地坚硬，不利于配方时药物称量，切成片、丝、段、块，可便于调配时称量和分剂量。

入汤剂的中药，除煮散外，均以饮片形式配方，要求有一定的形状、大小和规格。制成一定规格的饮片使其表面积增大，利于药材中有效成分的浸出，利于药物疗效的发挥。饮片太厚太大会影响有效成分的溶出，太小太碎又影响煎后的过滤、服用。因此，必须根据汤剂的要求去掌握。

处方是依据辨证结果，在具体治法指导下选用的方药。病证不同，对某些药物往往有一些特殊的要求，随方炮制，可以满足临床配方的特殊需要。

汤剂通常是医生根据患者的病情和身体素质随证组方，针对性较强，对药物的炮制要求也灵活多变，常根据用药意图确定。即是同一方剂，用于不同情况，对药物的炮制要求也不尽相同。如四逆散若用于阳气被遏，四肢不温，柴胡则宜生用。若用于胁肋疼痛，则采用醋制为宜，且用量宜大。药物经过炮制后，其性味、作用趋向、作用部位、功用、毒副作用等方面都可能发生一定的变化，与生品有一定的差别，而且各炮制品之间的药性也有一定的差异，它们各具特点。临床应用时，既要掌握它们的共性，又要分辨它们的区别。临床上，除了以各炮制品的药效特点作为依据外，还应根据组方情况和用药意图，灵活变通。

（二）炮制对制剂的影响

中药制剂的内服药，其给药途径多为口服，这就需要按照药品卫生标准严格要求。饮片切制时，需按照饮片生产工序进行，这样既利于粉碎，又有益于服后吸收，易于发挥疗效。有相当多的药物，需要依方炮制，稳定疗效。应当根据方剂不同的要求，严格工艺，随方炮制，不能轻率简化或改变炮制工艺，确保中药制剂的安全有效。

中成药由于各剂型的特殊要求，与汤剂所用原料有着显著差别。有的要求一定细度的粉末，如丸、散剂一般要求过 80～120 目筛，眼膏中的药粉要求过 200 目以上的筛；而某些药酒又可用整体中药，如人参酒中的整支人参等。

中成药剂型很多，虽然不像汤剂对饮片的炮制要求那样严格，但也不能都用生品为原料，仍需按处方要求“依法炮制”，否则，会影响到制剂的疗效。如首乌冲剂中要制首乌，全鹿丸中需要盐炙杜仲，十全大补丸中需要熟地。有些中成药，方中某些药物需要进行特殊的处理，甚至比汤剂要求更严。如附桂理中丸，为了突出温中的功效，党参与甘草需要蜜酒炙，干姜需要制成炮姜，白术需要赤石脂炒。

汤剂和中成药对饮片质量也有共同的要求。尤其是净制，无论对汤剂或中成药的疗效都有很大的影响，不可忽视。如皮壳、毛核、粗皮、木心等非药用部位作用很弱或无作用，如果不除去，则会影响剂量，降低疗效。饮片的外观质量一般从形态、色泽、质地、气味来控制，汤剂和中成药对饮片的外观质量都有严格的要求。饮片的内在质量应严格控制，尤其是有毒中药，丸、散剂的要求一般高于汤剂饮片。

四、炮制对药物临床疗效的影响

中药成分相当复杂，常常是一药多效。然而中医治病往往不是利用药物的所有作用，而是根据病情有所选择，需要通过炮制使药物某些作用突出，某些作用减弱，充分发挥药物的治疗作用，避免不利因素，力求符合疾病的实际治疗要求。同时，疾病的发生、发展是多变的，脏腑的属性、喜恶、生理、病理也各有不同，以及气候、环境的不同，对用药要求也不同。中药只有经过炮制，才能适应中医辨证施治、灵活用药的要求。由此可见，炮制是中医用中药的一大特色，是提高临床疗效的重要环节。

知识拓展

中药炮制可调整药性，降低毒性，增强疗效，以满足临床治疗要求。临床医生要提高疗效，根据辨证论治，选择恰当的炮制品是十分重要的。炮制品的质量直接影响临床疗效，而中药炮制的各个操作步骤均能影响其质量。必须注意药物的净制、切制、加热、辅料等与药效的关系。

清代《修事指南》的作者张仲岩指出：“炮制不明，药性不确，而汤方无准，病症不验也。”这段话反映了炮制与药性、医疗活动、临床疗效的关系。强调了临床用药必须注意炮制品药性的改变以及炮制品的选择应用，以对症下药，取得疗效。中药炮制与临床疗效有如此密切的关系，是由中医用药的特点所决定的。

（一）净制对药物疗效的影响

原药材中常常混有杂质、非药用部分，或各个部位作用不同，如果一并入药，则难以达到治疗目的，如果混有毒性物质，则会造成医疗事故。如巴戟天的木心为非药用部分，且占的比例较大（约2/3），若不除去，用药剂量不准，影响疗效。麻黄茎发汗，根止汗，二者作用不同，必须分开入药。药物中常混有外形相似的有毒药物，如黄芪中混有狼毒，天花粉中混有王瓜根，这些毒物若不拣出危险性很大。

（二）切制对药物疗效的影响

药材切制前需经过软化处理，但控制水处理的时间和吸水量很重要。若浸泡时间过长，吸水量过多，药材中的成分会大量流失，降低疗效，也给饮片干燥带来不利影响。如槟榔软化时，若长时间浸泡，则槟榔碱会严重损失。切制时，若饮片厚度相差太大，在煎煮过程中会明显影响药物疗效的发挥。饮片干燥也很重要，切制后饮片因含水量高，如不能及时干燥，就会霉烂变质。干燥方法和干燥温度不当，也会造成有效成分损失。

（三）加热炮制对药物疗效的影响

加热是中药炮制的重要手段，常用的方法有：炒法、煅法、煨法、蒸法、煮法、燀法等，其中炒制和煅制应用最广泛。

许多中药经过炒制，可以产生焦香气，起到启脾开胃的作用，如炒麦芽、炒谷芽等。种子和细小果实类药物炒后不仅产生香气，而且有利于溶媒渗入药物内部，提高煎出效果，如葶苈子、莱菔子等。苦寒类药物炒后能缓和苦寒之性，免伤脾阳，如炒栀子。温燥药或性猛的药经炒后可缓和烈性，如麸炒苍术、枳实。有异味的药物炒后可矫臭矫味，利于服用，如麸炒僵蚕。

煅制常用于处理质地坚硬的矿物药、动物甲壳及化石类药物以及需要制炭的植物药。矿物药或动物甲壳类药物，煅后不仅能使药物质地酥脆，利于煎熬和粉碎，作用也会发生大的变化。如白矾煅后，燥湿、收敛作用增强，自然铜煅后可提高煎出效果，血余煅炭后产生止血作用。

生地加热蒸制成熟地，其性味、功效均发生了显著的变化。川乌、草乌加热煮制后，其毒性显著降低，保证了临床用药的安全有效。

知识链接

我国的中药材交易市场有几个？

目前，我国已在历史四大药都基础上，基本形成覆盖全国范围的17大中药材交易中心、100多家季节性中药材市场、产地市场和数以千计的中药材集贸市场。17大中药材交易中心是中药材市场的核心，分别是安徽亳州、江西樟树、河北安国、广西玉林、河南禹州、成都荷花池、广东普宁、广州清平、重庆解放南路、哈尔滨三棵树、兰州黄河、西安万寿路、山东鄄城、湖北蕲州、湖南岳阳花板桥、湖南邵东、昆明菊花园。目前，17大中药材交易市场中药材流通量已经占全国中药材交易总量的70%左右。中药饮片企业围绕中药材全国交易市场成立和布局，形成中药材、中药饮片价格产业集群。如安徽亳州是全国最大的中药材交易市场，全市共有88家中药饮片加工企业，年生产能力35万~40万吨，约占全国市场的30%，安徽省市场的70%。目前已经挂牌或待挂牌的大中型中药饮片企业有过半来自安徽亳州。

中药材交易市场具有极高的资源属性。布局中药材交易市场是完善中药材全产业链的关键环节，是公司掌握中药材价格、交易量、库存等关键信息的核心渠道，能全面提升公司对中药材价格的掌控力。目前全国17个中药材交易专业市场中，康美药业已收购亳州中药材市场（世纪国药）、普宁中药材市场与玉林中药材市场。在建市场包括陇西、青海中药城等项目。康美也凭借市场信息优势，把自己的中药贸易业务做到了60亿元，同时还是在扩张中药材互联网改造和供应链金融业务。

第五节　中药炮制的辅料

炮制辅料是指具有辅助作用的附加物料，它对主药起到增强疗效或降低毒性，或影响主药理化性质等作用。常用的辅料种类较多，分为液体辅料和固体辅料两大类。

一、液体辅料

1. 酒

酒有黄酒、白酒之分，炙药多用黄酒，浸药多用白酒。黄酒为米、麦、黍等用曲酿制而成，含乙醇15%~20%，一般为棕黄色透明液体，气味醇香特异。白酒为米、麦、黍、薯类、高粱等用曲酿制并经蒸馏而成。含乙醇50%~60%。一般为无色澄明液体，气味醇香特异，且有较强的刺激性。

酒性大热、味甘、辛，能活血通络，祛风散寒，行药势，矫臭矫味。药物经酒制后，有助于有效成分的溶出，增加疗效。性味苦寒的药物酒炙可缓和药性，引药上行，如大黄、黄芩、黄柏等。活血化瘀、祛风通络的药物酒炙可协同增效，如当归、川芎。有臭味的药物酒炙可矫臭去腥，如乌梢蛇、紫河车。酒蒸主要增强药物的补益作用，如女贞子、肉苁蓉等。

2. 醋

古称酢、醯、苦酒，习称米醋。醋有米醋、麦醋、曲醋、化学醋等多种，炮制用醋为食用醋（米醋或其他发酵醋），化学合成品（醋精）不应使用。醋长时间存放者，称为“陈醋”，陈醋用于药物炮制更佳。

醋是以米、麦、高粱以及酒糟等酿制而成。主要成分为醋酸，占4%~6%。醋具酸性，能使药物中所含有的游离生物碱等成分结合成盐，增强溶解度而易煎出有效成分，提高疗效，如醋制延胡索等。药物经醋炙，可引药入肝经，增强疗效，如乳香、三棱醋炙增强活血散瘀止痛作用，柴胡、香附醋炙增强疏肝止痛作用。峻下逐水药醋炙降低毒性，缓和泻下作用，如甘遂、商陆等。树脂类、动物粪便类药物醋炙可矫臭矫味，如五灵脂、乳香、没药、五味子醋蒸可协同增强酸涩收敛之性。

3. 蜂蜜

蜂蜜味甘，性平。有补中润燥，解毒止痛，矫臭矫味等作用。中药炮制常用的是炼蜜，能和药物起协同作用，增强药物疗效，或具解毒、缓和药性、矫臭矫味等作用。止咳平喘的药物蜜炙增强润肺止咳的作用，如百部、款冬花。补气药甘草、黄芪蜜炙增强补脾益气作用，麻黄蜜炙缓和辛散之性，马兜铃蜜炙缓和苦寒之性，还能矫味免吐等。

4. 食盐

是食盐的结晶体加适量水溶化、过滤而得到的澄明液体。主含氯化钠，尚含少量的氯化镁、硫酸镁、硫酸钙等物质。

食盐性味咸寒，能强筋骨，软坚散结，清热凉血，解毒，防腐，并能矫味。多制成食盐水溶液盐炙使用，可引药入肾经，增强疗效。如杜仲、巴戟天增强补肝肾作用，小茴香、橘核、荔枝核增强理气疗疝作用，知母、黄柏增强滋阴降火作用，益智仁增强缩小便和固精的作用。

5. 生姜汁

是姜科植物鲜姜的根茎经捣碎取的汁，或用干姜加适量水煎煮去渣而得到的黄白色液体。主要成分为挥发油、姜辣素（姜烯酮、姜酮、姜萜酮混合物），还含有多种氨基酸、淀粉及树脂状物等。

生姜性味辛、温，能发表散寒，温中止呕，化痰，解毒。药物经姜汁制后能抑制其寒性，增强疗效，降低毒性。厚朴姜炙可缓和副作用，增强宽中和胃的功效，黄连、竹茹姜炙可增强止呕作用，黄连还可缓和苦寒之性。半夏、南星、白附子常用生姜、白矾复制以降低毒性，增强化痰作用。

6. 甘草汁

是甘草饮片经煎煮去渣而得的黄棕色至深棕色的液体，主要成分为甘草酸及甘草苷、还原糖、淀粉及胶类物质等。

甘草性味甘、平，具补脾益气，清热解毒，祛痰止咳，缓急止痛的作用。药物经甘草汁制后能缓和药性，降低毒性。如甘草汁煮远志、吴茱萸。

7. 黑豆汁

是黑大豆经煎煮去渣而得到的黑色混浊液体，含蛋白质、脂肪、维生素、色素、淀粉等。

黑豆性味甘、平，能活血利水，祛风，解毒，滋补肝肾。药物经黑豆汁制后能增强药物的疗效，降低药物毒性或副作用，如何首乌等。

8. 米泔水

又称“米二泔”，系淘米时第二次滤出之灰白色混浊液体，含少量淀粉和维生素。因易酸败发酵，应临用时收集。

米泔水味甘，性凉，无毒。能益气除烦，止渴，解毒。对油脂有吸附作用，常用来浸泡含油质较多的药物。如米泔水漂苍术、白术等，可除去部分油质，降低药物辛燥之性，增强补脾和中的作用。

9. 胆汁

是牛、猪、羊的新鲜胆汁，为绿褐色微透明的液体，略有黏性，有特异腥臭气，主含胆酸钠、胆色素、黏蛋白、脂类及无机盐类等。

胆汁味苦，性大寒。具有清肝明目，解毒消肿，利胆通肠，润燥作用。与药物共制后，能降低药物的毒性或燥性，增强疗效。常用于胆汁炮制的药物有天南星、黄连等。

10. 麻油

是胡麻科植物芝麻的干燥成熟种子经压榨所得的油脂，主含亚油酸甘油酯、芝麻素等。

麻油性味甘，微寒，具有清热，润燥，生肌作用。因沸点较高，常用以炮制质地坚硬或有毒的物质，使之酥脆，降低毒性。常以麻油炮制的药物有马钱子、蛤蚧、地龙、豹骨等。

此外，液体辅料还有吴茱萸汁、羊脂油、萝卜汁、石灰水、鳖血等，根据临床需要而选用。

二、固体辅料

1. 麦麸

为小麦的种皮，呈褐黄色。主含淀粉、蛋白质及维生素等。

麦麸性味甘、淡，具有和中益脾作用。与药物共制能缓和燥性，增强健脾和中作用，并能赋色矫味、吸附油质。常用麦麸炮制的药物有枳壳、枳实、僵蚕、白术、苍术、葛根等。

2. 米

为禾本科植物稻的种仁，主含淀粉、蛋白质、脂肪、矿物质等物质，并含有少量的B族维生素、多种有机酸及糖类。

稻米性味甘、平，具有补中益气，健脾和胃，除烦止渴，止泻痢作用。稻米与药物共制，可增强药物疗效，降低刺激性和毒性。中药炮制多选用大米或糯米，常用米制的药物有党参、斑蝥、红娘子等。

3. 白矾

又称明矾，为硫酸盐类矿物明矾石经加工提炼而成的不规则的块状结晶体，无色、透明或半透明，有玻璃样色泽，质硬而脆，味微酸而涩，易溶于水，主要成分为含水硫酸铝钾。

白矾性味酸、寒，能解毒，祛痰杀虫，收敛燥湿，防腐。与药物共制，可防止腐烂，降低毒性，增强疗效，如白矾制半夏、天南星等。

4. 豆腐

豆腐为大豆的种子粉碎加工制成的乳白色固体，主含蛋白质、维生素、淀粉等。性味甘、凉，具有益气和中、生津润燥、清热解毒等作用。豆腐具有较强的沉淀与吸附作用，与药物共制后可降低其毒性，去除污物，如豆腐煮藤黄、硫黄降低毒性，豆腐煮珍珠洁净药物。

5. 土

中药炮制常用的是灶心土（伏龙肝），也可用黄土、赤石脂等。灶心土为灶下黄土经长时间柴草熏烧而成，呈焦土状、黑褐色，主含硅酸盐、钙盐及多种碱性氧化物。

灶心土性味辛、温，具有温中和胃、止血、止呕、涩肠止泻等作用。与药物共制后可降低药物的刺激性，增强补脾止泻等作用。土炒白术、山药、白芍、当归等均可协同增强补脾止泻作用。

6. 蛤粉

为帘蛤科动物文蛤、青蛤等的贝壳，经煅制粉碎后的灰白色粉末。主要成分为氧化钙、碳酸钙等。

蛤粉性味咸、寒，具有清热、利湿化痰、软坚等作用。蛤粉炒阿胶可降低滋腻之性，矫味，增强清热化痰作用。

7. 滑石粉

为硅酸盐类矿物滑石经精选、净化、粉碎、干燥而得到的细粉。呈白色或类白色，手摸有滑腻感。

性味甘、寒，具有利尿、清热、解暑等作用。常用滑石粉炒制和煨制药物，如滑石粉炒刺猬皮，滑石粉煨肉豆蔻等。炒制主要是使韧性大的动物药质地变得酥脆，利于粉碎。煨制主要是除去过量的油脂，以消除刺激性，增强止泻作用。

8. 河沙

是经筛取、洗净泥土、除尽杂质后的中等粒度的河沙，晒干备用。中药炮制常用河沙作为中间传热体拌炒药物，主要取其温度高、传热快的特点，可使坚硬的药物受热均匀，经沙炒后，药物质地变松脆，以便粉碎和利于煎出有效成分，提高疗效。沙炒还可以破坏药物毒性成分，易于除去非药用部位。常以沙烫炒的药物有穿山甲、骨碎补、狗脊、马钱子、龟甲、鳖甲等。

9. 朱砂

为硫化物类矿物辰砂，主要成分为硫化汞。炮制用的朱砂是经研磨或水飞后的洁净细粉。性味甘、微寒，具有镇惊、安神、解毒等功效。与药物同制后能起协同作用，增强疗效。常用朱砂拌制的药物有麦冬、茯苓、茯神、远志等。

第四章　中药饮片生产通用技术

中药饮片生产通用技术是指将符合质量要求的中药材，经过净制、软化、切制、干燥、选片分级、包装和质量检测等工序后，即可直接用于临床的调剂，也是中药制剂和中药饮片进一步炮炙的原料。

第一节　中药材净制技术

净制是中药材在切制、炮炙或调剂、制剂前，选取规定的药用部位，除去杂质、非药用部位、霉变品及虫蛀品等，使其达到药用纯度标准的方法。净制是中药炮制的第一道工序，是影响中药饮片质量的首要环节。

中药材净制可起到以下作用：①保证临床用药的卫生和剂量的准确。中药材在采收加工和贮运过程中，常常混有泥沙，残留有非药用部位，出现霉变、虫蛀、泛油等变异现象，影响临床用药的质量。净制时通过洗刷、挑拣、筛簸、去毛等处理，去除杂质、变异品和非药用部位，将药用部位分别药用，使之更好地发挥疗效。如漂净海藻、海带等药材附着的盐分，去除石韦叶背面的毛茸，将麻黄茎和根分离后分别入药等。②便于切制和炮炙。由于中药材是自然状态的干燥品，同种药材的个体大小、粗细长短均有一定差异，所以在饮片切制和炮炙前均需将其进行大小、粗细分类，以便在软化时控制其湿润程度，在炮炙时控制其火候，保证饮片的质量。③便于临方调配。中医运用中药常常是组成复方应用，而药物的炮制方法是根据组方需求来确定。如朱砂拌茯苓、麻黄绒等均需临方炮制，以满足调配需求。

一、杂质清除技术

杂质是指混入药材中的异物，清除杂质的同时也常同步去除霉变、虫蛀、泛油等劣质品。根据方法的不同，可分为挑选、筛选、风选、水选和磁选等。

（一）挑选

挑选是清除混在药材中的枯枝、杂草、腐叶或少量霉变、虫蛀品、泛油品等，使其洁净。或将药物按大小、粗细等进行分档，便于进一步加工处理。一般选用挑选、颠簸、摘除等方法进行操作。

1. 挑选

即将药物放在适宜的容器内或摊放在一定的台面上，用手拣去簸不出、筛不下且不能入药的杂质，如核、柄、梗、壳等，或虫蛀、霉变、走油等变异品，或分离不同的药用部位。在实际操作中挑选往往配合筛簸交替进行。如金银花中常夹杂有碎叶片和灰屑，或因产地包装时压得过紧，联结成团，一般先筛去灰屑，并用手轻搓使其散开，然后将筛过的金银花摊开，用手拣去残碎叶片和异物，使之纯净。

2. 颠簸

用柳条或竹片制成的圆形或长方形簸箕、竹匾或畚箕，将药物放入其中，使之上下左右振动，利用药物与杂质的不同比重与比例，借簸动时的风力，将杂质簸除、扬净，多用于植物类药物，用以簸去碎叶、皮屑等，使药物纯净。

3. 摘除

将根、茎、花、叶类药物放在适宜的容器内，用手或剪刀将其不入药的残基、叶柄、花蒂等摘除，使之纯净。如将少许旋覆花或辛夷摊放在竹匾内，用手轻轻摘除连在花朵上的细梗，同时拣去夹杂的杂草、残叶。

（二）筛选

筛选是根据药物和杂质的体积大小不同，选用不同规格的筛和箩，以筛去药物中的砂石或其他细小的固体杂质，使其洁净。或者对形体大小不等的药物选用不同孔径的筛子进行筛选分档，使大小规格趋于一致，便于进一步炮制，使其受热均匀，质量一致。或筛去药物在炮制中的辅料，如麦麸、土粉、蛤粉、滑石粉、河砂等。

传统筛选时，一般使用竹筛、铁丝筛、铜筛、蓖筛、麻筛、马尾筛、绢筛等器具。马尾筛、绢筛一般用来筛去细小种子类药物所夹杂的杂质。

由于传统筛选系手工操作，效率低且劳动强度大，同时存在粉尘污染等问题，因此现代多用机械设备进行操作，目前主要有振荡式筛药机和小型电动筛药机。

1. 振荡式筛药机

操作时将待筛选的药物放入筛子内，启动机器，即可将药物与杂质分离或将药物进行大小分档。在筛选时一般依据药物的体积，更换相应孔径的网筛进行筛选。该设备结构简单，操作容易，效率高且噪声小。

2. 小型电动筛药机

由于将筛底安装于铁皮箱内，上盖有铁皮盖，药物在密封的筛箱内往复振动，筛除的药屑掉入下面密封的铁箱中。比较适用于筛选无黏性的植物药，也可用于有毒、刺激性及易风化、潮解的药物。

（三）风选

风选是利用药物和杂质的比重不同，经过簸扬（一般可利用簸箕或风车），借药材起伏的风力，使之与杂质分离，以达到纯净之目的。常用于去除细小种子类药材中混有的果柄、果皮、花柄、干瘪种子等质地较轻的杂质。

（四）水选

有些药材表面附着大量泥沙、盐分等杂质，用筛选或风选不易除去，可通过用水洗或漂去杂质的方法，以使药物洁净。水选可分为洗净、淘洗、浸漂三种方法。

1. 洗净

用清水洗去药材表面的泥土、灰尘、霉斑或其他不洁之物。一般先将洗药池注入七成满清水，倒入挑拣整理过的药材，搓揉干净，捞起，装入竹筐中，再用清水冲洗一遍，沥干水，干燥，或进一步加工。

2. 淘洗

用大量清水荡洗附在药材表面的泥沙或杂质。即把药材置于小盛器内，手持一边倾斜潜入水中，轻轻搅动药材，来回抖动小盛器，使杂质与药材分离，除去上浮的皮、壳杂质和下沉在小盛器中的泥沙，取出药物，干燥。如蝉蜕、蛇蜕、地鳖虫等。

3. 浸漂

将药物置于大量清水中浸泡较长时间，适当翻动、换水。或将药材用竹筐盛好，置清洁的长流水中漂洗较长的时间，至药材毒质、盐分或腥臭异味得以减除为度。取出，干燥，或进一步加工。如乌梅、山茱萸、昆布、海藻等。

浸漂时应严格掌握时间，勿使药物在水中浸漂过久，降低有效成分含量。对其有效成分易溶于水的药材，一般采用“抢水洗”法（即对药材进行快速洗涤，缩短药材与水接触时间），以免损失药效，并注意及时干燥，防止霉变。

（五）磁选

药材在采收、储运、加工过程中可能混入铁质杂物，如钉子、铁丝、铁屑等，应及时把它们从药材中分离出来。否则混入药材中进入后续的切药、粉碎、包装等工序时会引起严重的设备事故。另外，一些硫化物类矿物药材，如雄黄，其主含二硫化砷（As_2S_2），朱砂也俗称辰砂，其主含硫化汞（HgS），若在这类药材中混入铁杂质，铁会与其中硫反应还原出游离状砷（As）或汞（Hg），产生毒副作用。

磁选机械的基本工作原理是：利用药材与杂质的非磁性和磁性的特性，通过强磁性材料吸附磁性物质的方法分离药材与杂质。磁性金属杂质相对于药材原料中的其他杂质来说量不多，但危害性大，且用普通的去杂方法难以去除，所以必须采用专门的磁选机械。目前国内有多款磁选机，基本都采用输送形式，通过机械的匀速运动和下料机构将物料均匀地置于输送带上并向前移动，通过三道由弱到强的磁选装置将铁质金属除净。

二、非药用部位分离和清除技术

药材在采收加工的过程中常附着或夹杂一些非药用部位而影响临床疗效，故在药材切制或临床入药前，应采用相应的方法分离药用部位和除去非药用部位。按净制要求可分为：去根、去茎；去枝梗；去皮壳；去毛；去心；去核；去芦；去瓤；去头尾、皮骨足、翅；去残肉。

（一）去根、去茎

1. 去残根

以茎或根茎为药用部位的药物，一般须除去残留的主根、支根、须根等非药用部位，如荆芥、薄荷、黄连、芦根、马鞭草、泽兰、茵陈、益母草、瞿麦等。

2. 去残茎

用根的药物须除去残留的地上茎或根茎，如丹参、续断、白薇、龙胆、威灵仙、防风、秦艽等。

另外，某些植物的根、茎均能入药，但两者作用不同，必须分别药用。如麻黄根能止汗，茎能发汗解表，故须分开入药。

（二）去枝梗

去枝梗是指去除某些果实、花、叶类药物的非药用部位（包括某些果柄、花柄、叶柄、嫩枝等），使其纯净，用量准确，如五味子、路路通、连翘、小茴香、女贞子、桑叶、侧柏叶、辛夷、菊花等。

如钩藤，习惯上以钩入药为佳，并认为双钩比单钩好，嫩枝较老枝好。现代研究认为，钩藤的钩与茎所含化学成分基本一致，但含量有差别，老枝、枯枝含量极少。药理实验结果证实，嫩枝钩降压作用维持时间长，老枝、茎降压作用较弱，维持时间短，说明古人强调钩藤用钩、嫩枝，去除老茎枝是有一定道理的。一般采用挑选、切除、摘等方法去除老茎枝。

（三）去皮壳

有些药物的表皮（栓皮）或种皮属于非药用部位，或有效成分含量甚微，或果皮与种子两者功用不同，均须除去或分离，以便纯净药物或分别药用。如花椒（果皮）能温中散寒、止痛、杀虫，椒目（种子）则能利水消肿，平喘，为使其疗效确切，须将果皮与种子分开入药。

去皮壳的药物大体分为三类：

1. 树皮类

如肉桂、厚朴、杜仲、黄柏等。可用刀刮去栓皮、苔藓及其他不洁之物。

2. 根和根茎类

如知母、桔梗、南沙参、北沙参、天门冬、明党参、白芍、黄芩等。根和根茎类药物多趁鲜在产地去皮，如不趁鲜去皮，干后就不易刮除。

3. 果实种子类

如木鳖子、大风子、生巴豆、白果等。可砸破皮壳，去壳取仁。种子类药物，如苦杏仁、桃仁等，可用燀法去皮。

（四）去毛

有些药物表面或内部，常着生许多绒毛，服后能刺激咽喉引起咳嗽或产生其他有害作用，故须除去，消除其副作用。去毛类药材包括药材表面的细茸毛、鳞片，以及根类药材的须根。根据不同药物，分别采取如下方法。

1. 刷去毛

枇杷叶、石韦等一些叶类药材的叶背面密被绒毛，药量少时可用毛刷或丝瓜络刷去绒毛，药量大时，可将枇杷叶、石韦等药材润软、切丝，放入筛箩内（约装大半箩）置水池中，加水至药面。先用光秃的竹扫帚用力清扫数分钟，再加水冲洗。同时仍用竹扫帚不停地搅拌清扫，如此反复，至水面无绒毛飘起时捞出，干燥。

2. 烫去毛

骨碎补、狗脊、马钱子等药材表面附生有黄棕色鳞片或绒毛，可用砂烫法将毛烫焦，再撞去毛。

3. 燎去毛或刮去毛

鹿茸一般先用瓷片或玻璃片将其表面绒毛基本刮净后，再用酒精燃着火快速燎焦剩余的绒毛，操作时注意勿将鹿茸燎焦。

4. 挖去毛

金樱子果实内部生有淡黄色绒毛，产地加工时，趁鲜将其纵剖为两瓣，选取适宜的工具挖净毛核。如有未去净毛茸者或完整的果实，须再进行加工处理，其方法为，将金樱子用清水稍润软（完整的须切开），挖净毛、核，洗净后晒干。

5. 撞去毛

将香附炒至毛焦后，与瓷片同放于竹笼中撞去毛。

（五）去心

“心”一般指根类药材的木质部或种子的胚芽。早在汉代《伤寒论》中就有麦冬、天门冬去心的记载。《修事指南》谓：“去心者免烦。”但在长期医疗实践中证实，一些带“心”的药物服后并没有感到烦闷，所除去的“心”多属于非药用部位。在实际操作中，去心的药材主要包括去根的木质部分和枯朽部分、种子的胚、花类的花蕊、某些果实的种子以及鳞茎的茎等。如牡丹皮的木心所占比例较大，且无药效，去除木心能保证用量的准确性。再如莲子心（胚芽）能清心热、除烦，莲子肉能补脾涩精，故需分别入药。

药物去心主要是为了除去非药用部位，提高药物的纯净度，使其用量准确，分离不同药用部位，以消除药物的副作用，或使饮片外形美观。

（六）去核

有些果实类药物常用果肉而不用核（或种子），其中有的核（或种子）属于非药用部位，有的果核与果肉则作用不同，故需分别入药。一般采用风选、筛选、挑选、浸润、切挖等方法去除。

（1）诃子肉为酸涩收敛药，能敛肺涩肠，治久咳失音、久泻、久痢症。诃子核能治目疾，风赤涩痛，但很少药用，故需除去。去核时，是将诃子用清水浸润，待其软化后砸开，取其果肉，晒干。

（2）山茱萸肉与果核成分相似，但二者含量有差异。具有降低血清转氨酶作用和安定、降温、抗菌消炎作用的熊果酸主要存在于果肉中，为核内含量的6倍。而鞣质和油脂则主要分布于核中，且古人认为核能滑精，故需除去。本品多在产地即已去除，如仍有未去核者，可洗净润软或蒸后将核剥去，晒干。

（3）山楂（北山楂）主要用其果肉，果核很少药用。为增强果肉的疗效，净选加工时需除去脱落的果核。

（4）乌梅的核分量较重，且无治疗作用，如医疗要求有需用肉者，需将核去除。去核时，质地柔软的可直接剥取果肉去核，质地坚硬者可先用温水洗净润软，再取肉去核。

（七）去芦

“芦”一般指药物的根头、根茎、残茎、茎基、叶基等部位。历代医药学家认为“芦”为非药用部位，有的且“能吐人”，故应除掉。习惯认为，需要去芦的药物有人参、玄参、南沙参、桔梗、防风、续断、牛膝、丹参等。

现代研究表明，人参的主根和芦头的皂苷种类、数目均相同，后者的含量是前者的3倍左右，多肽、氨基酸、无机元素等也是大同小异。同时药理资料表明，未发现人参芦有催吐作用，认为人参去芦没有必要，以避免药材的损失。

对桔梗主根和芦头的成分研究表明，桔梗芦头和主根的成分基本一致，但芦头所含皂苷量多于根20%～30%。另外，前胡、防风、独活等药材的芦头和主根均具有相同或相近的有效成分和临床效果，现多主张不去芦头入药。

（八）去瓤

去瓤的药材主要有青皮、枳壳、木瓜等，其目的主要是除去非药用部位。枳壳用果肉而不用瓤，是由于瓤无治疗作用。据研究，枳壳及其果瓤和中心柱三者均含挥发油、柚苷及具升压作用的辛弗林和N－甲基酪胺，但果瓤和中心柱中挥发油含量甚少，且不含柠檬烯。枳壳瓤占枳壳重量的20%，又易霉变和虫蛀，水煎液极为苦酸涩，不堪入口。同时，还有“去瓤者免胀”的说法，故枳壳瓤作为非药用部分除去是有一定道理的。其方法是，用小刀挖去瓤，洗净泥沙，捞起，润过夜，用铁锚压扁，再上木架压3～5天。压扁后，使其对合成扁半圆形，切成0.2 cm厚的凤眼片，晒干。

（九）去头尾、皮骨、足、翅

一些动物类或昆虫类的药物，有的需要去除头尾或足翅，其目的是为了除去有毒部分或非药用部位。如乌梢蛇、蕲蛇等均去头尾，斑蝥、红娘子、青娘子均去头足翅，蛤蚧需除去鳞片、头爪，蜈蚣需除去头足。去头尾、皮骨时，一般采用浸润切除，蒸制剥除等方法。去头足翅时，一般采用掰除、挑选等方法。

（十）去残肉

某些动物类药物，如龟甲、鳖甲等，均需除去残肉筋膜，纯净药材。现代多用胰脏净制法和酵母菌净制法。

1. 胰脏净制法

取新鲜或冰冻的猪胰脏，除去外层脂肪和结缔组织，称量后绞碎，用少许水搅匀，置纱布上过滤。取滤液配制成约0.5%的溶液，用Na_2CO_3调pH在8.0～8.4之间。水浴加热至40℃时，加入龟甲、鳖甲，使其全部浸没。恒温35～40℃，每隔3 h搅拌1次。经12～16 h，残皮和残肉能全部脱落，捞起龟甲、鳖甲，洗净晒干，至无臭味即可。

2. 酵母菌净制法

取龟甲0.5 kg，用冷水浸泡2天，倒掉浸泡液，加卡氏罐酵母130 mL，加水淹过龟甲体积1/3～1/6，盖严。2天后溶液上面起一层白膜，7天后将药物捞出，用水冲洗4～6次，晒干至无臭味即得。

优点：酵母菌制法时间可缩短至传统净制法的1/6～1/5，设备简单，去腐干净，对有效成分（动物胶）无损害，出胶率比传统净制法还高，适宜大量生产。

实训一 净选加工技术

一、实训目的

(1) 学会使用常见的净选工具。
(2) 能根据药物所含杂质的类型确定净选方法，并能进行净选操作。
(3) 能正确进行揉搓、制绒和拌衣。

二、实训器材

1. 实训设备

盆、竹匾、簸箕、铁丝筛、电子秤。

2. 实训材料

麻黄、酸枣仁、黄芪、山楂、枳壳、车前子、王不留行、薄荷、益母草等。

三、实训内容及步骤

(一) 准备工作

将要净选加工的药物称重后备用，检查净选工具及盛药容器等是否洁净，必要时进行清洁。

(二) 实训过程

将待净选的药物取出，称量并记录，根据所要净选药物的类型和所含杂质的种类确定净选工具。将适量的药物置盆、竹匾、簸箕、铁丝筛等工具内，进行挑拣、筛簸等处理，除净杂质后再行称重，按照净度 (%) =净药重量/供试药物重量×100%，计算其净度。将净制后的药物盛于洁净的容器内，清洁所用器具和工作台面。

1. 挑选

将已称好的药物（如麻黄、酸枣仁等）置挑选台上，拣出药物中所含的杂质和霉变品、虫蛀品、泛油品等变异品，称取净药物重量，计算药物净度。

2. 筛选

将已称好的药物（如黄芪、山药、山楂、枳壳等）置适宜孔径的筛内，两手对称握紧筛子的边缘，均匀用力（筛子不能随意晃动），使药物在筛内摇动，将杂质及药物碎屑等筛出。将净药称重后计算药物净度。

3. 风选

将已称好的药物（如车前子、王不留行等）置簸箕内，两手握住簸箕边缘后部的 2/3 处均匀用力，借扬、簸、摆等力量，将杂质、瘪粒、碎屑等除去。将净药称重后计算药物净度。

4. 制绒

将麻黄草质茎置铁研船中进行碾制，碾至麻黄的草质茎破裂成绒状，髓部组织破坏，筛去药屑，取绒状的草质茎入药。

(三) 场地清理

实训结束后，将炮制好的药物置于洁净的聚乙烯包装袋内，密封后贮藏，清洁实验器具，将实训室打扫干净，关闭水、电、气、门、窗。

四、实训提示

表 4－1

序号	实训关键环节	提示内容
1	净制工具是否洁净	盆、竹匾、簸箕、铁丝筛等工具洁净后才可以进行操作
2	净制方法是否正确	根据药物类型和杂质种类选择适宜方法
3	净制工具使用	正确使用簸箕、铁丝筛、电子秤、铁研船等
4	净度符合要求	依据国家中医药管理局制定的《中药饮片质量标准通则（试行)》
5	制绒	去除麻黄中夹杂的木质茎，碾至草质茎破裂成绒状，髓部组织破坏为度

五、实训思考

(1）为什么要将混于麻黄草质茎中的木质茎及其根去除?

(2）风选的原理是什么?

(3）筛选的原理是什么?

六、实训测试

表 4－2

测试项目	重点测试内容	测试标准	标准分值	测试得分
过程测试	准备工作	洁净和检查工具，准备工作到位	10	
	操作步骤	严格操作流程，操作过程没有大的失误	15	
	工具使用	正确使用簸箕、铁丝筛、电子秤、铁研船等	10	
	净选操作	能选用适当工具进行操作，成品符合质量要求	10	
	创新训练	能主动查阅资料，尝试新的净制操作方法	10	
结果测试	意外事件	整个操作过程中，没有发生器具损坏及不安全事件	5	
	分组讨论	能找出本组操作中存在的问题，找到合理的解决方法	10	
	炮制程度	几种药物净度达到炮制标准，制绒、揉搓、拌衣符合要求	10	
	场地清理	能及时清洗实验器具，清理桌面，药物归类放置	5	
	实训报告	报告字迹工整，条理清晰，结果准备，分析透彻	15	

第二节　中药材软化技术

切制饮片时，除少数中药材如鲜石斛、鲜芦根、鲜生地、丝瓜络、竹茹、谷精草、鸡冠花、通草、灯心草等可进行鲜切或干切外，大多数干燥的中药材，切制前必须进行适当的软化处理，使其由硬变软，内外质地柔软适中，以利于切制。

明代《本草蒙筌》载："诸药锉时，须要得法，或微水渗，或略火烘。湿者候干，坚者待润，才无碎末，片片薄匀，状与花瓣相侔，合成方剂起眼。"

药材软化的要求是"软硬适度""药透水尽""避免伤水"。大多数中药材用常水软化处理，少数不宜用常水软化的药材，可用其他方法软化。目前，为适应大量生产的需要，广大中药工作者对中药材软化的新技术、新设备进行了研究、探索，使中药材的软化向机械化、联动化方向发展。

一、常用水软化技术

常用水软化技术是使干燥的药材吸收一定量的水分，使其质地由硬变软，符合切制要求。

常用水软化处理的目的，一是软化药材，便于加工切制饮片。二是调整或缓和药性，降低毒性。三是洁净药物除去泥沙杂质及非药用部位。中药材的软化处理，要根据药材的种类、质地、内含物和季节等情况，灵活选用适当的方法，常用的水处理的方法，有淋法、洗法、泡法、漂法、润法等。软化时，要严格控制水量、温度和时间。

（一）淋法（喷淋法）

淋法是指用水（符合制药卫生标准要求，下同）喷淋药材的方法。

1. 操作方法

将药材整齐地堆好，均匀喷淋清水（一般为2～4次，喷淋的次数根据药材质地和季节灵活掌握，并控制水量），待药物全部渍湿后，上盖湿物（麻袋等），润至适合切制的程度。

2. 适用中药材

多适用于气味芳香、质地疏松的全草类、叶类、果皮类和有效成分易随水流失的药材。如益母草、薄荷、荆芥、佩兰、香薷、枇杷叶、陈皮、黄柏等。近年来，有些药材已在产地加工，如藿香、益母草、青蒿等，均需趁鲜切制。

3. 注意事项

（1）采用淋法处理后的药材不要带水堆积，避免色泽变黯或返热烂叶。

（2）每次软化的药材量以当日切完为宜。

（3）如本法处理后仍然未达到软化程度的药材可再选用其他方法处理。

（二）洗法（淘洗法）

洗法是用清水洗涤或快速洗涤药物的方法。由于药材与水接触时间短，故又称"抢水洗"。

1. 操作方法

将药材投入清水中，经淘洗或快速洗涤后及时取出，稍润，即可切制。目前，药厂多采用洗药机洗涤药材。

2. 适用中药材

适用于质地松软，水分易渗入及有效成分易溶于水的药材，如丹参、五加皮、瓜蒌皮、白鲜皮、合欢皮、南沙参、石斛、瞿麦、陈皮、防风、龙胆等。

3. 注意事项

（1）洗法要在保证药材洁净和易于切制的前提下，尽量采取"抢水洗"，操作力求迅速，缩短药材与水接触时间，防止药材"伤水"和有效成分的流失。

（2）洗涤次数要根据药材所含杂质多少决定。大多数药材洗一次即可，但有些药材附着多量泥沙或其他杂质，则需用水洗数遍，以洁净为度。

（3）每次用水量不宜太多，如蒲公英、紫菀、紫花地丁等。

（三）泡法（浸泡法）

泡法是将药材用清水浸泡一定时间，使其吸入适量水分的方法。

1. 操作方法

先将药材洗净，再注入清水至淹没药材，放置一定时间（视药材的质地、大小和季节、水温等灵活掌握)，中间不换水，一般浸泡到一定程度，捞起，润软至适合切制的程度。

2. 适用中药材

适用于质地坚硬，水分较难渗入的药材，如白术、大黄、萆薢、天花粉、木香、乌药、土茯苓、泽泻、姜黄、三棱等。

3. 注意事项

（1）浸泡时间不宜过长，防止伤水。一般体积粗大、质地坚实者，浸泡的时间宜长些；体积细小，质地不太坚实者，浸泡的时间宜短些。春、冬季节气温较低，浸泡的时间宜长些；夏、秋季节气温较高，浸泡的时间宜短些。

（2）某些药材在浸泡时，所含成分渐向水中扩散，致使浸泡液呈现一定色泽的现象，习称“下色”。对于易“下色”的药材，浸泡时，要求浸泡液稍有变色，略呈药材色泽时，即应捞出，再采用润法使之软化，以防止药材中的成分流失或造成“伤水”。易下色的药材有白术、苍术、泽泻、射干、大黄、甘草等。

（3）质地较轻的药物要在上方压一重物，以防药物漂浮而浸泡不均匀，如枳壳、青皮等。

（4）以少泡多润为原则。

（四）漂法

漂法是将药物用多量清水浸漂，并定时换水，多次漂洗的方法。

1. 操作方法

将药材放入多量的清水中，每日换水 2 ~3 次。漂去有毒成分、盐分等，并使药材软化，利于切制或炮炙。古代一般用长流水漂制。剧毒药或含盐分较多的药物漂 3 ~7 天，容器或缸底下有排水孔，冬、春季每天换水 1 ~2 次，夏、秋季每天换水 2 ~3 次。

2. 适用中药材

适用于毒性药材和富含盐分以及有腥臭味的药材。如天南星、半夏、附子、川乌、草乌，在软化的同时可降低毒性。盐苁蓉、昆布、海藻可除去盐分；紫河车可矫正气味。

3. 注意事项

（1）漂的时间根据药材的质地、季节、水温灵活掌握。

（2）一般毒性药材，将药材切开，放于舌上，微有麻辣感。

（3）含有盐分的药材漂至口尝无咸味。

（4）有腥臭味的药材，如紫河车，以漂去瘀血为度。

（5）漂后需切制的药材，还要用润法润至适合切制的程度。

（五）润法

润法是指保持湿润的外部环境，使已渍湿药材的外部水分，徐徐渗入内部，使其内外柔软适宜切制的方法。润法与淋法、洗法、泡法等密切配合，广泛应用。

1. 操作方法

将淋、洗、泡过的药材，置于适宜的容器内密闭，或堆积于润药台上，以湿物遮盖或不遮盖，保持湿润状态，使药材外部的水分徐徐渗透到药材组织内部，以达到内外湿度一致，柔软适中，适合切制的程度。润药得当，既能保证饮片色泽鲜艳，水分均匀，平坦整齐，减少炸心、翘片、掉边、碎片等现象，保证质量，又可减少有效成分损失，有“七分润工，三分切工”之说法。润法分为浸润、伏润、露润。

（1）浸润。

以定量水或其他溶液浸渍药材，经常翻动，使水分缓缓渗入内部，以“药透水尽”为度。如酒浸黄连，水浸郁金、枳壳、枳实等。

（2）伏润（闷润）。

质地致密且坚硬的药材，经水洗、泡或用其他辅料处理后，装缸（坛）等容器内，在基本密闭条件下进行闷润，使药材内外软硬一致，达到适合切制的程度。如郁金、川芎、白术、白芍、山药、三棱、槟榔等。

（3）露润（吸潮回润）。

将药材摊放于湿润而垫有篾席的地上，使其自然吸潮回润，达到适合切制的程度。如当归、玄参、牛膝等。

2. 适用中药材

润法与淋法、洗法、泡法等密切配合，广泛应用。

3. 注意事项

（1）润药的时间根据药物的质地、季节、气温而定，灵活掌握。

（2）含淀粉较多的药材，最易因微生物滋生而出现发黏、发红、发馊、发臭、腐烂等现象，尤其需要注意。一经发现变质，要立即用清水快速洗涤，晾晒后再闷润。如山药、天花粉、半夏等。

二、其他软化处理技术

有些药材不宜用常水软化处理，需根据药材的性质，采用其他软化技术。

（一）湿热法软化

湿热法软化是通过蒸或煮使药材软化的方法。有些药材质地坚硬，常水短时间处理不易渗入，久泡又易损失有效成分，如木瓜、红参、天麻等；或常水虽可软化，但有效成分易被酶解，如黄芩等需要采用湿热法软化。

采用蒸、煮法，既能加速软化，又利于杀酶保苷，保存有效成分，同时又可保持片型美观，并能缩短干燥时间。

（二）干热法软化

干热法软化是指通过烘、煨等方法直接加热，使药材软化的方法。

胶类药物常用烘烤法软化，如蛤粉烫阿胶之前，要将整块阿胶放烘箱内，60℃烘软，趁热切制成立方块（称阿胶丁）后，再进行烫制。肉豆蔻煨制后，趁热切制成厚片。有些地区红参、天麻也用此法软化。

（三）酒处理软化

酒处理软化是指某些动物类药物切制前，若用水软化，易变质或难以软化，通常需用酒软化。

如鹿茸切片，要先燎去茸毛，刮净，以布带缠绕茸体，自锯口面小孔处，不断灌入热白酒至满，稍润或稍蒸至适合切制的程度，趁热横切成薄片，压平，干燥。蕲蛇、乌梢蛇等的软化，一般是用黄酒润透后，切寸段，干燥。

（四）软化新技术新方法

在传统软化方法的基础上，发展出真空加温软化法、减压冷浸软化法和加压冷浸软化法等新技术和新方法。这几种方法已有多种型号设备投入生产使用，前两种方法是先抽真空减压至一定程度，之后通入蒸汽或冷水，使坚硬的药材快速软化，后一种设备是将水压入药材组织中以实现快速软化的目的。此三种方法前景广阔。

三、软化程度的检查技术

药材在水处理过程中，要检查其软化程度是否符合切制要求。常用检查有以下方法。

（一）弯曲法

本法常与折断法配合使用，适用于长条状药材。药材软化后握于手中，大拇指向外推，其余四指向内缩，以药材略弯曲、不易折断为合格。如白芍、山药、木通、木香等。

（二）指掐法

指掐法适用于团块状药材，以手指甲能掐入软化后药材的表面为宜。如白术、白芷、天花粉、泽泻等。

（三）穿刺法

穿刺法适用于粗大块状药材，以铁钎能刺穿药材而无硬心感为宜。如大黄、虎杖等。

（四）手捏法

手捏法适用于形状不规则的根或根茎类药材，软化后以手捏粗的一端，感觉其较柔软为宜，如当归、独活等。

（五）手握法

有些体积小的块根、果实等类药材，软化至手握无吱吱响声或无坚硬感为宜。如延胡索、槟榔、枳实、雷丸等。

（六）切试法

质地坚硬的药材，软化至用刀剖开，内心有潮湿的痕迹为宜。如泽泻、大黄等。切试法能直接观察到药材内部的吸水情况，又可作为检验药材是否宜切的手段，因而是很实用的检查方法。

以上检查方法主要用于手工切制，采用机器切制时，软化程度较手工切制要低，且要求药材表面有一定硬度。水处理后的药材在机器切制前，一般要进行晾晒，或机器烘干处理，才能切片。否则切制的饮片易出现掉边等不合格品。

第三节　中药饮片切制技术

中药材经过净选加工、软化处理后，需要选择合适的饮片类型，采用机械切制或手工切制成一定规格的片、丝、块、段等饮片类型的炮制工艺，称为饮片切制。饮片一词，广义而言，凡是直接供中医临床调配处方或中成药生产使用的所有药物，统称为饮片。种子类、矿物类、动物介壳类等不经过切制，直接供中医临床调配处方使用，亦称为饮片。狭义而言，饮片是指切制成一定规格的片、丝、块、段等形状的药材。本章中所说的饮片，即指狭义而言。

饮片切制有以下目的：①利于有效成分煎出。饮片的厚薄直接影响到临床疗效，一般按药材的质地不同而采取“质坚宜薄，质松宜厚”的切制原则，以利于煎出药物的有效成分。②利于炮炙。药材切制饮片后，便于炮炙时控制火候，使药物受热均匀；利于与各种辅料的均匀接触和吸收，提高炮炙效果。③利于调配和制剂。药材切制成饮片后，体积适中，利于调配。在制备液体剂型时，药材切制后不仅能增加浸出效果，而且能避免煎煮过程中出现糊化、粘锅、降低有效成分煎出率等现象，显示出饮片“细而不粉”的特色；制备固体剂型时，由于切制品便于粉碎和混合均匀，从而使处方中的药物比例相对稳定。④利于鉴别。对性状相似的药材，切制成一定规格的片型，能显露出组织结构的特征，有利于鉴别真伪优劣。⑤利于贮存。药物切制后，含水量下降，减少了霉变、虫蛀等因素，并且能方便包装，有利于贮存。

一、中药饮片类型

根据药材本身的性质（如质地、外部形态、内部组织结构等）和各种不同需要（如炮制、调剂、制剂、鉴别等）选择合适的饮片类型，其中药材的性质是决定饮片类型的重要因素，因为它直接关系到饮片切制的操作和临床疗效。根据《中国药典》2015 年版的规定，并吸收传统饮片中的实用类型，将常见的饮片类型归纳为 8 种，现分述如下。

1. *极薄片*

厚度为 0.5 mm 以下。适用于质地致密、极坚实的木质类、动物骨骼类及角质类药材。如羚羊角、水牛角、松节、苏木、降香等。

2. 薄片

厚度为1～2 mm。适用于质地致密坚实、切薄片不易破碎的药材。如白芍、乌药、槟榔、当归、川木通、川牛膝、天麻、三棱、姜半夏等。

3. 厚片

厚度为2～4 mm。适用于质地较松泡、粉性大、切薄片易破碎的药材。如山药、天花粉、泽泻、丹参、升麻、南沙参、党参等。

4. 斜片

厚度为2～4 mm。适用于长条形而纤维性强的药材。如桂枝、桑枝、山药、黄芪、玄参、苏梗、鸡血藤、木香等。倾斜度小的称为瓜子片（如桂枝、桑枝等），倾斜度稍大而体粗者称为马蹄片（如大黄等），倾斜度更大而药材较细者，称为柳叶片（如甘草、黄芪、川牛膝、川木香等）。

5. 直片（顺片）

厚度为2～4 mm。适用于形状肥大、组织致密和需突出其鉴别特征的药材。如大黄、白术、升麻、川芎、附子等。其中川芎、白术的直片又称“蝴蝶片”，附子经食用胆巴加工切制成的直片称“黑顺片”。

6. 丝（包括细丝和宽丝）

细丝宽度为2～3 mm，宽丝宽度为5～10 mm。适用于皮类、叶类和较薄的果皮类药材。如黄柏、厚朴、桑白皮、青皮、合欢皮、陈皮等均切细丝，荷叶、枇杷叶、淫羊藿、冬瓜皮、瓜蒌皮等均切宽丝。

7. 段（咀、节）

短段5～10 mm，长段10～15 mm。长段又称“节”，短段称“咀”。适用于全草类和形态细长，内含成分易于煎出的药材。如薄荷、荆芥、香薷、益母草、青蒿、佩兰、瞿麦、牛膝、北沙参、白茅根、藿香、木贼、石斛、芦根、麻黄、忍冬藤、谷精草、大蓟、小蓟等。

8. 块

边长为8～12 mm的立方块或长方块。有些药材为方便炮制和煎煮，需切成不等的块状。如大黄、何首乌、干姜、六神曲、鱼鳔胶、阿胶等。传统又将大黄、何首乌、干姜的立方块，称“咀”；阿胶的立方块，称“丁”。

二、中药饮片切制方法

中药材的切制可分为机械切制和手工切制两种。目前，基本上采用机械化切制，并逐步向自动化、联动化方向发展。由于机器切制还不能满足某些饮片类型的切制要求，故在某些环节上，手工切制仍在使用。

（一）机械切制

机械切制饮片具有产量大，速度快，能减轻劳动强度，节省劳动力和提高生产效率等优点。但也存在切制的饮片类型较少，美观度不够等缺点。因此，研制新设备、改进现有的切药机械，使之能生产多种饮片类型并提高精密度是机器切制亟待解决的问题。目前，全国各地生产的切药机种类较多，如剁刀式切药机、旋转式切药机、多功能切药机等，现将几种主要的切药机简介如下。

1. 剁刀式切药机

剁刀式切药机结构简单，由电机、台面、输送带、切药刀等部分组成。适应性强，一般根、根茎、全草类、茎类、叶类等药材均可切制，但不适宜颗粒状（团块状）药材的切制。其工作原理是：将软硬度适宜的药材放于机器台面上，启动机器，将药材捋顺，压紧，经输送带（无声链条组成）进入刀床切片，片的厚薄由偏心调节部进行调节。

2. 旋转式切药机

旋转式切药机由电机、装药盒、固定器、输送带、旋转刀床、调节器等部分组成。主要适用于颗粒状药材的切制，全草类药物则不宜。其工作原理是：将软硬度适宜的颗粒状药材装入固定器内，铺平，压紧。启动机器，在推进器的推动下，将药材送至刀床切口，进行切片。

3. 直线往复式切药机

（1）直线往复式切药机。

①装料与切片长度。将已经软化的药材整齐均匀排布在装料盘上，装料厚度宜在5 cm以下，如料层较松可稍为超出5 cm，经压送机构压出料层厚度保持在4 cm以下，以保证不超过刀片升起高度。待切物料由输送带及压料机构自动压送进入刀口切制，切片厚度可调节变速箱的左、右手柄位置搭配及调节偏心螺杆上滑块的偏心量达到要求。变速箱上的“截断长度－齿轮挡位配位表”所载的切片厚度是指棘轮转动一个齿时的数据，当调节偏心块调节机构的偏心量（曲柄摇杆机构的曲柄长度），使摇杆每摆动一次能拨过2个齿时，表列切片厚度应乘2，同样如能调节到棘轮拨过3个齿则表列值乘3，以此类推可获得应有的切片厚度。推动棘轮齿数最大不超过10齿。

②精制饮片切制。该机切制的最薄片为0.7 mm，最大长度为60 mm。由于采用齿轮——棘轮机构进行步进式输送药材，送料尺寸十分精确，误差可以控制在切制尺寸的10%以内，能切制尺寸统一、片形整齐的精制饮片。将已经软化的药材整齐均匀排布在输送带上，药材的长度方向与切刀面需垂直（否则易出现斜切现象），除草类、叶类药材外料层厚度不宜过高，一般为药材当量直径的2倍左右。为避免高速切制时切片被切刀粘连，在切刀下落时被切碎，可适当放慢切刀的速度。

③颗粒饮片切制。将已经软化的药材堆放在输送带上，在理想情况下，经一次切制成片状饮片，经二次切制成为条状饮片，再经三次切制便成为颗粒饮片。但在实际切制时药材不可能排布得非常整齐、均匀，因此经第三次切制的饮片需要筛选后进行再次切制，直到全部过筛为止。通常情况下，颗粒饮片的尺寸是指平均尺寸，颗粒饮片的最大和最小尺寸由筛网孔的大小决定，切药机的切制尺寸宜适当大于颗粒饮片的平均尺寸，一般为10%～20%，这样可以减少切制的碎末，提高生产效率。

④该机可切药材种类适应范围广，如根茎、草叶、块根、果实类药材都可以切制。该机切药原理为“切刀＋砧板”方式，切刀直落在输送带上，切制片型平整，切口平整光洁，切制碎末较其他切制方法少5%～8%。可配用切制颗粒饮片的专用成形刀具，可切制出4～12 mm见方的颗粒饮片。

（2）QGW型高速万能截断机。

该机的操作方法与直线往复式切药机基本相同，不同的是物料步进输送装置。该物料步进输送装置采用“曲柄—摇杆机构”和逆止器，通过偏心调节块的位置即逆止器摆动角度调节切制尺寸。

4. 旋料式切药机

将经过软化的块、段状药材逐渐喂入进料斗，经投料口进入转盘中心，进入盘中的物料被转盘高速带动，物料自身质量产生的离心力把物料甩向四壁，在转盘上推料块的推动下，物料被推向定子上的刀口，被切下的切片顺着刀刃口的切向飞向出料口。

该机适用于切制根茎、果实、大粒种子及块状物料，如川芎、泽泻、半夏、元胡、生（熟）地、玄参、生姜、芍药等或类似的药材，生产率高。

5. 多功能切药机

小型的多功能切药机操作简单，接通电源后，打开电动机开关使刀盘旋转，根据要求可先对软化了的药材进行试切，有的切片机调节杆上还有切片厚度参考刻度可供借鉴。开始时可先行试切，试切成功后，根据不同切片片型要求如直片，斜片（瓜子片，柳叶片）等不同要求，将药材送入不同的进药口，进药时最好使药材充满入药管，切出片型较整齐，药材送入料口后，应用推料手柄继续推送药材，直到料头全部切完。

6. 刨片机

首先经试切，调整好切刀伸出距离，将经过软化药材的长度方向按切刀运动方向排列，整齐铺排在盛料框中，滑刀盘应位于曲柄滑块机构中滑块的左端位置（即曲柄与连杆接近一直线的位置），压送气缸使活塞伸出，压在料盘中，开动机器，即能往复刨片，药材切完，可停车新加料再切。

适用于茎秆类、块根类、果实类药材切片，例如玉竹、芍药、山药、首乌、玄参、黄芪、人参等，药材的刨切不宜用于切制草叶类，如柴胡、枇杷叶等药材的刨切。

机械切制的操作要领可用歌诀概括为："刀快上线喂药匀，润透操作饮片平，时多时少厚薄片，刀钝曲线斧头形。"

（二）手工切制技术

由于机器切制不能满足某些饮片类型的切制要求，故对某些中药材的切制仍使用手工操作。手工切药使用的工具，是手工切药（铡）刀，操作时，一般左手把药或把持压板，视水平向或竖直向进料，右手握铡刀柄下铡或横铡。手工切制能切出整齐、美观的特殊片型和规格齐全的饮片。但操作中需要的经验性很强，且生产效率低，劳动强度大，只宜于小批量饮片的生产。

此外，对于坚硬木质类及动物的角、骨类药材，一般采用劈、刨、镑、锉等方法，切制成不同规格类型的饮片。如苏木、降香、檀香等，多劈成小碎块，或用刨刀刨成带状的刨片。羚羊角、鹿角、水牛角等，用镑刀镑成极薄片，或用刨刀刨成极薄片，亦可用锉刀锉成细粉。

1. 切药刀

切药刀一般分为祁州刀和南刀两类。切药刀主要由刀片（又称药刀或刀叶）、刀床（又称刀桥）、刀鼻（又称象鼻，由刀片鼻和刀床鼻组成）、装药斗、压板、蟹爪钳（又称槟榔钳）等部件组成。

其他切制工具还有镑刀、刨刀、锉刀、斧类等。

2. 手工切制操作

操作手法一般分为"把活"操作和"个活"操作。

（1）"把货"与"把活"。指切制时需要打成一束（把）后，再放刀床上，进行切片的货物（中药材），俗称"把货"。所干的这项工作（活计），俗称"把活"。

"把活"操作手法，是用左手捏起长条形的"把货"药材，捋顺放刀床上，用右手压住，待堆至一大把后，左手拿压板压住、掐紧，并推送至刀口，右手握刀下压，"把货"药材即被切制成饮片。

（2）"个货"与"个活"。指切制时，一般是单个或2～4个平整地排列在刀床上，进行切片的货物（中药材），俗称"个货"。所干的这项工作（活计），俗称"个活"。对于完整的中药材，也可称之为"个货"。

"个活"操作手法主要有两种。一种手法是，将团块状的"个货"药材用蟹爪钳住放在刀床上，左手拿压板压住，并推送至刀口，右手握刀下压，"个货"药材即被切制成饮片。另一种手法是，先将"个货"药材切一平底，或一剖为二，竖起放在刀床上，或将小团块状的"个货"药材平整地排列在刀床上，左手拿压板压住，并推送至刀口，右手握刀下压，"个货"药材即被切制成饮片。

（3）中药饮片手工切制操作技术举例。

①槟榔。槟榔切制极薄片。将分档后的槟榔用泡法浸泡至六七成透，捞出，上盖湿物，每天喷淋清水1～2次，润至内无干心时，取出。切片时，用蟹爪钳夹住，放刀床上，用压板压住，推送至刀口，切成0.4 mm左右、片面呈棕白交错大理石样纹理的极薄片，阴干。

传统是用吸水纸干燥极薄的槟榔片。将槟榔饮片层层铺好后，捆绑结实，吸水干燥。

②桔梗。桔梗切制薄片。将去芦、洗净、润软的桔梗，打成一大把，压板压住，切成片面显菊花心的圆形薄片，干燥。

一般厚片切制操作的手法与薄片相同。但要将饮片的厚度切制均匀一致，其切制要领较难掌握。

③川芎。川芎切制直片。将浸泡、闷润至柔软的川芎切一平底，竖起，顺放在刀床上，以免将瘤状根切成碎粒。压板压住，纵切成片形似糊蝶形的薄片，干燥。

④玄参。玄参切制斜片。将蒸至乌黑色，晾至外皮稍干的玄参，用"个货"的切法，斜放在刀床上，压板压住，斜切成片面狭长，片型很像柳树叶样的薄片。蒸后的玄参质地黏滑，切片中要不断往刀上刷水，防止粘刀。

⑤荷叶。荷叶切制宽丝。夏季用"吸湿回润法"。将干净的荷叶放在洁净、潮湿的底盘上，吸湿

变软后，用“把货”的切制手法，叠放在刀床上，打成把后，掐紧，横切成 10 mm 左右的宽丝，干燥。春秋季要用抢水洗或喷淋法软化。

⑥党参。党参切段。将抢水洗净润软后的党参捏起，捋顺，叠放至一大把后，用压板压住，右手握刀下压，党参即被横切成 10 mm 左右、两头整齐的圆柱形小段，或切成厚片，干燥。

⑦香橼。香橼切制平方块。将除去杂质，抢水洗净润软后的香橼（如果是洁净的香橼，可用喷淋法软化），用手拿着，先切制成宽 8 mm 左右的条状。切块时，用“把货”的切制手法，将香橼条捋顺，叠放刀床上，用手压着。叠放至一大把后，用压板压着向前推送，当香橼条被推送至 8 mm 左右时，药刀下压，横切成边长 8 mm 左右的平方块，晾干。

⑧阿胶。阿胶的立方块称“丁”。阿胶用蛤粉炒烫时要切“丁”。切丁时，用 60℃的温度烘软后，先切成 6 mm 宽的长条，再切成边长为 6 mm 的立方块。

⑨丝瓜络。药用时，干切成块或丝。干切时，将除去杂质及残留种子的丝瓜络，先横切成长条，再竖切成平方块或丝。

⑩苏木、降香。先锯成小段，再劈成小碎块。亦可用刨刀刨成带状的刨片。

⑪羚羊角、水牛角。将角类药材固定后，用镑刀镑成极薄片，或用锉刀将角类药材锉成粉末。

（三）切制易出现的败片及其原因

1. 连刀（连刀片、胡须片、蜈蚣片、挂须儿）

连刀是饮片之间相互牵连，药材纤维未完全切断的现象。甘草、黄芪、桑白皮、厚朴、麻黄等含纤维多的药材易出现。原因是药材皮部过软，刀刃不锋利，或药刀与刀床不“合床”所致。

2. 掉边（脱皮）与炸心

饮片的外层与内层相脱离，成为圆圈和圆心两部分称为掉边。郁金、白芍、泽泻等药材易出现掉边。饮片髓心破碎称为炸心。原因是闷润的“水头”不当，药材内外软硬不一致所致。

3. 翘片（马鞍片）

饮片边缘卷翘而不平整，或呈马鞍状的现象。槟榔、白芍、泽泻等药材易出现翘片。原因是药材切制前闷润不当，内部“水头”太过所致。

4. 皱纹片（鱼鳞片）

饮片的切面粗糙、具鱼鳞样斑痕的现象。三棱、莪术等药材易出现皱纹片。原因是药材软化的“水头”不足，或刀刃不锋利所致。

5. 油片

饮片的切面有油分或黏液质渗出的现象。当归、白术、独活等药材易出现油片。原因是药材软化时“伤水”所致。

6. 斧头片

饮片一边厚、一边薄，形如“斧刃”的现象。原因是药材闷润的“水头”不足，或刀刃不锋利，或操作技术不当所致。

操作时出现上述败片，要立即查找原因，及时纠正。已切出的败片及时改刀，加以补救，使之符合饮片质量要求。

第四节　中药饮片干燥技术

药材切成饮片后，必须及时干燥，否则易变色、酸败甚或霉烂，影响质量。干燥方法主要分为自然干燥和人工干燥。药物性质不同，干燥方法不尽相同，干燥方法选择适当与否，是保证饮片质量的关键。

一、自然干燥技术

自然干燥是指把切制好的饮片置日光下晒干或置阴凉通风处阴干。晒干法和阴干法都不需要特殊设备，具有经济方便、成本低的优点。但本法占地面积较大，易受气候的影响和环境污染，饮片不卫生，尤其是富含糖分的饮片，易受蚂蚁、苍蝇等昆虫的叮咬。目前实施的中药饮片 GMP 标准规定，洗涤或切制后的中药材和中药饮片不得露天干燥。

根据中药材的质地、色泽和所含成分的性质、药性选择合适的干燥方法。

晒干法适用于大多数中药饮片的干燥。阴干法适用于气味芳香、含挥发性成分较多、色泽鲜艳和受日光照射易变色、走油等类药材及饮片的干燥。自然干燥时若遇阴雨天气，可根据饮片的性质适当采用烘焙法干燥。

1. 黏性类

如天冬、玉竹等含有黏性糖质类药材，潮片容易发黏，如用小火烘、焙，原汁不断外渗，会降低质量。故宜用明火烘焙，促使外皮迅速硬结，使内部原汁不向外渗。烘焙时颜色随着时间演变，过久过干会使颜色变枯黄，原汁走失，影响质量，故一般烘焙至九成即可。掌握干燥的程度，只需以手摸之感觉烫不黏手为度。上烘焙笼前摊晒防霉，旺火操作要注意勤翻，防止焦枯，如有烈日可晒至九成干即可。

2. 芳香类

芳香类药材如荆芥、薄荷、香薷、木香等，因为香味与质量有密切的关系，保持香味极为重要。为了不使挥发性物质走散，切后宜薄摊于阴凉通风干燥处。如太阳光不太强烈也可晒干，但不宜烈日曝晒。否则温度过高会挥发香气，颜色也随之变黑。如遇阴雨连绵天气，药材极易发霉，要及时用微火烘焙，不能用猛火高温干燥，导致香散色变，降低药物的效能。

3. 粉质类

粉质类就是含有淀粉质较多的药材，如山药、浙贝母等。这些药材潮片极易发滑、发黏、发霉、发馊、发臭而变质，必须随切随晒，薄摊晒干。由于其质甚脆，容易破碎，潮片更甚，故在日晒操作中要轻翻防碎。如天气不好，要用微火烘焙，保持切片不受损失。但火力不宜过大，以免烘至药物外色焦黄。

4. 油质类

油质类药材如当归、怀牛膝、川芎等，这类药材极易起油。如烘焙，油质就会溢出表面，色也随之变黄，火力过旺，更会失油后干枯影响质量，宜采用日晒。如遇阴雨不能日晒，要及时用微火烘焙，以防焦黑。

5. 色泽类

色泽类药材如桔梗、浙贝母、泽泻、黄芪等。这类药材色泽很重要，含水量不宜过多，否则不易干燥。其白色类的桔梗，浙贝母宜用日晒，越晒越白。黄色类的泽泻、黄芪，如日晒则会毁色，故宜用小火烘焙，且可保持黄色，增加香味，但不能用旺火，以防焦黄。

二、人工干燥技术

人工干燥是利用一定的干燥设备，对切制后的饮片进行干燥。本法具有不受气候影响，比自然干燥卫生，并能缩短干燥时间等优点。近年来，全国各地在生产实践中，设计并制造出各种干燥设备，如直火热风式、蒸气式、电热式、远红外线式、微波式，其干燥能力和效果均有了较大的提高，这些干燥设备正在推广和不断完善。

人工干燥的温度，应随药物性质而灵活掌握。一般药物以不超过 80℃ 为宜，含芳香挥发性成分的药材以不超过 60℃ 为宜。

1. 翻板式干燥机

翻板式干燥机是将切制好的饮片经上料输送带送入干燥室内。室内为若干翻板构成的帘式输送带，一般共四层，由链轮传动，药物平铺于翻板上，自前端传至末端，即翻于下层，呈四次往复传动，饮片即被烘干。

2. 热风循环烘箱

热风循环烘箱操作时，将待干燥之药材以筛、匾等盛装，分层置于烘车上，推入烘箱内，密闭。干热空气从热风管内，由鼓风机输入，使热风对流，饮片干燥，变成湿热空气，并从热风管出口排出。

3. 远红外线辐射干燥技术

远红外线辐射干燥是将电能转变为远红外线辐射能，被干燥物体的分子吸收后产生共振，引起分子、原子的振动和转动，导致物体变热，将大量水分变成气态而扩散，最终达到干燥的目的。远红外辐射干燥速度快，药物质量好，具有较高的杀菌、杀虫及灭卵能力，节省能源，便于自动化生产，减轻劳动强度，因而被广泛应用。远红外线辐射干燥还可用于中药粉末及芳香性药物的干燥灭菌，并能较好地保留中药挥发油。

4. 微波干燥

微波干燥是将微波能转变为热能使湿物料干燥的方法。中药及炮制品中的极性水分子和脂肪能不同程度地吸收微波能量，在交流电场中，因电场时间的变化，使极性分子发生旋转振动，致使分子间互相摩擦而生热，从而达到干燥灭菌的目的。微波干燥技术速度快，时间短，加热均匀，产品质量好，热效率高，对药材中所含的挥发性物质及芳香性成分损失较少。微波干燥同时可灭菌，微波灭菌与被灭菌物的性质及含水量有密切关系，因水能强烈地吸收微波，所以含水量越多，灭菌效果越好。

5. 太阳能集热器

太阳能是一种巨大清洁的低密度能源，适用于低温烘干。有效利用太阳能，可以节约其他有限能源，减少环境污染。太阳能集热器避免了尘土和昆虫传菌污染，并能防止自然干燥后药物出现的杂色和阴面发黑等现象，提高了饮片的外观质量。

干燥后的饮片需充分放凉后再贮存，否则，余热能使饮片回潮，易于发生霉变或虫蛀。干燥后的饮片含水量一般控制在 7% ~13% 为宜，且不得变色。

实训二　中药饮片切制及干燥技术

一、实训目的

(1) 明确药材切制及饮片干燥的目的和意义。

(2) 掌握药材切制、饮片干燥的操作方法及其要点。

(3) 熟悉药材切制、饮片干燥机械的性能及使用方法。

二、实训器材

1. 实训设备

多功能切药机，电热鼓风式烘箱，盘，电子秤等。

2. 实训材料

白芷、白芍。

三、实训内容及步骤

(一) 准备工作

检查实训工具是否完备、洁净，能否正常工作。将要炮制的药材筛去碎屑、杂质，进行必要的软化处理，以备使用。

（二）实训过程

1. 手工切制

把活：用左手捏起长条形的“把货”药材，捋顺放于刀床上，用右手压住，待堆至一大把后，左手拿压板压住、掐紧，并推送至刀口，右手握刀下压，即被切制成饮片。

规格要求：白芷和白芍切成 1 ~2 mm 的薄片（圆片和瓜子片）。

2. 机器切制

白芷和白芍的切制：将润至适中的药材放于机器台面后，按照多功能切药机 SOP 操作规程启动多功能切药机，将药材切成圆片、斜片、直片等多种规格。

规格要求：白芷和白芍切成 1 ~2 mm 的薄片。

3. 干燥

人工干燥：将饮片用电热鼓风式烘箱进行干燥。温度控制在 60℃以下，并定时翻动至全部干燥时，取出，放凉。

（三）场地清理

实训结束后，将炮制好的药物置于洁净的聚乙烯包装袋内，密封后贮藏，清洁实训器具，将实训室打扫干净，关闭水、电、门、窗。

四、实训提示

表 4 –3

序号	实训关键环节	提 示 内 容
1	工具是否洁净	所有工具洁净后才可以进行操作
2	药材是否软化	药材软化时吸水量要适宜，软化“太过”或“不及”均会影响饮片质量并增加切制困难
3	切制厚度把握	手工切制要注意掌握压板向前移动速度，以使切制的饮片厚度一致
4	机械设备把握	机器切制要注意随时检查机器，按章操作，杜绝事故
5	干燥方式把握	自然干燥时应保持环境清洁，人工干燥时应注意干燥的温度，以免饮片泛油变色

五、实训思考

（1）饮片切制的目的是什么？

（2）实训中，你切制的饮片质量规格是否符合要求？若不符合，原因何在？

（3）常用干燥方法有哪几种？一般人工干燥采用的温度是多少？为什么？

六、实训测试

表 4 –4

测试项目	重点测试内容	测 试 标 准	标准分值	测试得分
过程测试	准备工作	洁净和检查工具，准备工作到位	10	
	操作步骤	严格操作流程，操作过程没有大的失误	15	
	饮片切制	切制厚度把握是否适当，成品是否合格	10	

续上表

测试项目	重点测试内容	测 试 标 准	标准分值	测试得分
过程测试	饮片干燥	干燥方式选择是否适当，成品是否合格	10	
	创新训练	能主动查阅资料，尝试新的炮制方法	10	
结果测试	意外事件	整个操作过程中，没有发生器具损坏及不安全事件	5	
	分组讨论	能找出本组操作中存在的问题，找到合理的解决方法	10	
	炮制程度	几种药物从颜色、质地等外观上都达到了炮制标准	10	
	场地清理	能及时清洗实验器具，清理桌面，药物归类放置	5	
	实训报告	报告字迹工整，条理清晰，结果准确，分析透彻	15	

第五节　中药饮片包装技术

饮片的包装是指对饮片进行盛放、称量、封口、粘贴（或线缝）标签、包扎并加以必要说明的过程，是保证饮片质量的重要环节。

一、中药饮片包装的目的

（1）保存饮片的数量和品质。

（2）防止害虫、微生物、灰尘的侵入和污染，有利于饮片的养护和卫生。

（3）方便饮片的存取、运输和调剂。

（4）包装后清洁、美观，有利于销售，体现或提高其商品价值。

（5）有利于中药饮片的国际交流。

（6）有利于促进饮片生产的现代化、标准化。

由于历史的原因，人们对中药饮片的包装不够重视，大多数饮片包装沿用原药材的包装，包装材料都采用麻袋、化纤袋、蒲包、竹筐、木箱等，混乱不一，致使饮片污染严重，易混入麻袋纤维和灰尘，含糖类和淀粉类的药材易虫蛀和霉变。饮片包装不善，会严重影响饮片的保管、贮存、运输和销售。同时，由于中药饮片品种繁多，包装不善而带来的饮片混淆和发错药的现象也时有发生。

目前，除直接口服的饮片外，还没有饮片包装的质量标准。因此，饮片包装改革势在必行。饮片的包装一般要求无毒、无吸附性，符合食品包装的要求，要逐步实现规格化、标准化。包装材料应有利于保质、贮存、运输，并不得对成品有污染。主要有聚乙烯塑料袋、复合薄膜塑料袋、编织袋、纸箱、小玻璃瓶等。

《中华人民共和国药品管理法》在第六章“药品包装的管理”明确规定：直接接触药品的包装材料和容器，必须符合药用要求，符合保障人体健康、安全的标准，并由药品监督管理部门在审批药品时一并审批。药品生产企业不得使用未经批准的直接接触药品的包装材料和容器。

2002 年 9 月 15 日起实施的《中华人民共和国药品管理法实施条例》第四十五条规定：生产中药饮片，应当选用与药品性质相适应的包装材料和容器；包装不符合规定的中药饮片，不得销售。中药饮片包装必须印有或贴有标签，要注明品名、规格、产地、生产企业、药品生产许可证号、产品批号、生产日期和质量合格的标志。实施批准文号管理的饮片还必须注明药品批准文号。

2013 年 12 月 18 日，国家食品药品监督管理总局下发的《关于加强中药饮片包装监督管理的通知》中要求：中药饮片在发运过程中必须要有包装。每件包装上必须注明品名、产地、日期、调出单位等，并附有质量合格标志。

中国加入世界贸易组织（WTO），逐渐开拓饮片包装的 ENA 条形码（国际物品编码协会制定的世界通用条码），赋予饮片名称、炮制方法、生物学区别（同名不同品种、野生或人工栽培等）以及商品等级与包装单重，通过光电读码可便于进行配方、计价等自动化管理，也可在计算机上直接了解该饮片的炮制规格、性味、归经、配伍等信息。这必将促进中药饮片的国际交流。

2015 年 11 月，国家标准化管理委员会和国家中医药管理局联合召开新闻发布会，发布《中药方剂编码规则及编码》（GB/T 31773—2015）、《中药编码规则及编码》（GB/T 31774—2015）和《中药在供应链管理中的编码与表示》（GB/T 31775—2015）等系列中医药国家标准，并于 12 月 1 日开始实施。这标志着全国将实施统一的中药、中药方剂、中药供应链编码体系，聚焦中医药传承创新的前沿问题和重点领域，理清中医药传承创新的战略举措和路径方法，以加快中医药标准化、信息化、规范化的进程，深化医药卫生体制改革，促进中药产业的转型升级，打造贸易公平、公正、透明的平台，实现互联互通，推进实施中药物流、信息流、资金流“三位一体”的管理模式。这 3 个系列国家标准的颁布实施，旨在贯彻落实《国务院关于扶持和促进中医药事业发展的若干意见》（国发〔2009〕22 号），国务院《深化标准化工作改革方案》，国家中医药管理局《中医药标准化中长期发展规划纲要（2011—2020 年）》等有关政策法规和文件精神。该标准规定了中药产品贸易项目、产地、单位、等级、生产日期、批次号、系列号、数量等产品标识内容信息的编码与表示，填补了药品流通保障和医疗服务领域的一项空白，将有效地构建中药质量追溯体系，形成责任倒推机制，今后没有标识条码的中药饮片、中药材等产品将退出市场。

二、中药饮片包装方法

饮片包装具体方法如下：

1. 小包装加大包装的方法

适用于根及根茎类，果实、种子类，花类，动物类药材饮片。一类小包装是用无毒聚乙烯塑料透明袋，一般每袋装 0.5 kg、1.5 kg、2 kg。放入检验合格证后封口，转入大包装（可用大铁盒或硬纸箱）中，大、小包装外面都注明饮片品名、规格、数量、生产批号、厂名。另一类是剂量较小的小包装，包装材料也是全透明无毒聚乙烯塑料或无纺布的小规格包装，有 1 g、3 g、5 g、6 g、9 g、10 g、12 g、15 g、30 g 等 9 种规格，直接服务于临床，均为机械化生产。为了区别，9 种规格分别采用国际通用普通色卡中的 9 种颜色作为色标，每一小包装上均有准确信息的条形码，便于患者按照说明服用。小包装放入中包装后装箱或袋。目前，我国对中药饮片推广使用小包装，有的地区规定中药饮片的包装量最多不得超过 1 kg。图 4－1 为中药饮片小包装，图 4－2 为全自动饮片包装机，图 4－3 为饮片包装车间。

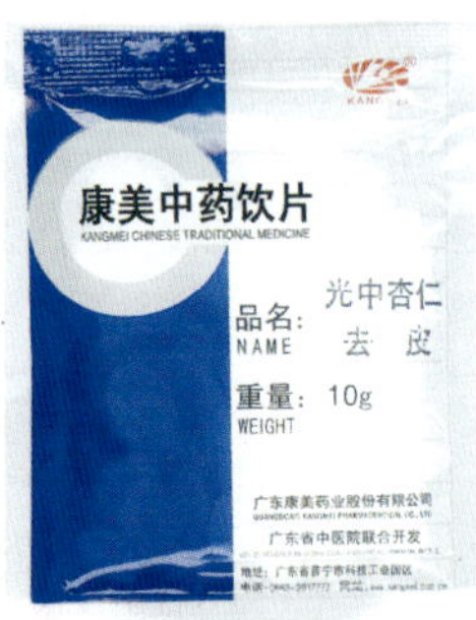

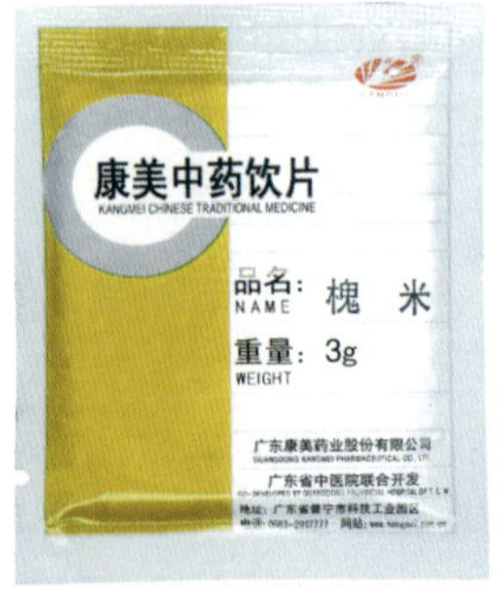

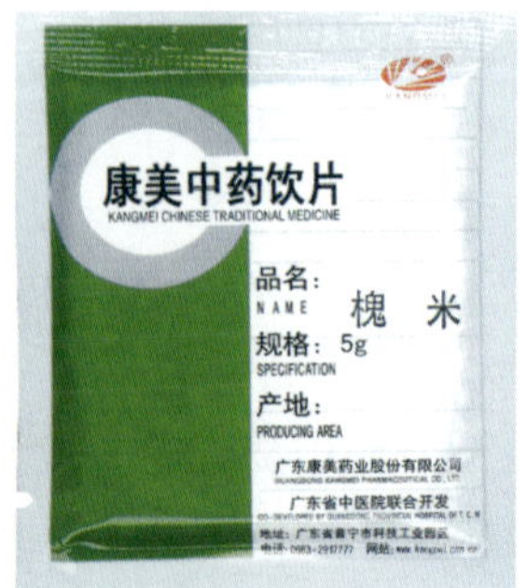

图 4－1　中药饮片小包装

图 4 - 2　全自动饮片包装机

图 4 - 3　饮片包装车间

知识链接

互联网技术的发展改变了我国传统的医院药房运作模式

市场对药房托管这一新生业态非常看好。国信证券研报显示，未来药品零加成不可阻挡，药房将成为成本中心，医院有动力将其外包。而且，托管的企业并非纯粹的商业企业，而是有体量非常大的制药工业，可以享受到自产药品独家卖给医院的高利润率。“药房托管业务的净利率为 5% ~10%，将影响未来产业发展。”

对于药房托管，卫计委持不反对的态度。卫计委新闻发言人姚宏文曾在 2014 年 2 月 10 日的新闻发布会上回答提问时指出：“部分地区将药房从门诊剥离这一现象对于切断医疗卫生人员和药品之间的直接利益关系将起到一定的作用。破除以药补医机制是公立医院改革的重点，是管理体制、价格机制、药品采购、人员编制、收入分配、医保制度、监管机制等方面的综合改革。”

自 2015 年 6 月以来，广东省中医院联合康美智慧药房利用“互联网 + 物联网”技术推出了全新的就医取药新模式。广东省中医院作为全国门诊量最大的医院之一，日门诊量近 2 万人，对接智慧药房服务以来，约 20% 的门诊患者选择了该项服务，极大地方便了患者，同时也为医院减轻人流压力，客户总体服务满意度达 99.5%。

2. 精品包装

对于毒剧、麻醉、贵重药材的饮片，宜用小玻璃瓶、瓷瓶、塑料瓶、塑料袋、小纸盒等分装到一日量或一次量的最小包装，装量一般不超过 200 g，并贴上完整的使用说明标签。毒性药材的饮片（含按照麻醉药品管理的药材）及有特殊要求的饮片在外包装上应有明显的规定性标志。

必须注意的是：饮片在热的情况下不得进行包装，必须充分放凉后方可包装，否则会出现结露和霉变现象。

另外，目前还有真空包装、充气包装（充氮气、二氧化碳等惰性气体）、除氧剂包装等方法。

中药饮片作为一种特殊的商品，除了包装材料、包装规格外，产品的包装设计也相当重要。好的包装既要体现出产品的价值，产品造型的美观，又要经济、实用、方便，体现出中药饮片这种商品的特殊性，在充分发挥社会效益的同时，也创造出良好的经济效益。

实训三　中药饮片包装技术

一、实训目的

（1）明确饮片包装的目的和意义。
（2）掌握包装机械操作方法及其要点。
（3）熟悉包装机械的性能及使用方法。

二、实训器材

1. 实训设备

全自动中药饮片包装机，盘，电子秤等。

2. 实训材料

白芷、白芍、冬瓜子。

三、实训内容及步骤

（一）准备工作

检查实训工具是否完备、洁净，设备是否正常完好，包装物料是否到位。

（二）实训过程

（1）按照全自动中药饮片包装机 SOP 操作规程启动，完成对白芷、白芍、冬瓜子的包装。规格要求：白芷、白芍、冬瓜子分别包装成 5 g、10 g、15 g 的小包装。
（2）对包装进行检查，看看是否合格。

（三）场地清理

实训结束后，将药品贮藏，清洁实训器具，将实训室打扫干净，关闭水、电、门、窗。

四、实训提示

表 4－5

序号	实训关键环节	提示内容
1	工具是否洁净	所有工具洁净后才可以进行操作
2	饮片包装质量	包装量差异是否在规定范围内，包装完整和牢固度如何
3	包装效率	手工包装和机器包装比较，结果如何
4	机械设备把握	要注意随时检查机器，按章操作，杜绝事故

五、实训思考

（1）饮片包装的目的是什么？
（2）实训中，你的包装质量规格是否符合要求？若不符合，原因何在？
（3）常用包装方法有哪几种？人工和机器包装的优缺点如何？

六、实训测试

表 4 - 6

测试项目	重点测试内容	测 试 标 准	标准分值	测试得分
过程测试	准备工作	洁净和检查工具，准备工作到位	10	
	操作步骤	严格操作流程，操作过程没有大的失误	15	
	饮片包装	包装效率如何，成品是否合格	20	
	创新训练	能主动查阅资料，尝试新的炮制方法	10	
结果测试	意外事件	整个操作过程中，没有发生器具损坏及不安全事件	5	
	分组讨论	能找出本组操作中存在的问题，找到合理的解决方法	10	
	质量控制	如何快速发现包装质量问题，快速处置	10	
	场地清理	能及时清洗实验器具，清理桌面，药物归类放置	5	
	实训报告	报告字迹工整，条理清晰，结果准确，分析透彻	15	

目标检测题

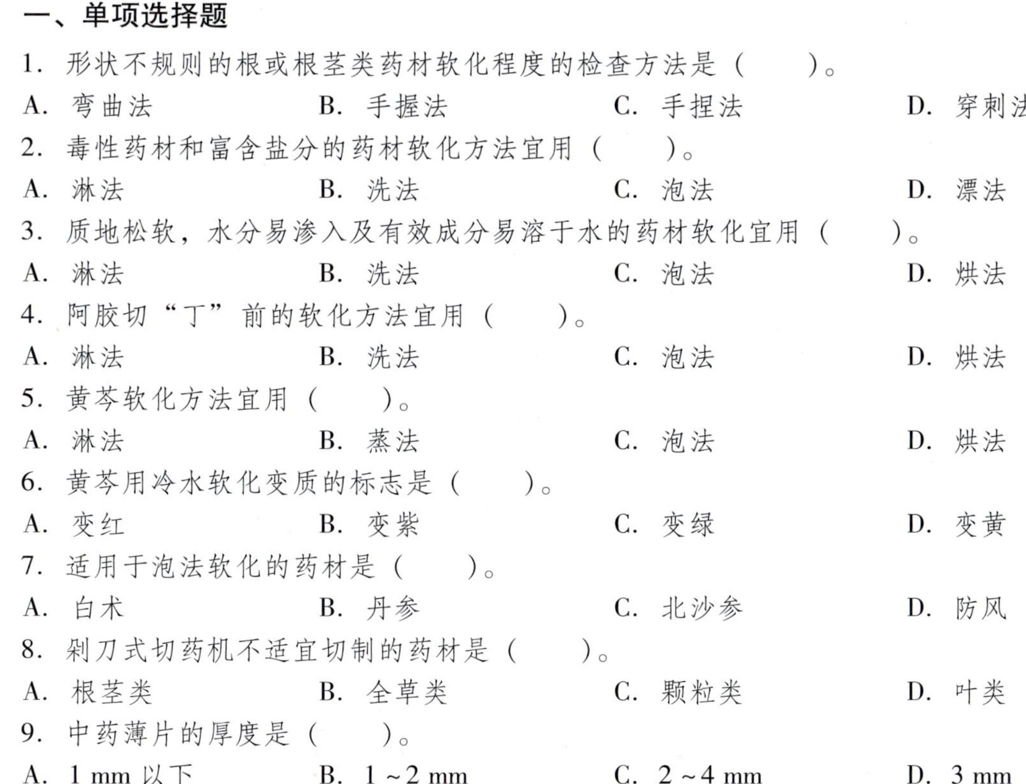

一、单项选择题

1. 形状不规则的根或根茎类药材软化程度的检查方法是（　　）。

A. 弯曲法　　B. 手握法　　C. 手捏法　　D. 穿刺法

2. 毒性药材和富含盐分的药材软化方法宜用（　　）。

A. 淋法　　B. 洗法　　C. 泡法　　D. 漂法

3. 质地松软，水分易渗入及有效成分易溶于水的药材软化宜用（　　）。

A. 淋法　　B. 洗法　　C. 泡法　　D. 烘法

4. 阿胶切“丁”前的软化方法宜用（　　）。

A. 淋法　　B. 洗法　　C. 泡法　　D. 烘法

5. 黄芩软化方法宜用（　　）。

A. 淋法　　B. 蒸法　　C. 泡法　　D. 烘法

6. 黄芩用冷水软化变质的标志是（　　）。

A. 变红　　B. 变紫　　C. 变绿　　D. 变黄

7. 适用于泡法软化的药材是（　　）。

A. 白术　　B. 丹参　　C. 北沙参　　D. 防风

8. 剁刀式切药机不适宜切制的药材是（　　）。

A. 根茎类　　B. 全草类　　C. 颗粒类　　D. 叶类

9. 中药薄片的厚度是（　　）。

A. 1 mm 以下　　B. 1 ~ 2 mm　　C. 2 ~ 4 mm　　D. 3 mm

10. 一般中药人工干燥的温度不宜超过（　　）。

A. 50℃　　B. 60℃　　C. 70℃　　D. 80℃

11. 含芳香挥发性成分的饮片，干燥温度应不超过（　　）。

A. 50℃　　B. 60℃　　C. 70℃　　D. 80℃

12. 干燥后的饮片含水量应控制在（　　）。

A. 5% ~6%　　B. 7% ~13%　　C. 10% ~13%　　D. 12% ~15%

13. 旋转式切药机不适宜切制的药材是（　　）。

A. 团块状　　B. 全草类　　C. 根茎类　　D. 颗粒类

二、多项选择题

1. 药材软化程度的检查方法有（　　）。

A. 弯曲法　　B. 手握法　　C. 手捏法　　D. 穿刺法

E. 指掐法

2. 中药材切制前常用水处理的方法有（　　）。

A. 淋法　　B. 泡法　　C. 提净法　　D. 漂法

E. 润法

3. 适用于喷淋法软化的药材是（　　）。

A. 益母草　　B. 荆芥　　C. 白术　　D. 黄柏

E. 陈皮

4. 适用于洗法软化的药材是（　　）。

A. 丹参　　B. 泽泻　　C. 五加皮　　D. 防风

E. 北沙参

5. 适用于泡法软化的药材是（　　）。

A. 白术　　B. 乌药　　C. 三棱　　D. 防风

E. 泽泻

6. 适用于湿热法软化的药材是（　　）。

A. 黄芩　　B. 红参　　C. 天麻　　D. 木瓜

E. 阿胶

7. 黄芩的软化方法宜用（　　）。

A. 淋法　　B. 洗法　　C. 泡法　　D. 蒸法

E. 煮法

8. 饮片切制的目的是（　　）。

A. 降低毒性　　B. 利于炮制　　C. 便于鉴别　　D. 矫臭矫味

E. 利于制剂

9. 下列哪类药物切片后宜阴干不宜暴晒（　　）。

A. 有机酸含量较高　　B. 含芳香挥发性成分

C. 受日光照射易变色　　D. 蛋白质含量较高

E. 黏液质含量较高

10. 饮片包装的作用包括（　　）。

A. 保存饮片的数量和品质

B. 防止害虫、微生物、灰尘的侵入和污染，有利于饮片的养护和卫生

C. 方便饮片的存取、运输和调剂

D. 包装后清洁、美观，有利于销售，体现或提高其商品价值

E. 有利于促进饮片生产的现代化、标准化

11. 可切成薄片的药材是（　　）。

A. 大黄　　B. 三棱　　C. 槟榔　　D. 当归

E. 白芍

三、简答题

1. 药物净制的目的是什么？
2. 去毛的方法有哪些？
3. 分别入药的有哪些品种？
4. 如何实现中药材净选智能化、自动化？
5. 常水软化药材有哪些方法？各适用范围是什么？
6. 润法有哪几种？
7. 检查软化程度的方法有哪些？
8. 简述饮片切制的目的。
9. 切药机有哪几种？

第五章　中药饮片炮炙技术

第一节　中药饮片炒制技术

一、清炒技术

清炒技术是迄今为止最古老、最常见的炮制技术之一，是指将药物净制后，置适宜的炒制器具中，不加辅料，用不同的火力连续加热，并不断搅拌翻动或转动，使之达到一定程度的操作技术。清炒技术简便易行，质量易控，炮制作用明晰，适用广泛。因此，自汉代以后一直被广泛应用，是一种最基本的炮制方法。

1．主要目的

（1）增强疗效，如王不留行、焦麦芽等。

（2）降低毒性或副作用，如牵牛子等。

（3）缓和药性，如葶苈子等。

（4）增强或产生止血作用，如地榆、荆芥等。

（5）保证疗效，利于贮存，如槐米、山楂等。

2．操作方法

清炒技术的操作分手工炒和机器炒两种。手工炒制，一般先将锅预热，然后投入净选分档的药物，迅速翻炒至所需程度，取出。设备简单，适合小量生产。机器炒制适用于大批量生产，可以通过温度、投药量、炒制时间等控制炒制的程度，保证炮制品质量。

清炒技术是一种不加辅料的炮制技术，因此，火力和火候便成为控制炮制品质量的关键。所谓火力是指药物炮制时能使炒制器具本身或内部空间温度升高的程度和速度。常用的火力有文火（小火）、中火和武火（强火）三种。所谓火候即药物通过炮制所达到的程度，是在一定火力、一定时间、一定方法的炮制条件下药物所发生变化的程度和速度，是药物外观和内在质量变化的综合指标。在炒制药物时，可根据药物的自身特点、使用的不同器具、炒制的要求，选用不同的火力。

3．注意事项

（1）清炒前净选分档，对于大小不同的药物，要进行分次炒制，以免生熟不匀。

（2）清炒时要先预热，避免出现“哑子”或“僵子”。注意火候，避免炮制品质量“太过”或“不及”。

（3）手工操作时要勤于翻动，避免受热不均。翻动时要“亮锅底”，即每次翻动时都要紧贴锅底，以免部分药物长时间受热。

（4）清炒前或进行下一次清炒前，应清洁炒制工具，除去杂质及残留的药材碎屑和炭末，以保证炮制品的外观质量。

（5）清炒操作结束要注意清场，做好炒制器具的维护。

（6）不能及时用完的炮制品要妥善收贮。

（一）炒黄技术

炒黄技术是将饮片置于已预热好的炒制器具内，用文火或中火连续加热，不断搅拌炒至表面呈黄色或颜色加深，或微带焦斑，或发泡鼓起，或种皮开裂，或爆成白花样，并产生香气或逸出药物固有气味的方法。

炒黄技术是清炒技术中加热程度最轻、药物性味变化最小的一种操作工艺，适用于果实种子类药物的炮制，故古代有“逢子必炒”之说。

1. 主要目的

增强疗效、缓和或改变药性、降低毒性、利于制剂和贮藏。

2. 注意事项

（1）炒制器具预热好后再投药，且投药量适当。

（2）火力要适当，控制火候，黄而不焦。

（3）搅拌要均匀，出锅要迅速。

冬　瓜　子

dongguazi

【来源】本品为葫芦科植物冬瓜 *Benincasa hispida*（Thunb.）Cogn 的干燥成熟种子。

【采收加工】食用冬瓜时，掏出瓜囊，取出成熟的种子，洗净，晒干。以白色、粒大、饱满无杂质者为佳。

【生产工艺】

1. 冬瓜子

“食用冬瓜时，收集成熟的种子，洗净，晒干”或“取冬瓜子，略浸，洗净黏液，再用2%明矾水浸1～2小时捞出沥尽水，晒干”，得净冬瓜子。（《全国中药炮制规范》）

2. 炒冬瓜子

取净冬瓜子，置炒制容器内，微火炒至带黄色，微有焦斑或微有香味时取出，摊凉。（《全国中药炮制规范》《广东省中药饮片炮制规范》）

【工艺要点】严格按照操作规程操作。

【质量控制】

表5－1　冬瓜子产品质量控制指标

品名	性状	检测项目
冬瓜子	冬瓜子呈扁平长椭圆形或长卵形；外表黄白色，一端钝圆，另端尖，尖端有两个小突起，内有乳白色种仁，具油性，味甘	水分：≤13.0% 药屑、杂质：≤3.0%
炒冬瓜子	炒冬瓜子形如冬瓜子，外表显炒后黄色焦斑，微具香气	水分：≤8.0% 酸不溶性灰分：≤1.0% 总灰分：≤4.0% 浸出物（乙醇）：≥4.0%

(a) 冬瓜子

(b) 炒冬瓜子

图 5-1

【炮制作用】

表 5-2 冬瓜子饮片功效与应用

品名	性味归经	炮制作用
冬瓜子	甘、寒。归肺、胃、大肠、小肠经	清肺化痰，消痈排脓，清利湿热。多用于肺热痰嗽，肺痈、肠痈初起
炒冬瓜子		缓和寒性，偏于渗湿化浊，健脾和胃。多用于湿热带下，白浊

【贮藏】置通风干燥处，防蛀。

莱 菔 子

laifuzi

【来源】本品为十字花科植物萝卜 *Raphanus sativus* L. 的干燥成熟种子。

【采收加工】夏季果实成熟时采割植株，晒干，搓出种子，除去杂质，再晒干。

【生产工艺】

1. 莱菔子

取原药材，除去杂质，干燥，用时捣碎。(《全国中药炮制规范》)

2. 炒莱菔子

取净莱菔子，置已预热好的炒制器具中，用文火加热，炒至种子鼓起，色泽加深，有爆裂声，并透出固有气味时，取出放凉，用时捣碎。(《全国中药炮制规范》)

【工艺要点】严格按照操作规程操作。

【质量控制】

表 5-3 莱菔子产品质量控制指标

品名	性状	检测项目
莱菔子	类卵圆形或椭圆形，稍扁；表面黄棕色或红棕色；种皮薄而脆，气微，味淡，微苦辛	水分：≤8.0% 总灰分：≤6.0% 酸不溶性灰分：≤2.0% 浸出物（乙醇）：≥10.0% 芥子碱（以芥子碱硫氰酸盐 $C_{16}H_{24}NO_5 \cdot SCN$ 计）：≥0.40%
炒莱菔子	形如莱菔子，表面微鼓起，色泽加深；质酥脆；气微香	水分：≤8.0% 总灰分：≤6.0% 浸出物（乙醇）：≥10.0% 芥子碱（以芥子碱硫氰酸盐 $C_{16}H_{24}NO_5 \cdot SCN$ 计）：≥0.40%

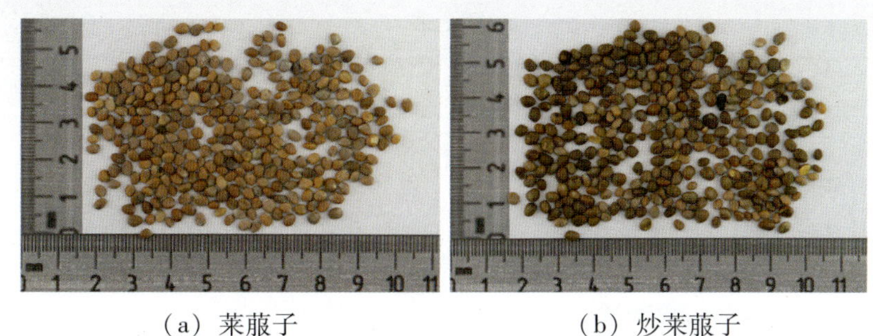

（a）莱菔子　　（b）炒莱菔子

图 5－2

【炮制作用】

表 5－4　莱菔子饮片功效与应用

品名	性味归经	炮制作用
莱菔子	甘、辛，平。归肺、脾、胃经	消食除胀，降气化痰。能升能散，长于涌吐风痰
炒莱菔子		性主降，长于消食除胀，降气化痰；缓和了涌吐痰涎的不良反应，且味香易服

【贮藏】置通风干燥处，防蛀。

知识拓展

莱菔子各炮制品均具有对抗肾上腺素的作用。提示莱菔子对小肠运动有兴奋作用，可能与抗交感神经末梢释放的递质有关。由此推论，莱菔子用于因交感神经紧张性过高引起肠运动减弱所致的腹胀，其效果可能更好。

王不留行
wangbuliuxing

【来源】本品为石竹科植物麦蓝菜 *Vaccaria segetalis*（*Neck.*）Garcke 的干燥成熟种子。

【采收加工】夏季果实成热、果皮尚未开裂时采割植株，晒干，打下种子，除去杂质，再晒干。

【生产工艺】

1. 王不留行

取原药材，除去杂质，洗净，干燥。（《全国中药炮制规范》）

2. 炒王不留行

取净王不留行，置已预热好的炒制器具中，用中火加热迅速翻炒至大多数爆成白花时，取出放凉。（《全国中药炮制规范》）

【工艺要点】炒王不留行：控制火候，迅速翻炒。炒王不留行的爆花率应达到 80% 以上为宜。

【质量控制】

表 5－5　王不留行产品质量控制指标

品名	性状	检测项目
王不留行药材	球形；表面黑色，少数红棕色，略有光泽，一侧有凹陷的纵沟；质硬；胚乳白色，胚弯曲成环；气微，味微涩、苦	水分：≤12.0% 总灰分：≤4.0% 浸出物（乙醇）：≥6.0% 王不留行黄酮苷（$C_{32}H_{38}O_{10}$）：≥0.40%
王不留行		

续上表

品名	性状	检测项目
炒王不留行	爆花状，表面白色，质松脆	水分：≤10.0% 浸出物（乙醇）：≥6.0% 王不留行黄酮苷（$C_{32}H_{38}O_{10}$）：≥0.15%

（a）王不留行　　（b）炒王不留行

图 5－3

【炮制作用】

表 5－6　王不留行饮片功效与应用

品名	性味归经	炮制作用
王不留行	苦，平。归肝、胃经	长于消痈肿，用于乳痈或其他疮痈肿痛
炒王不留行		药性偏温，长于活血通经，下乳，通淋

【贮藏】置干燥处。

知识拓展

王不留行含微量元素、氨基酸、类脂和脂肪酸、三萜皂苷、单糖等。水溶性浸出物含量的增加与爆花程度有关，爆花率越高，水溶性浸出物含量也越高，完全爆花者较生品增加 1.1 倍，刚爆花者较生品增加 0.6 倍，未爆花者较生品增加 0.2 倍。根据爆花率与水浸物含量的关系及实际生产中的可行性，认为炒王不留行爆花率达 80% 以上为宜。

酸枣仁

suanzaoren

【来源】本品为鼠李科植物酸枣 *Ziziphus jujuba* Mill. var. *spinosa* 的干燥成熟种子。

【采收加工】秋末冬初采收成熟果实，除去果肉和核壳，收集种子，晒干。

【生产工艺】

1. 酸枣仁

取原药材，除去杂质及残留核壳，用时捣碎。（《全国中药炮制规范》）

2. 炒酸枣仁

取净酸枣仁，置已预热好的炒制器具中，用文火加热炒至鼓起，有爆裂声，色微变深，并透出固有香气时，取出放凉，用时捣碎。（《全国中药炮制规范》）

【工艺要点】炒酸枣仁：注意控制火候，只宜微炒，不能久炒，更不能炒焦，否则会降低药效。

【质量控制】

表 5－7　酸枣仁产品质量控制指标

品名	性状	检测项目
酸枣仁药材	扁圆形或扁椭圆形，表面紫红色或紫褐色，平滑有光泽；一面较平坦，中间有一条隆起的纵线纹，另一面稍突起；一端凹陷，可见线性种脐，另端有细小突起的合点，气微，味淡	杂质（核壳等）：≤5% 水分：≤9.0% 总灰分：≤7.0% 酸枣仁皂苷 A（$C_{58}H_{94}O_{26}$）：≥0.030% 斯皮诺素（$C_{28}H_{32}O_{15}$）：≥0.080%
酸枣仁		
炒酸枣仁	形如酸枣仁，表面微鼓起，色泽加深，微具焦斑，略有焦香气，味淡；质较酥脆	水分：≤7.0% 总灰分：≤4.0% 酸枣仁皂苷 A（$C_{58}H_{94}O_{26}$）：≥0.030% 斯皮诺素（$C_{28}H_{32}O_{15}$）：≥0.08%

（a）酸枣仁

（b）炒酸枣仁

图 5－4

【炮制作用】

表 5－8　酸枣仁饮片功效与应用

品名	性味归经	炮制作用
酸枣仁	甘、酸，平。归肝、胆、心经	安神养心，补益肝肾。多用于心阴不足和肝肾亏损的惊悸、健忘、眩晕、耳鸣和胆热不眠
炒酸枣仁		长于养心敛汗。多用于气血不足的惊悸健忘、盗汗、自汗、胆虚不眠等证。且质脆易碎，易于煎出有效成分

【贮藏】置阴凉干燥处，防蛀。

知识拓展

据报道，酸枣仁对大白鼠无论白天或夜间，正常状态或病理状态下均可抑制中枢神经系统，呈现镇静催眠现象。酸枣仁久炒油枯后，失去镇静效能。

槐　花

huaihua

【来源】本品为豆科植物槐 *Sophora japonica* L. 的干燥花及花蕾。前者习称“槐花”，后者习称“槐米”。

【采收加工】夏季花开放或花蕾形成时采收，及时干燥，除去枝、梗及杂质。

【生产工艺】

1．槐花

取原药材，除去杂质及枝梗，筛去灰屑。（《全国中药炮制规范》）

2. 炒槐花

取净槐花置已预热的炒制器具中，用文火加热炒至表面深黄色，在透出固有香气时，取出放凉。(《全国中药炮制规范》)

3. 槐花炭

取净槐花置已预热的炒制器具中，用中火加热炒至表面焦褐色时，喷淋少许清水，熄灭火星，取出晾干，凉后收贮。(《全国中药炮制规范》)

【工艺要点】在槐花炒黄和炒炭时，要控制好炒制的温度和时间。

【质量控制】

表5-9 槐花产品质量控制指标

品名	性状	检测项目
槐花药材	皱缩而卷曲，花瓣多散落，完整者花萼钟状，黄绿色，花瓣黄色或黄白色，质轻；槐米卵形或椭圆形	水分：≤11.0% 槐花总灰分：≤14.0% 酸不溶性灰分：≤8.0% 槐花浸出物（30%甲醇）：≥37.0% 总黄酮（以芦丁计）：≥8.0%
槐花	皱缩而卷曲，花瓣多散落，完整者花萼钟状，黄绿色，花瓣黄色或黄白色，质轻；槐米成卵形或椭圆形	水分：≤11.0% 槐花总灰分：≤14.0% 槐花浸出物（30%甲醇）：≥37.0% 总黄酮（以芦丁计）：≥8.0%
炒槐花	形如槐花，色泽加深，表面呈深黄色	无
槐花炭	形如槐花，表面呈焦褐色，质更轻	

(a) 槐花

(b) 炒槐花

(c) 槐花炭

图5-5

【炮制作用】

表5-10 槐花饮片功效与应用

品名	性味归经	炮制作用
槐花	苦，微寒。归肝、大肠经	凉血止血，清肝泻火
炒槐花		缓和寒性，避免伤中，利于保存有效成分，作用弱于生品
槐花炭		清热凉血作用极弱，产生了涩性，偏于止血

【贮藏】置干燥处，防潮，防蛀。

（二）炒焦技术

炒焦技术是将药物净选或切制后，置炒制器具内，用中火或武火加热，炒至药物表面呈焦黄或焦褐色，并透出焦香气味的炮制方法。

炮制主要目的是为了增强药物疗效，缓和药性及降低毒性。

山　　楂
shanzha

【来源】本品为蔷薇科植物山里红 *Crataegus pinnatifida* Bge. var. *major* N. E. Br. 或山楂 *Crataegus pinnatifida* Bge. 的干燥成熟果实。

【采收加工】秋季果实成熟时采收，切片，干燥。

【生产工艺】

1. 山楂

取原药材，除去杂质及脱落的果核。(《中国药典》《广东省中药饮片炮制规范》)

2. 炒山楂

取净山楂，置已预热好的炒制器具中，用中火加热，炒至色泽加深，并有固有的香气溢出时，取出放凉。(《广东省中药饮片炮制规范》)

3. 焦山楂

取净山楂，置已预热好的炒制器具中，用中火加热，炒至表面焦褐色，内部焦黄色，并有焦香气味溢出时，取出放晾。(《中国药典》《广东省中药饮片炮制规范》)

4. 山楂炭

取净山楂，置已预热好的炒制器具中，用武火加热，炒至表面黑褐色，内部焦褐色，喷淋清水，灭尽火星，取出放凉、晾干。(《广东省中药饮片炮制规范》)

【工艺要点】

(1) 严格按照操作规程操作。

(2) 控制山楂片切制厚度的均一性，可减少同时出现炒焦和炒炭品的出现。另外炒制时的温度、时间、投药量对控制产品的均一性也是重要因素。

【质量控制】

表 5-11　山楂产品质量控制指标

品名	性状	检测项目
山楂	本品为圆形片，皱缩不平，直径 1～2.5 cm，厚 0.2～0.4 cm。外皮红色，具皱纹，有灰白色小斑点。果肉深黄色至浅棕色。中部横切片具 5 粒浅黄色果核，但核多脱落而中空。有的片上可见短而细的果梗或花萼残迹。气微清香	水分：≤12.0% 总灰分：≤3.0% 浸出物（乙醇）：≥21.0% 枸橼酸（$C_6H_8O_7$）：≥5.0%
炒山楂	本品形如山楂片，果肉黄褐色，偶见焦斑。气清香	枸橼酸（$C_6H_8O_7$）：≥4.0%
焦山楂	形如山楂片，表面焦褐色，内部黄褐色。有焦香气	枸橼酸（$C_6H_8O_7$）：≥4.0%
山楂炭	形如山楂片，表面焦黑色，内部焦褐色	药屑、杂质：≤3.0% 生品、糊品：≤3.0% 水分：≤9.0% 总灰分：≤4.0% 浸出物（乙醇）：≥10.0% 枸橼酸（$C_6H_8O_7$）：≥0.5%

(a) 山楂

(b) 炒山楂

(c) 焦山楂

(d) 山楂炭

图 5-6

【炮制作用】

表 5-12 山楂饮片功效与应用

品名	性味归经	炮制作用
山楂	酸、甘，微温。归脾、胃、肝经	长于活血化瘀，多用于血瘀经闭、产后瘀阻
炒山楂		降低酸性，缓和对胃的刺激性，长于消食化积。用于脾虚食滞，食欲不振，神倦乏力
焦山楂		酸味更减，还增加了苦味，消食导滞作用增强。用于肉食积滞，泻痢不爽
山楂炭		酸味大减，苦涩味增加，其性收涩，具有止血、止泻的功能，可用于肠胃出血或脾虚腹泻兼食滞者

【贮藏】置通风干燥处，防蛀。

知识链接

山楂中的总黄酮和总有机酸都集中在果肉中，核中含量甚微，而核又占整个药材重量的40%左右，故山楂去核入药是合理的，去除的核可另作药用。

栀　子
zhizi

【来源】为茜草科植物栀子 *Gardenia jasminoides* Ellis 的干燥成熟果实。

【采收加工】9—11 月果实成熟呈红黄色时采收，除去果梗和杂质，蒸至上气或置沸水中略烫，取出，干燥。

【生产工艺】

1．栀子

取原药材，除去杂质，碾碎或捣碎。(《全国中药炮制规范》)

2．炒栀子

取净栀子，置已预热好的炒制器具中，用文火加热，炒至黄褐色，透出香气时，取出放凉。(《全国中药炮制规范》)

3．焦栀子

取净栀子，置已预热好的炒制器具中，用中火加热，炒至焦褐色或焦黑色，果皮内面和种子表面为黄棕色或棕褐色，取出，放凉。(《全国中药炮制规范》)

4．栀子炭

取净栀子，置已预热好的炒制器具中，用武火加热，炒至黑褐色，喷淋少许清水，灭尽火星，取出放凉。(《全国中药炮制规范》)

【质量控制】

表 5-13 栀子产品质量控制指标

品名	性状	检测项目
栀子	长卵圆形或椭圆形，或为不规则的碎块状，果皮薄而脆，略有光泽。表面红棕色或红黄色，可见棱线；内表面色较浅。种子多数扁卵圆形，集结成团，表面深红色或红黄色	水分：≤8.5% 总灰分：≤6.0% 栀子苷（$C_{17}H_{24}O_{10}$）：≥1.8%

续上表

品名	性状	检测项目
炒栀子	形如栀子，表面黄褐色，有焦斑，具香气	水分：≤8.5% 总灰分：≤6.0% 栀子苷（$C_{17}H_{24}O_{10}$）：≥1.5%
焦栀子	形如栀子或为不规则的碎块，表面焦褐色或焦黑色。果皮内表面棕色，种子表面为黄棕色或棕褐色。气微	水分：≤8.5% 总灰分：≤6.0% 栀子苷（$C_{17}H_{24}O_{10}$）：≥1.0%
栀子炭	形如栀子，表面黑褐色或焦黑色	无

（a）栀子

（b）炒栀子

（c）焦栀子

（d）栀子炭

图 5－7

【炮制作用】

表 5－14　栀子饮片功效与应用

品名	性味归经	炮制作用
栀子	苦，寒。归心、肺、三焦经	长于泻火利湿，凉血解毒；外用治扭伤跌损
炒栀子		可缓和苦寒之性，消除不良反应，清热除烦。用于热郁心烦，肝热目赤
焦栀子		用于热郁心烦，肝热目赤。苦寒之性进一步缓和，适合脾胃较虚弱者用
栀子炭	苦涩，寒。归心、肺、三焦经	偏于凉血止血，多用于吐血、咯血、便血、尿血、崩漏等出血症

【贮藏】置通风干燥处。

知识链接

栀子碾碎或捣碎后，因果皮质地较种子为轻，炒制时，常因种子沉于炒制器具的下方，果皮浮于上方，使得同批产品炮制程度相差较大，建议将果皮与种子分开炮制，以保证炮制品的质量。

槟　榔

binglang

【来源】本品为棕榈科植物槟榔 *Areca catechu* L. 的干燥成熟种子。

【采收加工】春末至秋初采收成熟果实，用水煮后，干燥，除去果皮，取出种子，干燥。

【生产工艺】

1. 槟榔

取原药材，置水中浸泡至六七成透，捞出后置适宜的容器内，润至内无干心时，切薄片。阴干。

(《全国中药炮制规范》)

2. 炒槟榔

取净槟榔片，置已预热好的炒制器具中，用文火加热，炒至表面微黄色，溢出固有气味时，取出，放凉。

3. 焦槟榔

取净槟榔片，置已预热好的炒制器具中，用文火加热，炒至焦黄色时，取出，放凉。(《全国中药炮制规范》)

【质量控制】

表 5-15 槟榔产品质量控制指标

品名	性状	检测项目
槟榔	类圆形薄片，周边表皮淡黄棕色或淡红棕色；表面呈棕、白色相间的大理石样花纹，质坚脆易碎，气微	水分：≤10% 槟榔碱（$C_8H_{13}NO_2$）：≥0.20%
炒槟榔	形如槟榔片，表面微黄色，可见大理石样花纹	水分：≤10% 槟榔碱（$C_8H_{13}NO_2$）：≥0.20%
焦槟榔	形如槟榔片，表面焦黄色，可见大理石样花纹，气微	水分：≤9.0% 总灰分：≤2.5% 槟榔碱（$C_8H_{13}NO_2$）：≥0.10%

(a) 槟榔药材

(b) 槟榔

(c) 炒槟榔

(d) 焦槟榔

图 5-8

【炮制作用】

表 5-16 槟榔饮片功效与应用

品名	性味归经	炮制作用
槟榔	苦、辛，温。归胃、大肠经	生品作用较猛，长于杀虫、行气、利水、截疟，用于绦虫病、蛔虫病、水肿脚气、疟疾等
炒槟榔		可缓和苦寒之性，消除不良反应。长于消食导滞，用于积滞泻痢
焦槟榔		苦寒之性进一步缓和，消食导滞，用于积食不消、泻痢后重

【贮藏】置通风干燥处，防蛀。

川 楝 子

chuanlianzi

【来源】本品为楝科植物川楝 *Melia toosendan* Sieb. et Zucc. 的干燥成熟果实。

【采收加工】冬季果实成熟时采收，除去杂质，干燥。

【生产工艺】

1．川楝子

取原药材，除去杂质，用时捣碎。（《中国药典》）

2．炒川楝子

取净川楝子，切片或砸成碎块，置已预热好的炒制器具中，用文火加热炒至表面焦黄色时，取出放凉。（《全国中药炮制规范》）

3．盐川楝子

取净川楝子片或碎块，用盐水拌匀，稍闷，待盐水被吸尽后，置炒制器具中用文火炒至表面深黄色时，取出放凉。（《全国中药炮制规范》）

【工艺要点】

盐川楝子辅料用量：每 100 kg 川楝子，用食盐 2 kg。

【质量控制】

表 5－17　川楝子产品质量控制指标

品名	性状	检测项目
川楝子	类球形，表面金黄色至棕黄色，微有光泽，具深棕色小点，顶端有花柱残痕，基部凹陷；外果皮革质，果肉松软，淡黄色，温水湿润有黏性；果核球形或卵圆形，质坚硬。气特异	水分：≤12.0% 总灰分：≤5.0% 浸出物：≥32.0% 川楝素（$C_{30}H_{38}O_{11}$）：0.060%～0.20%
炒川楝子	形如川楝子，表面焦黄色，发泡，有焦气	水分：≤10.0% 总灰分：≤4.0% 浸出物：≥32.0% 川楝素（$C_{30}H_{38}O_{11}$）：0.040%～0.20%
盐川楝子	形如川楝子片，表面深黄色	无

（a）川楝子

（b）炒川楝子

（c）焦川楝子

图 5－9

【炮制作用】

表 5－18　川楝子饮片功效与应用

品名	性味归经	炮制作用
川楝子	苦，寒；有小毒。归肝、小肠、膀胱经	疏肝泄热，行气止痛，杀虫
炒川楝子	苦、涩，寒；有小毒。归肝、小肠、膀胱经	缓和苦寒之性，降低毒性，并减轻滑肠之弊，以疏肝理气力胜
盐川楝子	咸苦、辛，温。归胃、大肠经	能引药下行，作用专于下焦，长于疗疝止痛，常用于疝气疼痛

【贮藏】置通风干燥处，防蛀。

干　　姜

ganjiang

【来源】本品为姜科植物姜 *Zingiber officinale* Rosc. 的干燥根茎。

【采收加工】冬季采挖，除去须根和泥沙，晒干或低温干燥。趁鲜切片晒干或低温干燥者称为“干姜片”。

【生产工艺】

1. 干姜

取原药材，除去杂质，略泡，洗净，润透，切厚片或块，干燥，筛去碎屑。(《中国药典》)

2. 炮姜

先将净河沙置炒制器具内，用武火加热至滑利状态，然后加入干姜片或块用武火加热，翻炒至鼓起，表面棕褐色，内部呈棕黄色时，取出，筛去沙，晾凉。

3. 姜炭

取干姜片或块，置已预热好的炒制器具中，用武火加热，炒至干姜鼓起，松泡，表面呈黑色，内部呈棕褐色，喷淋少许清水，灭尽火星，取出晾干，筛去碎屑。

【质量控制】

表 5－19　干姜产品质量控制指标

品名	性状	检测项目
干姜	不规则的片块状，具指状分枝；周边灰棕色或淡黄棕色，片面黄白或灰白色；质地疏松，有特异的香气	水分：≤19.0% 总灰分：≤6.0% 浸出物：≥22.0% 挥发油：≥0.8%（mL/g） 6－姜辣素（$C_{17}H_{26}O_4$）：≥0.60%
炮姜	炮姜为不规则的厚片或块；表面鼓起，棕褐色，内部棕黄色，质地疏松，气香	水分：≤12.0% 总灰分：≤7.0% 浸出物：≥26.0% 6－姜辣素（$C_{17}H_{26}O_4$）：≥0.30%
姜炭	为不规则膨胀的块状，表面焦黑色，内部棕褐色	浸出物：≥26.0% 6－姜辣素（$C_{17}H_{26}O_4$）：≥0.050%

(a) 干姜药材

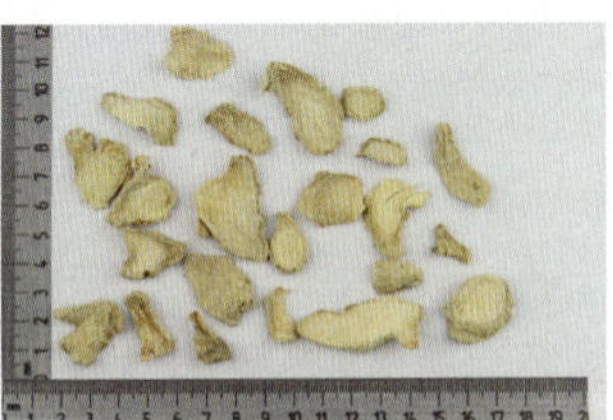
(b) 干姜

(c) 炮姜

(d) 姜炭

图 5－10

【炮制作用】

表 5－20　干姜饮片功效与应用

品名	性味归经	炮制作用
干姜	辛，热。归脾、胃、肾、心、肺经	温中散寒，回阳通脉，温肺化饮。用于脘腹冷痛，呕吐泄泻，肢冷脉微，寒饮喘咳。长于温中回阳
炮姜	辛，热。归脾、胃、肾经	辛燥之性较干姜弱，温里之力不如干姜迅猛，但作用缓和持久，长于温经止痛、止泻和温经止血

续上表

品名	性味归经	炮制作用
姜炭	辛、热。归脾、胃、心、肺经	能引药下行，作用专于下焦，常用于固涩止血、温经。可用于各种虚寒性出血

【贮藏】置阴凉干燥处，防蛀。

（三）炒炭技术

炒炭技术是将饮片置已预热好的炒制器具中，用武火加热，炒至“炭化存性”的炮制方法。是清炒法中受热程度最深、性状改变最大的一种方法。

1. 主要目的

增强或产生止血作用。

2. 注意事项

（1）由于操作时火力强而急，容易产生火星，应注意预防燃烧。

（2）炮制品经检查无余热后才能收贮。

（3）在炮制程度上要掌握“烧黑存性，勿令灰过”，即“炭化”而不是灰化。药物炒炭并非完全炭化，仅仅是外表颜色焦黑如炭，内部焦褐，仍保留部分原有气味及性能，因此，不同于纯粹意义的“炭”。

蒲　黄
puhuang

【来源】本品为香蒲科植物水烛香蒲 *Typha angustifolia* L.、东方香蒲 *Typha orientalis* Presl 或同属植物的干燥花粉。

【采收加工】夏季采收蒲棒上部的黄色雄花序，晒干后碾轧，筛取花粉。剪取雄花后，晒干，成为带有雄花的花粉，即为草蒲黄。

【生产工艺】

1. 蒲黄

取原药材，揉碎结块，过筛，除去花丝及杂质。（《中国药典》《全国中药炮制规范》）

2. 蒲黄炭

取净蒲黄，置已预热好的炒制器具中，用武火加热，炒至棕褐色时，喷淋少许清水，灭尽火星，取出，迅速摊晾。（《中国药典》《全国中药炮制规范》）

【工艺要点】本品细小，炒炭时易灰化，应控制好火力，注意翻动，避免产生火星，引起燃烧。出锅要及时，且出锅后应摊开散热，防止复燃，凉后收贮。

【质量控制】

表 5－21　蒲黄产品质量控制指标

品名	性状	检测项目
蒲黄	黄色粉末。体轻，放水中则漂浮水面，手捻有滑腻感，易附着手指上	水分：≤13.0% 总灰分：≤10.0% 酸不溶性灰分：≤4.0% 浸出物（乙醇）：≥15.0% 异鼠李素－3－O－新橙皮苷（$C_{28}H_{32}O_{16}$）和香蒲新苷（$C_{34}H_{42}O_{20}$）总量：≥0.50%

续上表

品名	性状	检测项目
蒲黄炭	形如蒲黄，表面棕褐色或黑褐色。具焦香气，味微苦、涩	浸出物（乙醇）：≥11.0%

（a）蒲黄

（b）蒲黄炭

图 5－11

【炮制作用】

表 5－22　蒲黄饮片功效与应用

品名	性味归经	炮制作用
蒲黄	甘、平。归肝、心包经	偏于活血化瘀，利尿通淋，止痛。用于瘀血阻滞的心腹疼痛，痛经，产后瘀痛，跌打损伤，血淋涩痛等证
蒲黄炭	甘、平。归肝、心包经	止血，化瘀，通淋。用于吐血，衄血，咯血，崩漏，外伤出血，经闭通经，胸腹刺痛，跌扑肿痛，血淋涩痛

【贮藏】置通风干燥处，防潮，防蛀。

知识链接

建议采用滚筒式炒药机炒制蒲黄炭，可以防止炒后复燃和炒时粘锅而出现的“焦粑子”现象。其方法是用中火加热翻转的滚筒，达到一定热度时，投入净蒲黄 6～8 kg，并加 7～8 块比乒乓球略大的净石头，加热炒至蒲黄呈棕褐色时（约需喷淋少许清水），出锅，取出石头。

荆　芥

jingjie

【来源】本品为唇形科植物荆芥 *Schizonepeta tenuifolia* Briq. 的干燥地上部分。

【采收加工】夏、秋二季花开到顶、穗绿时采割，除去杂质，晒干。

【生产工艺】

1. 荆芥

除去杂质，喷淋清水，洗净，润透，于 50℃烘 1 小时，切段，干燥。（《中国药典》）

2. 荆芥炭

取净荆芥段进行粗细分档，分别置已预热好的炒制器具中，用武火加热，炒至表面焦黑色，内部焦黄色，喷淋少许清水，灭尽火星，取出，晾凉。（《中国药典》）

【工艺要点】荆芥炭：炒炭前除进行粗细分档外，在炒制过程中要变换火力。

【质量控制】

表5-23　荆芥产品质量控制指标

品名	性状	检测项目
荆芥药材	茎呈方柱形，上部有分枝，长50~80 cm，直径0.2~0.4 cm。表面淡黄绿色或淡紫红色，被短柔毛；体轻，质脆，断面类白色。叶对生，多已脱落，叶片3~5羽状分裂，裂片细长。穗状轮伞花序顶生，长2~9 cm，直径约0.7 cm。花冠多脱落，宿萼钟状，先端5齿裂，淡棕色或黄绿色，被短柔毛；小坚果棕黑色。气芳香	水分：≤12.0% 总灰分：≤10.0% 酸不溶性灰分：≤3.0% 挥发油：≥0.60%（mL/g） 胡薄荷酮（$C_{10}H_{16}O$）：≥0.02%
荆芥	呈不规则的段。茎呈方柱形，表面淡黄绿色或淡紫红色，被短柔毛。切面类白色。叶多已脱落。穗状轮伞花序，气芳香	挥发油：≥0.30%（mL/g） 胡薄荷酮（$C_{10}H_{16}O$）：≥0.020%
荆芥炭	呈不规则段，全体黑褐色。茎方柱形，体轻，质脆，断面焦褐色。叶对多已脱落。花冠多脱落，宿萼钟状。略具焦香气	浸出物（70%乙醇）：≥8.0%

（a）荆芥　　（b）荆芥炭

图5-12

【炮制作用】

表5-24　荆芥炭饮片功效与应用

品名	性味归经	炮制作用
荆芥	辛，微温。归肺、肝经	解表散风，透疹，消疮。用于感冒，头痛，麻疹，风疹，疮疡初起
荆芥炭	辛、涩，微温。归肺、肝经	收敛止血。用于便血，崩漏，产后血晕

【贮藏】置阴凉干燥处。

茜　草

qiancao

【来源】本品为茜草科植物茜草 *Rubia cordifolia* L. 的干燥根和根茎。

【采收加工】春、秋二季采挖，除去泥沙，干燥。

【生产工艺】

1. 茜草

除去杂质，洗净，润透，切厚片或段，干燥。（《中国药典》）

2. 茜草炭

取净茜草片，置已预热好的炒制器具中，用武火加热，炒至表面焦黑色，喷淋少许清水，灭尽火星，取出，晾干。（《中国药典》）

【质量控制】

表 5－25　茜草产品质量控制指标

品名	性状	检测项目
茜草药材	根茎呈结节状，丛生粗细不等的根。根呈圆柱形，略弯曲，长10～25 cm，直径0.2～1 cm；表面红棕色或暗棕色，具细纵皱纹和少数细根痕；皮部脱落处呈黄红色。质脆，易折断，断面平坦皮部狭，紫红色，木部宽广，浅黄红色，导管孔多数。气微	水分：≤12.0% 总灰分：≤15.0% 酸不溶性灰分：≤5.0% 浸出物（乙醇）：≥9.0% 大叶茜草素（$C_{17}H_{15}O_4$）：≥0.20% 羟基茜草素（$C_{14}H_8O_5$）：≥0.080%
茜草	呈不规则的厚片或段。根呈圆柱形，外表皮红棕色或暗棕色，具细纵纹；皮部脱落处呈黄红色。切面皮部狭，紫红色，木部宽广，浅黄红色，导管孔多数。气微，味微苦，久嚼刺舌	
茜草炭	形如茜草片或段，表面黑褐色，内部棕褐色	水分：≤8.0% 浸出物（乙醇）：≥10.0%

（a）茜草药材　（b）茜草

（c）茜草炭

图 5－13

【炮制作用】

表 5－26　茜草饮片功效与应用

品名	性味归经	炮制作用
茜草	苦，寒。归肝经	具有凉血，止血，祛瘀，通经的作用。生品以活血祛瘀、清热凉血为主，也能止血。用于血滞经闭，跌打损伤，产后恶露不尽及血热所致的各种出血等证
茜草炭		凉血，祛瘀，止血，通经。止血作用增强，用于吐血，衄血，崩漏，外伤出血，瘀阻经闭，关节痹痛，跌扑肿痛

【贮藏】置干燥处。

实训四　清炒技术

一、实训目的

（1）熟悉并掌握药物清炒的操作程序及注意事项。

（2）熟悉各种药物火力要求，了解炒锅的性能，准确把握药物炒制的火力。

（3）准确判断各种药物炮制的火候。

二、实训器材

1. 实训设备

电炒锅、炒锅、铲子、刷子、盘、电子秤。

2. 实训材料

王不留行、山楂、槐米、栀子。

三、实训内容及步骤

（一）准备工作

检查实训工具是否完备，炒药锅、排气扇工作是否正常。将要炮制的药物筛去碎屑、杂质、果核等，将药物大小、粗细分档备用。检查炒锅、铲子和盛药器具是否洁净，必要时进行清洁，将炒锅放置在电炒锅上，打开开关，用大（武）火加热，将炒锅预热至一定程度后投药。

（二）实训过程

炒黄：先将药物大小分档，调节好火力，将适量的药物投入预热好的炒锅内加热翻炒。翻动时做到亮锅底，炒至药物发出的爆裂声开始减弱，并有固有气味溢出，表面呈黄色或颜色加深时迅速出锅，放凉。将炮制好的药物盛于洁净的容器内，清洁炒锅、铲子和桌面。

炒焦：先将药物大小分档，用中火或武火加热，将适量的药物投入预热好的炒锅内加热翻炒。翻动时做到亮锅底，炒至药物表面呈焦黄或焦褐色，并透出焦香气味时迅速出锅，放凉。将炮制好的药物盛于洁净的容器内，清洁炒锅、铲子和桌面。

炒炭：先将药物大小分档，调节好火力，用中火加热，将适量的药物投入预热好的炒锅内加热翻炒。翻动时做到亮锅底，炒至表面呈焦褐或焦黑色，内部焦黄色，喷淋少许清水，灭尽火星，取出，晾干。将炮制好的药物盛于洁净的容器内，清洁炒锅、铲子和桌面。

1. 王不留行

调节火力至中火，将适量的净王不留行投入到已预热好的炒锅内加热翻炒，当80%以上的王不留行爆成白花，并放出固有气味时迅速出锅。将药物盛放在洁净的容器内，清洗炒锅和铲子。

2. 山楂

（1）炒山楂：调节火力至中火，将适量的净山楂投入到已预热好的炒锅内加热翻炒，炒至表面色泽加深，并有固有的香气溢出时，取出放凉。将药物盛放在洁净的容器内，清洗炒锅和铲子。

（2）焦山楂：调节火力至中火，将适量的净山楂投入到已预热好的炒锅内加热翻炒，炒至表面焦褐色，内部焦黄色，并有焦香气味溢出时，取出放凉。将药物盛放在洁净的容器内，清洗炒锅和铲子。

（3）山楂炭：调节火力至武火，将适量的净山楂投入到已预热好的炒锅内加热翻炒，炒至表面黑褐色，内部焦褐色。有火星时及时喷淋清水，灭尽火星，取出晾干。将药物盛放在洁净的容器内，清洗炒锅和铲子。

3. 槐米

调节火力至中火，将适量的净槐米投入到已预热好的炒锅内加热翻炒至棕褐色时，喷淋少许清水，灭尽火星，迅速出锅，摊晾。将药物盛放在洁净的容器内，清洗炒锅和铲子。

4. 栀子

（1）炒栀子：取净栀子，置已预热好的炒制器具中，用文火加热，炒至色泽加深，透出香气时，取出放凉。

（2）焦栀子：取净栀子，置已预热好的炒制器具中，用中火加热，炒至焦褐色或焦黑色，果皮内面和种子表面为黄棕色或棕褐色，取出，放凉。

（3）栀子炭：取净栀子，置已预热好的炒制器具中，用武火加热，炒至黑褐色，喷淋少许清水，灭尽火星，取出放凉。

（三）场地清理

实训结束后，将炮制好的药物置于洁净的聚乙烯包装袋内，密封后贮藏，清洁煤气灶和其他实验器具。将实验室打扫干净，关闭水、电、气、门、窗，经实验教师验收签字后方可离开。

四、实训提示

表 5－27

序号	实训关键环节	提示内容
1	炒药工具是否洁净	炒锅、器具和其他工具洁净后才可以进行炒制
2	炒锅是否预热	用手靠近锅底感受锅的温度，有灼烧感即可投药
3	火力把握	根据药物炒制要求，掌握火的燃烧强度，不能太大，也不能过小
4	药物翻炒	翻炒要做到快而勤，每次亮锅底，不能有药物翻出锅
5	火候把握	准确把握颜色的标准，使药物受热均匀
6	药物出锅	药物出锅要做到迅速，倒入容器中，及时摊开

五、实训思考

（1）栀子三种炒制品质量如何掌握？

（2）在操作过程中如何避免生熟不匀的现象？

（3）炒炭时应注意哪些问题？怎样判断药物炒炭是否存性？

（4）关于文武火有几种解释，哪一种比较合理？

六、实训测试

表 5－28

测试项目	重点测试内容	测试标准	标准分值	测试得分
过程测试	准备工作	洁净和检查工具，准备工作到位	10	
	操作步骤	严格操作流程，操作过程没有大的失误	15	
	炒锅预热	文火预热炒锅，用手感受温度，有灼热感即可	10	
	药物翻炒	翻炒勤快，做到亮锅底，并没有药物翻出锅	10	
	创新训练	能主动查阅资料，尝试新的炮制方法	10	
结果测试	意外事件	整个操作过程中，没有发生器具损坏及不安全事件	5	
	分组讨论	能找出本组操作中存在的问题，找到合理的解决方法	10	
	炮制程度	几种药物从颜色、质地等外观上都达到了炮制标准	10	
	场地清理	能及时清洗实验器具，清理桌面，药物归类放置	5	
	实训报告	报告字迹工整，条理清晰，结果准确，分析透彻	15	

二、加固体辅料炒技术

将饮片与固体辅料共同拌炒的方法称为加固体辅料炒法。其主要目的是降低毒性，缓和药性，增强疗效和矫臭矫味等。依据所加辅料的不同可分为麸炒、米炒、土炒、砂炒、蛤粉炒和滑石粉炒等。由于砂炒、蛤粉炒、滑石粉炒时，所用辅料多，温度较高且较恒定，辅料主要起中间传热体的作用，能使药物受热均匀，饮片色泽一致，这三种方法又分别称为砂烫、蛤粉烫和滑石粉烫。

（一）麸炒技术

麸炒是将饮片用麸皮熏炒的方法，又称“麸皮炒”或“麦麸炒”。麸炒时所用麸皮为未制者称净麸炒或清麸炒，若用蜂蜜或红糖制过的麸皮熏炒药物，则称为蜜麸炒或糖麸炒。

麸皮（麦麸）味甘性平，具有和中作用。明代《本草蒙筌》载有“麦麸皮制抑酷性勿伤上膈”，故常用麸皮炒制补脾胃或作用强烈及有腥味的药物。

1. 主要目的

（1）增强疗效。具有补脾作用的药物，如山药、白术等经麸炒后可增强疗效。

（2）缓和药性。某些作用峻烈的药物，如枳实、苍术经麸炒后可缓和药性，不致耗气伤阴。

（3）矫臭矫味。某些气味腥臭的药物，如僵蚕经麸炒后可矫正其不良气味，便于服用。

2. 操作方法

先将炒锅烧热至“麸下烟起”时，再将麸皮均匀撒入热锅中，投入净药物。快速均匀翻动并适当控制火力，炒至药物表面呈黄色或深黄色时，取出，筛去麸皮，放凉。每 100 kg 净药物，用麸皮 10 ~ 15 kg。

3. 注意事项

（1）麸炒药物要求干燥，以免药物黏附焦化的麸皮。

（2）麸炒一般用中火，并要求火力均匀。火力过大则药物容易焦煳。火力过小则容易黏麸，且烟气不足，达不到熏炒要求。

（3）先将炒制器具预热至“麸下烟起”为度，方可均匀撒入麸皮，烟起即可投药。

（4）翻动时要迅速而有规律，否则赋色不匀。

（5）炒至所需程度后，要及时出锅筛出麸皮，以免成品发黑或焦斑过重。

苍　术
cangzhu

【来源】本品为菊科植物茅苍术 *Atractylodes lancea*（Thunb.）DC. 或北苍术 *Atractylodes chinensis*（DC.）Koidz. 的干燥根茎。

【采收加工】春、秋二季采挖，除去泥沙，晒干，撞去须根。

【生产工艺】

1. 苍术

取原药材，除去杂质，洗净，润透，切厚片，干燥后筛去碎屑。(《中国药典》)

2. 麸炒苍术

将炒制器具预热，撒入定量麦麸，用中火加热，冒烟时投入苍术片，不断翻炒至苍术片表面深黄色时，取出，筛去麦麸，放凉。每 100 kg 片，用麦麸 10 kg。(《全国中药炮制规范》)

3. 制苍术

取苍术片，用米泔水浸泡片刻，取出，置炒制器具内，用文火加热，炒干，筛去碎屑。(《全国中药炮制规范》)

4. 焦苍术

取苍术片，置已预热的炒制器具内，用中火炒至表面呈焦褐色，透出焦香气味时，喷淋少许清水，用小火炒干，取出，放凉。(《保命集》)

【工艺要点】麦麸用量：每 100 kg 苍术片，用麦麸 10 kg。

【质量控制】

表 5－29　苍术产品质量控制指标

品名	性状	检测项目
苍术药材	呈不规则连珠状或结节状圆柱形，略弯曲，偶有分枝，长 3～10 cm，直径 1～2 cm。表面灰棕色，有皱纹、横曲纹及残留须根，顶端具茎痕或残留茎基。质坚实，断面黄白色或灰白色，散有多数橙黄色或棕红色油室，暴露稍久，可析出白色细针状结晶。气香特异	水分：≤13.0% 总灰分：≤7.0% 苍术素（$C_{13}H_{10}O$）：≥0.30%
苍术	呈不规则类圆形或条形厚片。外表皮灰棕色至黄棕色，有皱纹，有时可见根痕。切面黄白色或灰白色，散有多数橙黄色或棕红色油室，有的可析出白色细针状结晶。气香特异	水分：≤11.0% 总灰分：≤5.0% 苍术素（$C_{13}H_{10}O$）：≥0.30%
麸炒苍术	形如苍术片，表面深黄色，散有多数棕褐色油室。有焦香气	水分：≤10.0% 总灰分：≤5.0% 苍术素（$C_{13}H_{10}O$）：≥0.20%
制苍术	形如苍术片，表面黄色或土黄色	无
焦苍术	形如苍术，表面多为焦黄色或焦褐色，气味微弱	

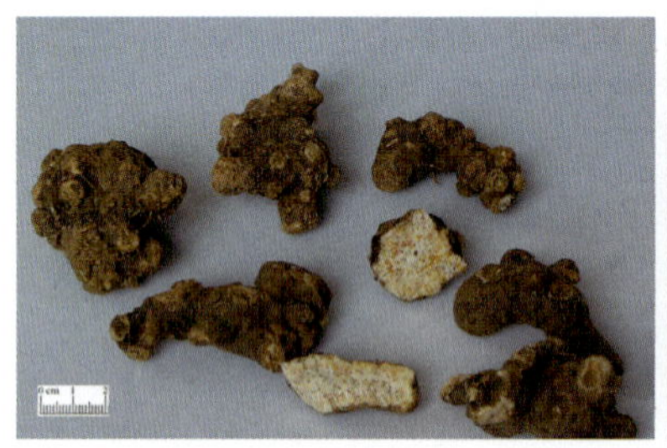

（a）苍术

（b）苍术片

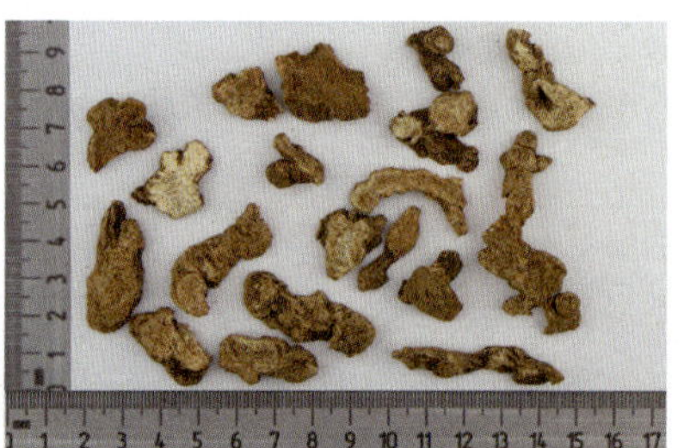

（c）麸炒苍术

（d）制苍术

（e）焦苍术

图 5－14

【炮制作用】

表 5－30　苍术饮片功效与应用

品名	性味归经	炮制作用
苍术	辛、苦，温。归脾、胃、肝经	具有燥湿健脾，祛风，散寒，明目的作用。生品长于燥湿、祛风、散寒，多用于风湿痹痛、风寒感冒等证
麸炒苍术		麸炒后缓和辛燥之性，增强健脾燥湿作用。多用于脾胃不和，痰饮停滞，脘腹痞满，夜盲症等
制苍术		
焦苍术		炒焦后辛燥之性大减，以固肠止泻为主。多用于脾虚泻泄，久痢等证

【贮藏】置阴凉干燥处。

知识链接

苍术中含有挥发油，当剂量小时有镇静作用，大剂量则具有中枢抑制作用，终致呼吸麻痹而导致实验动物死亡，较大剂量时会对人的呼吸道及黏膜有刺激作用，即是中医所称的“燥性”。苍术通过麸炒、米泔水制均可以使其挥发油含量降低。

枳　壳
zhiqiao

【来源】本品为芸香科植物酸橙 *Citrus aurantium* L. 及其栽培变种的干燥未成熟果实。

【采收加工】7 月果皮尚绿时采收，自中部横切为两半，晒干或低温干燥。

【生产工艺】

1. 枳壳

取原药材，除去杂质，洗净，润透，切薄片，干燥后筛去碎落的瓤核。(《中国药典》)

2. 麸炒枳壳

先将炒锅预热至一定程度，均匀撒入定量的麸皮，中火加热，即刻烟起，随即投入净枳壳片。迅速拌炒至色变深时，取出，筛去麸皮，放凉后及时收藏。(《中国药典》)

【工艺要点】麦麸用量：每 100 kg 枳壳片，用麦麸 10 kg。

【质量控制】

表 5－31　枳壳产品质量控制指标

品名	性状	检测项目
枳壳药材	呈半球形，直径 3～5 cm。外果皮棕褐色至褐色，有颗粒状突起，突起的顶端有凹点状油室；有明显的花柱残迹或果梗痕。切面中果皮黄白色，光滑而稍隆起，汁囊干缩呈棕色至棕褐色，内藏种子。质坚硬，气清香	水分：≤12.0% 总灰分：≤7.0% 柚皮苷（$C_{27}H_{32}O_{14}$）：≥4.0% 新橙皮苷（$C_{28}H_{34}O_{15}$）：≥3.0%
枳壳	呈不规则弧状条形薄片。切面外果皮棕褐色至褐色，中果皮黄白色至黄棕色，近外缘有 1～2 列点状油室，内侧有的有少量紫褐色瓤囊	
麸炒枳壳	形如枳壳片，色较深，偶有焦斑	

（a）枳壳药材

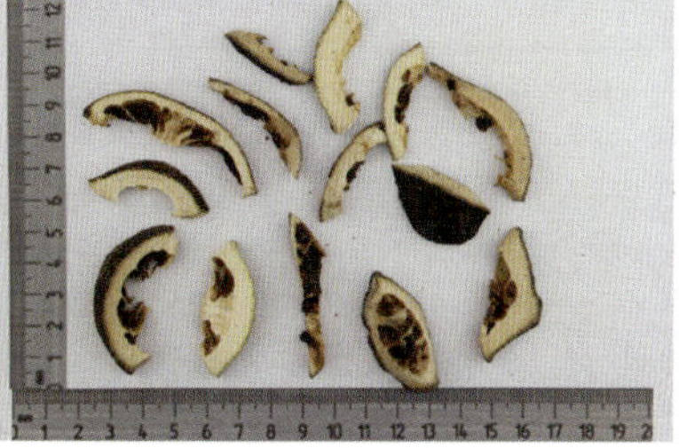
（b）枳壳

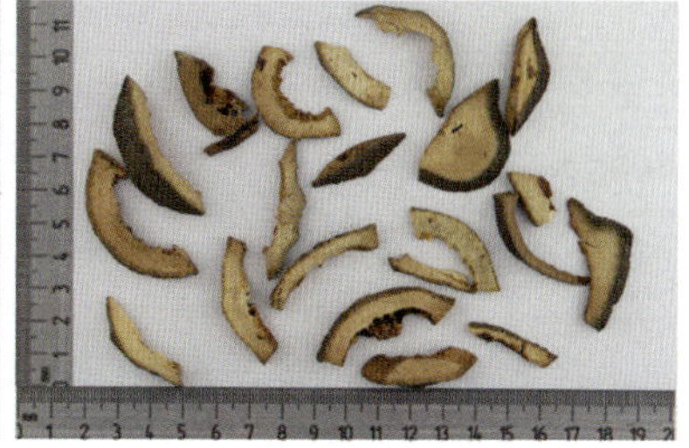
（c）麸炒枳壳

图 5－15

【炮制作用】

表 5－32　枳壳饮片功效与应用

品名	性味归经	炮制作用
枳壳（药材）	无	无
枳壳	苦、辛、酸，微寒。归脾、胃经	具理气宽中、消滞除胀的作用，生品辛燥，破气作用较强，长于理气宽中。多用于气实壅满所致的脘腹胀痛或胁肋胀痛，瘀滞疼痛，子宫下垂，胃下垂，脱肛
麸炒枳壳	苦、辛、酸，微寒。归脾、胃经	麸炒后缓和其辛燥之性和破气作用，长于理气消食。多用于食积痞满，胁肋疼痛等证

【贮藏】置阴凉干燥处，防蛀。

知识链接

枳壳挥发油对大鼠肠道平滑肌有兴奋作用，对离体和在体家兔子宫有兴奋作用，麸炒后挥发油含量降低，从而可以减缓其对肠道平滑肌的刺激作用。

僵　蚕

jiangcan

【来源】本品为蚕蛾科昆虫家蚕 *Bombyx mori* Linnaeus 4～5 龄的幼虫感染（或人工接种）白僵菌 *Beauveria bassiana*（Bals.）Vuillant 而致死的干燥体。

【采收加工】多于春、秋季生产，将感染白僵菌病死的蚕干燥。

【生产工艺】

1. 僵蚕

取原药材，淘洗后干燥，除去杂质。(《中国药典》)

2. 炒僵蚕

将炒制器具预热，撒入定量麦麸，用中火加热，冒烟时投入净僵蚕，不断翻炒至僵蚕表面呈黄色时取出，筛去麦麸，放凉。(《中国药典》《全国中药炮制规范》)

【工艺要点】麦麸用量：每 100 kg 僵蚕，用麦麸 10 kg。

【质量控制】

表 5－33　僵蚕产品质量控制指标

品名	性状	检测项目
僵蚕药材	略呈圆柱形，多弯曲皱缩。长 2～5 cm，直径 0.5～0.7 cm。表面灰黄色，被有白色粉霜状的气生菌丝和分生孢子。头部较圆，足 8 对，体节明显，尾部略呈二分歧状。质硬而脆，易折断，断面平坦，外层白色，中间有亮棕色或亮黑色的丝腺环 4 个。气微腥	杂质：≤3% 水分：≤13.0% 总灰分：≤7.0% 酸不溶性灰分：≤2.0% 黄曲霉毒素 B_1：≤5 μg/kg 黄曲霉毒素 G_2、G_1、B_2、B_1 合计≤10 μg/kg 浸出物（稀乙醇）：≥20.0%
僵蚕		浸出物（稀乙醇）：≥20.0%
炒僵蚕	形如僵蚕，表面黄色，偶有焦斑，腥味较弱，有麦麸香味	无

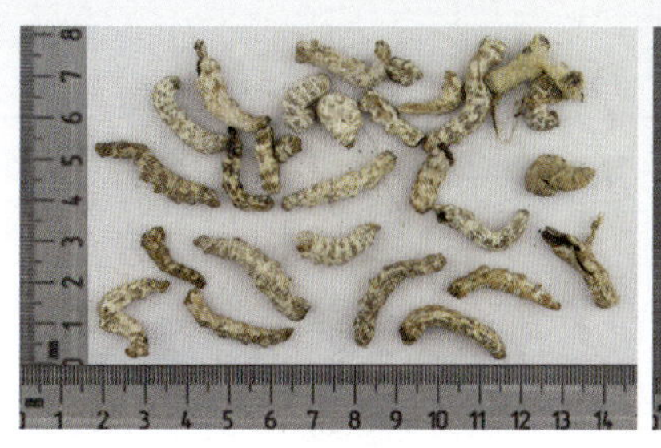
（a）僵蚕

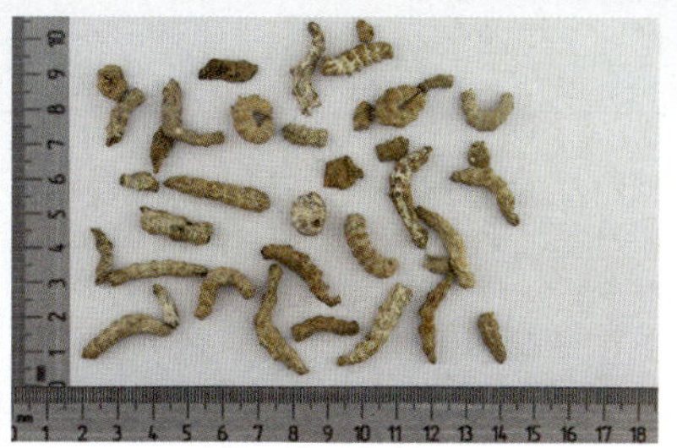
（b）炒僵蚕

图 5－16

【炮制作用】

表 5－34　僵蚕饮片功效与应用

品名	性味归经	炮制作用
僵蚕	咸、辛、平。归肝、肺、胃经	息风止痉，祛风止痛，化痰散结。生品辛散动较强，长于祛风定惊，但有腥臭气，不利于患者服用
炒僵蚕	咸、辛、平。归肝、肺、胃经	麸炒后能矫其不良气味，利于服用。多用于肝风夹痰，惊痛抽搐，小儿急惊风，中风中歪，风热头痛等证

【贮藏】置阴凉干燥处，防蛀。

薏　苡　仁

yiyiren

【来源】本品为禾本科植物薏苡 *Coix lacryma－jobi* L. *var. mayuen*（Roman.）Stapf 的干燥成熟种仁。

【采收加工】秋季果实成熟时采割植株，晒干，打下果实，再晒干，除去外壳、黄褐色种皮和杂质，收集种仁。

【生产工艺】

1．薏苡仁

取原药材，除去皮壳及杂质，筛去灰屑。(《全国中药炮制规范》)

2．麸炒薏苡仁

取麸皮，撒在预热的锅内，用中火加热至冒烟时，倒入净薏苡仁，炒至表面微黄色鼓起时，取出，筛去麸皮，放凉。(《中国药典》)

【工艺要点】麦麸用量：每 100 kg 薏苡仁，用麦麸 10 kg。

【质量控制】

表 5－35　薏苡仁产品质量控制指标

品名	性状	检测项目
薏苡仁药材	呈宽卵形或长椭圆形。表面乳白色，光滑，偶有残存的黄褐色种皮；一端钝圆，另端较宽而微凹，有 1 淡棕色点状种脐；背面圆凸，腹面有 1 条较宽而深的纵沟。质坚实，断面白色，粉性。气微	水分：≤15.0% 总灰分：≤3.0% 浸出物：≥5.5% 甘油三油酸酯（$C_{57}H_{104}O_6$）：≥0.5%
薏苡仁		杂质：≤1% 水分：≤15.0% 总灰分：≤2.0% 浸出物（无水乙醇）：≥5.5% 甘油三油酸酯（$C_{57}H_{104}O_6$）：≥0.50%

续上表

品名	性状	检测项目
麸炒薏苡仁	形如薏苡仁，微鼓起，表面微黄色	水分：≤12.0% 总灰分：≤2.0% 浸出物（无水乙醇）：≥5.5% 甘油三油酸酯（$C_{57}H_{104}O_6$）：≥0.40%

（a）薏苡仁

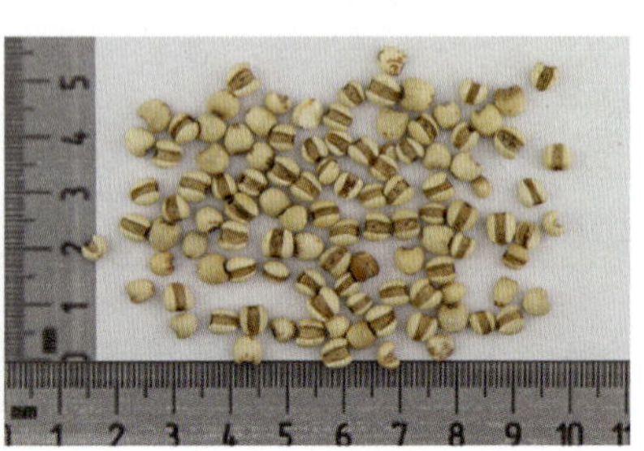

（b）麸炒薏苡仁

图 5－17

【炮制作用】

表 5－36　薏苡仁饮片功效与应用

品名	性味归经	炮制作用
薏苡仁	甘、淡、凉。归脾、胃、肺经	生品性偏寒凉，长于利水渗湿，清热排脓，除痹。多用于水肿，脚气，小便不利，湿痹拘挛，肺痛，肠痈等证
麸炒薏苡仁	甘、淡、凉。归脾、胃经	麸炒后长于健脾止泻，多用于脾虚泄泻

【贮藏】置通风干燥处，防蛀。

（二）米炒技术

将饮片与米共同拌炒的方法，称为米炒。

米炒药物所用的米，一般认为以糯米为佳，有些地区用陈仓米，现通常用大米。大米甘平，具有健脾和中、除烦止渴作用，多用于炮制一些补益脾胃药和某些昆虫类有毒性的药物。常用米炒的药物有党参、斑蝥、红娘子等。

1. 主要目的

（1）增强药物的健脾止泻作用，如党参。

（2）降低药物的毒性，如斑蝥、红娘子。

（3）矫正药物不良气味，如昆虫类药物有腥臭气味，米炒后能起到矫臭矫味的作用。

2. 操作方法

（1）米药混炒。先将炒锅烧热，再加入定量的米，用中火炒至冒烟时，投入净药物，拌炒至一定程度，取出，筛去米，放凉。

（2）米上炒。先将炒锅烧热，撒上浸湿的米，使其平贴于炒锅上，用中火加热炒至米冒烟时投入净药物，轻轻翻动米上的药物，至所需程度取出，筛去米，放凉。每 100 kg 药物，用米 20 kg。

3. 注意事项

（1）炮制昆虫类药物时，一般以米的色泽观察炮制火候，炒至米变焦黄或焦褐色为度。

（2）炮制植物类药物时，观察药物色泽变化，炒至黄色为度。

党　　参
dangshen

【来源】本品为伞形科植物党参 *Codonopsis pilosula*（Franch.）Nannf.、素花党参 *Codonopsis pilosula* Nannf. var. *modesta*（Nannf.）L. T. Shen 或川党参 *Codonopsis tangshen* oliv. 的干燥根。

【采收加工】秋季采挖，洗净，晒干。

【生产工艺】

1. 党参片

取原药材，除去杂质，洗净，润透，切厚片，干燥后筛去碎屑。(《中国药典》)

2. 米炒党参

将大米撒入已预热好的炒制器具内，中火加热至米开始产生烟雾时，投入党参片，炒至党参表面呈深黄色，筛去米，放凉。(《中国药典》)

3. 蜜党参

取炼蜜用适量开水稀释后，淋入党参片中，闷润后置炒制器具内，用文火加热，炒至黄棕色，不粘手时取出，放凉。(《全国中药炮制规范》)

【工艺要点】辅料用量：每 100 kg 党参片，用大米 20 kg，用炼蜜 20 kg。

【质量控制】

表 5-37　党参产品质量控制指标

品名	性状	检测项目
党参药材	呈细长圆柱形、长纺锤形或不规则条块，长 6～20 cm，直径 0.5～2 cm。表面黄白色或淡棕色，光滑或有纵沟纹和须根痕，有的具红棕色斑点。质硬而脆，断面角质样，皮部较薄，黄白色，有的易与木部剥离，木部类白色。气微	水分：≤16.0% 总灰分：≤5.0% 二氧化硫残留量：≤400 mg/kg 浸出物（45%乙醇）：≥55.0%
党参片	呈圆形或类圆形厚片。外表皮灰黄色、黄棕色至灰棕色，切面皮部淡棕黄色至黄棕色，木部淡黄至黄色，有裂隙或放射状纹理。有特殊香气	
米炒党参	形如党参片，表面深黄色，偶有焦斑	水分：≤10.0% 总灰分：≤5.0% 二氧化硫残留量：≤400 mg/kg 浸出物（45%乙醇）：≥55.0%
蜜党参	形如党参片，表面黄棕色，略有光泽，具蜜香味	无

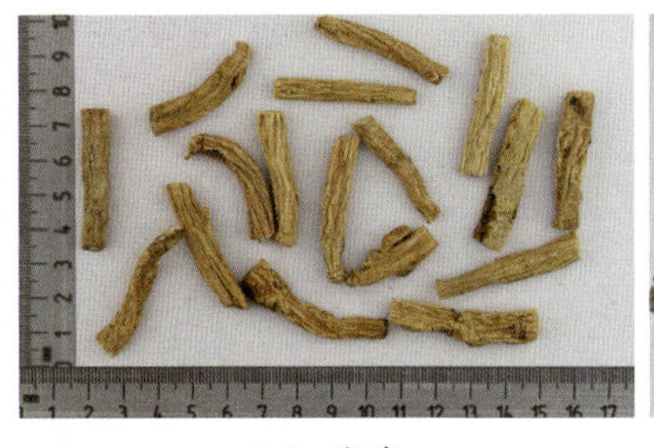
(a) 党参

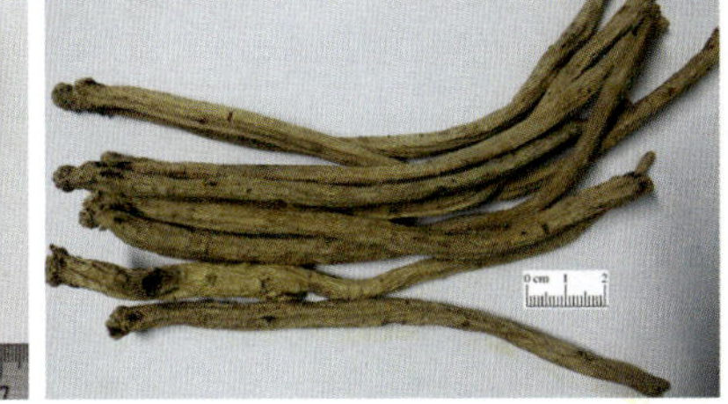
(b) 党参药材

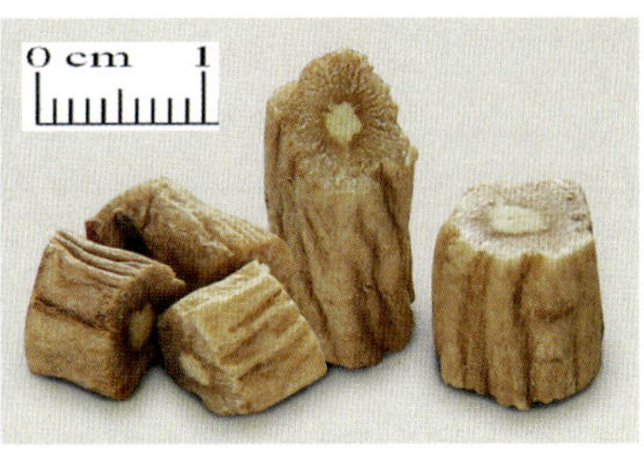

(c) 党参片

(d) 米炒党参

(e) 蜜党参

图 5－18

【炮制作用】

表 5－38 党参饮片功效与应用

品名	性味归经	炮制作用
党参片	甘，平。归脾、肺经	健脾益肺，养血生津。生品以益气生津力胜。用于脾肺气虚，津伤口渴等
米炒党参		经米炒后能使其气味改善，增强健脾止泻作用，多用于脾胃虚弱、食少便溏
蜜党参		蜜炙后增强其补中益气润燥养阴作用，矫正不良气味，用于气血两虚咳嗽虚喘，心悸气短等证

【贮藏】置通风干燥处，防潮，防蛀。

斑　蝥
banmao

【来源】本品为芫青科昆虫南方大斑蝥 *Mylabris phalerata* Pallas 或黄黑小斑蝥 *Mylabris cichorii* Linnaeus 的干燥体。

【采收加工】夏、秋二季捕捉，闷死或烫死，晒干。

【生产工艺】

1. 生斑蝥

取原药材，除去杂质。(《中国药典》)

2. 米斑蝥

将米撒入已预热的炒制器具中，用中火加热至有略起烟时，投入净斑蝥，翻炒至米呈黄棕色时，取出，除去头、翅、足，筛去米，放凉。(《中国药典》)

【工艺要点】辅料用量：每 100 kg 斑蝥，用大米 20 kg。

【质量控制】

表 5－39 斑蝥产品质量控制指标

品名	性状	检测项目
斑蝥药材	南方大斑蝥，呈长圆形，长 1.5～2.5 cm，宽 0.5～1 cm。头及口器向下垂，有较大的复眼及触角各 1 对，触角多已脱落。背部具革质鞘翅 1 对，黑色，有 3 条黄色或棕黄色的横纹；鞘翅下面有棕褐色薄膜状透明的内翅 2 片。胸腹部乌黑色，胸部有足 3 对。有特殊的臭气；黄黑小斑蝥体型较小	斑蝥素（$C_{10}H_{12}O_4$）：≥0.35%
斑蝥		
米斑蝥	南方大斑蝥，体型较大，头足翅偶有残留。色乌黑发亮，头部去除后的断面不整齐，边缘黑色，中心灰黄色。质脆易碎。有焦香气；黄黑小斑蝥体型较小	斑蝥素（$C_{10}H_{12}O_4$）：0.25%～0.65%

（a）生斑蝥

（b）斑蝥药材

（c）米斑蝥

图 5－19

【炮制作用】

表 5－40 斑蝥饮片功效与应用

品名	性味归经	炮制作用
斑蝥	辛，热；有大毒。归肝、胃、肾经	具破血消癥、攻毒蚀疮的作用。有大毒，生品多外用，以攻毒蚀疮为主。用于瘰疬瘘疮、痈疽肿毒、顽癣瘙痒等证
米炒斑蝥		经米炒后毒性降低，并且可矫正其气味，便于内服，以破癥散结、通经为主，用于经闭癥瘕、瘰疬、肝癌、胃癌等证

【贮藏】置通风干燥处，防蛀。

知识链接

纯品斑蝥素在 84℃开始升华，药材中的斑蝥素升华温度在 120℃左右，而米炒时锅温约为 128℃，正适合药材内斑蝥素的升华，又不至于温度太高致使斑蝥焦化。大米中所含的淀粉对斑蝥素又有一定的吸附作用，从而降低了药材的毒性。另外与米同炒，能使斑蝥受热均匀，并能借助米颜色的变化来判断斑蝥的炮制程度。

（三）土炒技术

将饮片与灶心土共同拌炒的方法，称为土炒。土炒所用土也有用黄土、赤石脂等。

1. 主要目的

灶心土味辛性温，能温中燥湿，止呕，止泻，故常用于炮制补脾止泻的药物，如山药、白术等药物经土炒后能增强药物补脾止泻的作用。

2. 操作方法

将灶心土研成细粉，置炒锅内，用中火加热，炒至土粉呈灵活状态时投入净药物。翻炒至药物表面均匀挂上一层土粉，并透出香气时，取出，筛去土粉，放凉。每 100 kg 净药物，用土粉 25 ~ 30 kg。

3. 注意事项

（1）土炒药物时一般用中火，防止药物烫焦。

（2）用土炒制同种药物时，土粉可连续使用，若土色变深时，应及时更换新土。

（3）用土炒制药物时，土温要适中，若土温过高，药物易焦煳；过低药物内部水分及汁液渗出较少，粘不住土粉。

山　药
shanyao

【来源】本品为薯蓣科植物薯蓣 *Dioscorea opposita* Thunb. 的干燥根茎。

【采收加工】冬季茎叶枯萎后采挖，切去根头，洗净，除去外皮和须根，干燥，习称“毛山药片”；或除去外皮，趁鲜切厚片，干燥，习称“山药片”；也有选择肥大顺直的干燥山药，置清水中，浸至无干心，闷透，切齐两端，用木板搓成圆柱状，晒干，打光，习称“光山药”。

【生产工艺】

1. 山药

除去杂质，分开大小个，泡润至透，切厚片，干燥。（《中国药典》）

2. 土炒山药

将土粉置炒制器具内，用中火加热，炒至灵活状态，投入山药片拌炒至表面均匀挂有土色，取出，筛去多余土粉，放凉。（《全国中药炮制规范》）

3. 麸炒山药

将炒制器具预热，撒入定量麦麸，用中火加热，冒烟时投入山药片，不断翻炒至山药片表面呈黄色时，取出，筛去麦麸，放凉。（《中国药典》）

【工艺要点】

（1）土炒山药辅料用量。每 100 kg 山药，用土粉 30 kg。

（2）麸炒山药辅料用量。每 100 kg 山药，用麦麸 10 kg。

【质量控制】

表 5－41　山药产品质量控制指标

品名	性状	检测项目
山药药材	本品略呈圆柱形，弯曲而稍扁，长 15～30 cm，直径 1.5～6 cm。表面黄白色或淡黄色，有纵沟、纵皱纹及须根痕，偶有浅棕色外皮残留。体重，质坚实，不易折断，断面白色，粉性。气微，味淡、微酸，嚼之发黏。光山药呈圆柱形，两端平齐，长 9～18 cm，直径 1.5～3 cm。表面光滑，白色或黄白色	水分：≤16.0% 总灰分：≤4.0% 浸出物（水）：≥7.0%
山药	形如山药，切片者呈类圆形的厚片。表面类白色或淡黄白色，质脆，易折断，断面类白色，富粉性	总灰分：≤2.0% 浸出物（水）：≥4.0%
土炒山药	形如山药片，表面土红色并附有均匀的土粉，略具焦香气味山药片	无
麸炒山药	形如山药片。切面黄白色或微黄色，偶见焦斑，略具焦香气	水分：≤12.0% 浸出物（水）：≥4.0%

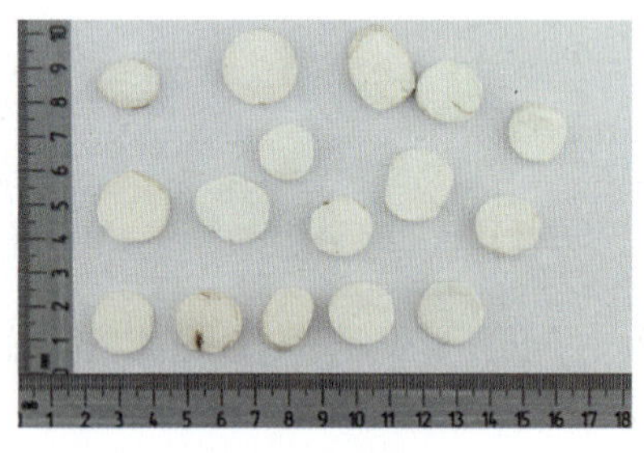
（a）山药片

（b）土炒山药

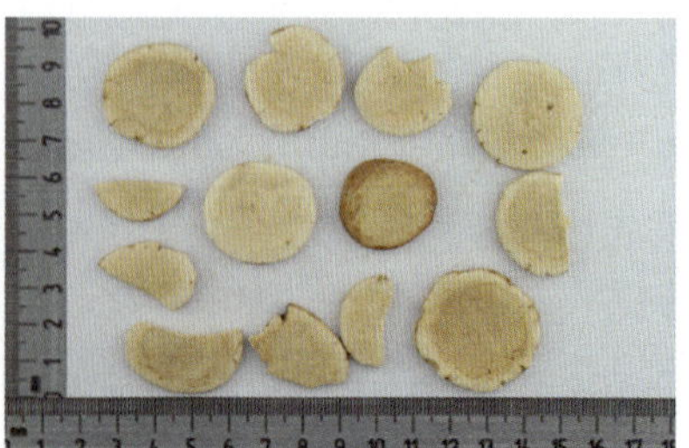
（c）麸炒山药

图 5－20

【炮制作用】

表 5－42　山药饮片功效与应用

品名	性味归经	炮制作用
山药	甘，平。归脾、肺、肾经	具有补脾养胃，生津益肺，补肾涩精的作用。生品以补肾生精，益脾肺之阴为主。用于肺虚咳喘，肾虚遗精，阴虚消渴等证
土炒山药		土炒后增强补脾止泻作用，用于脾虚腹泻
麸炒山药		麸炒后补脾健胃为主。用于脾虚食少，泄泻便溏，带下

【贮藏】置通风干燥处，防蛀。

白　术
baizhu

【来源】本品为菊科植物白术 *Atractylodes macrocephala* Koidz. 的干燥根茎。

【采收加工】冬季下部叶枯黄、上部叶变脆时采挖，除去泥沙，烘干或晒干，再除去须根。

【生产工艺】

1. 白术

取原药材，除去杂质，洗净，润透，切厚片，干燥，除净药屑。(《中国药典》)

2. 土炒白术

先将土粉置炒锅内，用中火加热至灵活状态，投入净白术片，翻炒至色泽加深，表面均匀挂上土粉，有香气溢出时取出，筛去土粉，放凉。(《全国中药炮制规范》《广东省中药饮片炮制规范》)

3. 麸炒白术

先将炒锅预热至一定程度，均匀撒入定量的蜜麸，中火加热，即刻烟起，随即投入净白术片，迅速拌炒至黄棕色、溢出焦香气时，取出，筛去蜜麸，放凉后及时收藏。(《中国药典》)

4. 焦白术

取净白术片，置炒锅内，用中火炒至表面焦黄色或焦褐色，断面颜色加深，取出，摊凉。(《广东省中药饮片炮制规范》)

5. 白术炭

取净白术片，置炒锅内，用武火炒至表面焦黑色、内部焦褐色，喷洒清水少许，熄灭火星，取出，晾干。(《广东省中药饮片炮制规范》)

【工艺要点】

(1) 蜜麸制作方法：取规定量的炼蜜（麦麸 100 kg，约用炼蜜 20 kg），加适量开水稀释后与定量的麦麸拌匀，稍闷，用文火炒至颜色加深，不粘手，即得。

(2) 土炒白术辅料用量：每 100 kg 白术片，用灶心土 20 kg；麸炒白术辅料用量：每 100 kg 净白术片，用蜜麸 10 kg。

【质量控制】

表 5－43　白术产品质量控制指标

品名	性状	检测项目
白术药材	不规则的肥厚团块，表面灰黄或灰棕，断面黄白至淡棕色，有棕黄色的点状油室散在；烘干者断面角质样，色较深或有裂隙。质坚实，气清香，味甘、微辛，嚼之略带黏性	水分：≤15.0% 总灰分：≤5.0% 二氧化硫残留量：≤400 mg/kg 浸出物（60% 乙醇）：≥35.0%
白术	不规则厚片，外表皮黄白色至淡黄棕色，切面有放射状纹理和棕黄色点状油室散在。质坚实，气清香，味甘、微辛，嚼之略带黏性	

续上表

品名	性状	检测项目
焦白术	形如白术片，外表皮棕黄色至棕褐色，切面有点状油室或裂隙。质坚实，气焦香，味苦，微辛	水分：≤14.0% 总灰分：≤5.0% 酸不溶性灰分：≤1.0% 浸出物（乙醇）：≥10.0%
白术炭	形如白术片，表面棕黑色或黑色。质硬脆，折断面中间呈棕褐色	水分：≤10.0% 总灰分：≤7.0% 酸不溶性灰分：≤1.0% 浸出物（乙醇）：≥21.0%
土炒白术	形如白术片，表面土黄色，附有细土粉，有土香气	水分：≤10.0% 总灰分：≤7.0% 酸不溶性灰分：≤2.0% 浸出物（稀乙醇）：≥55.0%
麸炒白术	形如白术片，表面黄棕色，偶有焦斑，略有焦香气	水分：≤15.0% 总灰分：≤5.0% 二氧化硫残留量：≤400 mg/kg 浸出物（60%乙醇）：≥35.0%

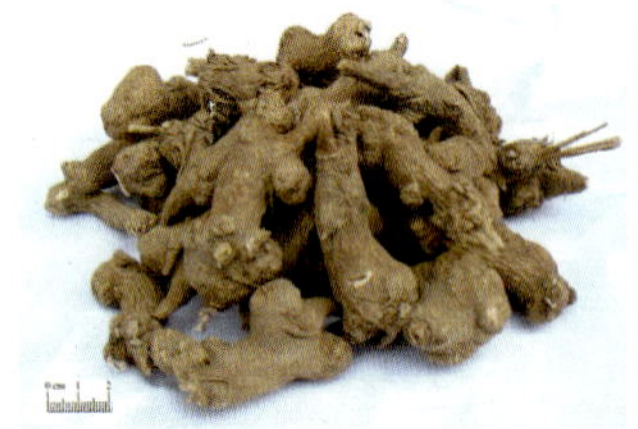
（a）白术药材

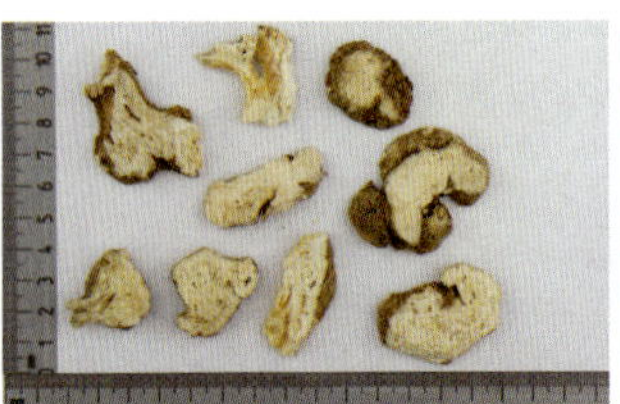
（b）白术

（c）土炒白术

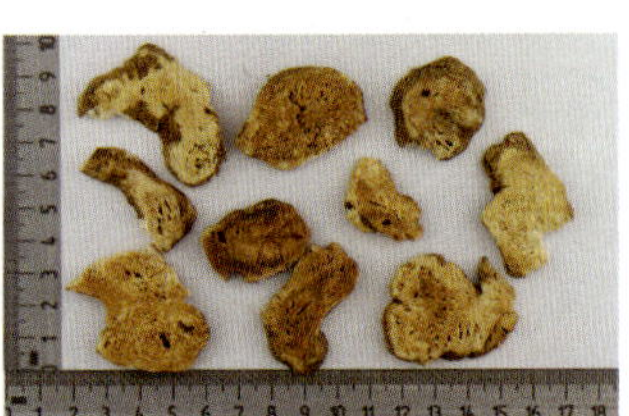
（d）麸炒白术

图 5－21

【炮制作用】

表 5－44　白术饮片功效与应用

品名	性味归经	炮制作用
白术	苦、甘，温。归脾、胃经	健脾益气，燥湿利水，止汗，安胎。生品健脾燥湿、利水消肿力胜
焦白术		增强健脾止泻作用。多用于久泻下痢
白术炭		增强止泻止痢作用。多用于脾虚食少，腹胀泄泻
土炒白术		土炒后可缓和燥性，增强健脾和胃止泻作用。多用于脾虚食少，泄泻便溏，胎动不安
麸炒白术		麸炒后可缓和燥性，增强健脾和胃作用

【贮藏】置阴凉干燥处，防蛀。

白术为什么要炮制，不同炮制品的作用为什么会发生变化？请你查找资料找出白术不同炮制品中成分含量的变化情况。

白术炮制工艺

白术始载于《神农本草经》，其炮制首见于唐代《千金翼方》。历代有米泔浸白术、醋浸白术、煨白术、牡蛎炒白术、蜜炙白术、姜汁炒白术等。《中国药典》2005 年版载有白术、土炒白术和炒白术，《中国药典》2015 年版载有白术、麸炒白术。

工艺研究：将净白术片与蜜麸拌匀，平铺于烤盘上。预热中药烤制箱，待箱内温度达到 150℃并恒定时，将铺好白术的烤盘放入烤箱，烤制 30 分钟，取出，筛去蜜麸，晾凉。

炮制研究：白术生品因含有较多的挥发油而有燥湿作用，麸炒后挥发油含量下降，内酯类成分含量增加，从而缓和其燥性，减少对胃肠的刺激性，达到和胃或消导等目的。

（四）砂炒技术

将饮片或净制后的药材与热砂共同拌炒的方法，称为砂炒，又称砂烫。

用砂炒制药物时，河砂作为中间传热体，因质地坚硬，传热较快，与药物接触面大，砂炒时火力强，温度高，能使药物受热均匀，故适用于炒制质地坚硬的药物。

1．主要目的

（1）增强疗效。便于调剂和制剂。质地坚硬的药物经砂炒后，能使其质变酥脆，便于粉碎，易于煎出有效成分，达到增强疗效的目的。如狗脊、穿山甲等。

（2）降低毒性。砂炒温度较高，能使某些药物的毒性成分结构改变或破坏，降低其毒性，如马钱子等。

（3）矫臭矫味。某些有腥臭气味的药物，经砂炒后可矫正其不良气味，如龟甲、鸡内金等。

（4）便于去毛。一些药物表面长有绒毛，经砂炒后，毛绒焦化，便于去除，可以提高药物的洁净度，如骨碎补、狗脊等。

2．制砂方法

（1）普通砂。一般选用颗粒均匀的洁净河砂，筛去粗砂粒及杂质，再置炒锅内用武火加热翻炒，以除净其中所夹杂的有机物及水分等。取出晾干，备用。

（2）油砂。取筛去粗砂粒及细砂的中间河砂，用清水洗净泥土，干燥后置炒锅内加热，加入 1% ~2% 的食用植物油抖炒至油尽烟散，砂的色泽均匀加深时取出，放凉后备用。

3．操作方法

取制好的砂置炒锅内，用武火加热至灵活状态、容易翻动时，投入药物。不断用砂掩埋、翻动，至药物质地酥脆或鼓起，外表呈黄色或较原色加深时，取出，筛去砂，放凉。如需醋淬时，趁热投入醋液中淬酥。砂的用量以能掩盖所加药物为度。

4．注意事项

（1）砂炒前将药物大小分档，以保证成品质量。

（2）砂炒时砂温要适中，砂温过低易使药物僵硬不酥，可适当提高火力。砂温过高药物则易焦化，且受热不均，可添加适当冷砂或减小火力进行调节。

（3）砂炒时，砂量过大易产生积热致使砂温过高。砂量过少，药物受热不均匀，也会影响炮制品质量。

（4）砂炒时，一般选用武火加热，故翻动要勤，成品出锅要快，并立即将砂筛去。有需醋淬的药物，砂炒后应趁热浸淬。

（5）用过的河砂可反复使用，但需将残留在其中的杂质、药物碎渣除去。炒制过毒性药物的砂不可再炒制其他药物。

（6）反复使用油砂时，每次用前均需添加适量食用植物油拌炒后再用。

马 钱 子
maqianzi

【来源】本品为马钱科植物马钱 *Strychnos nux-vomica* L. 的干燥成熟种子。

【采收加工】冬季采收成熟果实，取出种子，晒干。

【生产工艺】

1. 生马钱子

取原药材，除去杂质，洗净，干燥。(《中国药典》)

2. 制马钱子

将洁净的砂子置炒制器具内，用武火炒至灵活状态，投入净马钱子，不断翻炒至鼓起，外表呈棕褐色或深棕色，取出，筛去砂，放凉。(《中国药典》)

【质量控制】

表 5-45　马钱子产品质量控制指标

品名	性状	检测项目
马钱子药材	呈纽扣状圆板形，常一面隆起，一面稍凹下，直径 1.5～3 cm，厚 0.3～0.6 cm。表面密被灰棕或灰绿色绢状茸毛，自中间向四周呈辐射状排列，有丝样光泽。边缘稍隆起，较厚，有突起的珠孔，底面中心有突起的圆点状种脐。质坚硬	水分：≤13.0% 总灰分：≤2.0% 士的宁（$C_{21}H_{22}N_2O_2$）：1.20%～2.20% 马钱子碱（$C_{23}H_{26}N_2O_4$）：≥0.80%
生马钱子		
制马钱子	形如马钱子，两面均膨胀鼓起，边缘较厚。表面棕褐色或深棕色，平行剖面可见棕褐色或深棕色的胚乳；质坚脆，略有香气	水分：≤12.0% 总灰分：≤2.0% 士的宁（$C_{21}H_{22}N_2O_2$）：1.20%～2.20% 马钱子碱（$C_{23}H_{26}N_2O_4$）：≥0.80%

(a) 生马钱子

(b) 马钱子粉

(c) 制马钱子

图 5-22

【炮制作用】

表 5-46　马钱子饮片功效与应用

品名	性味归经	炮制作用
生马钱子	苦，温；有大毒。归肝、脾经	具有通络止痛，散结消肿的作用。生品毒性剧烈，且质地坚硬，仅供外用
制马钱子		砂炒后降低毒性，质地酥脆，易于粉碎，可供内服，常制成丸散应用。多用于跌打损伤，风湿顽痹，麻木瘫痪等证

【贮藏】置通风干燥处，防蛀。

知识链接

砂炒马钱子时，会产生持续爆鸣声，爆鸣声先由弱到强，再由强到弱，最终消失，整个过程持续4～5分钟，当爆鸣声消失后，再翻炒约50秒即可出锅，成品能达到《中国药典》规定。

龟　　甲

guijia

【来源】本品为龟科动物乌龟 *Chinemys reevesii*（Gray）的背甲及腹甲。

【采收加工】全年均可捕捉，以秋、冬二季为多，捕捉后杀死，或用沸水烫死，剥取背甲和腹甲，除去残肉，晒干。

【生产工艺】

1. 龟甲

取原药材置蒸制器具内，沸水蒸约45分钟，取出，放入热水中，立即用硬刷除净皮肉，洗净，晒干。(《中国药典》)

2. 醋龟甲

将洁净的砂子置炒制器具内，用武火加热，炒至灵活状态，投入大小分档的净龟甲，不断翻炒至表面呈淡黄色，质酥脆时，取出，趁热投入醋液中浸渍，捞出，干燥，用时捣碎。(《中国药典》)

【工艺要点】醋龟甲辅料用量：每100 kg龟甲，用醋20 kg。

【质量控制】

表5－47　龟甲产品质量控制指标

品名	性状	检测项目
龟甲药材	不规则的小碎块；背甲外表面棕褐色或黑褐色；腹甲外表面淡黄棕色至棕黑色，有放射纹理，内面黄白色至灰白色；边缘呈锯齿状；质坚硬，有腥气	浸出物（水）：≥4.5%
龟甲		
醋龟甲	外形与龟板同。表面黄色或棕褐色，质酥脆，微有醋香气	浸出物：≥8.0%

(a) 龟甲药材

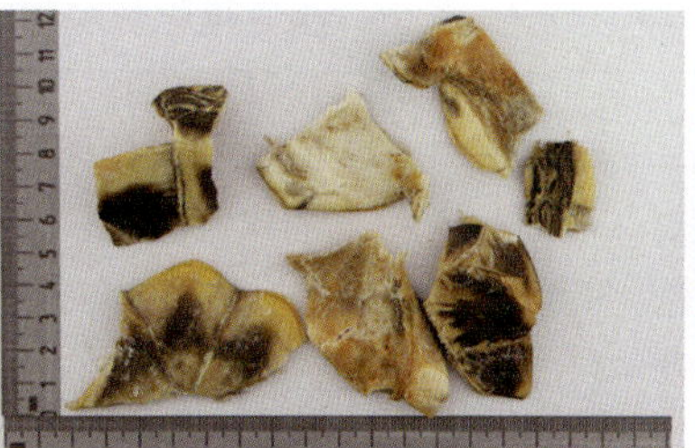
(b) 龟甲

(c) 醋龟甲

图5－23

【炮制作用】

表5－48　龟甲饮片功效与应用

品名	性味归经	炮制作用
龟甲	咸、甘，微寒。归肝、肾、心经	具有滋阴潜阳，益肾健骨，养血补心的作用。生品善于滋阴潜阳，用于肝风内动、肝阳上亢等证

续上表

品名	性味归经	炮制作用
醋龟甲	咸、甘，微寒。归肝、肾、心经	经砂炒醋淬后质变酥脆，容易粉碎，便于制剂，并能矫臭矫味，利于服用。制品以补肾健骨，滋阴止血固经止崩力胜。用于阴虚潮热，骨蒸盗汗，筋骨痿软，崩漏经多等证

【贮藏】置干燥处，防蛀。

知识链接

药用龟甲正品来源于龟科乌龟。市售龟板中曾经混杂有闭壳龟属黄缘闭壳龟及其近缘动物的骨甲。据研究，闭壳龟属动物的骨甲所含成分与乌龟属有较大差异，因此，不宜将之混用，应该加以区别。

鳖　甲
biejia

【来源】本品为鳖科动物鳖 *Trionyx sinensis* Wiegmann 的背甲。

【采收加工】全年均可捕捉，以秋、冬二季为多，捕捉后杀死，置沸水中烫至背甲上的硬皮能剥落时，取出，剥取背甲，除去残肉，晒干。

【生产工艺】

1. 鳖甲

取原药材置蒸制器具内，沸水蒸约 45 分钟，取出，放入热水中，立即用硬刷除去净皮肉，洗净，干燥。(《中国药典》)

2. 醋鳖甲

将洁净的砂子置炒制器具内，用武火加热，炒至灵活状态，投入大小分档的净鳖甲，不断翻炒至表面呈淡黄色，质酥脆时，取出，趁热投入醋液中浸渍，捞出，干燥，用时捣碎。(《中国药典》)

【工艺要点】醋鳖甲辅料用量：每 100 kg 鳖甲，用醋 20 kg。

【质量控制】

表 5－49　鳖甲产品质量控制指标

品名	性状	检测项目
鳖甲药材	不规则的碎块；外表面黑褐色或墨绿色，具细网状皱纹和灰黄色或灰白色斑点，内表面类白色。边缘呈锯齿状；质坚硬，有腥气	无
鳖甲		
醋鳖甲	外形同鳖甲。表面淡棕黄色或深黄色，质酥脆，略具醋味	无

(a) 鳖甲药材

(b) 鳖甲

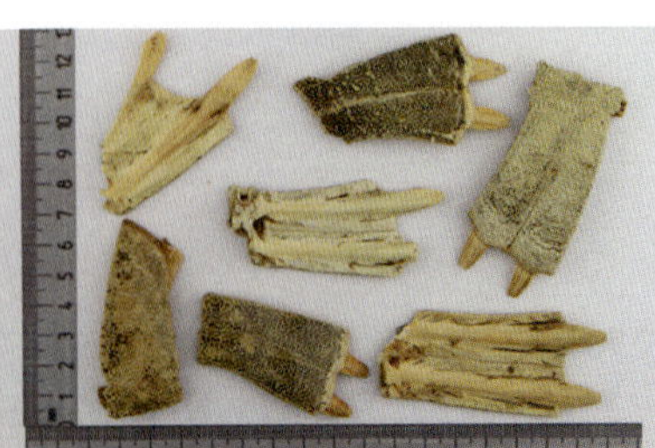

(c) 醋鳖甲

图 5－24

【炮制作用】

表 5－50　鳖甲饮片功效与应用

品名	性味归经	炮制作用
鳖甲	咸，微寒。归肝、肾经	具有滋阴潜阳，软坚散结，退热除蒸的作用。生品质地坚实，有效成分难以溶出，并有腥臭气味，长于养阴清热，潜阳息风
醋鳖甲		砂炒醋淬后使其质地酥脆，利于粉碎和有效成分煎出，同时矫正不良气味，便于服用。醋制后还能增强其入肝消积、软坚散结的作用。常用于症瘕积聚，阴虚潮热，月经停闭

【贮藏】置干燥处，防蛀。

鸡　内　金

jineijin

【来源】本品为雉科动物家鸡 *Gallus gallus domesticus* Brisson 的干燥砂囊内壁。

【采收加工】杀鸡后，取出鸡肫，立即剥下内壁，洗净，干燥。

【生产工艺】

1. 鸡内金

取原药材，除去杂质，洗净，干燥。(《中国药典》)

2. 炒鸡内金

将洁净的砂子置炒制器具内，用中火炒至灵活状态，投入大小分档的净鸡内金，不断翻炒至鼓起卷曲、酥脆，取出，筛去砂，放凉。(《中国药典》)

3. 醋鸡内金

将鸡内金适当压碎，置已预热好的炒制器具内，用文火炒至鼓起，并透出固有香味时，喷洒醋液，炒干，取出，放凉。(《中国药典》)

【工艺要点】醋鸡内金辅料用量：每 100 kg 鸡内金，用醋 15 kg。

【质量控制】

表 5－51　鸡内金产品质量控制指标

品名	性状	检测项目
鸡内金药材	本品为不规则卷片，厚约 2 mm。表面黄色、黄绿色或黄褐色，薄而半透明，具明显的条状皱纹。质脆，易碎，断面角质样，有光泽。气微腥	无
鸡内金		
醋鸡内金	形如鸡内金。颜色加深，略具醋味	
炒鸡内金	形如鸡内金。表面暗黄褐色或焦黄色，用放大镜观察，显颗粒状或微细泡状。轻折即断，断面有光泽	

(a) 鸡内金

(b) 砂炒鸡内金

图 5－25

【炮制作用】

表 5－52　鸡内金饮片功效与应用

品名	性味归经	炮制作用
鸡内金	甘，平。归脾、胃、小肠、膀胱经	健胃消食，涩精止遗，通淋化石。生品长于攻积，通淋化石。多用于石淋涩痛
炒鸡内金		炒制后质地酥脆，便于粉碎，并增强健脾消积的作用。多用于食积不消、呕吐泻痢等
醋鸡内金		醋制后使其质地酥脆，矫正不良气味，利于服用，并增强疏肝助脾的作用。多用于消化不良、食积不化、小儿疳积和胆胀胁痛等证

【贮藏】置干燥处，防蛀。

骨　碎　补

gusuibu

【来源】本品为水龙骨科植物槲蕨 *Drynaria fortunei*（Kunze）J. Sm. 的干燥根茎。

【采收加工】全年均可采挖，除去泥沙，干燥，或再燎去茸毛（鳞片）。

【生产工艺】

1. 骨碎补

取原药材，除去杂质，洗净，润透，切厚片，干燥。（《中国药典》）

2. 烫骨碎补（砂炒骨碎补）

将洁净的砂子置炒制器具内，用武火加热，炒至灵活状态，投入净骨碎补或片，不断翻炒至鼓起，取出，筛去砂，放凉，撞去毛。（《全国中药炮制规范》）

【质量控制】

表 5－53　骨碎补产品质量控制指标

品名	性状	检测项目
骨碎补药材	本品呈扁平长条状，多弯曲，有分枝。表面密被深棕色至暗棕色的小鳞片，柔软如毛，经火燎者呈棕褐色或暗褐色，两侧及上表面均具突起或凹下的圆形叶痕，少数有叶柄残基和须根残留。体轻，质脆，易折断，断面红棕色，维管束呈黄色点状，排列成环	水分：≤15.0% 总灰分：≤8.0% 浸出物（稀乙醇）：≥16.0% 柚皮苷（$C_{27}H_{32}O_{14}$）：≥0.50%
骨碎补	呈不规则厚片。表面深棕色至棕褐色，常残留细小棕色的鳞片。切面红棕色，黄色的维管束点状排列成环。气微	水分：≤14.0% 总灰分：≤7.0% 浸出物（稀乙醇）：≥16.0% 柚皮苷（$C_{27}H_{32}O_{14}$）：≥0.50%
烫骨碎补	形如骨碎补，或片体膨大鼓起，质轻、酥松	无

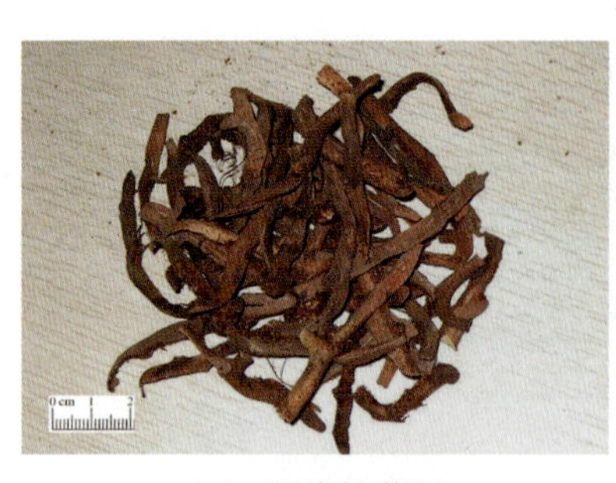

（a）骨碎补药材

（b）骨碎补

（c）烫骨碎补

图 5－26

【炮制作用】

表 5－54　骨碎补饮片功效与应用

品名	性味归经	炮制作用
骨碎补	苦，温。归肝、肾经	疗伤止痛，补肾强骨。外用消风祛斑。用于跌扑闪挫，筋骨折伤，肾虚腰痛，筋骨痿软，耳鸣耳聋，牙齿松动；外治斑秃，白癜风。生品密被绒毛，且质地坚硬而韧，不利于粉碎和煎煮，临床多用炮制品
烫骨碎补		砂炒后质变松脆，易于去除鳞片，便于调剂和制剂，有利于有效成分的煎出。以补肾强骨、续伤止痛为主，用于肾虚腰痛、跌打损伤、骨折疼痛等证

【贮藏】置干燥处，防蛀。

将砂炒后的骨碎补置糖衣锅或滚筒式炒药机中翻转，可摩擦撞断鳞片，取出后筛净，可提高工作效率和饮片质量。

（五）蛤粉炒技术

将饮片与热蛤粉共同拌炒的方法，称为蛤粉炒或蛤粉烫。

蛤粉味咸性寒，具有清热化痰、软坚散结的作用。其颗粒细小，炒时一般用中火，传热作用较砂为慢，故能使药物缓慢受热，适于炒制胶类药物。

1. 主要目的

蛤粉炒后能使药物质地酥脆，便于制剂、调剂，增强其疗效，降低胶类药物的滋腻之性，并能矫正其不良气味。

2. 操作方法

将研细过筛后的蛤粉置炒锅内，中火加热至滑利易翻动时，投入已处理好的药物，不断翻炒至药物膨胀鼓起或成珠，内部疏松时外表呈黄色时，迅速取出，筛去蛤粉，放凉。

每 100 kg 净药物，用蛤粉 30～50 kg。

3. 注意事项

（1）炒制前最好先采取投药试温的方法，以便掌握火力。

（2）炒制时火力应适当，以防药物黏结、焦煳或“烫僵”，温度过高时可酌加冷蛤粉调节温度。

（3）蛤粉炒制同种药物时可反复使用，如颜色加深，应及时更换。

阿　胶
ejiao

【来源】本品为马科动物驴 *Equus asinus* L. 的干燥皮或鲜皮经煎煮、浓缩制成的固体胶。

【采收加工】将驴皮浸泡去毛，切块洗净，分次水煎，滤过，合并滤液，浓缩（可分别加入适量的黄酒、冰糖及豆油）至稠膏状，冷凝，切块，晾干，即得。

【生产工艺】

1. 阿胶

取阿胶，捣成碎块。（《中国药典》）

2. 阿胶珠

将适量蛤粉放入炒制器具内，用中火加热至灵活状态时，投入阿胶，不断翻炒至鼓起呈圆球形，内无溏心时取出，筛去蛤粉，放凉。(《中国药典》)

【工艺要点】阿胶珠辅料用量：每 100 kg 阿胶，用蛤粉 30 ~ 50 kg。

【质量控制】

表 5 - 55 阿胶产品质量控制指标

品名	性状	检测项目
阿胶药材	本品呈长方形块、方形块或丁状。棕色至黑褐色，有光泽。质硬而脆，断面光亮，碎片对光照视呈棕色半透明状。气微	水分：≤15.0% 重金属及有害元素 铅：≤5 mg/kg 镉：≤0.3 mg/kg 砷：≤2 mg/kg 汞：≤0.2 mg/kg 铜：≤20 mg/kg 水不溶物：≤2.0% L - 羟脯氨酸：≥8.0% 甘氨酸：≥18.0% 丙氨酸：≥7.0% L - 脯氨酸：≥10.0%
阿胶	本品呈长方形块、方形块或丁状。棕色至黑褐色，有光泽。质硬而脆，断面光亮，碎片对光照视呈棕色半透明状。气微，味微甘	
阿胶珠	近圆球形，外表灰白色至灰褐色，内部呈蜂窝状；质脆；易破碎，气微香	水分：≤10.0% 总灰分：≤4.0% L - 羟脯氨酸：≥8.0% 甘氨酸：≥18.0% 丙氨酸：≥7.0% L - 脯氨酸：≥10.0%

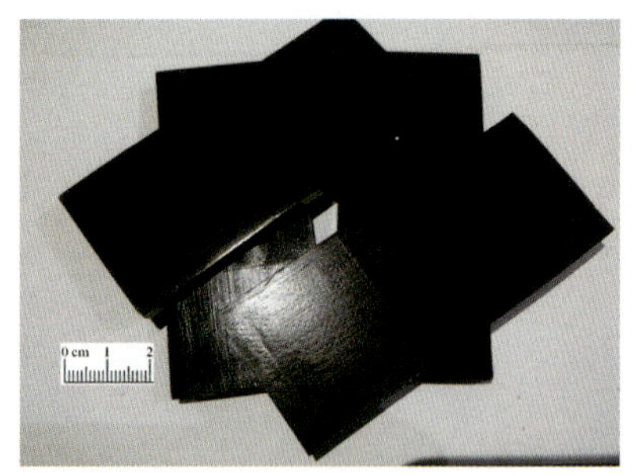

(a) 阿胶块

(b) 阿胶

(c) 阿胶珠

图 5 - 27

【炮制作用】

表 5 - 56 阿胶饮片功效与应用

品名	性味归经	炮制作用
阿胶	甘，平。归肺、肝、肾经	具有滋阴补血，润燥，止血的作用。长于滋阴补血。用于血虚萎黄，心烦失眠，眩晕心悸及温燥伤肺等证
阿胶珠		蛤粉炒制后，降低其滋腻性，使其质地酥脆，利于粉碎和制剂，并矫正其不良气味，善于益肺润燥。多用于阴虚咳嗽、久咳少痰或痰中带血等证

【贮藏】密闭。

鹿　角　胶

lujiaojiao

【来源】本品为鹿角经水煎煮、浓缩制成的固体胶。

【采收加工】将鹿角锯段，漂泡洗净，分次水煎，滤过，合并滤液（或加入白矾细粉少量），静置，滤取胶液，浓缩（可加适量黄酒、冰糖和豆油）至稠膏状，冷凝，切块，晾干，即得。

【生产工艺】

1. 鹿角胶丁

取鹿角胶，擦去灰尘，捣成碎块或烘烤至软，切丁，放凉。

2. 鹿角胶珠

将适量蛤粉放入炒制器具内，用中火加热至灵活状态时，投入鹿角胶丁，不断翻动，炒至鼓起成圆球形，内无溏心时，取出，筛去蛤粉，放凉。

【工艺要点】鹿角胶珠辅料用量：每 100 kg 鹿角丁，用蛤粉 40 kg。

【质量控制】

表 5－57　鹿角胶产品质量控制指标

品名	性状	检测项目
鹿角胶	本品呈扁方形块。黄棕色或红棕色，半透明，有的上部有黄白色泡沫层。质脆，易碎，断面光亮。气微	水分：≤15.0% 总灰分：≤3.0% 重金属：≤30 mg/kg 砷盐：≤2 mg/kg 水不溶物：≤2.0% L－羟脯氨酸：≥6.6% 甘氨酸：≥13.3% 丙氨酸：≥5.2% L－脯氨酸：≥7.5%
鹿角胶珠	类圆形，表面黄白色至淡黄色，较为光滑，附有蛤粉；质松泡易碎，味微甜	无

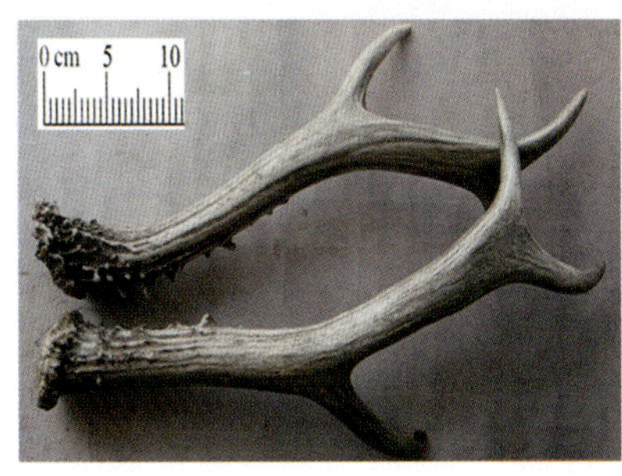

（a）鹿角　　（b）鹿角胶珠

图 5－28

【炮制作用】

表 5－58　鹿角胶饮片功效与应用

品名	性味归经	炮制作用
鹿角胶	甘、咸，温。归肾、肝经	温补肝肾，益精养血。用于肝肾不足所致的腰膝酸冷，阳痿遗精，虚劳羸瘦，崩漏下血，便血尿血，阴疽肿痛

续上表

品名	性味归经	炮制作用
鹿角胶珠	甘、咸，温。归肾、肝经	蛤粉炒后，降低其滋腻性，质变酥脆，并矫正其不良气味，便于粉碎和服用，可入丸、散剂

【贮藏】密闭。

（六）滑石粉炒技术

将净制或切制后的药物与热滑石粉共同拌炒的方法，称为滑石粉炒或滑石粉烫。

滑石粉味甘性寒，具有清热利尿的作用。由于其滑利细腻，与药物接触面积大，传热较缓慢，使药物受热均匀。适用于炒制韧性较大的动物类药物。

1. 主要目的

药物经滑石粉炒后能降低药物毒性，使其质地酥脆，便于调剂、制剂，并能矫正其不良气味。

2. 操作方法

将滑石粉置炒锅内，中火加热至灵活状态时，投入已处理好的药物，不断翻炒至药物质酥，或膨胀鼓起，颜色加深时取出，筛去滑石粉，放凉。每 100 kg 净药物，用滑石粉 40 ~ 50 kg。

3. 注意事项

（1）炒前将药物大小分档，防止药物生熟不均或焦化。

（2）炒制时温度过高，易使药物焦化，可酌加适量冷滑石粉或减小火力。若温度过低，药物难以鼓起，可通过适当加大火力调节。

（3）滑石粉炒制同种药物时可反复使用，如颜色加深，应及时更换。

刺猬皮
ciweipi

【来源】本品为刺猬科动物刺猬 *Erinaceus europaeus* Linnaeus 或短刺猬 *Hemiechinus dauricus* Sundevall 的干燥外皮。

【采收加工】捕获后，将皮剥下，除去肉脂，撒上一层石灰，于通风处阴干。

【生产工艺】

1. 刺猬皮

取原药材，用稀碱水浸泡，刷去污垢，再用清水洗净，润透，切成小块，干燥。（《全国中药炮制规范》）

2. 炒刺猬皮

将滑石粉置炒制器具中，用中火加热至灵活状态，投入净刺猬皮，炒至黄色，皮部鼓起向内卷曲，刺尖卷曲或变钝，并透出固有的气味，取出，筛去滑石粉，放凉。（《全国中药炮制规范》）

【工艺要点】滑石粉炒刺猬皮辅料用量：每 100 kg 刺猬皮，用滑石粉 40 kg。

【质量控制】

表 5 – 59　刺猬皮产品质量控制指标

品名	性状	检测项目
刺猬皮	近方形或不规则的块；外表面密布长短不一的硬刺，灰白色、淡黄色或灰褐色；皮内面灰白色，边缘附棕黄色或淡黄色毛；质坚韧，有特殊腥臭	无

续上表

品名	性状	检测项目
炒刺猬皮	皮内面黄色，皮部发泡鼓起，附有少量滑石粉；刺体膨大，刺尖秃；质地酥脆，微有腥臭味	无

（a）刺猬皮

（b）炒刺猬皮

图 5－29

【炮制作用】

表 5－60　刺猬皮饮片功效与应用

品名	性味归经	炮制作用
刺猬皮	苦、平。归胃、大肠经	具有止血行瘀，固精缩尿，止痛的作用。生品因有较浓的腥臭味，极少使用
滑石粉炒刺猬皮		滑石粉炒后使其质地酥脆，利于粉碎和煎出有效成分，便于制剂，可矫正气味，并能增强行瘀止痛作用。用于胃痛吐食、痔漏下血、遗精、遗尿等证

【贮藏】置通风干燥处，防蛀。

水　蛭
shuizhi

【来源】本品为水蛭科动物蚂蟥 *Whitmania Pigra* Whitman、水蛭 *Hirudo nipponica* Whitman 或柳叶蚂蟥 *Whitmania acranulata* Whitman 的干燥全体。

【采收加工】夏、秋二季捕捉，用沸水烫死，晒干或低温干燥。

【生产工艺】

1．水蛭

取原药材，用水洗去表面灰屑，润软，切段，干燥；或干燥后剪成段。(《中国药典》)

2．烫水蛭（滑石粉炒水蛭）

将滑石粉置炒制器具中，用中火加热至灵活状态，投入净水蛭段，炒至水蛭微鼓起，呈黄褐色，透出固有的气味，取出，筛去滑药材，用滑石粉炒制，放凉。(《中国药典》)

【工艺要点】

（1）滑石粉炒水蛭时，由于滑石粉细腻，容易飞扬，难以观察水蛭的色泽变化。在炒制时，当水蛭段不再膨胀鼓起时，立即出锅。

（2）滑石粉炒水蛭辅料用量：每 100 kg 水蛭，用滑石粉 40～50 kg。

【质量控制】

表 5－61　水蛭产品质量控制指标

<table>
<tr><th>品名</th><th>性状</th><th>检测项目</th></tr>
<tr><td>水蛭药材</td><td>扁长圆柱形，体多弯曲扭转，长 2～5 cm，宽 0.2～0.3 cm</td><td rowspan="2">水分：≤18.0%
总灰分：≤8.0%
酸不溶性灰分：≤2.0%
酸碱度：pH＝5.0～7.5
重金属及有害元素
铅：≤10 mg/kg
镉：≤1 mg/kg
砷：≤5 mg/kg
汞：≤1 mg/kg
黄曲霉毒素 B_1：≤5 μg/kg
黄曲霉毒素 G_2、G_1、B_2、B_1 的总量：≤10 μg/kg
抗凝血酶活性（水蛭）：≥16 μ/g
抗凝血酶活性（蚂蟥、柳叶蚂蟥）：≥30 μ/g</td></tr>
<tr><td>水蛭</td><td>不规则的小段，扁平，有多数环节，背部黑褐色或黑棕色，腹部棕黄色，质地坚韧，有腥气</td></tr>
<tr><td>烫水蛭</td><td>呈不规则扁块状或扁圆柱形，略鼓起，表面棕黄色至黑褐色，附有少量白色滑石粉。断面松泡，灰白色至焦黄色。气微腥</td><td>水分：≤14.0%
总灰分：≤10.0%
酸不溶性灰分：≤3.0%
酸碱度、重金属及有害元素、黄曲霉素同饮片</td></tr>
</table>

（a）水蛭

（b）烫水蛭

图 5－30

【炮制作用】

表 5－62　水蛭饮片功效与应用

<table>
<tr><th>品名</th><th>性味归经</th><th>炮制作用</th></tr>
<tr><td>水蛭</td><td rowspan="2">咸、苦，平；有小毒。归肝经</td><td>具有破血，逐瘀，通经的作用。生品有毒，质地坚韧，多入煎剂，以破血逐瘀为主。用于治疗症瘕积聚，跌打损伤及经闭等证</td></tr>
<tr><td>烫水蛭</td><td>滑石粉炒后能降低毒性，矫正其不良气味，质变疏脆，利于粉碎，用于内损瘀血、跌打损伤、心腹疼痛等证。现在广泛用于心脑血管疾病、血液病及流行性出血热、血吸虫病等</td></tr>
</table>

【贮藏】置干燥处，防蛀。

知识链接

水蛭主含蛋白质，唾液中含水蛭素、伪水蛭素、肝素等抗凝血成分。药理实验证明，水蛭具有很明显的抗凝血作用、降血脂作用及抗炎作用。水蛭的毒性极低，烫后虽然易于粉碎、矫味，但其抗凝血作用有所减弱。若利用粉碎机制粉后，装入胶囊服用，既可保持药效又便于服用。

黄　狗　肾

huanggoushen

【来源】本品为犬科动物黄狗 *Canis familiaris* L. 的干燥阴茎和睾丸。

【采收加工】取黄狗鲜阴茎和睾丸，干燥，即得。

【生产工艺】

1. 黄狗肾

取原药材，用碱水洗净，再用清水洗涤，润软或蒸软，切成小段或片，干燥。

2. 滑石粉炒狗肾（制狗肾）

将滑石粉置炒制器具中，用中火加热至灵活状态，投入净黄狗肾片或段，炒至发泡，呈黄褐色，并透出固有的气味，取出，筛去滑石粉。

【工艺要点】

（1）滑石粉炒黄狗肾时，由于滑石粉细腻，容易飞扬，难以观察黄狗肾的色泽变化。在炒制时，当黄狗肾段不再发泡鼓起时，立即出锅。

（2）滑石粉炒狗肾辅料用量：每 100 kg 药材，用滑石粉 40 kg。

【质量控制】

表 5-63　黄狗肾产品质量控制指标

品名	性状	检测项目
黄狗肾药材	扁长圆柱形，体多弯髓扭转，长 2~5 cm，宽 0.2~0.3 cm	无
黄狗肾	近圆形厚片或近圆柱形小段，黄棕色，常有少许毛黏附，质地坚韧，有腥臭味	
炒狗肾	与黄狗肾的主要区别是：质地松泡疏脆，黄褐色，腥臭味减弱	

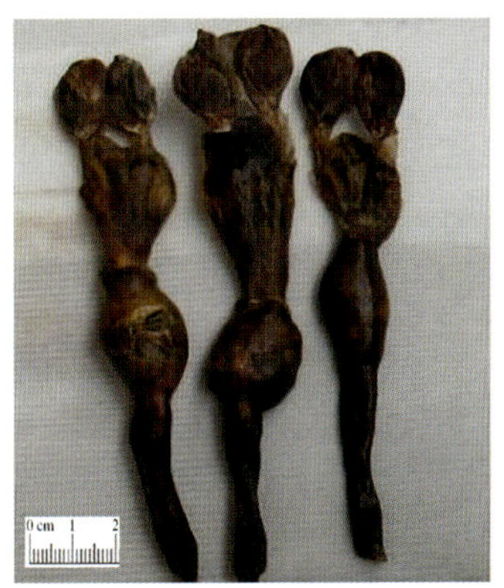

图 5-31　黄狗肾药材

【炮制作用】

表 5－64　黄狗肾饮片功效与应用

品名	性味归经	炮制作用
黄狗肾	味咸，性温。归肾经	具有壮阳益精的作用。因质坚实，有腥臭气而很少生用
炒狗肾		滑石粉炒后使其质地疏脆，便于粉碎，并矫正其腥臭味，利于服用。多用于肾虚阳衰所引起的肾虚阳痿，阴冷，畏寒肢冷，腰痛尿频等证

【贮藏】贮干燥容器内，密闭，置通风干燥处。防霉，防蛀。

实训五　加辅料炒技术

一、实训目的

（1）熟悉并掌握药物加辅料炒的操作程序及注意事项。

（2）熟悉各种药物火力要求，准确把握药物炒制的火力。

（3）准确判断各种药物炮制的火候。

（4）掌握辅料的用量及处理方法。

二、实训器材

（一）实训设备

炒锅、铲子、刷子、盛药器具、电子秤、药筛。

（二）实训材料

1. 药物

山药、枳壳、白术、白芍、党参、骨碎补、水蛭、阿胶等。

2. 辅料

麸皮、大米、灶心土或黄土、河砂、滑石粉、蛤粉。

三、实训内容及步骤

（一）准备工作

检查实训工具是否完备，炒药锅、排气扇工作是否正常。将要炮制的药物筛去碎屑、杂质，药物大小、粗细分档备用。检查炒锅、铲子和盛药器具是否洁净，必要时进行清洁。依炮制药物的重量按比例称取所用辅料（麸皮用量为药物量的 10% ~15%，大米用量为药物量的 20%，灶心土或黄土的用量为药物量的 25% ~30%，砂的用量以能埋没药物为度，滑石粉的用量为药物量的 40% ~50%，蛤粉的用量为药物量的 30% ~50%）。

（二）实训过程

先将炒锅预热至一定程度，或将辅料加热至一定程度，投入适量的药物加热翻炒，翻炒时做到亮锅底。炒至规定程度时迅速出锅，筛去辅料。将炮制好的药物盛于洁净的容器内，清洁炒锅、铲子和工作台面。

1. 麸炒山药

将炒锅预热至一定程度，均匀撒入定量的麸皮，即产生大量的浓烟，随即投入分档后的定量净山药片，中火翻炒至山药呈黄色时迅速出锅，筛去麸皮，将麸炒山药盛放在洁净的容器内。清洁炒锅、铲子。

2. 麸炒枳壳

将炒锅预热至一定程度，均匀撒入定量的麸皮，即产生大量的浓烟，随即投入分档后的定量净枳壳片，中火翻炒至枳壳呈淡黄色时迅速出锅，筛去麸皮，将麸炒枳壳盛放在洁净的容器内。清洁炒锅、铲子。

3. 米炒党参

将炒锅预热至一定程度，均匀撒入定量的大米，即产生少量烟雾，随即投入分档后的定量净党参片，中火翻炒至米呈焦黄色，党参呈深黄色时迅速出锅，筛去大米，将米炒党参盛放在洁净的容器内。清洁炒锅、铲子。

4. 土炒山药

将定量土粉置炒锅内，加热至灵活状态，投入分档后的定量净山药片，中火翻炒至山药表面呈土红色，并附有均匀的土粉时迅速出锅，筛去土粉，将土炒山药盛放在洁净的容器内。清洁炒锅、铲子。

5. 土炒白术

将定量土粉置炒锅内，加热至灵活状态，投入分档后的定量净白术片，中火翻炒至白术色泽加深，并附有均匀的土粉时迅速出锅，筛去土粉，将土炒白术盛放在洁净的容器内。清洁炒锅、铲子。

6. 土炒白芍

取定量灶心土细粉，置锅内，用中火加热，至土呈灵活态时，投入净白芍片。不断翻炒，炒至表面挂土色时，取出，筛去土粉，摊晾。

7. 砂炒骨碎补

将砂置炒锅内，用武火加热至灵活状态时，投入大小一致的骨碎补片，不断翻埋烫炒至鼓起、取出。筛去砂，放凉，除去残存绒毛，及时收藏。

8. 阿胶珠

将定量的蛤粉置炒锅内，加热至灵活状态，投入定量的阿胶丁或阿胶碎块，中火翻炒至阿胶鼓成圆球形、表面呈灰棕或棕褐色、内部无溏心时迅速出锅。筛去蛤粉，将阿胶珠置洁净的容器内。清洁炒锅、铲子。

9. 烫水蛭

将定量的滑石粉置炒锅内，加热至灵活状态，投入分档后的定量净水蛭，中火翻炒至水蛭鼓起、表面呈黄棕色时，筛去滑石粉，将烫水蛭置洁净的容器内。清洁炒锅、铲子。

（三）场地清理

实训结束后，将炮制好的药物置于洁净的聚乙烯包装袋内，密封后贮藏，清洁煤气灶和其他实训器具，将实训室打扫干净，关闭水、电、气、门、窗。

四、实训提示

表 5-65

序号	实训关键环节	提示内容
1	炒药工具是否洁净	炒锅、器具及其他工具洁净后才可以进行炒制
2	炒锅是否预热	用手靠近锅底感受锅的温度，有灼烧感即可投药

续上表

序号	实训关键环节	提示内容
3	辅料是否加热至灵活状态	辅料易翻动，有滑利感
4	火力把握	根据药物炒制要求，掌握火的燃烧强度，不能太大，也不能过小
5	药物翻炒	翻炒要做到勤，每次亮锅底，不能有药物翻出锅
6	火候把握	准确把握颜色的标准，使药物受热均匀
7	药物出锅	药物出锅要做到迅速，筛去辅料后，炮制后的药物倒入容器中，及时摊开

五、实训思考

（1）土温过高或过低对药物成品质量有什么影响？

（2）麸炒药物时，投麸早晚对成品质量有什么影响？

六、实训测试

表 5－66

测试项目	重点测试内容	测试标准	标准分值	测试得分
过程测试	准备工作	洁净和检查工具，准备工作到位	10	
	操作步骤	严格操作流程，操作过程没有大的失误	15	
	炒锅预热或辅料预热	预热炒锅，用手感受温度，有灼热感即可 辅料易翻动，有滑利感	10	
	药物翻炒	翻炒勤快，做到亮锅底，并没有药物翻出锅	10	
	创新训练	能主动查阅资料，尝试新的炮制方法	10	
结果测试	意外事件	整个操作过程中，没有发生器具损坏及不安全事件	5	
	分组讨论	能找出本组操作中存在的问题，找到合理的解决方法	10	
	炮制程度	几种药物从颜色、质地等外观上都达到了炮制标准	10	
	场地清理	能及时清洗实验器具，清理台面，药物归类放置	5	
	实训报告	报告字迹工整，条理清晰，结果准备，分析透彻	15	

目标检测题

一、单项选择题

1. 药物炒黄的操作办法，叙述不正确的是（　　）。

A. 炒前要净选，分档　　B. 大部分药物炒黄用中火

C. 大部分药物炒黄用文火　　D. 火候最好用“手掌控制火候法”判断

E. 翻炒要均匀，出锅要迅速

2. 生品健脾和胃，疏肝行气；炒黄后增强行气消食作用，并能回乳的药物是（　　）。

A. 麦芽　　B. 山楂　　C. 牛蒡子　　D. 莱菔子

E. 酸枣仁

3. 炒后缓和寒滑之性，长于活血调经的药物是（　　）。

A. 炒牛蒡子　B. 炒茺蔚子　C. 炒冬瓜子　D. 炒决明子

E. 炒紫苏子

4. 炒后缓和辛散之性，长于清利头目的药物是（　　）。

A. 炒牛蒡子　B. 炒牵牛子　C. 炒冬瓜子　D. 炒决明子

E. 炒紫苏子

5. 炒后矫正气味的是（　　）。

A. 王不留行　B. 水红花子　C. 白芥子　D. 牵牛子

E. 九香虫

6. 作用生升熟降的是（　　）。

A. 酸枣仁　B. 决明子　C. 蔓荆子　D. 莱菔子

E. 牵牛子

7. 炒后缓和寒滑之性的是（　　）。

A. 王不留行　B. 牵牛子　C. 牛蒡子　D. 芥子

E. 蔓荆子

8. 只可炒黄的药物是（　　）。

A. 白芥子、白术　B. 山药、芡实　C. 茺蔚子、芡实　D. 紫苏子、薏苡

E. 牛蒡子、莱菔子

9. 缓和峻下之性的是（　　）。

A. 酸枣仁　B. 决明子　C. 蔓荆子　D. 槐米

E. 牵牛子

10. 炮制僵蚕常用的辅料是（　　）。

A. 米　B. 麦麸　C. 蛤粉　D. 土

E. 滑石粉

11. 药物土炒的主要目的是（　　）。

A. 增强补中益气作用　B. 增强健脾补胃作用

C. 增强补脾止泻作用　D. 增强滋阴生津作用

E. 增强温肾壮阳作用

12. 土炒白术的作用是（　　）。

A. 健脾和胃　B. 健脾止泻　C. 补脾益气　D. 健脾燥湿

E. 利水消肿

13. 既可以用麸炒又可以用土炒法炮制的药物是（　　）。

A. 苍术　B. 白术　C. 枳壳　D. 僵蚕

E. 枳实

14. 砂炒穿山甲时，炒至什么程度出锅（　　）。

A. 鼓起、发泡　B. 鼓起、呈棕色

C. 卷曲、鼓裂，断面棕色　D. 发泡、边缘卷曲、表面呈金黄色

E. 有爆裂声、表面棕褐色

二、多项选择题

1. 清炒法根据炒制程度又可分为（　　）。

A. 炒黄　B. 炒焦　C. 炒爆　D. 炒香

E. 炒炭

2. 炮制后去小毒的有（　　）。

A. 牵牛子　B. 槟榔　C. 苍耳子　D. 川楝子
E. 白果

3. 炒黄所用火候是（　　）。
A. 文火　B. 中火　C. 武火　D. 急火
E. 慢火

4. 炒焦所用火候是（　　）。
A. 文火　B. 中火　C. 武火　D. 急火　E. 慢火

5. 影响药物炒制质量的主要因素是（　　）。
A. 加热温度　B. 加热时间
C. 机器的设备型号　D. 搅拌或翻炒方法
E. 投药量

6. 加辅料炒时，需将辅料炒至滑利状态再投药的方法是（　　）。
A. 麸炒法　B. 土炒法　C. 砂炒法　D. 滑石粉炒法
E. 蛤粉炒法

7. 麸炒法适用于炮制（　　）。
A. 补脾胃药物　B. 作用强烈的药物
C. 有腥味的药物　D. 有毒性的药物
E. 质地疏松的药物

8. 常用砂炒法炮制的药物有（　　）。
A. 狗脊　B. 穿山甲　C. 鸡内金　D. 鳖甲
E. 骨碎补

9. 常用麸炒法炮制的药物有（　　）。
A. 僵蚕　B. 枳壳　C. 苍术　D. 山药　E. 白术

10. 采用先炒药后加辅料拌炒的方法制备的药物有（　　）。
A. 百合　B. 知母　C. 乳香　D. 蟾酥
E. 五灵脂

三、简答题

1. 为什么说“逢子必炒”“逢子必捣”?
2. 如何理解“烧灰存性，勿令灰过”?
3. 如何判断米炒药物的成品规格?

四、论述题

1. 如何解决王不留行爆花率过低的问题?
2. 如何判断炒黄的火候?
3. 麸炒法时应注意哪些事项?

第二节　中药饮片炙制技术

将分档后的药物饮片，加入一定量的液体辅料拌炒，使液体辅料逐渐渗入药材组织内部参与一定作用的操作方法，称为液体辅料炒。

液体辅料炒根据所用辅料，分为酒炙法、醋炙法、盐炙法、姜炙法、蜜炙法、油炙法等。

液体辅料炒法一般用文火，炒制时间稍长，目的在于使液体辅料能够渗入到药材组织内部去。

一、酒炙技术

将分档后的药物饮片，加入定量的酒拌炒的方法，称为酒炙技术。

酒性味甘、辛、大热，气味芳香，能升能散。具有宣行药势，活血通络，祛风散寒，矫味的作用。故酒炙多适用于活血散瘀、祛风通络及性味苦寒的药物。酒是半极性溶媒，酒炙有利于有效成分的浸出而增强疗效。

（一）酒炙的目的

引药上行，缓和药性，增强活血通络的作用。动物药材用酒炮制还可起到矫臭矫味的作用。

（二）操作方法

酒炙有先拌酒后炒药物和先炒药物后加酒两种操作方法。

1. 先拌酒后炒药物

先取净药物与一定量的酒拌匀，闷润，待酒被药物吸尽后，置炒制容器内，用文火加热，炒至规定程度时，取出，摊晾。此法适用于大多数需酒炒的药物。尤其是质地坚实的根及根茎类药物。如黄连、大黄、川芎、当归等。

2. 先炒药物后加酒

取净制后的药物，置炒制容器内，用文火加热，炒至一定程度时，均匀喷洒一定量的酒，再用文火炒制规定程度，取出，摊晾。此法适用于少数质地疏松需酒制的药物。

每 100 kg 净药物，用黄酒 10 kg。

（三）注意事项

加入一定量酒拌匀闷润过程中，容器上面应加盖，以免酒迅速挥发。若酒的用量较少，不易与药物拌匀时，可先将酒加适量水稀释后，再与药物拌润。药物在加热炒制时，火力不宜过大，一般用文火，勤加翻动，炒至近干，颜色加深时，即可取出，晾凉。

大　黄
dahuang

【来源】本品为蓼科植物掌叶大黄 *Rheum palmatum* L.、唐古特大黄 *Rheum tanguticum* Maxim. ex Balf. 或药用大黄 *Rheum officinale* Baill. 的干燥根和根茎。

【采收加工】秋末茎叶枯萎或次春发芽前采挖，除去细根，刮去外皮，切瓣或段，绳穿成串或直接干燥。

【生产工艺】

1. 大黄

取原药材，除去杂质，洗净，润透，切厚片或小方块，晾干。(《中国药典》)

2. 酒大黄

取净大黄片，用定量的黄酒喷淋拌匀，闷润，待酒被吸尽后，置炒制容器内。用文火加热炒干，色泽加深时，取出，晾凉。(《中国药典》)

每 100 kg 净大黄片，用黄酒 10 kg。

3. 熟大黄

（1）清蒸：取净大黄块，置木甑、笼屉内，水蒸气蒸至大黄内外均呈黑色时，取出，干燥。

（2）酒炖、酒蒸：取净大黄块与定量的酒拌匀，闷润 1 ~2 小时。待酒被药物吸尽后，装入蒸罐内或适宜容器内，密闭，隔水炖 24 ~32 小时，或置笼屉内或适宜容器内，蒸透。炖或蒸至大黄内外均呈黑色时，取出，干燥。(《中国药典》)

每 100 kg 净药物，用黄酒 30 kg。

4. 大黄炭

取净大黄片或块，置温度适宜的热锅内，用武火炒至外表呈焦黑色时，取出，晾凉。(《中国药典》)

5. 醋大黄

取净大黄片，用定量的米醋拌匀，闷润，待醋被吸尽后，置炒制容器内，用文火加热炒干，色泽加深时，取出，晾凉。(《全国中药炮制规范》)

每 100 kg 净大黄片，用米醋 15 kg。

【质量控制】

表 5－67　大黄产品质量控制指标

品名	性状	检测项目
大黄药材	呈类圆柱形、圆锥形、卵圆形或不规则块状，长 3～17 cm，直径 3～10 cm。除尽外皮者表面黄棕色至红棕色，有的可见类白色网状纹理及星点（异型维管束）散在，残留的外皮棕褐色，多具绳孔及粗皱纹。质坚实，断面淡红棕色或黄棕色，显颗粒性；根茎髓部宽广，有星点环列或散在；根木部发达，具放射状纹理，形成层环明显，无星点。气清香，味苦而微涩，嚼之粘牙，有沙粒感	游离蒽醌：≥0. 20%
大黄片	不规则类圆形厚片或块，大小不等。外表皮黄棕色或棕褐色，有纵皱纹及疙瘩状隆起。切面黄棕色至淡红棕色，较平坦，有明显散在或排列成环的星点，有空隙	干燥失重：≤15. 0% 总灰分：≤10. 0% 水溶性浸出物（热浸）：≥25. 0% 总蒽醌以芦荟大黄素（$C_{15}H_{10}O_5$）、大黄酸（$C_{15}H_8O_6$）、大黄素（$C_{15}H_{10}O_5$）、大黄酚（$C_{15}H_{10}O_4$）和大黄素甲醚（$C_{16}H_{12}O_5$）的总量计：≥1. 5% 含游离蒽醌以芦荟大黄素（$C_{15}H_{10}O_5$）、大黄酸（$C_{15}H_8O_6$）、大黄素（$C_{15}H_{10}O_5$）、大黄酚（$C_{15}H_{10}O_4$）和大黄素甲醚（$C_{16}H_{12}O_5$）的总量计：≥0. 35%
酒大黄	形如大黄片，表面深棕黄色，有的可见焦斑。微有酒香气	游离蒽醌同饮片：≥0. 50% 其余各项同饮片
熟大黄	不规则的块片，表面黑色，断面中间隐约可见放射状纹理，质坚硬，气微香	游离蒽醌同饮片：≥0. 50% 其余各项同饮片
大黄炭	形如大黄片，表面焦黑色，内部深棕色或焦褐色，具焦香气	总蒽醌同饮片：≥0. 90% 游离蒽醌同饮片：≥0. 50% 其余各项同饮片
醋大黄	形如大黄片，表面深棕色或棕褐色，断面浅棕色，略有醋香气	无

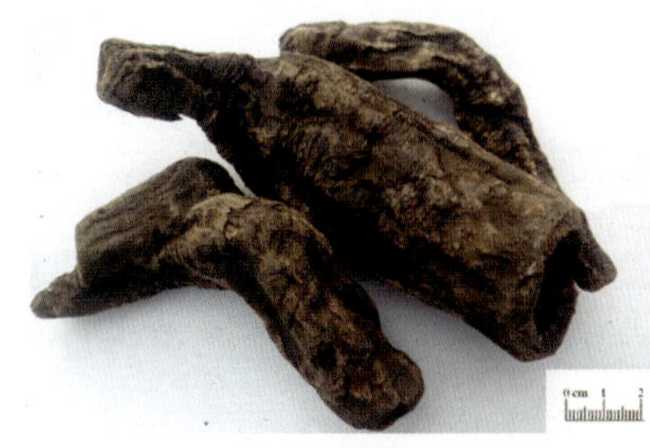
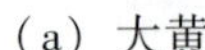

(a) 大黄

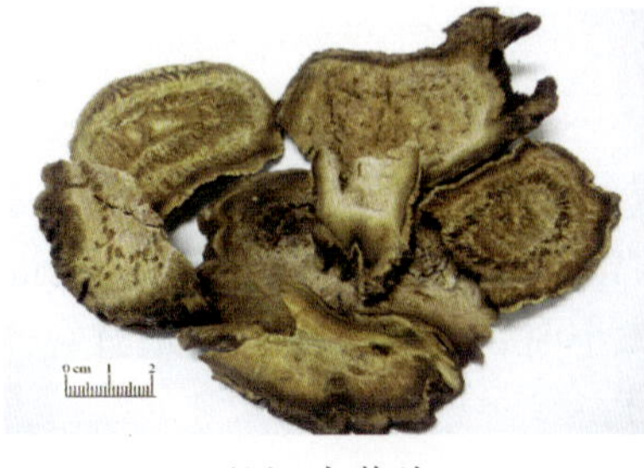

(b) 大黄片

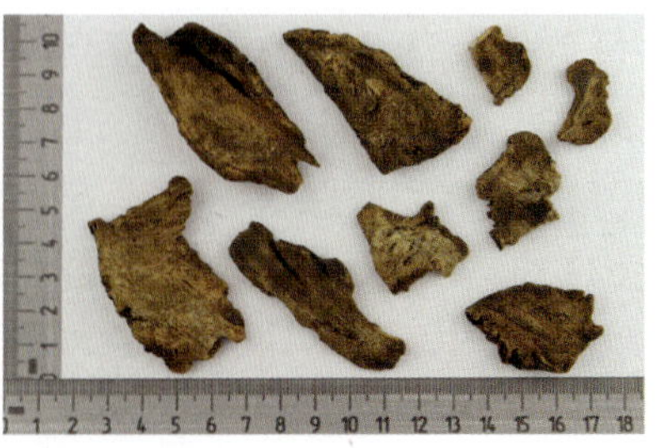

(c) 酒大黄

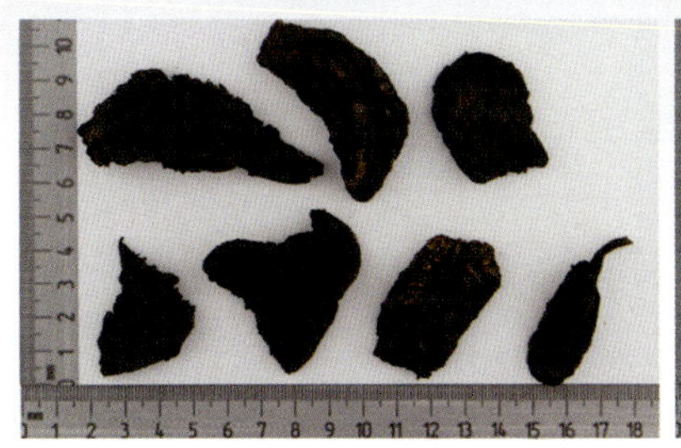
（d）熟大黄

（e）大黄炭

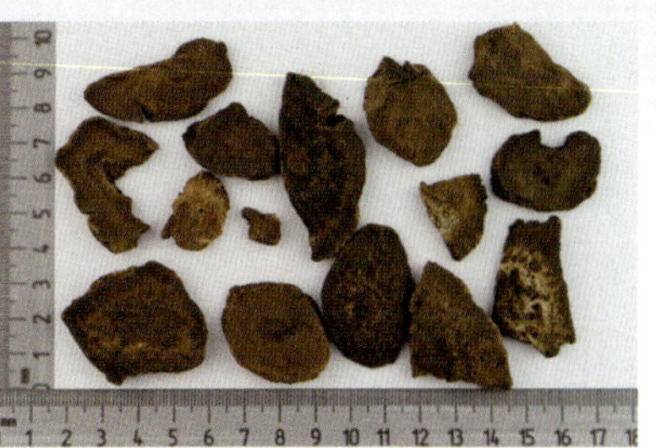
（f）醋大黄

图 5 – 32

【炮制作用】

表 5 – 68 大黄饮片功效与应用

品名	性味归经	炮制作用
大黄片	苦，寒。归脾、胃、大肠、肝、心包经	泻下攻积，清热泻火，凉血解毒，逐瘀通经，利湿退黄
酒大黄		泻下作用稍缓，并借酒力引药上行，长于清上焦实热及血分热毒
熟大黄		泻下作用缓和，减轻腹痛之副作用，并增强活血祛瘀的作用
大黄炭		泻下作用极弱，并有止血作用
醋大黄		泻下作用稍缓，长于消积化瘀

【贮藏】置通风干燥处，防蛀。

【炮制研究】

大黄中结合型蒽醌衍生物为泻下成分，酒炙含量下降，泻下作用减弱。

【注意事项】

大黄体大质坚，在水处理过程中，宜采取少泡多润法。因为大黄的有效成分易溶于水，久泡后影响药物疗效。本品苦寒易伤胃气，脾胃虚弱者慎用。

白 芍
baishao

【来源】本品为毛茛科植物芍药 *Paeonia lactiflora* Pall. 的干燥根。

【采收加工】夏、秋二季采挖，洗净，除去头尾和细根，置沸水中煮后除去外皮或去皮后再煮，晒干。

【生产工艺】

1. 白芍

取原药材，除去杂质，大小分开。用水浸泡至八成透，捞出，晒晾，润至内外湿度均匀，切薄片，干燥。（《中国药典》）

2. 酒白芍

取净白芍片，用定量的黄酒拌匀，闷润。待酒被吸尽后，置炒制容器内，用文火加热炒干，取出，晾凉。（《中国药典》）

每 100 kg 净白芍片，用黄酒 10 kg。

3. 醋白芍

取净白芍片，用定量的米醋拌匀，闷润。待醋被吸尽后，置炒制容器内，用文火加热炒干，色泽加深时，取出，晾凉。（《全国中药炮制规范》）

每 100 kg 净白芍片，用米醋 15 kg。

4. 炒白芍

取净白芍片，置温度适宜的热锅内，用文火炒至表面微黄色，取出，晾凉。（《中国药典》）

5. 土炒白芍

取定量灶心土细粉，置锅内，用中火加热，至土呈灵活态时，投入净白芍片。不断翻炒，炒至表面挂土色时，取出，筛去土粉，摊晾。（《全国中药炮制规范》）

每 100 kg 净白芍片，用灶心土 20 kg。

【质量控制】

表 5－69　白芍产品质量控制指标

品名	性状	检测项目
白芍药材	呈圆柱形，平直或稍弯曲，两端平截。表面类白色或淡棕红色，光洁或有纵皱纹及细根痕，偶有残存的棕褐色外皮。质坚实，不易折断，断面较平坦，类白色或微带棕红色，形成层环明显，射线放射状。气微，味微苦、酸	水分：≤14.0% 总灰分：≤4.0% 重金属及有害元素 铅：≤5 mg/kg 镉：≤0.3 mg/kg 砷：≤2 mg/kg 汞：≤0.2 mg/kg 铜：≤20 mg/kg 二氧化硫残留量：≤400 mg/kg 水溶性浸出物（热浸）：≥22.0% 芍药苷（$C_{23}H_{28}O_{11}$）：≥1.6%
白芍片	呈类圆形的薄片。表面淡棕红色或类白色，平滑。切面类白色或微带棕红色，形成层环明显，可见稍隆起的筋脉纹呈放射状排列。气微，味微苦、酸	水分：≤14.0% 总灰分：≤4.0% 二氧化硫残留量：≤400 mg/kg 水溶性浸出物（热浸）：≥22.0% 芍药苷（$C_{23}H_{28}O_{11}$）：≥1.2%
酒白芍	形如白芍片，表面微黄色或淡棕黄色，有的可见焦斑，微有酒香气	芍药苷（$C_{23}H_{28}O_{11}$）：≥1.2% 水溶性浸出物（热浸）：≥20.5% 其余各项同饮片
醋白芍	形如白芍片，表面微黄色或淡棕黄色，有的可见焦斑，微有醋香气	无
炒白芍	形如白芍片，表面微黄色或淡棕黄色，有的可见焦斑。气微香	芍药苷（$C_{23}H_{28}O_{11}$）：≥1.2% 水分：≤10% 其余各项同饮片
土炒白芍	形如白芍片，表面土黄色，有的可见焦斑，略有焦土气	无

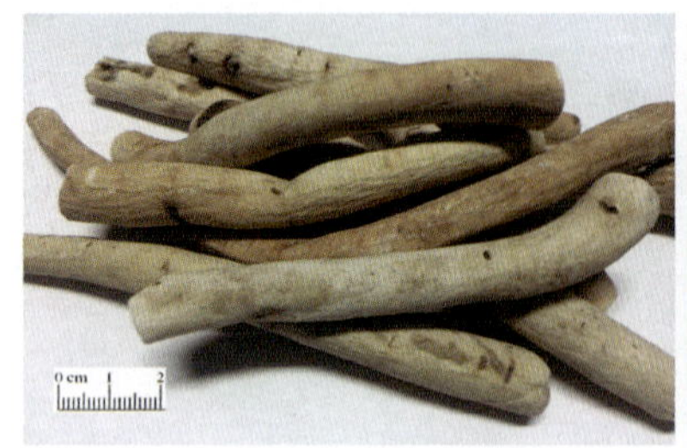
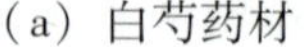

（a）白芍药材

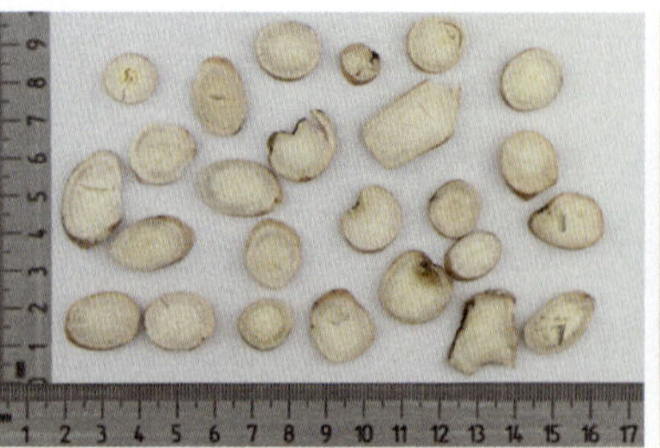

（b）白芍片

（c）炒白芍

图 5－33

【炮制作用】

表 5－70　白芍饮片功效与应用

品名	性味归经	炮制作用
白芍片	苦、酸，微寒。归肝、脾经	养血调经，敛阴止汗，柔肝止痛，平抑肝阳
酒白芍		酸寒之性降低，长于和中缓急，止痛
醋白芍		引药入肝，增强敛血、止血、疏肝解郁作用
炒白芍		寒性缓和，长于养血敛阴
土炒白芍		借土气入脾，增强柔肝和脾、止泻作用

【贮藏】置干燥处，防蛀。

【炮制研究】

芍药所含芍药苷、丹皮酚性质不稳定，炮制后含量有所下降。

【新技术应用】

预热中药烤制箱，待箱内温度达到90℃并恒定，将与酒拌匀的芍药在烤箱内铺好，放入烤箱，烤制10分钟，停止加热10分钟后取出，晾凉。

乌　梢　蛇

wushaoshe

【来源】本品为游蛇科动物乌梢蛇 *Zaocys dhumnades*（Cantor）的干燥体。

【采收加工】多于夏、秋二季捕捉，剖开腹部或先剥皮留头尾，除去内脏，盘成圆盘状，干燥。

【生产工艺】

1. 乌梢蛇

取原药材，除去头及鳞片，切寸段。（《中国药典》）

2. 乌梢蛇肉

取净乌梢蛇，用黄酒闷透后，取出，除去皮骨，干燥。（《中国药典》）

每100 kg净乌梢蛇，用黄酒20 kg。

3. 酒乌梢蛇

取净乌梢蛇段，用定量黄酒拌匀，稍闷，待酒被吸尽后，用文火炒至微黄色，取出，晾凉。（《中国药典》）

每100 kg净乌梢蛇段，用黄酒20 kg。

【质量控制】

表 5－71　乌梢蛇产品质量控制指标

品名	性状	检测项目
乌梢蛇药材	呈圆盘状，盘径约16 cm。表面黑褐色或绿黑色，密被菱形鳞片；背鳞行数成双，背中央2～4行鳞片强烈起棱，形成两条纵贯全体的黑线。头扁圆形，眼大而下凹陷，有光泽。上唇鳞8枚，第4～5枚入眶，颊鳞1枚，眼前下鳞1枚，较小，眼后鳞2枚。脊部高耸成屋脊状。腹部剖开边缘向内卷曲，脊肌肉厚，黄白色或淡棕色，可见排列整齐的肋骨。尾部渐细而长，尾下鳞双行。剥皮者仅留头尾之皮鳞，中段较光滑。气腥，味淡	浸出物（稀乙醇）：≥12.0%

续上表

品名	性状	检测项目
乌梢蛇	呈段状，表面黑褐色或绿褐色，无光泽，切面黄白色或淡棕色，质坚硬，气腥，味淡	无
乌梢蛇肉	呈段片状，无皮骨，肉厚柔软，黄白色或灰黑色，质韧，气微腥，略有酒气	无
酒乌梢蛇	形如乌梢蛇，色泽加深，略有酒气	无

（a）乌梢蛇

（b）酒乌梢蛇

图 5－34

【炮制作用】

表 5－72　乌梢蛇饮片功效与应用

品名	性味归经	炮制作用
乌梢蛇	甘、平，归肝经	祛风，通络，止痉
乌梢蛇肉		祛风通络增强，并能矫臭，防腐，利于服用和贮藏
酒乌梢蛇		祛风通络增强，并能矫臭，防腐，利于服用和贮藏

【贮藏】置干燥处，防霉，防蛀。

【新技术应用】

预热中药烤制箱，待箱内温度达到30℃并恒定，将与酒拌匀的乌梢蛇烘焖 30 分钟取出充分凉透，再放于敞开烤箱 60℃低温干燥 15 分钟，取出，置通风干燥处放凉。

丹　参

danshen

【来源】本品为唇形科植物丹参 *Salvia miltiorrhiza* Bge. 的干燥根和根茎。

【采收加工】春、秋二季采挖，除去泥沙，干燥。

【生产工艺】

1. 丹参

取原药材，除去杂质及残茎，洗净润透，切厚片干燥。(《中国药典》)

2. 酒丹参

取净丹参片，用定量的黄酒拌匀，闷润。待酒被吸尽后，置炒制容器内，用文火加热炒干，取出，晾凉。(《中国药典》)

每 100 kg 净丹参片，用黄酒 10 kg。

【质量控制】

表 5-73　丹参产品质量控制指标

品名	性状	检测项目
丹参药材	根茎短粗，顶端有时残留茎基。根数条，长圆柱形，略弯曲，有的分枝并具须状细根。表面棕红色或暗棕红色，粗糙，具纵皱纹。老根外皮疏松，多显紫棕色，常呈鳞片状剥落。质硬而脆，断面疏松，有裂隙或略平整而致密，皮部棕红色，木部灰黄色或紫褐色，导管束黄白色，呈放射状排列。气微，味微苦涩	酸不溶性灰分：≤3.0% 铅：≤5 mg/kg 镉：≤0.3 mg/kg 砷：≤2 mg/kg 汞：≤0.2 mg/kg 铜：≤20 mg/kg 醇溶性浸出物（乙醇热浸）：≥15.0% 丹参酮类：丹参酮Ⅱ$_A$（$C_{19}H_{18}O_3$）、隐丹参酮（$C_{19}H_{20}O_3$）、丹参酮Ⅰ（$C_{18}H_{12}O_3$）合计：≥0.25% 丹酚酸B（$C_{36}H_{30}O_{16}$）：≥3.0%
丹参片	呈类圆形或椭圆形的厚片。外表皮棕红色或暗棕红色，粗糙，具纵皱纹。切面有裂隙或略平整而致密，有的呈角质样，皮部棕红色，木部灰黄色或紫褐色，有黄白色放射状纹理。气微，味微苦涩	水分：≤13.0% 总灰分：≤10.0% 酸不溶性灰分：≤2.0% 水溶性浸出物（冷浸）：≥35.0% 醇溶性浸出物（乙醇热浸）：≥11.0% 水分、总灰分、水溶性浸出物同药材
酒丹参	形如丹参片，表面黄褐色，微有酒香气	水分：≤10.0% 总灰分：≤10.0% 醇溶性浸出物（乙醇热浸）：≥11.0% 水溶性浸出物（冷浸）：≥35.0%

(a) 丹参药材

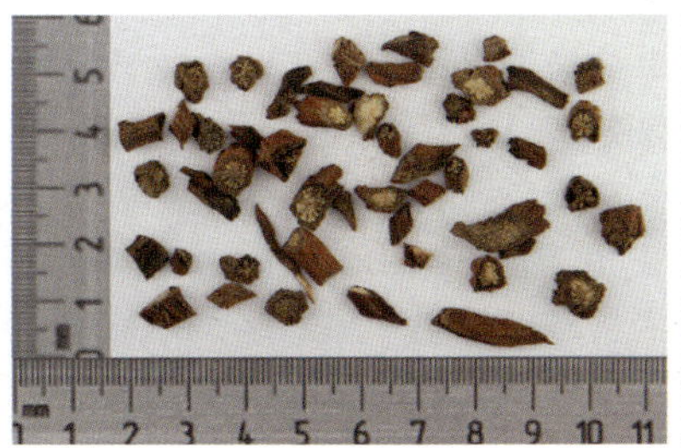
(b) 丹参片

(c) 酒丹参

图 5-35

【炮制作用】

表 5-74　丹参饮片功效与应用

品名	性味归经	炮制作用
丹参片	苦，微寒。归心、肝经	活血祛瘀，通经止痛，清心除烦，凉血消痈
酒丹参		缓和寒凉之性，增强活血祛瘀，调经作用

【贮藏】置干燥处。

【炮制研究】

丹参所含生物碱性质不稳定，水制切片后水溶性成分有所下降。

【新技术应用】

预热中药烤制箱，待箱内温度达到30℃并恒定，将与酒拌匀，闷润至透的丹参置于烤箱中40～

50℃烘干，取出，放凉。

当　归

danggui

【来源】本品为伞形科植物当归 *Angelica sinensis* (Oliv.) Diels 的干燥根。

【采收加工】秋末采挖，除去须根和泥沙，待水分稍蒸发后，捆成小把，上棚，用烟火慢慢熏干。

【生产工艺】

1. 当归

取原药材除杂质，洗净稍润，切薄片晒干或低温干燥。(《中国药典》)

2. 酒当归

取净当归片，用定量的黄酒拌匀，闷润，待酒被吸尽后，置炒制容器内，用文火加热炒至深黄色时，取出，晾凉。(《中国药典》)

每 100 kg 净当归片，用黄酒 10 kg。

3. 土炒当归

取定量灶心土细粉，置锅内，用中火加热，至土呈灵活态时，投入净当归片。不断翻炒，炒至片面挂满细土粉时，取出，筛去土粉，摊晾。(《全国中药炮制规范》)

每 100 kg 净当归片，用灶心土 30 kg。

4. 当归炭

取净当归片，置温度适宜的热锅内，用武火炒至外表呈微黑色时，喷淋清水少许，灭尽火星，取出，晾凉。(《全国中药炮制规范》)

【质量控制】

表 5－75　当归产品质量控制指标

品名	性状	检测项目
当归药材	略呈圆柱形，下部有支根 3～5 条或更多。表面浅棕色至棕褐色，具纵皱纹和横长皮孔样突起。根头具环纹，上端圆钝，或具数个明显突出的根茎痕，有紫色或黄绿色的茎和叶鞘的残基；主根表面凹凸不平；支根上粗下细，多扭曲，有少数须根痕。质柔韧，断面黄白色或淡黄棕色，皮部厚，有裂隙和多数棕色点状分泌腔，木部色较淡，形成层环黄棕色。有浓郁的香气，味甘、辛、微苦	水分：≤15.0% 总灰分：≤7.0% 酸不溶性灰分：≤2.0% 醇溶性浸出物（70% 乙醇热浸）：≥45.0% 挥发油：≥0.4%（mL/g） 阿魏酸（$C_{10}H_{10}O_4$）：≥0.050%
当归片	呈类圆形、椭圆形或不规则薄片。外表皮浅棕色至棕褐色。切面浅棕黄色或黄白色，平坦，有裂隙，中间有浅棕色的形成层环，并有多数棕色的油点，香气浓郁，味甘、辛、微苦	水分：≤15.0% 总灰分：≤7.0% 酸不溶性灰分：≤2.0% 醇溶性浸出物（70% 乙醇热浸）：≥45.0%
酒当归	形如当归片，表面深黄色，切面有浅棕色环纹，质柔韧，偶见焦斑，味甘微苦，香气浓厚，略有酒香气	水分：≤10.0% 醇溶性浸出物（70% 乙醇热浸）：≥50.0% 总灰分：≤7.0% 酸不溶性灰分：≤2.0%
土炒当归	形如当归片，表面挂土粉，呈土黄色，具土香气	无
当归炭	形如当归片，表面黑褐色，断面灰棕色，质枯脆，气味减弱，并带涩味	

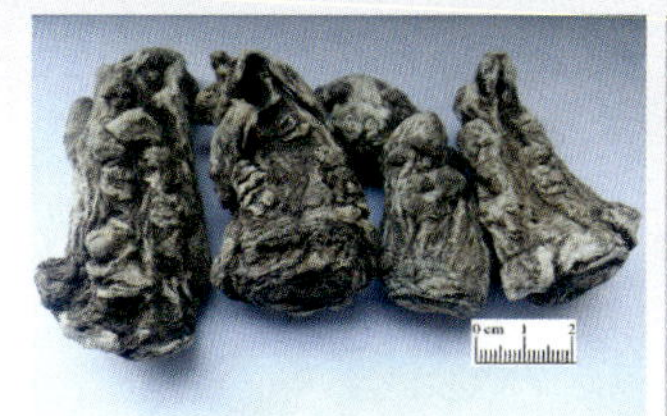
（a）当归药材

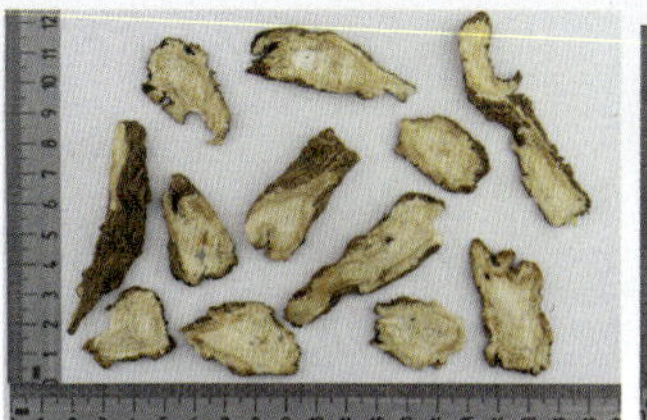
（b）当归片

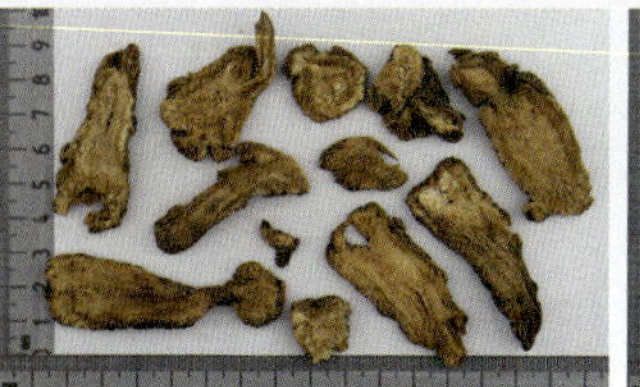
（c）酒当归

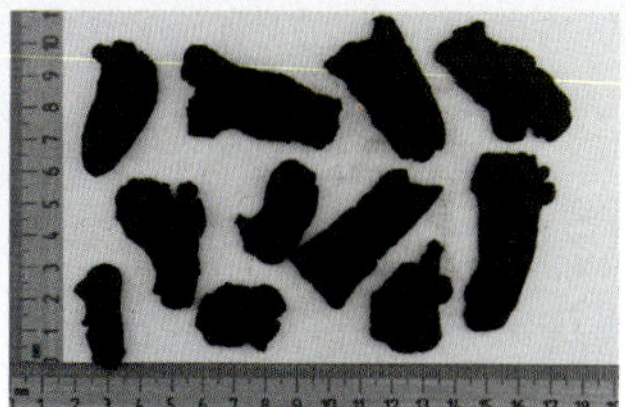
（d）当归炭

图 5－36

【炮制作用】

表 5－76　当归饮片功效与应用

品名	性味归经	炮制作用
当归片	甘、辛，温。归肝、心、脾经	补血活血，调经止痛，润肠通便
酒当归		长于活血通经
土炒当归		既能补血，又不会导致滑肠
当归炭		增加止血功效

【贮藏】置干燥处，防蛀。

【炮制研究】

当归头尾中的各种成分基本一致，认为当归头与当归尾可以通用。阿魏酸含量以当归尾最高，当归身次之，当归头最低，这与传统经验认为当归尾破血的观点似相吻合。

川　芎

chuanxiong

【来源】本品为伞形科植物川芎 *Ligusticum chuanxiong* Hort. 的干燥根茎。

【采收加工】夏季当茎上的节盘显著突出，并略带紫色时采挖，除去泥沙，晒后烘干，再去须根。

【生产工艺】

1. 川芎

取原药材除去杂质，分档略泡，洗净润透，切薄片干燥。（《中国药典》）

2. 酒川芎

取净川芎片，用定量的黄酒拌匀，闷润，待酒被吸尽后，置炒制容器内。用文火加热炒至近干，呈棕黄色时，取出，晾凉。（《全国中药炮制规范》）

每 100 kg 净川芎片，用黄酒 10 kg。

【质量控制】

表 5－77　川芎产品质量控制指标

品名	性状	检测项目
川芎药材	不规则结节状拳形团块，表面灰褐色或褐色，粗糙皱缩，有多数平行隆起的轮节，顶端有凹陷的类圆形茎痕，下侧及轮节上有多数小瘤状根痕。质坚实，不易折断，断面黄白色或灰黄色，散有黄棕色的油室，形成层环呈波状。气浓香，味苦、辛，稍有麻舌感，微回甜	水分：≤12.0% 总灰分：≤6.0% 醇溶性浸出物（乙醇热浸）：≥12.0% 阿魏酸（$C_{10}H_{10}O_4$）：≥0.10%
川芎片	不规则厚片，外表皮灰褐色或褐色，有皱缩纹。切面黄白色或灰黄色，具有明显波状环纹或多角形纹理，散生黄棕色油点。质坚实。气浓香，味苦、辛，微甜	
酒川芎	形如川芎片，色泽加深，偶有焦斑，质坚脆，略有酒气	无

(a) 川芎药材

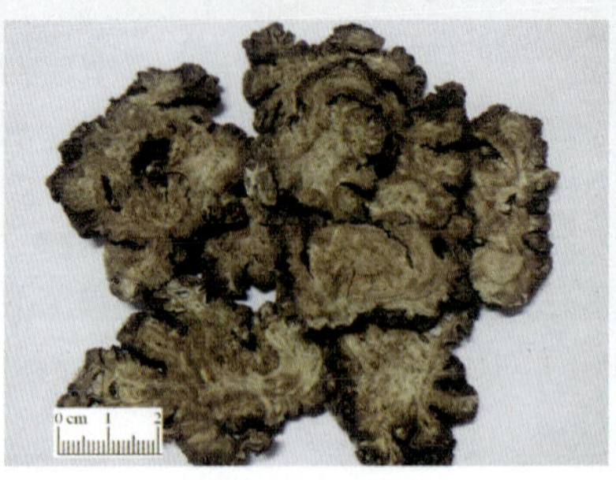

(b) 川芎片

(c) 酒川芎

图 5－37

【炮制作用】

表 5－78 川芎饮片功效与应用

<table>
<tr><th>品名</th><th>性味归经</th><th>炮制作用</th></tr>
<tr><td>川芎片</td><td rowspan="2">辛，温。归肝、胆、心包经</td><td>活血行气，祛风止痛</td></tr>
<tr><td>酒川芎</td><td>借酒力引药上行，增强活血，行气，止痛作用</td></tr>
</table>

【贮藏】置阴凉干燥处，防蛀。

【炮制研究】

川芎中有生理活性成分的生物碱波洛立林在水中溶解度甚微，酒炙后溶解度增大，提高了临床疗效。

二、醋炙技术

将分档后的药物饮片，加入定量的醋拌炒的方法，称为醋炙技术。

醋性味酸、苦、温。主入肝经血分，具有收敛、解毒、散瘀止痛、矫味的作用。故醋炙多用于疏肝解郁、散瘀止痛、攻下逐水的药物。醋炙起增强活血散瘀，疏肝止痛的作用。另外醋还参与某些化学反应起到降低毒性、矫臭矫味的作用。

（一）醋炙的目的

引药归肝经，增强活血散瘀、疏肝止痛、降低毒性、矫臭矫味作用。

（二）操作方法

有先拌醋后炒药物和先炒药物后加醋两种。

1. 先拌醋后炒药物

先取净药物与一定量的米醋拌匀，闷润，待醋被药物吸尽后，置炒制容器内。用文火加热，炒至规定程度时，取出，晾凉。此法适用于大多数需醋炒的药物，如延胡索、甘遂等。

2. 先炒药物后加醋

取净药物，置炒制容器内，用文火加热，炒至表面融化发亮（树脂类），或表面颜色改变、有腥气溢出（动物粪便类）时，均匀喷洒一定量的醋。再用文火炒至规定程度，取出，晾凉。此法适用于树脂类、动物粪便类药物。如乳香、没药、五灵脂等。每 100 kg 净药物，用醋 20 kg。

延胡索（元胡）

yanhusuo

【来源】本品为罂粟科植物延胡索 *Corydalis yanhusuo* W. T. Wang 的干燥块茎。

【采收加工】夏初茎叶枯萎时采挖，除去须根，洗净，置沸水中煮至恰无白心时，取出，晒干。

【生产工艺】

1. 延胡索

取原药材，除去杂质，大小分档，洗净，润透。切厚片，干燥。或用时捣碎。(《中国药典》)

2. 醋延胡索

(1) 醋炙：取净延胡索或延胡索片，用定量的米醋拌匀，闷润。待醋被吸尽后，置炒制容器内，用文火炒干，取出，晾凉。(《中国药典》)

(2) 醋煮：取净延胡索，置煮制容器内，加入用定量的米醋和适量清水（以平药面为宜），用文火煮至透心，醋液被吸尽后，取出，晾至六成干。切厚片，晒干。或晒干后捣碎。(《中国药典》)

每 100 kg 净延胡索，用米醋 20 kg。

3. 酒延胡索

取净延胡索片，用定量的黄酒拌匀，闷润。待酒被吸尽后，置炒制容器内，用文火炒干，取出，晾凉。(《全国中药炮制规范》)

每 100 kg 净延胡索，用黄酒 20 kg。

【质量控制】

表 5－79　延胡索产品质量控制指标

品名	性状	检测项目
延胡索药材	呈不规则的扁球形。表面黄色或黄褐色，有不规则网状皱纹。顶端有略凹陷的茎痕，底部常有疙瘩状突起。质硬而脆，断面黄色，角质样，有蜡样光泽。气微，味苦	延胡索乙素（$C_{21}H_{25}NO_4$）：≥0.050%
延胡索片	不规则的圆形厚片。外表皮黄色或黄褐色，有不规则细皱纹。切面黄色，角质样，具蜡样光泽。气微，味苦	水分：≤15.0% 总灰分：≤4.0% 醇溶性浸出物：≥13.0% 延胡索乙素（$C_{21}H_{25}NO_4$）：≥0.040%
醋延胡索	形如延胡索片，深黄色或黄褐色，光泽不明显，味苦略有醋气	同饮片
酒延胡索	同醋延胡索，略有酒气	无

(a) 延胡索药材

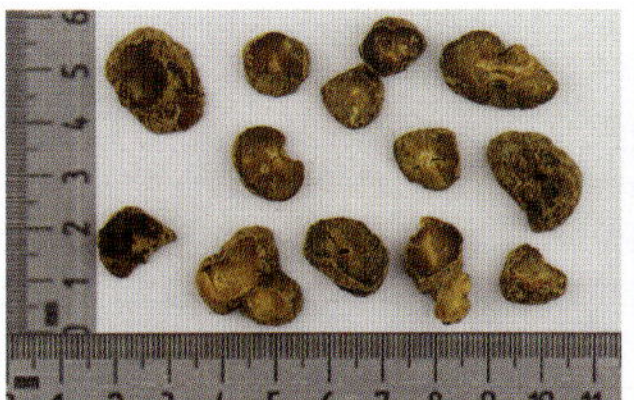
(b) 延胡索片

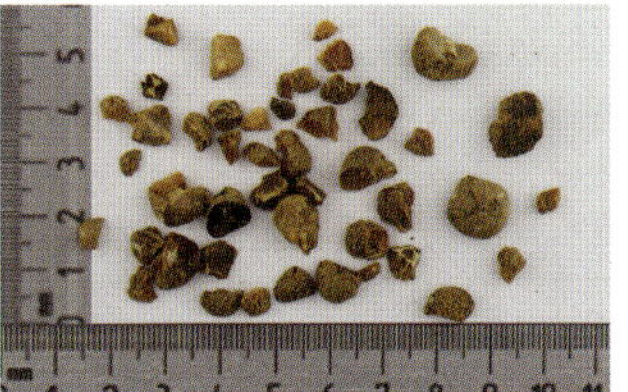
(c) 醋延胡索

(d) 酒延胡索

图 5－38

【炮制作用】

表 5－80　延胡索饮片功效与应用

品名	性味归经	炮制作用
延胡索片	辛、苦、温。归肝、脾经	活血，行气，止痛
醋延胡索		行气止痛作用增强
酒延胡索		增强活血止痛作用

【贮藏】置干燥处，防蛀。

【炮制研究】

延胡索含有60多种生物碱，有20多种生物碱可以分离。其中乙素、丑素、甲素是其止痛有效成分，但难溶于水。醋炙后与醋酸结合成盐，则易溶于水，提高了煎出率，增强了止痛作用。

【新技术应用】

预热中药烤制箱，待箱内温度达到120℃并恒定，将与醋拌匀，闷润4.5小时的延胡索在烤箱内铺好，于烤箱内烤干。

五灵脂

wulingzhi

【来源】本品为鼯鼠科动物复齿鼯鼠 *Trogopterus xanthipes* 的粪便。

【采收加工】全年可采，除去杂质，晒干。

【生产工艺】

1. 五灵脂

取原药材，除去杂质及灰屑。灵脂块，捣碎。(《全国中药炮制规范》)

2. 醋五灵脂

取净五灵脂，置炒制容器内，用文火炒至有腥气溢出时，喷淋定量的米醋。炒至微干、有光泽时，取出，晾凉。(《全国中药炮制规范》)

每100 kg净五灵脂，用米醋10 kg。

3. 酒五灵脂

取净五灵脂，置炒制容器内，用文火炒至有腥气溢出、色黄黑时，立即取出，趁热喷淋定量的黄酒，摊开晾凉。(《广东省中药炮制规范》)

每100 kg净五灵脂，用黄酒20 kg。

【质量控制】

表5-81 五灵脂产品质量控制指标

品名	性状
五灵脂	**灵脂块：**不规则块状，大小不一。表面褐棕色或灰棕色，凹凸不平，有油润性光泽。质硬，断面黄棕色，不平坦。气腥臭 **灵脂米：**长椭圆颗粒状，表面褐棕色或灰棕色，较平滑。体轻，质松，易折断，断面黄绿色，不平坦，纤维性。气微
醋五灵脂	表面灰褐色或焦褐色，稍有光泽
酒五灵脂	表面黄黑色，略有酒气

(a) 五灵脂

(b) 酒五灵脂

图5-39

【炮制作用】

表 5－82　五灵脂饮片功效与应用

品名	性味归经	炮制作用
五灵脂	咸、甘、温，归肝经	有止痛止血作用，但有腥臭味，不利于服用，多外用
醋五灵脂		引药入肝，增强散瘀止血作用，并可矫臭矫味，便于服用
酒五灵脂		增强活血止痛作用，并可矫臭矫味，便于服用

【贮藏】置通风干燥处。

乳　香
ruxiang

【来源】本品为橄榄科植物乳香树 *Boswellia carterii* Birdw. 及同属植物 *B. bhaw－dajiana* Birdw. 树皮渗出的树脂。

【采收加工】春、夏季均可采收。采收时将树干的皮部由下向上顺序切伤，使树脂从伤口渗出，数天后凝成块状，即可采收。

【生产工艺】

1. 乳香

取原药材，除去杂质捣碎。(《全国中药炮制规范》)

2. 醋乳香

取净乳香，置炒制容器内，用文火炒至冒烟，表面微溶时，喷淋定量的米醋，再炒至表面发亮。迅即取出，摊开放凉。(《中国药典》)

每 100 kg 净乳香，用米醋 5 kg。

3. 炒乳香

取净乳香，置炒制容器内，用文火炒至表面融化显光亮时，立即取出，摊开晾凉。(《全国中药炮制规范》)

【工艺要点】

(1) 严格按照操作规程操作。

(2) 采用先炒药后加醋的方法炮制，否则容易粘连。

(3) 先炒药后加醋时，宜边喷醋边翻动药物，使之均匀。

【质量控制】

表 5－83　乳香产品质量控制指标

品名	性状	检测项目
乳香	呈长卵形滴乳状、类圆形颗粒或粘合成大小不等的不规则块状物。表面黄白色，半透明，被有黄白色粉末，久存则颜色加深。质脆，遇热软化。破碎面有玻璃样或蜡样光泽。具特异香气，味微苦	杂质（乳香珠）：≤2.0% 杂质（原乳香）：≤10.0% 挥发油（索马里乳香）：≥6.0%（mL/g） 挥发油（埃塞俄比亚乳香）：≥2.0%（mL/g）
醋乳香	形似乳香，深黄色，显油亮光泽，略透明，微有醋气	无
炒乳香	形似乳香，表面油黄色，略透明，质坚脆，有特异香气	无

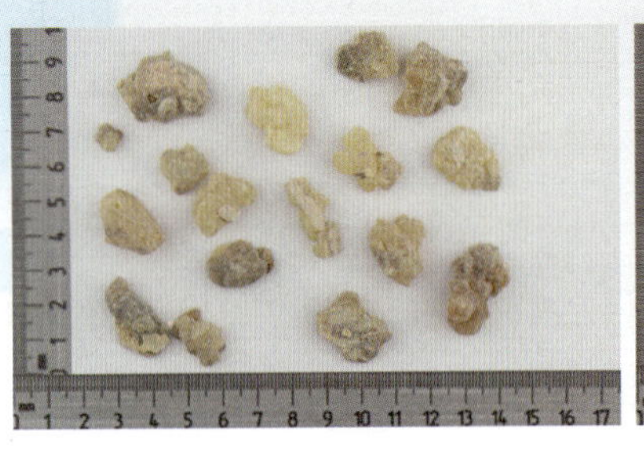

(a) 乳香

(b) 醋乳香

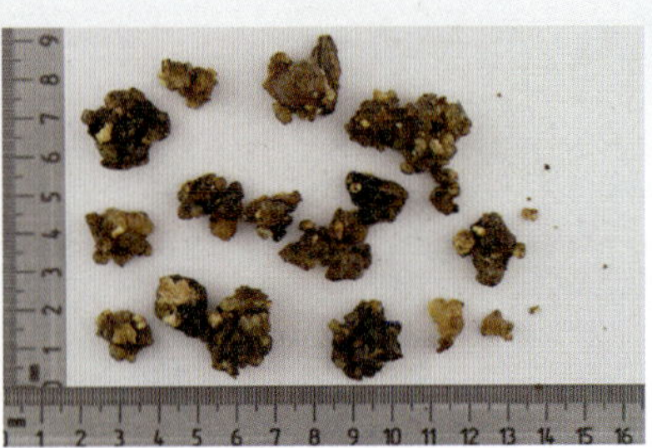

(c) 炒乳香

图 5－40

【炮制作用】

表 5－84　乳香饮片功效与应用

品名	性味归经	炮制作用
乳香	辛、苦、温。归心、肝、脾经	活血定痛，消肿生肌
醋乳香		引药入肝，增强活血止痛、收敛生肌作用，并能矫臭矫味，减少刺激性，利于粉碎
炒乳香		缓和刺激性，利于粉碎

【贮藏】置阴凉干燥处。

【炮制研究】

乳香主要含有树脂、树胶和挥发性成分。挥发性成分既是有效成分，又是刺激性成分，炮制时要去除一部分。

【新技术应用】

预热中药烤制箱，待箱内温度达到120℃并恒定，将乳香在烤箱内铺好，放入敞开烤箱（有烟冒出），烤表面融化显光亮时取出，放凉。

没　药

moyao

【来源】本品为橄榄科植物地丁树 *Commiphora myrrha* Engl. 或同属植物哈地丁树 *C. molmol* Engl. 的干燥树脂。分为天然没药和胶质没药。

【生产工艺】

1. 没药

取原药材，除去杂质捣碎。(《中国药典》)

2. 醋没药

取净没药，置炒制容器内，用文火炒至冒烟，表面微溶时，喷淋定量的米醋。再炒至表面发亮，迅即取出，摊开放凉。(《中国药典》)

每 100 kg 净没药，用米醋 5 kg。

3. 炒没药

取净没药，置炒制容器内，用文火炒至表面熔化显光亮时，立即取出，摊开晾凉。

【工艺要点】

(1) 严格按照操作规程操作。

(2) 采用先炒药后加醋的方法炮制，否则容易粘连。

(3) 先炒药后加醋时，宜边喷醋边翻动药物，使之均匀。

【质量控制】

表 5－85　没药产品质量控制指标

品名	性状	检测项目
没药	**天然没药：**不规则颗粒性团块，大小不等。表面黄棕色或红棕色，近半透明部分呈棕黑色，被有黄色粉尘。质坚脆，破碎面不整齐，无光泽。有特异香气，味苦而微辛 **胶质没药：**呈不规则块状和颗粒，表面棕黄色至棕褐色，不透明，质坚实或疏松，有特异香气，味苦而有黏性	杂质（天然没药）：≤10.0% 杂质（胶质没药）：≤15.0% 总灰分：≤15.0% 酸不溶性灰分：≤10.0% 挥发油（天然没药）：≥4.0%（mL/g） 挥发油（胶质没药）：≥2.0%（mL/g）
醋没药	小碎块或圆颗粒状，表面黑褐色或棕褐色，显油亮光泽，略有醋气	酸不溶性灰分：≤8.0% 挥发油：≥2.0%（mL/g）
炒没药	小碎块或圆颗粒状，表面黑褐色或棕褐色，显油亮光泽，气微香	无

（a）醋没药

（b）炒没药

图 5－41

【炮制作用】

表 5－86　没药饮片功效与应用

品名	性味归经	炮制作用
没药	辛、苦，平。归心、肝、脾经	散瘀定痛，消肿生肌
醋没药		增强活血止痛、收敛生肌作用，并能矫臭矫味，缓和对胃的刺激性，利于粉碎
炒没药		缓和刺激性，利于粉碎

【贮藏】置阴凉干燥处。

【炮制研究】

没药主要含有树脂和挥发性成分。挥发性成分有刺激，炮制时要去除一部分。

甘　遂
gansui

【来源】本品为大戟科植物甘遂 *Euphorbia kansui* T. N. Liou ex T. P. Wang 的干燥块根。

【采收加工】春季开花前或秋末茎叶枯萎后采挖，撞去外皮，晒干。

【生产工艺】

1. 甘遂

取原药材，除去杂质，洗净，晒干。(《中国药典》)

2. 醋甘遂

取净甘遂，用定量的米醋拌匀，闷润。待醋被药物吸尽后，置炒制容器内，用文火炒干，取出，

晾凉。(《中国药典》)

每 100 kg 净甘遂，用米醋 30 kg。

【质量控制】

表 5－87　甘遂产品质量控制指标

品名	性状	检测项目
甘遂药材	呈椭圆形、长圆柱形或连珠形。表面类白色或黄白色，凹陷处有棕色外皮残留。质脆，易折断，断面粉性，白色，木部微显放射状纹理；长圆柱状者纤维性较强。气微，味微甘而辣	水分：≤12.0% 总灰分：≤3.0% 醇溶性浸出物（稀乙醇热浸）：≥15.0% 大戟二烯醇（$C_{30}H_{50}O$）：≥0.12%
甘遂片		
醋甘遂	同饮片，表面棕黄色，偶有焦斑，略具醋气，味微酸而辣	

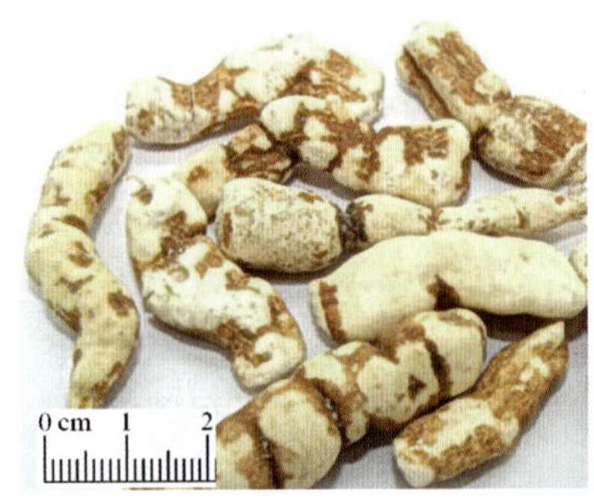

（a）甘遂药材　　（b）醋甘遂

图 5－42

【炮制作用】

表 5－88　甘遂饮片功效与应用

品名	性味归经	炮制作用
甘遂片	苦，寒；有毒。归肺、肾、大肠经	泻水逐饮，消肿散结
醋甘遂		毒性降低，缓和峻泻作用

【贮藏】置通风干燥处，防蛀。

【炮制研究】

甘遂临床应用表明，其有效性是泻下作用，其毒性是泻下作用猛烈和对皮肤黏膜的刺激。有实验证明，其有效成分不溶于水。故一般不入汤剂煎服，宜入丸散制剂。

柴　胡

chaihu

【来源】本品为伞形科植物柴胡 *Bupleurum chinense* DC. 或狭叶柴胡 *Bupleurum scorzonerifolium* Willd. 的干燥根。按性状不同，分别俗称“北柴胡”和“南柴胡”。

【采收加工】春、秋二季采挖，除去茎叶和泥沙，干燥。

【生产工艺】

1. 柴胡

取原药材，除去杂质及残茎，洗净，润透。切厚片，干燥。(《中国药典》)

2. 醋柴胡

取净柴胡片，用定量的米醋拌匀，闷润。待醋被药物吸尽后，置炒制容器内，用文火炒干，取出，晾凉。(《中国药典》)

每 100 kg 净柴胡片，用米醋 20 kg。

3. 酒柴胡

取净柴胡片，用定量的黄酒拌匀，闷润。待酒被药物吸尽后，置炒制容器内，用文火炒干，取出，晾凉。(《全国中药炮制规范》)

每 100 kg 净柴胡片，用黄酒 10 kg。

4. 鳖血柴胡

取净柴胡片，用定量洁净的新鲜鳖血及适量清水拌匀，闷润。待鳖血液被药物吸尽后，置炒制容器内，用文火炒干，取出，晾凉。(《全国中药炮制规范》)

每 100 kg 净柴胡片，用鳖血 12.5 kg。

【质量控制】

表 5－89　柴胡产品质量控制指标

品名	性状	检测项目
柴胡药材	**北柴胡：**圆柱形或长圆锥形，顶端残留 3～15 个茎基或短纤维状叶基，下部分枝。表面黑褐色或浅棕色，具纵皱纹、支根痕及皮孔。质硬而韧，不易折断，断面显纤维性，皮部浅棕色，木部黄白色。气微香，味微苦。 **南柴胡：**根较细，圆锥形，顶端有多数细毛状枯叶纤维，下部多不分枝或稍分枝。表面红棕色或黑棕色，靠近根头处多具细密环纹。质稍软，易折断，断面略平坦，不显纤维性。具败油气	水分：≤10.0% 总灰分：≤8.0% 酸不溶性灰分：≤3.0% 醇溶性浸出物：≥11.0% 柴胡皂苷 a（$C_{42}H_{68}O_{13}$）和 d（$C_{42}H_{68}O_{13}$）总量：≥0.30%
柴胡片	**北柴胡：**不规则厚片。外表皮黑褐色或浅棕色，具纵皱纹和支根痕。切面淡黄白色，纤维性。质硬。气微香，味微苦。 **南柴胡：**类圆形或不规则片。外表皮红棕色或黑褐色。有时可见根头处具细密环纹或有细毛状枯叶纤维。切面黄白色，平坦。具败油气	**北柴胡片：** 水分：≤10.0% 总灰分：≤8.0% 酸不溶性灰分：≤3.0% 醇溶性浸出物（乙醇热浸）：≥11.0% 柴胡皂苷 a（$C_{42}H_{68}O_{13}$）和 d（$C_{42}H_{68}O_{13}$）总量：≥0.30% **南柴胡片：**无检测项目
醋柴胡	**醋北柴胡：**形如北柴胡片，表面浅棕黄色，微有醋香气，味微苦 **醋南柴胡：**形如南柴胡片，色泽加深，有醋气	**醋北柴胡：** 醇溶性浸出物（乙醇热浸）：≥12% 其余各项同北柴胡饮片 **南柴胡片：**无检测项目
酒柴胡	形如柴胡片，色泽加深，有酒气	无
鳖血柴胡	形如柴胡片，色泽加深，有血腥气	无

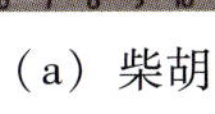

（a）柴胡

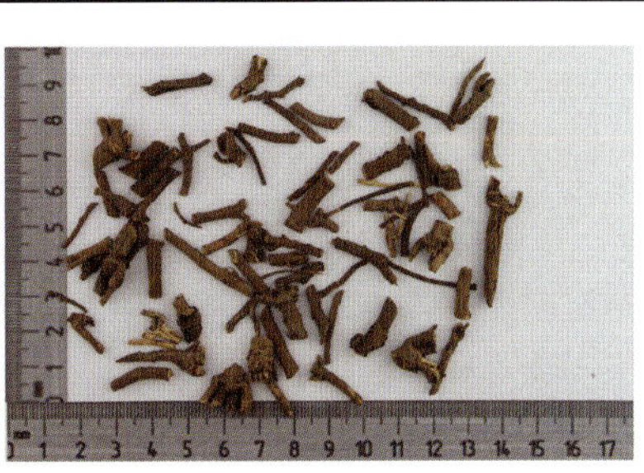

（b）醋柴胡

图 5－43

【炮制作用】

表 5－90　柴胡饮片功效与应用

品名	性味归经	炮制作用
柴胡片	辛、苦，微寒。归肝、胆、肺经	疏散退热，疏肝解郁，升举阳气
醋柴胡		缓和升散之性，增强疏肝解郁止痛作用
酒柴胡		活血，增强升举阳气作用
鳖血柴胡		抑制升浮之性，清退肝热作用增强

【贮藏】置通风干燥处，防蛀。

【炮制研究】

柴胡根与茎叶的质量有差异，二者主要成分和药理作用不同，认为柴胡地上部分不能代替根入药。

香　　附

xiangfu

【来源】本品为莎草科植物莎草 *Cyperus rotundus* L. 的干燥根茎。

【采收加工】秋季采挖，燎去毛须，置沸水中略煮或蒸透后晒干，或燎后直接晒干。

【生产工艺】

1. 香附

取原药材，除去毛须及杂质碾碎，或润透切薄片干燥。(《中国药典》)

2. 醋香附

取净香附颗粒或片，用定量的米醋拌匀，闷润。待醋被吸尽后，置炒制容器内，用文火炒干，取出，晾凉。(《中国药典》)

3. 酒香附

取净香附颗粒或片，用定量的黄酒拌匀，闷润，待酒被吸尽后，置炒制容器内，用文火炒干，取出，晾凉。(《全国中药炮制规范》)

每 100 kg 净香附，用黄酒 20 kg。

4. 四制香附

取净香附，用酒、醋、姜汁和盐的混合液体拌匀，闷润 12 小时，取出蒸 3 小时至透心，取出，晒干。(《广东省中药炮制规范》)

【质量控制】

表 5－91　香附产品质量控制指标

品名	性状	检测项目
香附药材	多呈纺锤形，有的略弯曲。表面棕褐色或黑褐色，有纵皱纹，并有 6～10 个略隆起的环节，节上有未除净的棕色毛须和须根断痕；去净毛须者较光滑，环节不明显。质硬，经蒸煮者断面黄棕色或红棕色，角质样；生晒者断面色白而显粉性，内皮层环纹明显，中柱色较深，点状维管束散在。气香，味微苦	水分：≤13.0% 总灰分：≤4.0% 醇溶性浸出物：≥15.0% 挥发油：≥1.0%（mL/g）
香附片	不规则厚片或颗粒状。外表皮棕褐色或黑褐色，有时可见环节。切面色白或黄棕色，质硬，内皮层环纹明显。气香，味微苦	醇溶性浸出物（稀乙醇热浸）：≥11.5% 其余各项同药材

续上表

品名	性状	检测项目
醋香附	形如香附片，表面黑褐色，有醋气	醇溶性浸出物（稀乙醇热浸）：≥13.0% 挥发油：≥0.8%（mL/g） 其余各项同饮片
酒香附	形如香附片，表面黑褐色，有酒气	无
四制香附	形如香附片，棕黑色，气香	

（a）香附药材

（b）香附片

（c）酒香附

图 5－44

【炮制作用】

表 5－92　香附饮片功效与应用

品名	性味归经	炮制作用
香附片	辛、微苦、微甘，平。归肝、脾、三焦经	疏肝解郁，理气宽中，调经止痛
醋香附		专入肝经，增强疏肝止痛作用，并能消积化滞
酒香附		通经脉，散结滞
四制香附		通经止痛

【贮藏】置阴凉干燥处，防蛀。

【炮制研究】

药效学实验表明，醋炙香附的解痉、镇痛作用明显优于生品，且醋蒸法优于醋炙法。

三、盐炙技术

将分档后的药物饮片，加入定量的盐水拌炒的方法，称为盐炙技术。

盐水性味咸、寒。具有清热凉血，软坚散结，润燥的作用。食盐能引药“入肾”“引火归元”。故盐水炒多用于补肾固精、疗疝、利尿和泻相火的药物，起增补肝肾、滋阴降相火的作用。

（一）盐炙的目的

引药归肾经，增强补肝肾、滋阴降相火作用，缓和药物辛燥之性。

（二）操作方法

有先拌盐水后炒药物和先炒药物后加盐水两种方法。

1. 先拌盐水后炒药物

先取一定量的盐水，加适量开水稀释，与净药物拌匀，闷润。待盐水被药物吸尽后，置炒制容器内，用文火加热，炒至颜色加深，干燥时，取出。摊晾，凉后及时收贮。此法适用于大多数盐水炒的药物，如黄柏等。

2. 先炒药物后加盐水

取净制后的药物，置炒制容器内。用文火加热，炒至颜色加深，再加入一定量的盐水，迅速翻动，使盐水与药物拌匀，炒至药物干燥时，取出。摊晾，凉后及时收贮。此法适用于含黏液质多的药物，如知母、车前子等。此类药先炒药，可以除去部分水分，使药物质地略变酥脆，盐水较易被吸收。

盐的用量，一般为每 100 kg 净药物，用盐 2 kg。

（三）注意事项

1. 加水溶解食盐时，一定要控制水量

水的用量应视药物的吸水情况而定，一般以食盐的 4 ~ 5 倍量为宜。若加水过多，则盐水不能被药吸收，或者过湿不易炒干。水量过少，又不易与药物拌匀。

2. 含黏液质多的药物，不宜先与盐水拌润

车前子、知母等黏液质多的药物遇水容易发黏，盐水不易渗入，炒时又容易粘锅。所以，需先将药物质地变疏松，再喷洒盐水，以利于盐水渗入。

3. 火力控制

盐炙法火力宜小，采用先炒药后加盐水的操作方法时，更应控制火力。若火力过大，加入盐水后，水分迅速蒸发，食盐黏附在锅上，达不到盐炙目的。

黄　　柏

huangbo

【来源】本品为芸香科植物黄皮树 *Phellodendron chinense* Schneid. 的干燥树皮。习称“川黄柏”。

【采收加工】剥取树皮后，除去粗皮，晒干。

【生产工艺】

1. 黄柏

取原药材，抢水洗净，润透，切丝或块，干燥。(《中国药典》)

2. 盐黄柏

取净黄柏丝或块，用定量盐水拌匀，闷润。待盐水被吸尽后，置炒制容器内，用文火炒干，取出，晾凉。(《中国药典》)

每 100 kg 净黄柏，用食盐 2 kg。

3. 酒黄柏

取净黄柏丝或块，用定量的黄酒拌匀，闷润。待酒被吸尽后，置炒制容器内，用文火炒干，取出，晾凉。(《全国中药炮制规范》)

每 100 kg 净黄柏丝，用黄酒 10 kg。

4. 黄柏炭

取净黄柏丝或块，置温度适宜的热锅内，用武火炒至表面焦黑色，内部焦褐色时，喷淋清水少许，灭尽火星。取出，及时摊晾，凉透。(《中国药典》)

【质量控制】

表 5-93　黄柏产品质量控制指标

<table>
<tr><th>品名</th><th>性状</th><th>检测项目</th></tr>
<tr><td>黄柏药材</td><td>呈板片状或浅槽状，长宽不一。外表面黄褐色或黄棕色，平坦或具纵沟纹，有的可见皮孔痕及残存的灰褐色粗皮；内表面暗黄色或淡棕色，具细密的纵棱纹。体轻，质硬，断面纤维性，呈裂片状分层，深黄色。气微，味极苦，嚼之有黏性</td><td rowspan="3">水分：≤12.0%
总灰分：≤8.0%
醇溶性浸出物（稀乙醇冷浸）：≥14.0%
盐酸小檗碱（$C_{20}H_{17}NO_4 \cdot HCl$）：≥3.0%
盐酸黄柏碱（$C_{20}H_{23}NO_4 \cdot HCl$）：≥0.34%</td></tr>
<tr><td>黄柏饮片</td><td>呈丝条状。外表面黄褐色或黄棕色。内表面暗黄色或淡棕色，具纵棱纹。切面纤维性，呈裂片状分层，深黄色。味极苦。嚼之有黏性</td></tr>
<tr><td>盐黄柏</td><td>形如黄柏饮片，表面深黄色，略有咸味</td></tr>
<tr><td>酒黄柏</td><td>形如黄柏饮片，表面深黄色，略有酒气</td><td>无</td></tr>
<tr><td>黄柏炭</td><td>形如黄柏饮片，表面焦黑色，内部焦褐色，质轻而脆，味苦涩</td><td>无</td></tr>
</table>

（a）黄柏药材

（b）黄柏片

（c）盐黄柏

（d）酒黄柏

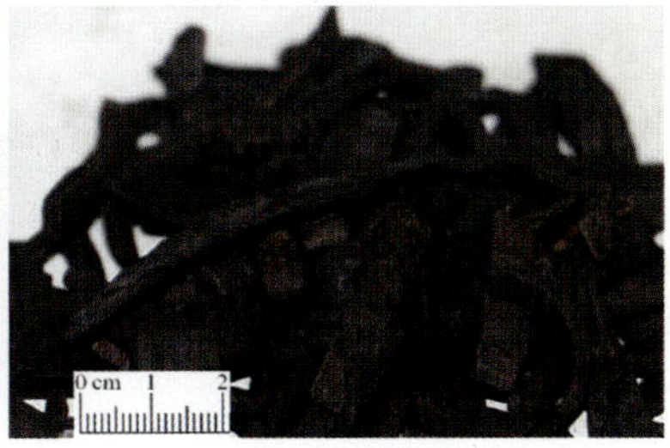

（e）黄柏炭

图 5-45

【炮制作用】

表 5-94　黄柏饮片功效与应用

<table>
<tr><th>品名</th><th>性味归经</th><th>炮制作用</th></tr>
<tr><td>黄柏饮片</td><td rowspan="4">苦，寒。归肾、膀胱经</td><td>清热燥湿，泻火除蒸，解毒疗疮</td></tr>
<tr><td>盐黄柏</td><td>缓和苦燥之性，不伤脾胃，并引药入肾，长于阴虚火旺</td></tr>
<tr><td>酒黄柏</td><td>缓和苦寒之性，免伤脾胃，并能借酒的升腾之力，引药上行，清上焦之热</td></tr>
<tr><td>黄柏炭</td><td>清湿热中兼有涩性，长于止血</td></tr>
</table>

【贮藏】置通风干燥处，防蛀。

【炮制研究】

黄柏含生物碱，以小檗碱含量最高，黄柏经炮制后，小檗碱含量均有所下降。小檗碱含量从高到低的顺序是黄柏药材、黄柏饮片、盐黄柏、酒黄柏、黄柏炭。

知　母

zhimu

【来源】本品为百合科植物知母 *Anemarrhena asphodeloides* Bge. 的干燥根茎。

【采收加工】春、秋二季采挖，除去须根和泥沙，晒干，习称“毛知母”；或除去外皮，晒干。

【生产工艺】

1. 知母

取原药材，洗净，润透。切厚片，干燥，去毛屑。（《中国药典》）

2. 盐知母

取净知母片，置温度适宜的热锅内，用文火炒至变色时，喷淋适量食盐水。炒干，取出，晾凉。（《中国药典》）

每 100 kg 净知母片，用食盐 2 kg。

【质量控制】

表 5－95　知母产品质量控制指标

品名	性状	检测项目
知母药材	呈长条状，微弯曲，略扁，偶有分枝，一端有浅黄色的茎叶残痕。表面黄棕色至棕色，上面有一凹沟，具紧密排列的环状节，节上密生黄棕色的残存叶基，由两侧向根茎上方生长；下面隆起而略皱缩，并有凹陷或突起的点状根痕。质硬，易折断，断面黄白色。气微，味微甜、略苦，嚼之带黏性	水分：≤12.0% 总灰分：≤9.0% 酸不溶性灰分：≤4.0% 芒果苷（$C_{19}H_{18}O_{11}$）：≥0.7% 知母皂苷 BⅡ（$C_{45}H_{76}O_{19}$）：≥3.0%
知母片	不规则类圆形的厚片。外表皮黄棕色或棕色，可见少量残存的黄棕色叶基纤维和凹陷或突起的点状根痕。切面黄白色至黄色。气微，味微甜、略苦，嚼之带黏性	水分：≤12.0% 总灰分：≤9.0% 酸不溶性灰分：≤2.0% 芒果苷（$C_{19}H_{18}O_{11}$）：≥0.50% 知母皂苷 BⅡ（$C_{45}H_{76}O_{19}$）：≥3.0% 其余各项同药材
盐知母	形如知母片，色黄或微带焦斑。味微咸	水分：≤12.0% 总灰分：≤9.0% 酸不溶性灰分：≤2.0% 芒果苷（$C_{19}H_{18}O_{11}$）：≥0.40% 知母皂苷 BⅡ（$C_{45}H_{76}O_{19}$）：≥2.0% 其余各项同药材

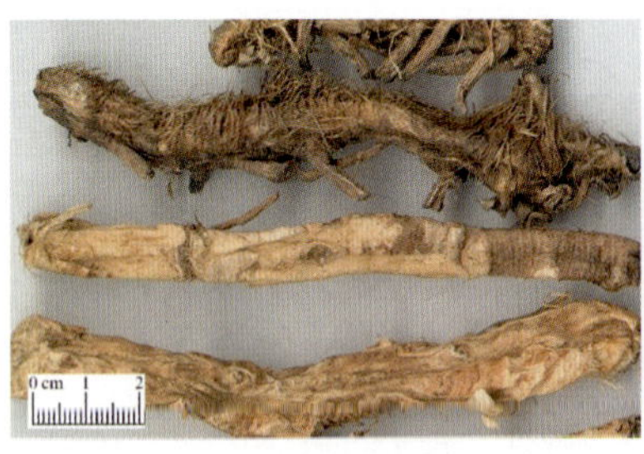

（a）知母药材

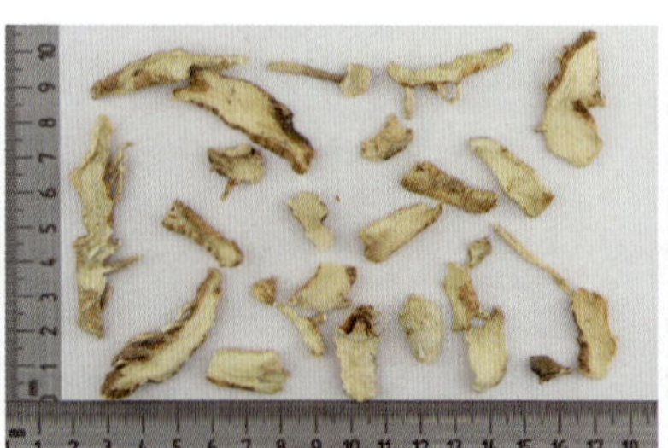

（b）知母片

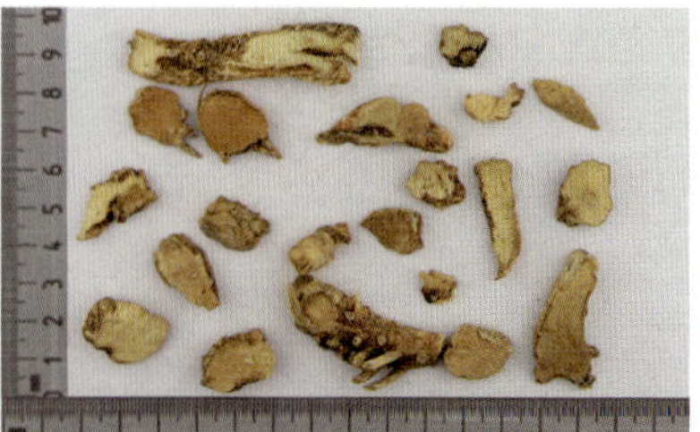

（c）盐知母

图 5－46

【炮制作用】

表 5－96　知母饮片功效与应用

品名	性味归经	炮制作用
知母片	苦、甘，寒。归肺、胃、肾经	清热泻火，滋阴润燥。长于泻肺、胃之火
盐知母		引药下行，专入肾经，增强滋阴降火，并善清虚热

【贮藏】置通风干燥处，防潮。

【炮制研究】

对药用部位有研究，皂苷粗品（乙醇提取物）含量以知母皮最高，毛知母次之，光知母最低，采用薄层扫描法测定各种炮制品中菝葜皂苷元含量以盐炙品最高，证明传统炮制法的合理性。

车　前　子

cheqianzi

【来源】本品为车前科植物车前 *Plantago asiatica* L. 或平车前 *Plantago depressa* Willd. 的干燥成熟种子。

【采收加工】夏、秋二季种子成熟时采收果穗，晒干，搓出种子，除去杂质。

【生产工艺】

1. 车前子

取原药材，除去杂质，筛去灰屑。（《中国药典》）

2. 炒车前子

取净车前子，置温度适宜的热锅内，用文火炒至略有爆鸣声，并有香气溢出时，取出，晾凉。（《全国中药炮制规范》）

3. 盐车前子

取净车前子，置温度适宜的热锅内，用文火炒至略有爆鸣声，喷淋适量食盐水。炒干，取出，晾凉。（《中国药典》）

每 100 kg 净车前子，用食盐 2 kg。

【质量控制】

表 5－97　车前子产品质量控制指标

品名	性状	检测项目
车前子	呈椭圆形、不规则长圆形或三角状长圆形，略扁。表面黄棕色至黑褐色，有细皱纹，一面有灰白色凹点状种脐。质硬。气微，味淡	水分：≤12.0% 总灰分：≤6.0% 酸不溶性灰分：≤2.0% 膨胀度：≥4.0 京尼平苷酸（$C_{16}H_{22}O_{10}$）：≥0.50% 毛蕊花糖苷（$C_{29}H_{36}O_{15}$）：≥0.40%
炒车前子	略鼓起，表面黑褐色或黄棕色，略有焦香气	无
盐车前子	形如车前子。表面黑褐色。气微香，味微咸	水分：≤10.0% 总灰分：≤9.0% 酸不溶性灰分：≤3.0% 膨胀度：≥3.0 京尼平苷酸（$C_{16}H_{22}O_{10}$）：≥0.40% 毛蕊花糖苷（$C_{29}H_{36}O_{15}$）：≥0.30%

(a) 车前子

(b) 盐车前子

图 5－47

【炮制作用】

表 5－98 车前子饮片功效与应用

品名	性味归经	炮制作用
车前子	甘，寒。归肝、肾、肺、小肠经	清热利尿通淋，渗湿止泻，明目，祛痰
炒车前子		寒性稍减，并能提高煎出效果，作用与生品相似，长于渗湿止泻
盐车前子		引药下行，长于泻热利尿而不伤阴，又能益肝明目

【贮藏】置通风干燥处，防潮。

【炮制研究】

炒车前子和盐炙车前子可提高车前子黄酮类成分含量。

杜 仲

duzhong

【来源】本品为杜仲科植物杜仲 *Eucommia ulmoides* Oliv. 的干燥树皮。

【采收加工】4—6 月剥取，刮去粗皮，堆置“发汗”至内皮呈紫褐色，晒干。

【生产工艺】

1. 杜仲

取原药材，除去杂质，刮去残留粗皮，洗净。切块或丝，干燥。(《中国药典》)

2. 盐杜仲

取净杜仲块或丝，用定量盐水拌匀，闷润。待盐水被吸尽后，置炒制容器内，用中火炒至丝易断，表面焦黑色时，取出，晾凉。(《中国药典》)

每 100 kg 净杜仲块或丝，用食盐 2 kg。

【质量控制】

表 5－99 杜仲产品质量控制指标

品名	性状	检测项目
杜仲药材	呈板片状或两边稍向内卷，大小不一。外表面淡棕色或灰褐色，有明显的皱纹或纵裂槽纹，可见明显的皮孔。内表面暗紫色，光滑。质脆，易折断，断面有细密、银白色、富弹性的胶丝相连。气微，味稍苦	醇活性浸出物（75%乙醇热浸）：≥11.0% 松脂醇二葡萄糖苷（$C_{32}H_{42}O_{16}$）：≥0.10%
杜仲片	呈小方块或丝状。外表面淡棕色或灰褐色，有明显的皱纹。内表面暗紫色，光滑。断面有细密、银白色、富弹性的胶丝相连。气微，味稍苦	

续上表

品名	性状	检测项目
盐杜仲	形如杜仲块或丝，表面黑褐色，内表面褐色，折断时胶丝弹性较差。味微咸	水分：≤13.0% 总灰分：≤10.0% 醇活性浸出物（75%乙醇热浸）：≥12.0% 其余同饮片

（a）杜仲

（b）盐杜仲

图5－48

【炮制作用】

表5－100　杜仲饮片功效与应用

品名	性味归经	炮制作用
杜仲片	甘，温。归肝、肾经	补肝肾，强筋骨，安胎
盐杜仲		引药入肾，直达下焦，温而不燥，增强补肝肾、强筋骨、安胎作用

【贮藏】置通风干燥处。

【炮制研究】

炮制后杜仲降压有效成分松脂醇双葡萄糖苷的含量明显提高，故治疗原发性高血压应用其炮制品。

【新技术应用】

净制方面，去粗皮杜仲块的煎出率要高，且粗皮占药材的20%以上，故应去粗皮后入药。切制方面，杜仲切制成0.5 cm的横丝煎出率高。

补　骨　脂

buguzhi

【来源】本品为豆科植物补骨脂 *Psoralea corylifolia* L. 的干燥成熟果实。

【采收加工】秋季果实成熟时采收果序，晒干，搓出果实，除去杂质。

【生产工艺】

1. 补骨脂

取原药材，除去杂质。（《中国药典》）

2. 盐补骨脂

取净补骨脂，用定量盐水拌匀，闷润。待盐水被吸尽后，置炒制容器内，用中火炒至微鼓起，有香气溢出时，取出，晾凉。（《中国药典》）

每100 kg净补骨脂，用食盐2 kg。

【质量控制】

表 5-101 补骨脂产品质量控制指标

品名	性状	检测项目
补骨脂	呈肾形，略扁。表面黑色、黑褐色或灰褐色，具细微网状皱纹。顶端圆钝，有一小突起，凹侧有果梗痕。质硬。果皮薄，与种子不易分离；种子1，子叶2，黄白色，有油性。气香，味辛、微苦	杂质：≤5% 水分：≤9.0% 总灰分：≤8.0% 酸不溶性灰分：≤2.0% 补骨脂素（$C_{11}H_6O_3$）与异补骨脂素（$C_{11}H_6O_3$）的总量：≥0.70%
盐补骨脂	形如补骨脂药材，微鼓起，色泽加深，气微香，味微咸	水分：≤7.5% 总灰分：≤8.5% 其余同饮片

（a）补骨脂

（b）盐补骨脂

图 5-49

【炮制作用】

表 5-102 补骨脂饮片功效与应用

品名	性味归经	炮制作用
补骨脂	辛、苦，温。归肾、脾经	温肾助阳，纳气平喘，温脾止泻；外用消风祛斑
盐补骨脂		缓和辛燥之性，避免伤阴，引药入肾，增强补肾纳气作用

【贮藏】置干燥处。

【炮制研究】

补骨脂盐炙后，其水溶性化学成分发生了质的变化，但其主要成分之一的补骨脂素无质的变化。

小 茴 香

xiaohuixiang

【来源】本品为伞形科植物茴香 *Foeniculum vulgare* Mill. 的干燥成熟果实。

【采收加工】秋季果实初熟时采割植株，晒干，打下果实，除去杂质。

【生产工艺】

1. 小茴香

取原药材，除去梗及杂质，干燥。(《中国药典》)

2. 盐小茴香

取净小茴香，用盐水拌匀，闷润至透，置锅内，用文火加热，炒干，并伴有香气外溢时，取出放凉。(《中国药典》)

每 100 kg 净小茴香，用食盐 2 kg。

【质量控制】

表 5－103　小茴香产品质量控制指标

品名	性状	检测项目
小茴香	双悬果，呈圆柱形，有的稍弯曲。表面黄绿色或淡黄色，两端略尖，顶端残留有黄棕色突起的柱基，基部有时有细小的果梗。分果呈长椭圆形，背面有纵棱 5 条，接合面平坦而较宽。横切面略呈五边形，背面的四边约等长。有特异香气，味微甜、辛	杂质：≤4% 总灰分：≤10.0% 挥发油：≥1.5%（mL/g） 反式茴香脑（$C_{10}H_{12}O$）：≥1.4%
盐小茴香	形如小茴香，微鼓起，色泽加深，偶有焦斑，味微咸	总灰分：≤12.0% 反式茴香脑（$C_{10}H_{12}O$）：≥1.3%

（a）小茴香

（b）盐小茴香

图 5－50

【炮制作用】

表 5－104　小茴香饮片功效与应用

品名	性味归经	炮制作用
小茴香	辛，温。归肝、肾、脾、胃经	散寒止痛，理气和胃
盐小茴香		引药入肾，可暖肾散寒止痛

【贮藏】置阴凉干燥处。

泽　　泻
zexie

【来源】本品为泽泻科植物泽泻 *Alisma orientale*（Sam.）Juzep. 的干燥块茎。
【采收加工】冬季茎叶开始枯萎时采挖，洗净，干燥，除去须根和粗皮。
【生产工艺】

1. 泽泻

取原药材，除去杂质，大小个分开，洗净，浸泡，润透，切厚片，干燥。（《中国药典》）

2. 盐泽泻

取净泽泻片，用盐水拌匀闷透，置锅内，用文火加热炒干，取出放凉。（《中国药典》）

每 100 kg 净泽泻片，用食盐 2 kg。

3. 麸炒泽泻

取麸皮，撒入热锅内，待冒烟时，加入净泽泻片，拌炒至黄色，取出，筛去麸皮，放凉。（《全国中药炮制规范》）

每 100 kg 净泽泻片，用麸皮 10 kg。

【质量控制】

表 5-105　泽泻产品质量控制指标

品名	性状	检测项目
泽泻药材	呈类球形、椭圆形或卵圆形。表面淡黄色至淡黄棕色，有不规则的横向环状浅沟纹和多数细小突起的须根痕，底部有的有瘤状芽痕。质坚实，断面黄白色，粉性，有多数细孔。气微，味微苦	水分：≤14.0% 总灰分：≤5.0% 醇溶性浸出物：≥10.0% 23-乙酰泽泻醇 B（$C_{32}H_{50}O_5$）：≥0.050%
泽泻片	呈圆形或椭圆形厚片。外表皮淡黄色至淡黄棕色，可见细小突起的须根痕。切面黄白色至淡黄色，粉性，有多数细孔。气微，味微苦	水分：≤12.0% 其余各项同药材
盐泽泻	形如泽泻片，表面微黄色，偶见焦斑，味微咸	水分：≤13.0% 总灰分：≤6.0% 23-乙酰泽泻醇 B（$C_{32}H_{50}O_5$）：≥0.040% 浸出物同饮片
麸炒泽泻	形如泽泻片，表面微黄色，偶见焦斑和残留麸皮，有香气	无

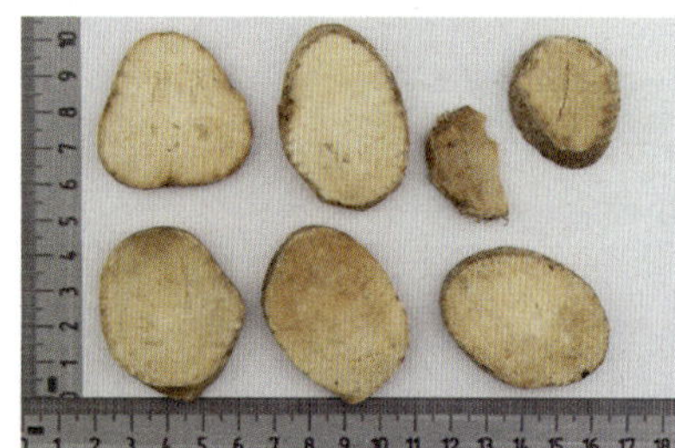

（a）泽泻

（b）盐泽泻

（c）麸炒泽泻

图 5-51

【炮制作用】

表 5-106　泽泻饮片功效与应用

品名	性味归经	炮制作用
泽泻片	甘、淡，寒。归肾、膀胱经	利水渗湿，泄热，化浊降脂
盐泽泻		引药入肾，增强利尿功效
麸炒泽泻		缓和药性

【贮藏】置干燥处，防蛀。

四、姜炙技术

将分档后的药物饮片，加入定量的姜汁拌炒的方法，称为姜炙技术。

姜汁味辛温。具有解表散寒、温中止呕、化痰止咳的作用。故姜汁炒多用于祛痰止咳、降逆止呕的药物，起增强润肺止咳、补脾益气的作用。

（一）姜炙的目的

姜炙能增强和胃止呕、温中化湿，缓和药物寒性，降低药物的副作用。

（二）操作方法

将净药物与一定量的姜汁拌匀，闷润。待姜汁被药物吸尽后，置炒制容器内，用文火加热，炒至规定的程度时，取出，晾凉。或将药物与一定量的姜汁拌匀，待姜汁被药物吸尽后，干燥。

1. 姜汁的制备

有捣汁、煮汁两种方法。捣汁（榨汁）是将生姜洗净切碎，置适宜的容器内，捣烂，加适量水，压榨取汁。残渣再加水共捣，压榨取汁，如此反复2~3次，合并姜汁，备用。煮汁（煎汁）是取净生姜片，置锅内，加适量水煎煮，过滤，残渣再加水煮，过滤，合并二次滤液，适当浓缩，备用。

2. 生姜的用量

一般为每100 kg净药物，用生姜10 kg。若无生姜，可用干姜煎汁，用量约为生姜的1/3。

（三）注意事项

制备姜汁时要控制水量，一般所得姜汁与生姜比例为1∶1为宜。药物与姜汁拌匀后，需充分闷润，待姜汁完全被吸尽后再文火炒干，否则达不到姜炙的目的。

厚　　朴
houpo

【来源】本品为木兰科植物厚朴 *Magnolia officinalis* Rehd. et Wils. 或凹叶厚朴 *Magnolia officinalis* Rehd. et Wils. var. *biloba* Rehd. et Wils. 的干燥干皮、根皮及枝皮。

【采收加工】4—6月剥取，根皮和枝皮直接阴干；干皮置沸水中微煮后，堆置阴湿处，“发汗”至内表面变紫褐色或棕褐色时，蒸软，取出，卷成筒状，干燥。

【生产工艺】

1. 厚朴

取原药材，刮去粗皮，洗净。润透，切丝，干燥。(《中国药典》)

2. 姜厚朴

取净厚朴丝，用适量的姜汁拌匀，闷润。待姜汁被药物吸尽后，置炒制容器内，用文火炒干，取出，晾凉。(《中国药典》)

每100 kg净厚朴，用生姜10 kg。

【质量控制】

表5-107 厚朴产品质量控制指标

品名	性状	检测项目
厚朴药材	呈卷筒状或双卷筒状，近根部的干皮一端展开如喇叭口。外表面灰棕色或灰褐色，粗糙，有时呈鳞片状，较易剥落，有明显椭圆形皮孔和纵皱纹，刮去粗皮者显黄棕色。内表面紫棕色或深紫褐色，较平滑，具细密纵纹，划之显油痕。质坚硬，不易折断，断面颗粒性，外层灰棕色，内层紫褐色或棕色，有油性，有的可见多数小亮星。气香，味辛辣、微苦	水分：≤15.0% 总灰分：≤7.0% 酸不溶性灰分：≤3.0% 厚朴酚（$C_{18}H_{18}O_2$）与和厚朴酚（$C_{18}H_{18}O_2$）总量：≥2.0%
厚朴丝	呈弯曲的丝条状或单、双卷筒状。外表面灰褐色，有时可见椭圆形皮孔或纵皱纹。内表面紫棕色或深紫褐色，较平滑，具细密纵纹，划之显油痕。切面颗粒性，有油性，有的可见小亮星。气香，味辛辣、微苦	水分：≤10.0% 总灰分：≤5.0% 酸不溶性灰分：≤3.0% 厚朴酚（$C_{18}H_{18}O_2$）与和厚朴酚（$C_{18}H_{18}O_2$）总量：≥2.0%
姜厚朴	形如厚朴丝，表面灰褐色，偶见焦斑。略有姜辣气	水分：≤10.0% 总灰分：≤5.0% 厚朴酚（$C_{18}H_{18}O_2$）与和厚朴酚（$C_{18}H_{18}O_2$）总量：≥2.0% 其余各项同饮片

（a）厚朴药材

（b）厚朴丝

（c）姜厚朴

图 5－52

【炮制作用】

表 5－108　厚朴饮片功效与应用

品名	性味归经	炮制作用
厚朴片	苦、辛，温。归脾、胃、肺、大肠经	燥湿消痰，下气除满
姜厚朴		消除对咽喉的刺激性，增强宽中和胃止呕作用

【贮藏】置通风干燥处。

【炮制研究】

同株厚朴中地下部分或接近地下部分树皮中，厚朴酚及和厚朴酚的含量较地上部分树皮中的含量高，经产地加工者比未经产地加工者的含量稍高。产地加工中以水煮法和发汗法为优。

【新技术应用】

水煮法：沸水中煮 20 分钟，晒干。发汗法：水煮 20 分钟，取出，上下铺盖青草，堆置，发汗 5 小时，至内表面颜色变紫褐，有芳香气。取出，晒干。

草　果

caoguo

【来源】本品为姜科植物草果 *Amomum tsao－ko* Crevost et Lemaire 的干燥成熟果实。

【采收加工】秋季果实成熟时采收，除去杂质，晒干或低温干燥。

【生产工艺】

1．草果仁

取原药材，除去杂质，用中火炒至外壳焦黄色并鼓起时，取出。稍凉，去壳取仁，用时捣碎。(《中国药典》)

2．姜草果仁

取净草果仁，用适量的姜汁拌匀，闷润。待姜汁被药物吸尽后，置炒制容器内，用文火炒干，呈深黄色时，取出，晾凉。用时捣碎。(《中国药典》)

每 100 kg 净草果仁，用生姜 10 kg。

【质量控制】

表 5－109　草果产品质量控制指标

品名	性状	检测项目
草果药材	呈长椭圆形，具三钝棱。表面灰棕色至红棕色，具纵沟及棱线，顶端有圆形突起的柱基，基部有果梗或果梗痕。果皮质坚韧，易纵向撕裂。剥去外皮，中间有黄棕色隔膜，将种子团分成 3 瓣，每瓣有种子 8～11 粒。种子呈圆锥状多面体，表面红棕色，外被灰白色膜质的假种皮，种脊为一条纵沟，尖端有凹状的种脐；质硬，胚乳灰白色。有特异香气，味辛、微苦	水分：≤15.0% 总灰分：≤8.0% 挥发油（种子团）：≥1.4%（mL/g）

续上表

品名	性状	检测项目
草果仁	呈圆锥状多面体，直径约 5 mm；表面棕色至红棕色，有的可见外被残留灰白色膜质的假种皮。种脊为一条纵沟，尖端有凹状的种脐。胚乳灰白色至黄白色。有特异香气，味辛，微苦	水分：≤10.0% 总灰分：≤6.0% 挥发油：≥1.0%（mL/g）
姜草果仁	形如草果仁，棕褐色，偶见焦斑。有特异香气，味辛辣、微苦	水分：≤10.0% 总灰分：≤6.0% 挥发油：≥0.7%（mL/g）

（a）草果

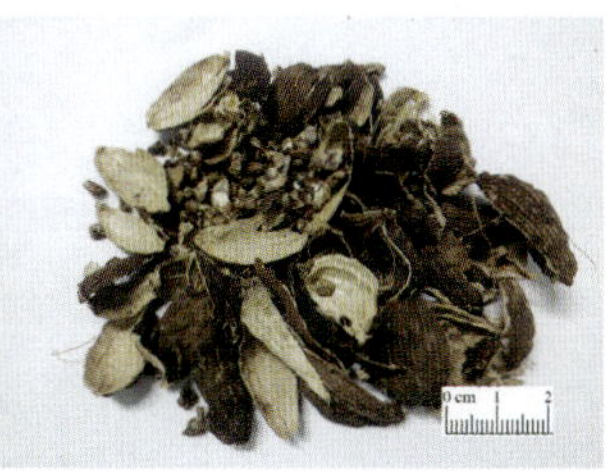
（b）草果

（c）草果仁

（d）姜草果仁

图 5－53

【炮制作用】

表 5－110　草果饮片功效与应用

品名	性味归经	炮制作用
草果仁	辛，温。归脾、胃经	燥湿温中，截疟除痰
姜草果仁		缓和燥烈之性，长于温中止呕

【贮藏】置阴凉干燥处。

【炮制研究】

草果中含挥发性成分和少量微量元素，炮制后水煎液中铅元素含量有所下降，炒草果比姜草果更明显，同时姜炙草果镇咳祛痰的药理作用增强。

竹　茹

zhuru

【来源】本品为禾本科植物青秆竹 *Bambusa tuldoides* Munro、大头典竹 *Sinocalamus beecheyanus*（Munro）McClure var. *pubescens* P. F. Li 或淡竹 *Phyllostachys nigra*（Lodd.）Munro var. *henonis*（Mitf.）Stapf ex Rendle 的茎秆的干燥中间层。

【采收加工】全年均可采制，取新鲜茎，除去外皮，将稍带绿色的中间层刮成丝条，或削成薄片，捆扎成束，阴干。前者称“散竹茹”，后者称“齐竹茹”。

【生产工艺】

1. 竹茹

取原药材，除去杂质和硬皮，切段或揉成小团。（《中国药典》）

2. 姜竹茹

取净竹茹，用适量的姜汁拌匀，闷润。待姜汁被药物吸尽后，置炒制容器内，用文火如烙饼样将两面烙至微黄色时，取出，晾凉。（《中国药典》）

每 100 kg 净竹茹，用生姜 10 kg。

【质量控制】

表 5－111　竹茹产品质量控制指标

品名	性状	检测项目
竹茹	呈卷曲成团的不规则丝条或呈长条形薄片状。宽窄厚薄不等，浅绿色、黄绿色或黄白色。纤维性，体轻松，质柔韧，有弹性。气微，味淡	水分：≤7.0% 水溶性浸出物（热浸）：≥4.0%
姜竹茹	形如竹茹，表面黄色。微有姜香气	

（a）竹茹药材

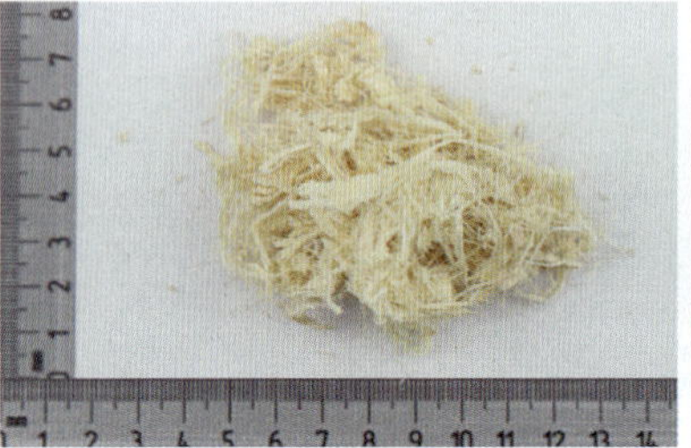

（b）竹茹

（c）姜竹茹

图 5－54

【炮制作用】

表 5－112　竹茹饮片功效与应用

品名	性味归经	炮制作用
竹茹	甘，微寒。归肺、胃、心、胆经	清热化痰，除烦，止呕
姜竹茹		增强降逆止呕作用

【贮藏】置干燥处，防霉，防蛀。

五、蜜炙技术

将分档后的药物饮片，加入定量的蜂蜜拌炒的方法，称为蜜炙技术。

蜂蜜性味甘，平。具有补中益气，润肺止咳，缓和药性，矫味的作用。故蜜炙多用于止咳平喘，补脾益气的药物。起增强润肺止咳，补脾益气的作用。

（一）蜜炙的目的

增强润肺止咳、补脾益气的作用，缓和药性、消除副作用。

（二）操作方法

有先拌蜂蜜后炒药物和先炒药物后加蜂蜜两种方法。

1. 先拌蜂蜜后炒药物

先取一定量的炼蜜，加适量开水稀释，与净药物拌匀，闷润。待蜜被药物吸尽后，置炒制容器内，用文火加热，炒至颜色加深，不粘手时，取出，摊晾，凉后及时收贮。此法适用于大多数蜜炙的药物，如甘草、黄芪等。

2. 先炒药物后加蜂蜜

取净制后的药物，置炒制容器内，用文火加热，炒至颜色加深，再加入一定量的炼蜜，迅速翻动，使蜜与药物拌匀。炒至不粘手时，取出，摊晾，凉后及时收贮。此法适用于质地致密、蜜不易被吸收的药物。如百合、槐角等。此类药先炒药，可以除去部分水分，使药物质地略变酥脆，蜜较易被吸收。

每 100 kg 净药物，用炼蜜 25 kg。

炼蜜的制备：将蜂蜜置锅内，加热至徐徐沸腾后，改用文火，保持微沸，并除去泡沫及上浮蜡质。然后用箩筛或纱布滤去死蜂、杂质，再倾入锅内，加热至 116 ~ 118 ℃。满锅起鱼眼泡，手捻之有黏性，两指间尚无长白丝出现时，迅速出锅。炼蜜的含水量控制在 10% ~13% 为宜。

（三）注意事项

（1）炼蜜时，火力不宜过大，以免溢出锅外或焦化。

（2）炼蜜不可过老，含水量在 10% ~13% 为宜。否则黏性太强不宜与药物拌匀。

（3）炼蜜过于浓稠，可加适量开水稀释，为蜜量的 1/3 ~ 1/2，以蜜液能与药物拌匀，又无剩余的蜜液为宜。加水可使蜜液黏稠度降低，易与药物拌匀，易于吸收。水少则润不均匀，水多则不易炒干，易发霉变质。

（4）药物拌蜜后宜闷润 4 ~5 小时，使蜜液逐渐渗入到饮片内部。

（5）炒炙时，火力宜小，因为长时间闷润，使药材质地变软，炒制时火力大，易致外焦内软。炒炙的时间可稍长，尽量将水分除去，避免药物发霉。

（6）蜜炙药物须凉后密闭储存，以免吸潮发黏或发酵变质。

甘　草
gancao

【来源】本品为豆科植物甘草 *Glycyrrhiza uralensis* Fisch.、胀果甘草 *Glycyrrhiza inflata* Bat. 或光果甘草 *Glycyrrhiza glabra* L. 的干燥根和根茎。

【采收加工】春、秋二季采挖，除去须根，晒干。

【生产工艺】

1. 甘草

取原药材，除去杂质，洗净，润透。切厚片，干燥。（《中国药典》）

2. 炙甘草

取一定量的炼蜜，加适量开水稀释，与净甘草拌匀，闷润，待蜜被药物吸尽后，置炒制容器内，用文火炒至黄色至深黄色。不粘手时，取出，摊晾，凉后及时收贮。（《中国药典》）

每 100 kg 净甘草，用炼蜜 25 kg。

【质量控制】

表 5 - 113　甘草产品质量控制指标

品名	性状	检测项目
甘草药材	根呈圆柱形，外皮松紧不一。表面红棕色或灰棕色，具显著的纵皱纹、沟纹、皮孔及稀疏的细根痕。质坚实，断面略显纤维性，黄白色，粉性，形成层环明显，射线放射状，有的有裂隙。根茎呈圆柱形，表面有芽痕，断面中部有髓。气微，味甜而特殊	水分：≤12.0% 总灰分：≤7.0% 甘草苷（$C_{21}H_{22}O_9$）：≥0.50% 甘草酸（$C_{42}H_{62}O_{16}$）：≥2.0%

续上表

品名	性状	检测项目
甘草片	呈类圆形或椭圆形的厚片。外表皮红棕色或灰棕色，具纵皱纹。切面略显纤维性，中心黄白色，有明显放射状纹理及形成层环。质坚实，具粉性。气微，味甜而特殊	水分：≤12.0% 总灰分：≤5.0% 酸不溶性灰分：≤2.0% 铅：≤5 mg/kg 镉：≤0.3 mg/kg 砷：≤2 mg/kg 汞：≤0.2 mg/kg 铜：≤20 mg/kg 总六六六：≤0.2 mg/kg 总滴滴涕：≤0.2 mg/kg 五氯硝基苯：≤0.1 mg/kg 甘草苷（$C_{21}H_{22}O_9$）：≥0.45% 甘草酸（$C_{42}H_{62}O_{16}$）：≥1.8 其余各项同药材
炙甘草	形如甘草片，色泽较深，略有黏性，具焦香气，味甜	水分：≤10.0% 总灰分：≤5.0% 甘草苷（$C_{21}H_{22}O_9$）：≥0.50% 甘草酸（$C_{42}H_{62}O_{16}$）：≥1.0%

（a）甘草药材

（b）甘草片（圆片）

（c）甘草片（柳叶片）

（d）蜜甘草

图 5－55

【炮制作用】

表 5－114　甘草饮片功效与应用

品名	性味归经	炮制作用
甘草片	甘，平。归心、肺、脾、胃经	补脾益气，清热解毒，祛痰止咳，缓急止痛，调和诸药
炙甘草		性平偏温，长于补脾和胃，益气复脉

【贮藏】置通风干燥处，防蛀。

【炮制研究】

炮制时温度越高，甘草酸含量下降越多。甘草切片前软化处理，用水长时间浸泡，甘草酸和水浸出物的损失可达50%或更多，故甘草要少泡多润。

黄　芪

huangqi

【来源】本品为豆科植物蒙古黄芪 *Astragalus membranaceus*（Fisch.）Bge. var. *mongholicus*（Bge.）Hsiao 或膜荚黄芪 *Astragalus membranaceus*（Fisch.）Bge. 的干燥根。

【采收加工】春、秋二季采挖，除去须根和根头，晒干。

【生产工艺】

1. 黄芪

取原药材，除去杂质，洗净，润透，切厚片，干燥。(《中国药典》)

2. 炙黄芪

取一定量的炼蜜加适量开水稀释，与净黄芪片拌匀闷润，待蜜被药物吸尽后，置炒制容器内用文火炒至老黄色，不粘手时，取出摊晾，凉后及时收贮。(《中国药典》)

每 100 kg 净黄芪片，用炼蜜 25 kg。

【质量控制】

表 5－115 黄芪产品质量控制指标

品名	性状	检测项目
黄芪药材	呈圆柱形，有的有分枝。表面淡棕黄色或淡棕褐色，有不整齐的纵皱纹或纵沟。质硬而韧，不易折断，断面纤维性强，并显粉性，皮部黄白色，木部淡黄色，有放射状纹理和裂隙，老根中心偶呈枯朽状，黑褐色或呈空洞。气微，味微甜，嚼之微有豆腥味	水分：≤10.0% 总灰分：≤5.0% 铅：≤5 mg/kg 镉：≤0.3 mg/kg 砷：≤2 mg/kg 汞：≤0.2 mg/kg 铜：≤20 mg/kg 总六六六：≤0.2 mg/kg 总滴滴涕：≤0.2 mg/kg 五氯硝基苯：≤0.1 mg/kg 水溶性浸出物（冷浸）：≥17.0% 黄芪甲苷（$C_{41}H_{68}O_{14}$）：≥0.040% 毛蕊异黄酮葡萄糖苷（$C_{22}H_{22}O_{10}$）：≥0.020%
黄芪片	呈类圆形或椭圆形的厚片，外表皮黄白色至淡棕褐色，可见纵皱纹或纵沟。切面皮部黄白色，木部淡黄色，有放射状纹理及裂隙，有的中心偶有枯朽状，黑褐色或呈空洞。气微，味微甜，嚼之有豆腥味	
炙黄芪	形如黄芪片，色泽较深，略有黏性，具蜜香气，味甜，嚼之微有点腥味	水分：≤10.0% 总灰分：≤4.0% 黄芪甲苷（$C_{41}H_{68}O_{14}$）：≥0.030% 毛蕊异黄酮葡萄糖苷（$C_{22}H_{22}O_{10}$）：≥0.020%

(a) 黄芪药材

(b) 黄芪瓜子片

(c) 黄芪片（斜片）

(d) 蜜黄芪

图 5－56

【炮制作用】

表 5－116 黄芪饮片功效与应用

品名	性味归经	炮制作用
黄芪片	甘，微温。归肺、脾经	补气升阳，固表止汗，利水消肿，生津养血，行滞通痹，托毒排脓，敛疮生肌
蜜炙黄芪	甘，温。归肺、脾经	增强益气补中作用

【贮藏】置通风干燥处，防潮，防蛀。

【炮制研究】

药材泡 5 分钟、常法软化、厚度 2～3 mm 为黄芪饮片的最佳工艺。

【新技术应用】

预热中药烤制箱，待箱内温度达到 100℃并恒定。将与炼蜜拌匀的黄芪在烤箱内铺好，放入烤箱，烤制 30 分钟，停止加热 10 分钟后取出，晾凉。

麻　　黄

mahuang

【来源】本品为麻黄科植物草麻黄 *Ephedra sinica* Stapf、中麻黄 *Ephedra intermedia* Schrenk et C. A. Mey. 或木贼麻黄 *Ephedra equisetina* Bge. 的干燥草质茎。

【采收加工】秋季采割绿色的草质茎，晒干。

【生产工艺】

1. 麻黄

取原药材，除去残根、木质茎等杂质，洗净，润透，切段，干燥。(《中国药典》)

2. 蜜麻黄

取一定量的炼蜜加适量开水稀释，与净麻黄段拌匀闷润，待蜜被药物吸尽后，置炒制容器内用文火炒至深黄色，不粘手时，取出摊晾，凉后及时收贮。(《中国药典》)

每 100 kg 净麻黄段，用炼蜜 20 kg。

3. 麻黄绒

取净麻黄段，碾绒，筛去粉末。(《全国中药炮制规范》)

4. 蜜麻黄绒

取一定量的炼蜜加适量开水稀释，与净麻黄绒拌匀闷润。待蜜被药物吸尽后，置炒制容器内用文火炒至深黄色，不粘手时，取出摊晾，凉后及时收贮。(《全国中药炮制规范》)

每 100 kg 净麻黄绒，用炼蜜 25 kg。

【质量控制】

表 5－117　麻黄产品质量控制指标

品名	性状	检测项目
麻黄药材	细长圆柱形。有的带少量棕色木质茎。表面淡绿色至黄绿色，有细纵脊线，触之微有粗糙感。节明显，节上有膜质鳞叶，锐三角形，先端灰白色，反曲，基部联合成筒状，红棕色。体轻，质脆，易折断，断面略呈纤维性，周边绿黄色，髓部红棕色，近圆形。气微香，味涩、微苦	杂质：≤5% 水分：≤9.0% 总灰分：≤10.0% 盐酸麻黄碱（$C_{10}H_{15}NO \cdot HCl$）与盐酸伪麻黄碱（$C_{10}H_{15}NO \cdot HCl$）总量：≥0.80%
麻黄饮片	呈圆柱形的段。表面淡黄绿色至黄绿色，粗糙，有细纵脊线，节上有细小鳞叶。切面中心显红黄色。气微香，味涩、微苦	总灰分：≤9.0% 含盐酸麻黄碱（$C_{10}H_{15}NO \cdot HCl$）与盐酸伪麻黄碱（$C_{10}H_{15}NO \cdot HCl$）总量：≥0.80%
蜜麻黄	形如麻黄段，表面深黄色或深黄绿色，微有光泽，略具黏性，有蜜香气，味微甜	总灰分：≤8.0% 其余各项同饮片
麻黄绒	松散的绒团状，黄绿色，体轻	无
蜜麻黄绒	有黏性的绒团状，深黄色，有蜜香气，味微甜	无

（a）麻黄

（b）蜜麻黄

图 5－57

【炮制作用】

表 5－118 麻黄饮片功效与应用

品名	性味归经	炮制作用
麻黄饮片	辛、微苦，温。归肺、膀胱经	发汗散寒，宣肺平喘，利水消肿
蜜麻黄		缓和辛散发汗作用，并且蜂蜜与麻黄起协同作用，增强宣肺平喘止咳作用
麻黄绒		缓和辛散发汗作用
蜜麻黄绒		辛散发汗作用更缓和

【贮藏】置通风干燥处，防潮。

【炮制研究】

麻黄炮制后总生物碱有所下降，挥发油含量显著降低。麻黄蜜炙后，具发汗作用的挥发油显著降低（约减了一半），平喘作用的麻黄碱含量增高，从而说明了蜜炙麻黄发汗解表作用降低，而平喘作用增强。

【新技术应用】

预热中药烤制箱，待箱内温度达到 90℃ 并恒定，将与炼蜜拌匀的麻黄在烤箱内铺好，放入烤箱，烤制 2 小时，停止加热 10 分钟后取出，晾凉。

款 冬 花

kuandonghua

【来源】本品为菊科植物款冬 *Tussilago farfara* L. 的干燥花蕾。

【采收加工】12 月或地冻前当花尚未出土时采挖，除去花梗和泥沙，阴干。

【生产工艺】

1. 款冬花

取原药材，除去杂质及枝梗，筛去灰屑。（《中国药典》）

2. 蜜款冬花

取一定量的炼蜜，加适量开水稀释，与净款冬花拌匀，闷润。待蜜被药物吸尽后，置炒制容器内，用文火炒至棕黄色，不粘手时，取出，摊晾，凉后及时收贮。（《中国药典》）

每 100 kg 净款冬花，用炼蜜 25 kg。

【质量控制】

表 5-119　款冬花产品质量控制指标

品名	性状	检测项目
款冬花	呈长圆棒状。单生或2~3个基部连生，上端较粗，下端渐细或带有短梗，外面被有多数鱼鳞状苞片。苞片外表面紫红色或淡红色，内表面密被白色絮状茸毛。体轻，撕开后可见白色茸毛。气香，味微苦而辛	醇溶性浸出物（乙醇热浸）：≥20.0% 款冬酮（$C_{23}H_{34}O_5$）：≥0.070%
蜜款冬花	形如款冬花，表面棕黄色，有焦斑，具光泽，略有黏性，味微甜	醇溶性浸出物（乙醇热浸）：≥22.0% 其余各项同饮片

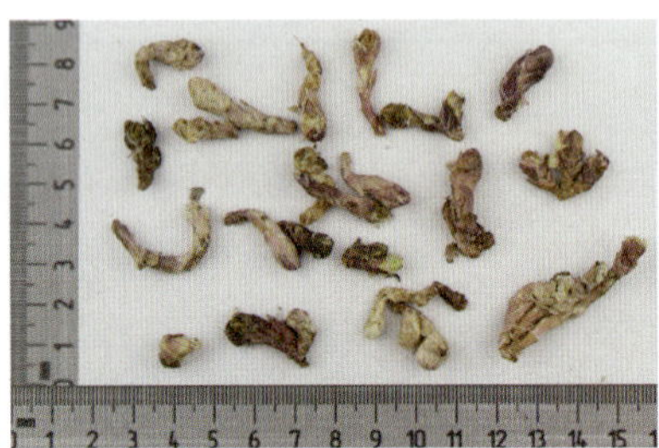

（a）款冬花

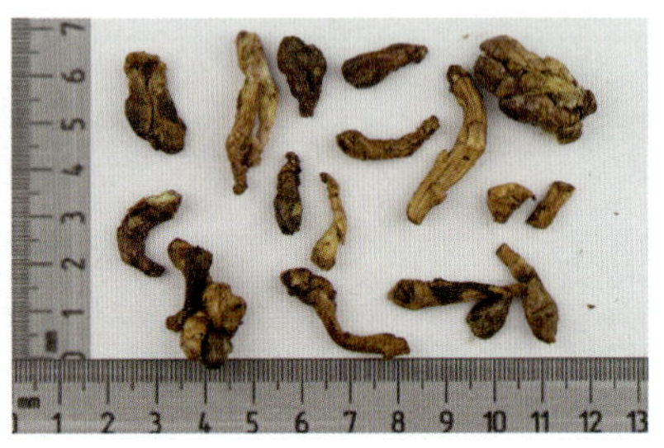

（b）蜜款冬花

图 5-58

【炮制作用】

表 5-120　款冬花饮片功效与应用

品名	性味归经	炮制作用
款冬花	辛、微苦，温。归肺经	润肺下气，止咳化痰
蜜款冬花		药性温润，增强润肺止咳作用

【贮藏】置干燥处，防潮，防蛀。

【炮制研究】

生品升高血压，醚提取物升压作用最强。蜜炙后镇咳，醚提取物升压作用减弱。

百　合
baihe

【来源】本品为百合科植物卷丹 *Lilium lancifolium* Thunb.、百合 *Lilium brownii* var. *viridulum* Baker 或细叶百合 *Lilium pumilum* DC. 的干燥肉质鳞叶。

【采收加工】秋季采挖，洗净，剥取鳞叶，置沸水中略烫，干燥。

【生产工艺】

1. 百合

取原药材，除去杂质，筛去灰屑。(《中国药典》)

2. 蜜百合

取净百合，置炒制容器内，用文火加热，炒至颜色加深。再加入用开水稀释的炼蜜，迅速翻动，使蜜与药物拌匀，炒至黄色至深黄色。不粘手时，取出，摊晾，凉后及时收贮。(《中国药典》)

每100 kg净百合，用炼蜜5 kg。

【质量控制】

表 5－121　百合产品质量控制指标

品名	性状	检测项目
百合	呈长椭圆形，表面黄白色至淡棕黄色，有的微带紫色，有数条纵直平行的白色维管束。顶端稍尖，基部较宽，边缘薄，微波状，略向内弯曲。质硬而脆，断面较平坦，角质样。气微，味微苦	注：百合药材水溶性浸出物（冷浸）：≥18.0%
蜜百合	形如百合，表面黄色或深黄色，偶有焦斑，略带黏性，味甜	无

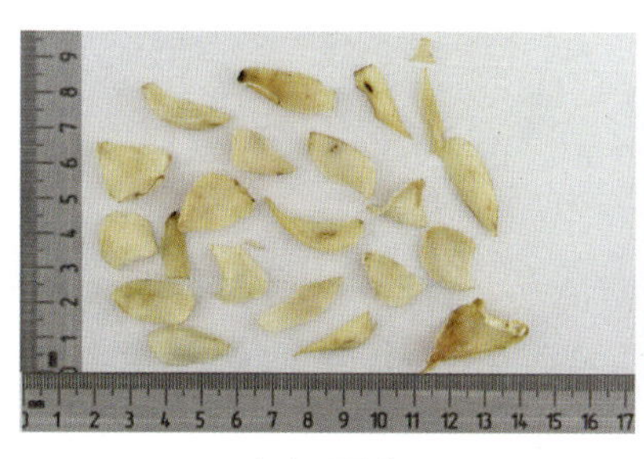
（a）百合

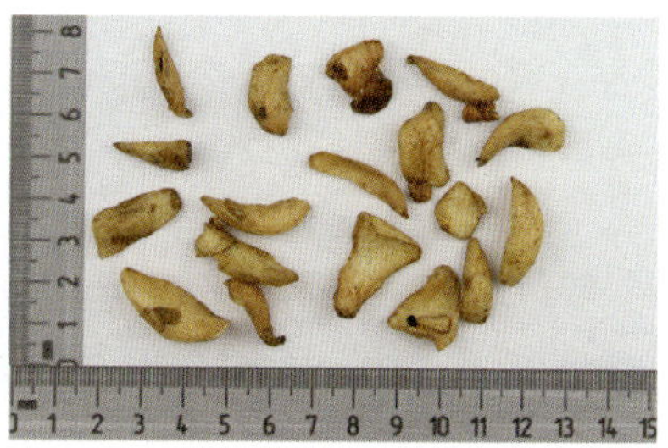
（b）蜜百合

图 5－59

【炮制作用】

表 5－122　百合饮片功效与应用

品名	性味归经	炮制作用
百合	甘，寒。归心、肺经	养阴润肺，清心安神
蜜百合		增强润肺止咳作用

【贮藏】置通风干燥处。

【炮制研究】

百合蜜炙前后均有止咳作用，但蜜炙后其止咳效果更好。

六、油炙技术

将净选后的药材或饮片，加入定量的油拌炒的方法，称为油炙技术。

油炙所用辅料主要有植物油和动物油两类。常用的有麻油（芝麻油）、羊脂油。

麻油性味甘，微寒。具有清热，润燥，生肌的作用。因沸点高，常作为中间传热，达到使药物酥脆的目的。

羊脂油性味甘，热。具有温散寒邪、补肾助阳的作用。故羊脂油炒适用于补虚助阳的药物，起到增强药物温肾助阳的作用。

（一）油炙的目的

增强药物临床疗效，降低药物毒性，利于粉碎，便于调剂和服用。

（二）操作方法

有油炒法、油炸法和油脂涂酥烘烤法三种方法。

1．油炒法

取定量油置锅内，加热溶化，倒入净药物，用文火炒至油被吸尽。药物表面微黄色，呈油亮时，取出，摊晾。

2. 油炸法

取植物油，置锅内加热至沸腾时，倾入药物，用文火炸至一定程度。取出，沥去油，粉碎。

3. 油脂涂酥烘烤法

动物类药物切成块或锯成短节，放无烟炉火上烤热。用酥油或麻油涂布，加热烘烤，待油脂渗入药内后，再涂再烤。反复操作，直至药物质地酥脆，晾凉或粉碎。

（三）注意事项

应控制好火力和温度，以免炒焦烤煳，降低疗效，尤其是油炸药物更需注意。油脂涂酥烘烤药物时，需反复操作直至药物酥脆为止。

淫羊藿
yinyanghuo

【来源】本品为小檗科植物淫羊藿 *Epimedium brevicornu* Maxim.、箭叶淫羊藿 *Epimedium sagittatum* (Sieb. Et Zucc.) Maxim.、柔毛淫羊藿 *Epimedium pubescens* Maxim. 或朝鲜淫羊藿 *Epimedium koreanum* Nakai 的干燥叶。

【采收加工】夏、秋季茎叶茂盛时采收，晒干或阴干。

【生产工艺】

1. 淫羊藿

取原药材，除去杂质，摘取叶片，喷淋清水，稍润。切丝，干燥。(《中国药典》)

2. 炙淫羊藿

取定量羊脂油置锅内，加热融化，加入净淫羊藿。用文火炒至油被吸尽，药物表面微黄色，呈油亮时，取出，摊晾。(《中国药典》)

每 100 kg 净淫羊藿，用羊脂油（炼油）20 kg。

【质量控制】

表 5-123　淫羊藿产品质量控制指标

品名	性状	检测项目
淫羊藿药材	三出复叶；小叶片卵圆形，先端微尖，顶生小叶基部心形，两侧小叶较小，偏心形，外侧较大，呈耳状，边缘具黄色刺毛状细锯齿。上表面黄绿色，下表面灰绿色，主脉 7～9 条，基部有稀疏细长毛，细脉两面突起，网脉明显。叶片近革质。气微，味微苦	杂质：≤3.0% 水分：≤12.0% 总灰分：≤8.0% 醇溶性浸出物：≥15.0% 总黄酮（以淫羊藿苷计）：≥5.0% 淫羊藿苷（$C_{33}H_{40}O_{15}$）：≥0.50%
淫羊藿	呈丝片状。上表面绿色、黄绿色或浅黄色，下表面灰绿色，网脉明显，中脉及细脉凸出，边缘具黄色刺毛状细锯齿。近革质。气微，味微苦	总灰分：≤8.0% 淫羊藿苷（$C_{33}H_{40}O_{15}$）：≥0.40%
炙淫羊藿	表面微黄色，光亮，微有羊脂油味	总灰分：≤8.0% 水分：≤8.0% 淫羊藿苷（$C_{33}H_{40}O_{15}$）与宝藿苷 I（$C_{27}H_{30}O_{10}$）总量：≥0.60%

（a）淫羊藿药材

（b）淫羊藿

（c）炙淫羊藿

图 5－60

【炮制作用】

表 5－124　淫羊藿饮片功效与应用

<table>
<tr><th>品名</th><th>性味归经</th><th>炮制作用</th></tr>
<tr><td>淫羊藿饮片</td><td rowspan="2">辛、甘，温。归肝、肾经</td><td>补肾阳，强筋骨，祛风湿</td></tr>
<tr><td>炙淫羊藿</td><td>增强温肾助阳作用</td></tr>
</table>

【贮藏】置通风干燥处。

【炮制研究】

淫羊藿苷在炮制前后无明显降低，而水煎液中炙淫羊藿的淫羊藿苷溶出量则比生品明显提高，温肾壮阳作用明显提高。淫羊藿的药理作用比较广泛，炮制对其影响有待进一步研究。

三　七
sanqi

【来源】本品为五加科植物三七 *Parax notoginseng*（Burk.）F. H. Chen 的干燥根和根茎。

【采收加工】秋季花开前采挖，洗净，分开主根、支根及根茎，干燥。支根习称“筋条”，根茎习称“剪口”。

【生产工艺】

1. 三七

取原药材，除去杂质。(《全国中药炮制规范》)

2. 三七粉

取三七，洗净，干燥，研细粉。(《中国药典》)

3. 熟三七

（1）油炸：取植物油适量，置锅内加热至沸腾时，倾入大小分档的三七块，用文火炸至表面棕黄色时，取出，沥去油，放凉，粉碎。(《广东省中药饮片炮制规范》)

（2）清蒸：取三七，洗净，蒸透，取出。及时切片，干燥。(《广东省中药饮片炮制规范》)

【质量控制】

表 5－125　三七产品质量控制指标

<table>
<tr><th>品名</th><th>性状</th><th>检测项目</th></tr>
<tr><td>三七</td><td>类圆锥形或圆柱形。表面灰褐色或灰黄色，有断续的纵皱纹和支根痕。顶端有茎痕，周围有瘤状突起。体重，质坚实，断面灰绿色、黄绿色或灰白色，木部微呈放射状排列。气微，味苦回甜</td><td rowspan="2">水分：≤14.0%
总灰分：≤6.0%
酸不溶性灰分：≤3.0%
醇溶性浸出物（甲醇热浸）：≥16.0%
人参皂苷 Rg_1（$C_{42}H_{72}O_{14}$）、人参皂苷 Rb_1（$C_{54}H_{92}O_{23}$）、三七皂苷 R_1（$C_{47}H_{80}O_{18}$）的总量：≥5.0%</td></tr>
<tr><td>三七粉</td><td>呈灰黄色、黄绿色，气微，味苦，回甜</td></tr>
</table>

续上表

品名	性状	检测项目
熟三七	熟三七为棕黄色粉末，略有油气，味微苦	无

(a) 三七　(b) 三七粉　(c) 三七片

图 5－61

【炮制作用】

表 5－126　三七饮片功效与应用

品名	性味归经	炮制作用
三七	甘、微苦，温。归肝、胃经	散瘀止血，消肿定痛
三七粉		便于吸收
熟三七		长于滋补，止血化瘀作用较弱

【贮藏】置阴凉干燥处，防蛀。

【炮制研究】

三七经蒸后总皂苷含量及水、醇浸出物含量均比油炸和生品增加。

蛤　蚧

gejie

【来源】本品为壁虎科动物蛤蚧 *Gekko gecko* Linnaeus 的干燥体。

【采收加工】全年均可捕捉，除去内脏，拭净，用竹片撑开，使全体扁平顺直，低温干燥。

【生产工艺】

1. 蛤蚧

取原药材除去竹片，洗净除去头足及鳞片，切成小块。(《中国药典》)

2. 酥蛤蚧

取净蛤蚧，涂以酥油，放无烟炉火上烤至稍黄质脆，除去头足及鳞片，切成小块。(《广东省中药饮片炮制规范》)

3. 酒蛤蚧

取净蛤蚧块，用定量的黄酒拌匀，闷润。待酒被吸尽后，置煤箱内烘干。(《中国药典》)

每 100 kg 净蛤蚧，用黄酒 20 kg。

【质量控制】

表 5－127　蛤蚧产品质量控制指标

品名	性状	检测项目
蛤蚧药材	呈扁片状，头颈部约占1/3。头略呈扁三角状，两眼多凹陷成窟窿，口内有细齿，生于颚的边缘，无异型大齿。吻部半圆形，吻鳞不切鼻孔，与鼻鳞相连，上鼻鳞左右各1片，上唇鳞12～14对，下唇鳞（包括颏鳞）21片。腹背部呈椭圆形，腹薄。背部呈灰黑色或银灰色，有黄白色、灰绿色或橙红色斑点散在或密集成不显著的斑纹，脊椎骨和两侧肋骨突起。四足均具5趾；趾间仅具蹼迹，足趾底有吸盘。尾细而坚实，微现骨节，与背部颜色相同，有6～7个明显的银灰色环带，有的再生尾较原生尾短，且银灰色环带不明显。全身密被圆形或多角形微有光泽的细鳞。气腥，味微咸	醇溶性浸出物（稀乙醇冷浸）：≥8.0%
蛤蚧	呈不规则的片状小块。表面灰黑色或银灰色，有棕黄色的斑点及鳞甲脱落的痕迹。切面黄白色或灰黄色。脊椎骨和肋骨突起。气腥，味微咸	
酥蛤蚧	形如蛤蚧块，色稍黄，质较脆	无
酒蛤蚧	形如蛤蚧块，微有酒香气，味微咸	同药材

图 5－62　蛤蚧

【炮制作用】

表 5－128　蛤蚧饮片功效与应用

品名	性味归经	炮制作用
蛤蚧饮片	咸，平。归肺、肾经	补肺益肾，纳气定喘，助阳益精
酥蛤蚧		与生品功效相同，但酥后易粉碎，减少腥气
酒蛤蚧		质酥易碎，矫味，便于服用，增强补肾壮阳作用

【贮藏】用木箱严密封装，常用花椒拌存，置阴凉干燥处，防蛀。

【炮制研究】

对蛤蚧各部位采用纸层析法与氨基酸分析，结果表明，各部位所含化学成分并无显著差异，头部与尾部均未见毒性反应。

实训六　炙制技术

一、实训目的

（1）掌握炙制技术的适用范围、炮制工艺、操作要领及注意事项。

（2）掌握炙制技术药物的炮制规格、成品性状和质量标准。

（3）熟悉炙制技术中各种药物对火力的要求，准确把握药物炙制的火力。

（4）理解使用各种液体辅料炙制的目的。

二、实训工具和设备

1. 实训设备

炉子、锅铲、铁锅、瓷盆、瓷盘、量筒、台秤、纱布等。

2. 实训材料

白芍、乳香、香附、黄柏、车前子、甘草、黄芪、百合、厚朴、淫羊藿、羊脂油、蜜、盐、姜、醋、酒。

三、实训内容及步骤

（一）准备工作

检查实训工具是否完备，炒药锅、排气扇工作是否正常。将要炮制的药物筛去碎屑、杂质，药物大小、粗细分档备用。检查炒锅、铲子和盛药器具是否洁净，必要时进行清洁。将炒锅按30°～45°放置在煤气灶上，打开煤气灶开关，用小（文）火加热，将吸尽辅料后的药物置炒锅内加热。

（二）实训过程

1. 酒炙

（1）酒黄柏：取净黄柏丝或块，用定量黄酒拌匀，闷润。待黄酒被吸尽后，置炒制容器内，用文火炒干，取出，晾凉。

每100 kg净黄柏，用黄酒10 kg。

（2）酒白芍：取净白芍片，用黄酒拌匀，闷润至酒被吸尽，置热锅内，用文火加热，炒至微黄色，取出放凉，筛去碎屑。

白芍每100 kg，用黄酒10 kg。

成品性状：本品呈微黄色，微有酒气。

2. 醋炙

（1）乳香。取净乳香置热锅内，用文火加热，炒至冒烟，表面微溶。喷淋米醋，继续拌炒至表面显油亮光泽，取出放凉。

乳香每100 kg，用米醋10 kg。

成品性状：本品表面呈深棕色至黑褐色，粗糙。质松脆，微有醋香气。

（2）香附。取净香附粒块或片，加米醋拌匀，闷润至透，置热锅内，用文火加热，炒至香附微挂火色，取出晾干。筛去碎屑。

香附每100 kg，用米醋20 kg。

成品性状：本品制后颜色加深，微挂火色，具醋气。

（3）醋白芍。取净白芍片，用定量的米醋拌匀，闷润。待醋被吸尽后，置炒制容器内，用文火加热炒干，色泽加深时，取出，晾凉。

每 100 kg 净白芍片，用米醋 15 kg。

成品性状：醋白芍微黄色，略有醋香气。

3. 盐炙

（1）黄柏。取净黄柏丝，加盐水拌匀，润透，置热锅内，用文火加热，炒至黄柏丝颜色变深时，取出晾干。筛去碎屑。

黄柏每 100 kg，用食盐 2 kg。

成品性状：本品呈深黄色，带有焦斑。味苦微咸。

（2）车前子。取净车前子，置热锅内，用文火加热，炒至略有爆裂声，微鼓起时，喷入盐水，炒干后取出放凉。

车前子每 100 kg，用食盐 2 kg。

成品性状：本品鼓起，部分存裂隙。味微咸。

4. 姜炙

（1）厚朴。取净厚朴丝，加姜汁拌匀，闷润，至姜汁完全吸尽，置热锅内，不断翻动，用文火加热，炒干，取出，放凉。筛去碎屑。

厚朴每 100 kg，用生姜 10 kg（干姜用 1/3）。

成品性状：本品色泽加深，具姜的辛辣气味。

5. 蜜炙

（1）蜜甘草。取炼蜜加适量开水稀释，加入净甘草片内拌匀，闷润，置热锅内，用文火加热，炒至表面棕黄色，不粘手时，取出放凉。筛去碎屑。

甘草每 100 kg，用炼蜜 25 kg 。

成品性状：本品呈棕黄色，微有光泽。味甜，具焦香气。

（2）蜜黄芪。取一定量的炼蜜加适量开水稀释，与净黄芪片拌匀闷润，待蜜被药物吸尽后，置炒制容器内用文火炒至老黄色，不粘手时，取出摊晾，凉后及时收贮。每 100 kg 净黄芪片，用炼蜜 25 kg。

（3）蜜百合。取净百合，置热锅内，用文火加热，炒至颜色加深时，加入用少量开水稀释过的炼蜜，迅速翻动，拌炒均匀，继续炒至微黄色，不粘手时，取出放凉。

百合每 100 kg，用炼蜜 5 kg。

成品性状：本品呈金黄色，光泽明显。味甘微苦。

6. 油脂炙

淫羊藿。先将羊脂油置锅内，用文火加热，至全部溶化时，倒入净淫羊藿丝，炒至微黄色，油脂被吸尽，取出放凉。

淫羊藿每 100 kg，用炼羊脂油 20 kg。

成品性状：本品表面微黄色，润泽光亮，质脆。具油香气。

（三）场地清理

实训结束后，将炮制好的药物置于洁净的聚乙烯包装袋内，密封后贮藏，清洁煤气灶和其他实训器具，将实训室打扫干净，关闭水、电、气、门、窗。

四、实训提示

表 5－129

序号	实训关键环节	提示内容
1	炒药工具是否洁净	炒锅、器具及和其他工具洁净后才可以进行炒制
2	辅料吸附	炒炙药材时所加液体辅料尽量被药材吸尽后炒炙
3	火力把握	根据药物炒炙要求，掌握火的燃烧强度，不能太大，要用小火（文火）
4	药物翻炒	翻炒要做到勤要缓，炒炙过程中不能有药物翻出锅
5	火候把握	准确把握炒炙的标准，使药物受热均匀炒干即可
6	药物出锅	药物出锅后，倒入容器中，及时摊开，晾凉

五、实训思考

（1）实训中各炮制方法的目的是什么？

（2）蜜炙、油炙、姜炙、盐炙法所用辅料如何制备？

（3）为什么车前子、乳香等药物常采用先炒药后加辅料的方法？

六、实训测试

表 5－130

测试项目	重点测试内容	测试标准	标准分值	测试得分
过程测试	准备工作	洁净和检查工具，准备工作到位	10	
	操作步骤	严格操作流程，操作过程没有大的失误	15	
	辅料吸附	炒炙药材时所加液体辅料尽量被药材吸尽后炒炙	10	
	药物翻炒	翻炒要做到勤要缓，炒炙过程中不能有药物翻出锅	10	
	创新训练	能主动查阅资料，尝试新的炮制方法	10	
结果测试	意外事件	整个操作过程中，没有发生器具损坏及不安全事件	5	
	分组讨论	能找出本组操作中存在的问题，找到合理的解决方法	10	
	炮制程度	几种药物从颜色、质地等外观上都达到了炮制标准	10	
	场地清理	能及时清洗实验器具，清理桌面，药物归类放置	5	
	实训报告	报告字迹工整，条理清晰，结果准备，分析透彻	15	

目标检测题

一、单项选择题

1. 姜汁炮炙药物的目的是（　　）。

A. 加强药物的止呕作用　　B. 加强药物的化痰作用

C. 加强药物的止痛效果　　D. 消除药物的刺激性

2. 可引药上行的炙法是（　　）。

A. 醋炙　　B. 蜜炙　　C. 姜炙　　D. 酒炙

3. 醋炙法中，米醋的常用量是（　　）。

A. 20%～30%　　B. 10%～15%　　C. 40%～50%　　D. 10%～20%

4. 宜用中火炮制的是（　　）。

A. 盐炙知母　　B. 盐炙杜仲　　C. 蜜炙甘草　　D. 醋炙柴胡

5. 淫羊霍用羊脂油炙的目的是（　　）。

A. 增强祛风湿作用　　B. 增强温肾助阳作用

C. 增强止咳平喘作用　　D. 缓和药性

6. 麻黄发汗解表的药用部位为（　　）。

A. 草质茎　　B. 木质茎　　C. 根茎　　D. 根

7. 下列药物中常用白酒炮制的药物是（　　）。

A. 蕲蛇　　B. 蟾酥　　C. 地龙　　D. 乌梢蛇

8. 白芍炮制品中适用于肝旺脾虚，腹痛腹泻的是（　　）。

A. 醋炙白芍　　B. 酒炙白芍　　C. 麸炒白芍　　D. 土炒白芍

9. 用于治疗血虚便溏时应首选（　　）。

A. 酒炙当归　　B. 油炙当归　　C. 土炒当归　　D. 当归炭

10. 治目赤肿痛、口舌生疮时应首选（　　）。

A. 黄连　　B. 酒黄连　　C. 姜黄连　　D. 萸黄连

11. 醋炙芫花的目的是（　　）。

A. 增强疏肝理气作用　　B. 增强活血止痛功效

C. 降低毒性，缓和泻下作用　　D. 便于调剂和制剂

12. 醋炙柴胡的目的是（　　）。

A. 助其发散，增强解表退热作用　　B. 缓其升散，增强疏肝解郁作用

C. 抑其升浮，增强清肝退热截疟功效　　D. 助其升浮，增强升举阳气作用

13. 醋制后利于煎出有效成分，增强止痛作用的药物是（　　）。

A. 香附　　B. 三棱　　C. 延胡索　　D. 莪术

14. 蜜炙黄芪主要用于（　　）。

A. 表卫不固的自汗　　B. 中气不足

C. 血热妄行　　D. 气滞血瘀

15. 蜜炙甘草的炮制目的是（　　）。

A. 增强泻火解毒、调和诸药的作用　　B. 增强润燥化痰、止咳平喘的作用

C. 矫味矫臭、利于服用　　D. 增强补中益气、缓急止痛的作用

16. 对表证较轻，喘咳较重的患者应首选（　　）。

A. 生麻黄　B. 炙麻黄　C. 麻黄绒　D. 蜜炙麻黄绒

17. 盐炙知母的炮制作用是（　　）。

A. 引药下行，增强滋阴降火的作用　B. 升提药力，增强清热解毒作用

C. 缓和药性，降低对脾胃的刺激性　D. 引药入血分，降低寒泻之性

二、多项选择题

1. 采用先炒药后加辅料拌炒的方法制备的药物有（　　）。

A. 百合　B. 知母　C. 乳香　D. 蟾酥

E. 五灵脂

2. 黄连酒炙的炮制作用是（　　）。

A. 引药上行　B. 缓和寒性

C. 增强活血止痛作用　D. 善清头目之火

E. 增强活血通络作用

3. 盐炙能增强补肝肾作用的药物有（　　）。

A. 杜仲　B. 巴戟天　C. 韭菜子　D. 小茴香

E. 荔枝核

4. 制后可改变药性的药物是（　　）。

A. 甘草　B. 蒲黄　C. 地黄　D. 紫苑

E. 苏子

5. 酒炙的炮制目的是（　　）。

A. 缓和苦寒药性，引药上行，清上焦邪热

B. 利于溶出，协同发挥作用，增强活血通络功能

C. 除去或减弱腥臭气味，便于服用，发挥疗效

D. 引药入肝，增强活血散瘀、疏肝止痛的作用

E. 且引药下行，增强滋阴降火、疗疝止痛的作用

6. 下列药物中常用酒炙法矫臭矫味的药物是（　　）。

A. 蕲蛇　B. 蟾酥　C. 蛇蜕　D. 乌梢蛇

E. 地龙

7. 下列药物常用醋炙法炮制的有（　　）。

A. 郁金　B. 常山　C. 青皮　D. 益智仁

E. 地龙

8. 醋制法多适用于哪几类药材的炮制（　　）。

A. 疏肝行气药　B. 散瘀止痛药

C. 峻下逐水药　D. 收敛固涩药

E. 活血通络药

9. 下列哪些药物蜜炙后能增强润肺止咳功效（　　）。

A. 百合　B. 黄芪　C. 党参　D. 百部

E. 枇杷叶

10. 黄柏的炮制作用有（　　）。

A. 切丝便于调剂，煎出药效成分　B. 生用偏于泻火解毒，清热燥湿

C. 盐炙引药入肾，增强滋阴泻火作用　D. 酒炙引药上行，清上焦血分湿热

E. 炒炭清热之中兼具涩性，用于止血

11. 姜炙厚朴的炮制目的是（　　）。

A. 消除对咽喉的刺激性　B. 消除滑肠泻下的副作用

C. 增强补脾益气的功效　D. 增强宽中和胃的功效

E. 增强疏肝止痛的功效

12. 关于淫羊藿的功用，下列说法正确的是（　　）。

A. 生用祛风湿
B. 生用强筋骨
C. 生用祛风通络
D. 羊脂炙增强温肾助阳作用
E. 羊脂炙增强补肝肾作用

13. 油炙法的炮制目的有（　　）。

A. 增强疗效
B. 利于粉碎
C. 便于服用
D. 缓和药性
E. 降低毒性

第三节 中药饮片煅制技术

将药物直接放于无烟炉火中或置于适宜的耐火容器内煅烧的方法，称为煅制技术。由于煅烧方式不同又可分为明煅法和暗煅法（扣锅煅）。有些药物煅红后，还要趁炽热投入规定的液体辅料中淬之，称为煅淬法。

药物经高温煅烧，能改变其原有性状，使其质地变得疏松，有利于粉碎和煎煮，故有“煅者去坚性”之说。同时有些药物煅后改变了理化性质，减少或消除了副作用，从而提高疗效，或产生新的作用。

煅法多用于矿物类，动物贝壳、化石类，以及炒炭时易于灰化和较难成炭的动、植物类药物。

一、明煅技术

药物煅制时，不隔绝空气的方法称明煅法，又称直火煅法。该法多用于较易煅制的矿物类和动物贝壳、化石类药物。此类药物一般经一次煅烧，即能达到质地酥脆的程度。

（一）明煅的目的

（1）使药物质地酥脆，易于粉碎和煎出有效成分。如花蕊石、钟乳石、石决明等，生品质地坚硬，煅后质变酥脆，便于粉碎和煎煮。

（2）增强药物疗效。如白矾、龙骨、牡蛎等，煅后能增强收敛生肌、固涩作用。

（3）改变药性，产生新的作用。如石膏，生品甘、辛，大寒，具有清热泻火，除烦止渴的功能，煅后增加了涩味，寒性减弱，具有收湿敛疮、生肌、止血作用。

（二）操作方法

1. 直接煅（直火煅）

将药物直接放于无烟炉火上煅至红透或酥脆，取出，放凉。此法一般适用于体积较大且煅制时不易破碎的药物。

2. 间接煅（锅煅）

将药物置铁锅或坩埚等煅制容器内，武火加热，煅透，取出，放凉。此法适用于含结晶水的矿物药以及粒度较小或煅时易碎的药物。

目前，大量生产多采用平炉煅和反射炉煅。

平炉煅是将药物置炉膛内，武火加热，并用鼓风机促使温度迅速升高且升温均匀。在煅制过程中，可根据要求适当翻动，使药材受热均匀，煅至药材发红或红透时停止加热，取出放凉或进一步加工。此法煅制效率较高，适用于大量生产。但对煅温不宜过高的药物，如蛤壳、石决明、牡蛎等，操作中应注意火候，以免灰化。

高温反射炉煅是将燃料投入炉内点燃，并用鼓风机吹旺，然后将燃料口密闭，从投料口内投入药物，再将投料口密闭。利用鼓风机将火吹旺，强制炉内火焰通过火焰反射管，喷射到煅药室内的药物上煅烧。当药物煅至一定程度时，停止吹风，稍后取出放凉或进一步加工。此法煅制效率较高，适用于大量生产。但对含结晶水的矿物药及在煅制时易燃烧灰化的药物不可用此法煅制。

（三）注意事项

（1）煅制时，应将药物大小分档，以免生熟不均。

（2）煅制过程中宜一次煅透，中途不得停火，以免出现夹生现象。

（3）煅制温度、时间应适度，过高则药材易灰化，过低则煅制不透。

（4）有些药物在煅烧时易产生爆溅，可在容器上加盖（但不密闭）防备。

白　矾
baifan

【来源】本品为硫酸盐类矿物明矾石经加工提炼制成，主要成分为含水硫酸铝钾［$KAl(SO_4)_2 \cdot 12H_2O$］。

【生产工艺】

1. 白矾

取原药材，除去杂质，用时捣碎。(《中国药典》)

2. 枯矾

取净白矾，砸成小块，置适宜容器内，用武火加热至溶化，继续煅至膨胀松泡呈白色蜂窝状固体，完全干燥，停火，放凉后取出，研成细粉。(全国中药炮制规范、《中国药典》)

【工艺要点】

（1）严格按照操作规程操作。

（2）煅制白矾时应一次性煅透，中途不得停火，不得搅拌。经搅拌后堵塞了水分挥发的通路，结晶水不易除去，内热不断积蓄，传热性能降低，局部温度过高，而使白矾呈焦黄色。

（3）煅制白矾时不宜放矾过多，否则受热后锅底层白矾先溶化，失去结晶水形成海绵状质地疏松的枯矾，具有较强的隔热能力，易出现煅制不透现象。

（4）不宜用铁锅煅制，否则接触铁锅处出现红褐色锅垢（Fe_2O_3），导致产品铁盐含量超出限度。

（5）实验表明，白矾煅制时温度应控制在180～260℃之间。

（6）白矾煅烧后熔融成液态，必须放在适宜容器中，不可直接在炉火中煅烧。

【质量控制】

表5-131　白矾产品质量控制指标

品名	性状	检测项目
白矾药材	不规则的块状或粒状。无色或淡黄白色，透明或半透明。表面略平滑或凹凸不平，具细密纵棱，有玻璃样光泽。质硬而脆。气微，味酸、微甘而极涩	重金属：≤20 mg/kg 含量测定：含水硫酸铝钾 $KAl(SO_4)_2 \cdot 12H_2O \geq 99.0\%$
白矾		
枯矾	不透明、白色、蜂窝状或海绵状固体块状物或细粉，无结晶样物质，体轻质松，手捻易碎，味酸涩	

（a）白矾药材

（b）枯矾

（c）枯矾

图 5－63

【炮制作用】

表 5－132　白矾饮片功效与应用

品名	性味归经	炮制作用
白矾	酸、涩，寒。归肺、脾、肝、大肠经	外用解毒杀虫，燥湿止痒；内服止血止泻，祛除风痰
枯矾		降低酸寒之性，减弱涌吐作用，增强收涩敛疮、止血化腐作用

【贮藏】置干燥处。

课堂互动

白矾为什么要炮制，炮制为枯矾后为什么会呈蜂窝状或海绵状固体?

知识拓展

1．炮制历史

汉以前有烧、炼的制法；南北朝有蜂窠制，还有药汁制；唐代有煅法、飞法；宋代仍有炼制；元、明仍以煅炼法为主，还有药制法；清代尚有麸制法。

2．炮制作用研究

药理研究表明，白矾内服过量能刺激胃黏膜而引起反射性呕吐。其在直肠不吸收，内服适量可抑制肠黏膜分泌而起止泻作用。外用稀溶液能起消炎、收敛、防腐作用，浓溶液侵蚀肌肉引起溃烂。煅枯后形成难溶性铝盐，内服后可与黏膜蛋白络合，形成保护膜覆盖于溃疡面上，保护黏膜不再受腐蚀，并有利于黏膜再生，还可抑制黏膜分泌和吸附肠异物，因此，枯矾消除了引吐作用，增强了止血止泻作用。

3．炮制新技术应用

白矾含水量按分子式中所含结晶水计算为 45.53%，由白矾制成枯矾，传统炮制法干燥失重约 45%；烤箱 180℃（±1℃），4 小时烤品干燥失重为 45.5%，两种炮制品的干燥失重无差异。烘箱 240℃、4 小时，认为产品优于传统煅法。还有用远红外，温度 220℃（±20℃）、2 小时，炮制品的质量完全符合《中国药典》和传统规定指标。

石　膏

shigao

【来源】本品为硫酸盐类矿物硬石膏族石膏，主要含含水硫酸钙（$CaSO_4 \cdot 2H_2O$）。

【采收加工】采挖后，除去杂石及泥沙。

【生产工艺】

1．生石膏

取原药材，打碎，除去杂石，粉碎成粗粉。（《中国药典》）

2. 煅石膏

取净石膏块，置无烟炉火或耐火容器内，用武火加热，煅至红透，取出，放凉，碾碎。（《中国药典》）

【工艺要点】

（1）严格按照操作规程操作。

（2）石膏表层的红棕色及灰黄色矿物质和质次的硬石膏中含砷量较高，接近《中国药典》规定的限量。故应注意石膏的来源与质量，净制时应除去表层及内部夹石杂质，以确保用药的安全性。

（3）煅时药物要净选和分档；块小者易于煅透，避免大小相差悬殊。

（4）要武火一次煅透，不要中途停火，防止污染成品。

【质量控制】

表 5－133　石膏产品质量控制指标

品名	性状	检测项目
石膏药材	纤维状的集合体，呈长块状、板块状或不规则块状。白色、灰白色或淡黄色，有的半透明。体重，质软，纵断面具绢丝样光泽。气微，味淡	重金属：≤10 mg/kg 砷盐：≤2 mg/kg 含量测定：含水硫酸钙 $CaSO_4 \cdot 2H_2O$ ≥95.0%
生石膏	不规则块状或粉末，白色、灰色或淡黄色，纵断面呈纤维状或板状，并有绢丝样光泽，半透明。体重质坚硬而松，无臭，味淡	
煅石膏	白色粉末或酥松块状物，表面透出微红色的光泽，不透明。体较轻，质软，易碎，捏之成粉。气微，味淡	重金属：≤10 mg/kg 含量测定：硫酸钙 $CaSO_4$ ≥92.0%

（a）石膏药材

（b）石膏粉

（c）煅石膏

图 5－64

【炮制作用】

表 5－134　石膏饮片功效与应用

品名	性味归经	炮制作用
生石膏	甘、辛，大寒。归肺、胃经	清热泻火，除烦止渴
煅石膏	甘、辛、涩，寒。归肺、胃经	增强收湿、生肌、敛疮、止血作用，也可减低寒性

【贮藏】置干燥处。

石膏炮制为什么要砸成小块，为什么有报道石膏中毒死亡的病例，该如何避免？

知识拓展

1. 炮制历史

汉代多见碎、研、打碎；南北朝有甘草水飞；唐代有煅、黄泥固封煅过；宋代有炒、煅；明代还有火炮、雪水浸等；清代多沿用煅、炒、煨等方法。现多以明煅法入药。

2. 工艺研究

生石膏为含水硫酸钙，加热至80～90℃开始失水，至225℃时可全部脱水转化为煅石膏，其物理性状也发生改变，但化学成分特征无变化。

3. 药材鉴别小知识

药房出售的石膏一般都呈粉末状，那么如何鉴别是生石膏还是煅石膏呢？在此介绍一种简便易行的鉴定方法：取石膏粉末3～5 g，加水2～4 mL，搅拌均匀，放置10分钟，若呈干性黏团块状者是熟石膏（失去了结晶水），而呈湿性散渣状者则为生石膏。

瓦　楞　子
walengzi

【来源】本品为蚶科动物毛蚶 *Arca subcrenata* Lischke、泥蚶 *Arca granosa* Linnaeus 或魁蚶 *Arca inflata* Reeve 的贝壳。

【采收加工】秋、冬至次年春捕捞，洗净，置沸水中略煮，去肉，干燥。

【生产工艺】

1. 瓦楞子

取原药材，洗净，干燥，碾碎。（《中国药典》）

2. 煅瓦楞子

取净瓦楞子，置耐火容器内，武火加热，煅至酥脆，取出放凉，碾碎或研粉。（《中国药典》）

【工艺要点】

（1）严格按照操作规程操作。

（2）原药处理方法：将原药洗净，再用清水浸漂3天，每天换水一次，取出日晒夜露3天，至无臭气为度。

（3）煅至药材微微发红、质地酥脆的程度，凉透后的色泽显灰白色或青灰色。

【质量控制】

表5－135　瓦楞子产品质量控制指标

品名	性状	检测项目
瓦楞子药材	毛蚶呈三角形或扇形，壳外面隆起，有棕褐色茸毛或已脱落，壳顶突出，向内卷曲，自壳顶至腹面有延伸的放射肋30～34条。壳内面平滑，白色，壳缘有与壳外面直楞相对应的凹陷，咬合部具小齿1列。质坚。气微，味淡 泥蚶壳外面无棕褐色茸毛，放射肋18～21条，肋上有颗粒状突起 魁蚶壳外面放射肋42～48条	无
瓦楞子	不规则碎片或粒状，白色或灰白色，较大碎块仍显瓦楞线，有光泽，质坚硬，研粉后呈白色粉末	无
煅瓦楞子	不规则碎片或颗粒，灰白色，光泽消失，质地酥脆，研粉后呈灰白色粉末	

(a) 瓦楞子药材

(b) 瓦楞子

(c) 煅瓦楞子

图 5－65

【炮制作用】

表 5－136　瓦楞子饮片功效与应用

品名	性味归经	炮制作用
瓦楞子	咸，平。归肺、胃、肝经	消痰化瘀，软坚散结，制酸止痛
煅瓦楞子		增强制酸止痛作用，煅后质地酥脆，便于粉碎入药

【贮藏】置干燥处。

课堂互动

瓦楞子该如何洗净，煅后注意药材发生了什么变化?

知识拓展

1. 炮制历史

唐代有醋制；宋代有细研、炙制等制法；元代有煅、醋煮的制法；明、清基本上采用火煅醋淬法。现多以明煅法入药。

2. 炮制研究

瓦楞子主含碳酸钙，煅后生成氧化钙。氧化钙较碳酸钙易于吸收，从而增强制胃酸的作用。其次不同产地瓦楞子经煅制后砷的含量下降，降低幅度为 40.7% ~96.3%，且煅制时间越长，砷含量降低越明显。

对瓦楞子 3 种炮制品水煎液进行元素含量测定，锌、铅、锰、铁、钙、铜在 3 种炮制品水煎液中含量的高低为：煅醋淬品 > 煅品 > 生品，其中煅品煎液中钙的含量增加 50 多倍，证明煅制后有利于有效成分的煎出而提高疗效。

3. 临床应用

治疗胃及十二指肠溃疡：取煅瓦楞子 250 g，甘草 50 g，共研细末，每次 10 g，每日 3 次，饭前服。或每次 20 g，于节律性疼痛发作前 20 分钟服药。经治疗 124 例，疗程最短 20 天，最长 56 天，结果治愈 59 例，占 47.58%；好转者 48 例，占 38.71%；无效 17 例，占 13.71%；总有效率达 86.29%。有些病例服后 5 分钟即能缓解疼痛。一般无副作用，个别病例有颜面浮肿、尿血、尿混浊和泌尿系感染复发等现象。

二、煅淬技术

将药物按明煅法煅烧至红透后，立即投入定量的液体辅料（淬液）中骤然冷却，使之酥松的方法，称为煅淬法。常用的淬液有醋、酒、药汁、清水等。

（一）煅淬的目的

1. 使药物质地酥松，易于粉碎和煎出有效成分

质地坚硬的药物经高温煅烧，受热膨胀后投入淬液中迅速冷却，则表面晶格迅速缩小，内部晶格仍处于膨胀状态，从而产生裂隙，淬液进入裂隙还可继续冷却，产生新的裂隙，经反复煅淬，晶格间完全裂解，因此达到酥松的目的。

2. 改变药物理化性质，减少副作用，增强疗效

某些药物经煅淬后，不仅质地酥松，而且化学成分也会发生改变，从而减少副作用，增强疗效。如自然铜煅后生成硫化亚铁、炉甘石煅后生成氧化锌、含铁矿物药煅后醋淬有醋酸亚铁生成。

3. 除去杂质和毒性成分，洁净药物

如自然铜、磁石、炉甘石等，夹有杂质，甚至含有毒的砷、锶、铅等成分，经煅淬后，可除去。

（二）操作方法

取净药物，直接放于无烟炉火中或置于适宜的耐火容器内，煅烧至红透时，取出，立即投入规定量的液体辅料中浸淬，如此反复煅、淬数次，直至质地酥松为度。

（三）注意事项

（1）药物应砸成小块，以减少煅淬的次数。

（2）应煅至药物质地全部酥松，辅料被吸尽为度。

（3）使用淬液的种类和用量由各个药物的性质和目的要求而定。

自　然　铜

zirantong

【来源】本品为硫化物类矿物黄铁矿族黄铁矿，主含二硫化铁（FeS_2）。

【采收加工】采挖后，除去杂石。

【生产工艺】

1. 自然铜

取原药材，除去杂质，洗净，干燥，用时砸碎。(《中国药典》)

2. 煅自然铜

取净自然铜，置耐火容器内，用武火加热，煅至暗红，立即取出，投入醋液中淬制，待冷后取出，反复煅烧醋淬至表面呈黑褐色，光泽消失并酥松时，取出，摊凉，干燥后碾碎。

每 100 kg 自然铜，用醋 30 kg。(《中国药典》)

【工艺要点】

（1）严格按照操作规程操作。

（2）经过武火多次煅烧至红透后，再反复浸淬，才能达到质地酥脆的质量标准。

（3）煅时药物要净选和分档；块小者易于煅透，避免大小相差太过悬殊。

（4）煅制过程中，会产生硫的升华物或有毒的 SO_2 气体，故应在通风处操作。

（5）辅料用量：每 100 kg 自然铜，用醋 30 kg。

【质量控制】

表 5-137　自然铜产品质量控制指标

品名	性状	检测项目
自然铜药材	晶形多为立方体，集合体呈致密块状。表面亮淡黄色，有金属光泽；有的黄棕色或棕褐色，无金属光泽。具条纹，条痕绿黑色或棕红色。体重，质坚硬或稍脆，易砸碎，断面黄白色，有金属光泽；或断面棕褐色，可见银白色亮星	无

续上表

品名	性状	检测项目
自然铜	小方块状，大小不一，表面金黄色或黄褐色，有金属光泽，有的黄棕色或棕褐色，无金属光泽；体重，质坚硬或稍脆	无
煅自然铜	不规则的碎粒，呈黑褐色或黑色，无金属光泽；质地酥脆，有醋气，碾碎后呈无定形黑色粉末	

(a) 自然铜

(b) 煅自然铜

图 5-66

【炮制作用】

表 5-138 自然铜饮片功效与应用

品名	性味归经	炮制作用
自然铜	辛，平。归肝经	散瘀止痛，续筋接骨
煅自然铜		增强散瘀止痛作用，质地酥脆，便于粉碎加工，利于煎出有效成分

【贮藏】置干燥处。

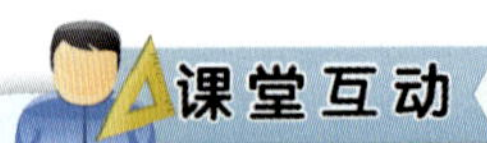
课堂互动

自然铜醋淬有什么优点，为什么要对自然铜进行分档后才煅制？

知识拓展

1. 炮制历史

自然铜入药和炮制始载于《雷公炮炙论》，历代尚有水飞、酒制、甘草制等，现行多以火煅醋淬法入药。

2. 炮制研究

自然铜主含二硫化铁，煅后二硫化铁分解成硫化铁，经醋淬后表面部分生成醋酸亚铁，且药物质地疏脆易碎，提高了铁离子的溶出率，有利于体内吸收，促进体内造血系统功能增强，增加造血速度，使血中红细胞总数及血色素含量恢复正常。

自然铜煅制温度在 400～900℃过程中，其物相发生较大变化，由 FeS_2 先转变为铁的硫化物（Fe_7S_8、FeS），后又转变为铁的氧化物（Fe_2O_3）。全铁含量由 400℃煅制 3 小时的 47.10% 升高至 900℃煅制 3 小时的 65.81%；由 600℃煅制 1 小时的 52.55% 升高至 600℃煅制 4 小时的 62.18%。

一般认为煅至红透（800℃左右，12 小时），醋淬数次，内外一致，无金属光泽，无磁性，松脆为度。温度过低，FeS_2 尚未分解。温度过高，则生成磁性 Fe_3O_4，对有效成分的溶出产生不利的影响。

3. 临床应用

在试管内，自然铜对供试的多种病原性真菌均有不同程度的抗真菌作用，尤其对石膏样毛癣菌、土曲霉菌等丝状真菌作用较强。把石膏样毛癣菌接种到豚鼠背部，造成豚鼠实验性体癣模型，再在病灶部位外涂自然铜煎剂，发现自然铜对豚鼠实验性体癣也有一定治疗效果。

炉　甘　石
luganshi

【来源】本品为碳酸盐类矿物方解石族菱锌矿，主含碳酸锌（$ZnCO_3$）。

【采收加工】采挖后，洗净，晒干，除去杂石。

【生产工艺】

1. 炉甘石

取原药材，除去杂质，打碎。(《中国药典》)

2. 煅炉甘石

取净炉甘石，置耐火容器内，用武火加热，煅至红透，取出，立即倒入水中浸淬，搅拌，倾出混悬液，残渣继续煅淬3~4次，至不能混悬为度，合并混悬液，静置，待澄清后倾去上层清水，干燥，研成细粉。(《中国药典》)

3. 制炉甘石

(1) 黄连汤制：取黄连加水煎汤2~3次，过滤去渣，合并药汁浓缩，加入煅炉甘石细粉中拌匀，吸尽后，干燥。(《全国中药炮制规范》)

每100 kg煅炉甘石细粉，用黄连12.5 kg。

(2) 三黄汤制：取黄连、黄柏、黄芩加水煮汤2~3次，过滤去渣，合并药汁浓缩，加入煅炉甘石细粉中拌匀，吸尽后，干燥。(《全国中药炮制规范》)

每100 kg煅炉甘石，用黄连、黄柏、黄芩各12.5 kg。

【工艺要点】

(1) 严格按照操作规程操作。

(2) 煅制前，药物要净选和分档；块小者易于煅透，避免大小相差太过悬殊。

(3) 要武火一次煅透，不要中途停火，防止污染成品。

(4) 炉甘石多作眼科外用药，临床要求极细药粉，制炉甘石应选用水飞后的细粉。

(5) 辅料用量：每100 kg煅炉甘石细粉，用黄连、黄柏、黄芩各12.5 kg。

【质量控制】

表5-139　炉甘石产品质量控制指标

品名	性状	检测项目
炉甘石药材	块状集合体，呈不规则的块状。灰白色或淡红色，表面粉性，无光泽，凹凸不平，多孔，似蜂窝状。体轻，易碎。气微，味微涩	含量测定：氧化锌 ZnO≥40.0%
净炉甘石	不规则碎块状，表面白色或淡红色，不平坦，具众多小孔，显粉性。体轻，易碎，无臭，味微涩	
煅炉甘石	白色、淡黄色或粉红色的粉末；体轻，质松软而细腻光滑。气微，味微涩	含量测定：氧化锌 ZnO≥56.0%
制炉甘石	黄色或深黄色细粉，质轻松，味苦	无

(a) 炉甘石药材

(b) 炉甘石

(c) 煅炉甘石

(d) 煅炉甘石粉

图 5－67

【炮制作用】

表 5－140　炉甘石饮片功效与应用

品名	性味归经	炮制作用
净炉甘石	甘，平。归肝、脾经	解毒明目退翳，收湿止痒敛疮
煅炉甘石		质地纯洁细腻，消除颗粒较粗而造成的对敏感部位的刺激性，适宜于眼科及皮肤科外敷用
制炉甘石		增强清热明目，敛疮收湿作用

【贮藏】置干燥处。

课堂互动

炉甘石为什么要炮制？不同炮制品各有什么作用？请你查找资料至少找出 1 种炉甘石的炮制新技术。

知识拓展

1. 炮制历史

宋以来基本采用煅法或煅后药液淬法；宋代有研极细末、“水飞过”、黄连制、黄连童便制；明代仍有煅制，童便制，童便、黄连、龙胆草、当归制，童便、黄连、茶制，三黄汤制，童便、灰、火硝制，黄连、童便、朱砂制；清代尚有黄连、黄柏、黄芩、甘菊、薄荷、童便制，黄连、归身、木贼、羌活、麻黄制，黄连、黄柏、荆芥制，火煅醋淬制。现多以煅淬法入药。

2. 炮制工艺研究

炉甘石含毒副作用成分铅等，火煅、水飞后含量降低，生炉甘石的溶出物中铅含量大于3%，而煅、水飞后只占0.4%，从这一点考虑，水飞时应只取上部混悬液，沉而不浮者应弃去。

结果表明，40 目炉甘石 700℃煅烧 1 小时 1 次即可使 ZnO 含量较高，抑菌效果好，且省时省力，节约能源，能充分利用矿物中的 ZnO。

三、扣锅煅技术

药物在高温缺氧条件下煅烧成炭的方法称扣锅煅法，又称密闭煅、闷煅、暗煅。适用于煅制质地疏松，炒炭易灰化及某些中成药在制备过程需要综合制炭的药物。

(一) 煅炭的目的

1. 增强和产生止血作用

如血余炭和棕榈炭，生品一般不入药，煅炭后，能产生止血作用；灯心草、荷叶等煅成炭后，增强止血作用。

2. 降低毒性和刺激性

如干漆等有毒性和有刺激性的药物，煅炭后毒性降低或消除。

（二）操作方法

将净药物置锅内，上盖一较小的锅，两锅结合处先用湿纸封堵，再用盐泥封严，扣锅上压一重物，扣锅底部贴一白纸条，或放几粒大米。待盐泥稍干后，先用文火后用武火加热，煅至白纸或大米呈焦黄色，药物全部炭化存性为度，离火，待冷却后，取出药物。

另有在两锅盐泥封闭处留一小孔，用筷子塞住，在炉火上煅烧，时时观察小孔处的烟雾，当有白烟至黄烟转成青烟减少时，降低火力，煅至基本无烟时，离火，冷却后取出药物。

亦可滴水于扣锅底部，若立即沸腾，可判定煅制程度适中。

（三）注意事项

（1）煅锅内药料一般不超过锅高度的2/3，松紧适度，即用手压不下陷，且能感觉到有弹性，不宜放置过多过紧，以免煅制不透，影响煅炭质量。对于煅制过程中变化剧烈的血余、干漆等药材，装量不能超过锅容量的1/3，以免产生多量气体将扣锅顶开。

（2）用盐泥封固的初起，热量由容器传导至盐泥，可见有水分蒸发的气体冒出，均匀弥散，若见到有集中的气柱及浓烟出现，则存在漏气，需及时用盐泥封堵，以防止进入氧气，使药物灰化，不易煅好。

（3）煅制中途不得开锅查看，只能一次性煅透。可观察锅盖上贴的白纸条或锅盖上放的米粒是否呈焦黄色，以此作为煅透的指标。此外，也可以采取“滴水即沸”法检查是否煅透，即滴水于锅盖的四周若立即沸腾，则表明药物已经煅透。

（4）药物煅透后，应放冷，再启封掀开锅盖，以免容器内温度过高，遇到空气，导致药物与氧气燃烧，产生灰化。

血　余　炭

xueyutan

【来源】本品为人发制成的炭化物。

【生产工艺】

取头发，除去杂质，反复用稀碱水洗去油垢，清水漂净，晒干，干燥后置锅内，上盖一个口径较小的锅，两锅结合处用盐泥（或黄泥）封固，上压重物，盖锅底部贴一白纸条，或放几粒大米，用武火加热，煅至白纸或大米呈焦黄色为度，离火，待凉后取出，剁成小块。（《全国中药炮制规范》）

【工艺要点】

（1）严格按照操作规程操作。

（2）将净头发置锅中，高度不超过锅高度的1/3，松紧适度，即用手压不下陷，且能感觉到有弹性。

（3）炉盖与炉体结合处，必须密封严密，先用渍湿的草纸塞紧，后用盐泥封堵。

（4）用盐泥封固的初起，热量由容器传导至盐泥，可见有水分蒸发的气体冒出，均匀弥散，若见到有集中的气柱出现，则存在漏气，需及时用盐泥封堵，以防止进入氧气，使药物灰化，不易煅好。

（5）煅制中途不得开锅查看，只能一次性煅透。可观察锅盖上贴的白纸条或锅盖上放的米粒是否呈焦黄色，以此作为煅透的指标。此外，也可以采取“滴水即沸”法检查是否煅透，即滴水于锅盖的四周若立即沸腾，则表明药材已经煅透。

（6）煅透后，应放冷，再启封掀开锅盖，以免容器内温度过高，遇到空气，导致药物与氧气燃烧，产生灰化。

【质量控制】

表 5－141 血余炭产品质量控制指标

品名	性状	检测项目
头发	无	无
血余炭	不规则块状，乌黑光亮，有多数细孔。体轻，质脆。用火烧之有焦发气，味苦	酸不溶性灰分：≤10.0%

图 5－68 血余炭

【炮制作用】

表 5－142 血余炭饮片功效与应用

品名	性味归经	炮制作用
血余炭	苦，平。归肝、胃经	收敛止血，化瘀，利尿。本品不生用，入药必须煅制

【贮藏】 置干燥处。

课堂互动

血余炭未炮制可以入药吗？煅炭时炉火的温度应如何调节？

知识拓展

1. 炮制历史

始载于《五十二病方》。历代尚有烧法、炙法、煮法、焙法等十余种，现多以扣锅煅法入药。

2. 炮制工艺研究

血余炭的质量与人发来源、炮制工艺的控制有关。以凝血时间为指标，结果显示中青年的头发最佳，男性老年者最差；在不同温度条件下扣锅煅制血余炭，其成品性状基本一致，但它们的浸出物、钙元素含量及止血作用不同。血余炭的止血作用与钙元素有一定的关系，钙离子参与凝血机制。因此，煅制温度也直接影响血余炭饮片的质量。研究认为，以 300℃ 扣锅煅制 20 分钟的血余炭饮片浸出物中钙元素含量较高，具有明显的止血作用。

3. 炮制作用研究

头发主要含纤维蛋白，血余炭可显著缩短实验动物的出、凝血时间，而人发的水和乙醇煎出液则无效。进一步研究证实，从血余炭中提得粗结晶止血作用更强，这种粗结晶具有内源性系统止血功能，其止血原理与血浆中环磷酸腺苷 cAMP 含量降低有关。

4. 临床应用

用血余炭 15 g，煎服或研末服，每次 1.5 g，每日 2～3 次，治疗声带下黏膜出血效果较好；单用本品研末，麻油调糊，外涂患处，每日 1 次，治疗带状疱疹，一般 1 次止痛，2～3 次可治愈。

棕　　榈
zonglü

【来源】本品为棕榈科植物棕榈 *Trachycarpus fortunei*（Hook.）H. Wendl. 的干燥叶柄。

【采收加工】采棕时割取旧叶柄下延部分和鞘片，除去纤维状的棕毛，晒干。

【生产工艺】

1. 棕榈

取原药材，除去杂质，洗净，切段，干燥。(《中国药典》)

2. 棕榈炭

取净棕榈置锅内，留有一定的空隙，上扣一个口径较小的锅，两锅结合处用盐泥封固，上压重物，并贴一块白纸条或大米数粒，用武火加热，煅至白纸条或大米呈焦黄色时，停火，待锅凉后，取出。(《全国中药炮制规范》《中国药典》)

【工艺要点】

(1) 严格按照操作规程操作。

(2) 将净棕榈置锅中，高度不超过锅高度的2/3，松紧适度，即用手压不下陷，且能感觉到有弹性。

(3) 炉盖与炉体结合处，必须密封严密，先用渍湿的草纸塞紧，后用盐泥封堵。

(4) 用盐泥封固的初起，热量由容器传导至盐泥，可见有水分蒸发的气体冒出，均匀弥散，若见到有集中的气柱出现，则存在漏气，需及时用盐泥封堵，以防止进入氧气，使药物灰化，不易煅好。

(5) 煅制中途不得开锅查看，只能一次性煅透。可观察锅盖上贴的白纸条或锅盖上放的米粒是否呈焦黄色，以此作为煅透的指标。

(6) 煅透后，应放冷，再启封掀开锅盖，以免容器内温度过高，遇到空气，导致药物与氧气燃烧，产生灰化。

【质量控制】

表 5－143　棕榈产品质量控制指标

品名	性状	检测项目
棕榈药材	长条板状，一端较窄而厚，另端较宽而稍薄，大小不等。表面红棕色，粗糙，有纵直皱纹；一面有明显的突出纤维，纤维的两侧着生多数棕色茸毛。质硬而韧，不易折断，断面纤维性。气微，味淡	无
棕榈		
棕榈炭	不规则块状，大小不一。表面黑褐色至黑色，有光泽，有纵直条纹；触之有黑色炭粉。内部焦黄色，纤维性。略具焦香气，味苦涩	

(a) 棕榈药材

(b) 棕榈炭

图 5－69

【炮制作用】

表 5-144 棕榈饮片功效与应用

品名	性味归经	炮制作用
棕榈炭	苦、涩，平。归肺、肝、大肠经	收敛止血。生棕不入药，经煅后具有止血作用

【贮藏】置干燥处。

炮制棕榈炭的技术关键点有哪些?

知识拓展

1. 炮制历史

唐代有棕榈炭；宋代有烧灰、烧存性的炮制方法；明代提出“存性，勿令白色”的炮制要求，并有炒极黑存性、炒焦存性的炮制方法；清代增加了煅炭法。现多以扣锅煅法入药。

2. 炮制作用研究

棕榈经制炭后，所含化学成分的组成和含量发生了复杂的变化，总鞣质量有所下降。动物实验表明，棕榈炭能缩短出血时间和凝血时间。由凝血试验结果可知，不论新棕皮炭或新棕板炭均无作用，陈棕炭、陈棕皮炭则有明显作用，尤其是取自多年的破旧陈棕则作用更为明显，说明“年久败棕入药尤妙”的古人经验是有道理的，用药以陈久者为宜。

3. 炮制新技术应用

砂烫制棕榈炭，棕榈与砂（20 目均匀砂粒）比重为 1∶15，以砂温 250℃，加热烫制 8 分钟左右，烫至棕榈表面深褐色，内部棕褐色。成品收得率为 70%，棕榈炭存性程度适中，饮片质量均匀，有效成分含量高，止血效果好。

灯心草

dengxincao

【来源】本品为灯心草科植物灯心草 *Juncus effusus* L. 的干燥茎髓。

【采收加工】夏末至秋季割取茎，晒干，取出茎髓，理直，扎成小把。

【生产工艺】

1. 灯心草

取原药材，除去杂质，剪段。(《中国药典》)

2. 灯心炭

取净灯心草，扎成小把，置煅锅内，上扣一口径较小的锅，接合处用盐泥封固，在扣锅上压以重物，并贴一条白纸或数粒大米，用武火加热，煅至纸条或大米呈焦黄色时停火，待锅凉后，取出。(《中国药典》)

3. 朱砂拌灯心

取灯心草段，置盆内，喷淋清水少许，微润。加朱砂细粉，撒布均匀，并随时翻动，至表面挂匀朱砂为度，取出，晾干。(《全国中药炮制规范》)

每 100 kg 灯心草，用朱砂 6.25 kg。

4. 青黛拌灯心

取灯心草段，置盆内，喷淋清水少许，微润。加青黛粉，撒布均匀，并随时翻动，至表面挂匀青黛为度，取出，晾干。(《全国中药炮制规范》)

每 100 kg 灯心草，用青黛 15 kg。

【工艺要点】

（1）严格按照操作规程操作。

（2）煅药炉装药量约为炉容量的 2/3，松紧适度，即用手压不下陷，且能感觉到有弹性。

（3）炉盖与炉体结合处，必须密封严密，先用渍湿的草纸塞紧，后用盐泥封堵。

（4）用盐泥封固的初起，热量由容器传导至盐泥，可见有水分蒸发的气体冒出，均匀弥散，若见到有集中的气柱出现，则存在漏气，需及时用盐泥封堵，以防止进入氧气，使药物灰化，不易煅好。

（5）煅制中途不得开锅查看，只能一次性煅透。

（6）煅透后，应放冷，再启封掀开锅盖，以免容器内温度过高，遇到空气，导致药物与氧气燃烧，产生灰化。

（7）辅料用量：每 100 kg 灯心草，用朱砂 6. 25 kg，用青黛 15 kg。

【质量控制】

表 5－145　灯心草产品质量控制指标

品名	性状	检测项目
灯心草药材	细圆柱形，长达 90 cm，直径 0. 1～0. 3 cm。表面白色或淡黄白色，有细纵纹。体轻，质软，略有弹性，易拉断，断面白色。气微，味淡	水分：≤11. 0% 总灰分：≤5. 0% 浸出物（稀乙醇热浸）：≥5. 0%
灯心草		
灯心炭	细圆柱形的段。表面黑色。体轻，质松脆，易碎。气微，味微涩	无
朱砂拌灯心	形如灯心草段，全体披朱砂细粉，外表朱红色	
青黛拌灯心	形如灯心草段，全体披青黛细粉，外表深蓝色	

图 5－70　灯心草

【炮制作用】

表 5－146　灯心草饮片功效与应用

品名	性味归经	炮制作用
灯心草	甘、淡，微寒。归心、肺、小肠经	清心火，利小便，善于利水通淋
灯心炭		凉血止血，清热敛疮，多外用治咽痹、乳蛾、阴疳
朱砂拌灯心		增强清心安神作用，多用于心烦失眠、小儿夜啼
青黛拌灯心		增强清热凉血作用，多用于血热尿血

【贮藏】置干燥处。

课堂互动

灯心草有几种炮制品，不同炮制品各有什么作用?

知识拓展

1. 炮制历史

始载于《开宝本草》。煅炭及炒炭法是历代炮制的主流。自古至今一直沿用下来“炭法”“生用”“朱灯心”这三个品种仍广泛使用，前两种被《中国药典》收载。盐、地龙、灯心草合煅法是济生堂药店六代世家制法，旨在增强清利湿热、清心火、利尿的作用。

2. 临床应用

灯心草茎髓含9、10－二氢菲类和黄酮类成分等，二氢菲类化合物结构独特，为抗菌的重要活性成分。由于本品有清热抗菌之功效，故临床上常用于治疗尿路感染、急性前列腺炎、扁桃腺炎、牙周炎、口舌生疮、麦粒肿、乳腺炎、化脓性腮腺炎等。青黛拌灯心在临床上常用于治疗各种炎症性血尿、鼻衄、痔疮出血、呼吸道及消化道出血、创伤止血等证。

实训七　煅制技术

一、实训目的

（1）了解煅法的目的和意义。

（2）掌握三种煅制方法的操作要点及火候、注意事项和质量标准。

二、实训器材

1. 实训设备

炉子、铁铲、锅、坩埚、烧杯、量筒、火钳、搪瓷盘、台秤等。

2. 实训材料

明矾、石膏、炉甘石、血余炭等。

三、实训内容及步骤

（一）准备工作

检查实训工具是否完备、洁净，能否正常工作。将要炮制的药材筛去碎屑、杂质，以备使用。

（二）实训过程

1. 明煅法

（1）明矾。取明矾除去杂质，筛或拭去浮灰，打碎，称重，置于适宜的容器内，用武火加热，切勿搅拌，煅至水分完全蒸发，无气体放出，全部泡松，呈白色蜂窝状固体时，取出放凉，称重。

成品性状：本品呈洁白色，无光泽，蜂窝状块，体轻松，手捻易碎。

（2）石膏。取净石膏块，称重，置适宜容器内或直接置火源上，用武火加热，煅至红透，取出放凉，碾细，称重。

成品性状：本品呈洁白色或粉白色条状或块状，表面松脆，易剥落，光泽消失，手捻易碎。

2. 煅淬法

炉甘石。取净炉甘石，置适宜容器内，用武火加热，煅至红透，取出后立即倒入水中浸淬，搅拌，倾取混悬液，未透者沥干后再煅烧，反复浸淬 2 ~3 次。合并混悬液，静置，倾去上层清水，干燥研细。

成品性状：本品呈白色或灰白色的极细粉末。

3. 扣锅煅法

血余炭。取头发，除去杂质，反复用稀碱水洗去油垢，清水漂净，晒干，装于锅内，上扣一个口径较小的锅，两锅结合处用盐泥或黄泥封固，上压重物，扣锅底部贴一白纸条，或放几粒大米，用武火加热，煅至白纸或大米呈深黄色为度，离火，待凉后取出，剁成小块。

成品性状：本品呈不规则的小块状，大小不一，乌黑而光亮，呈蜂窝状，研之清脆有声，质松易碎。

（三）场地清理

实训结束后，将炮制好的药物置于洁净的聚乙烯包装袋内，密封后贮藏，清洁实验用具，将实训室打扫干净，关闭水、电、门、窗。

四、实训提示

表 5 – 147

序号	实训关键环节	提示内容
1	工具是否洁净	所有工具洁净后才可以进行操作
2	药材是否分档	煅制时，应将药物大小分档，以免生熟不均。煅淬操作，药物应砸成小块，以减少煅淬的次数
3	煅制温度、时间把握	煅制温度、时间应适度。过高，药材易灰化；过低，则煅制不透
4	明煅技术把握	宜一次煅透，中途不得停火，以免出现夹生现象。有些药物在煅烧时易产生爆溅，可在容器上加盖（但不密闭）防备
5	煅淬技术把握	应煅至药物质地全部酥松，辅料被吸尽为度
6	扣锅煅技术把握	需待封堵的盐泥半干时再煅烧，煅烧过程中，应随时用湿泥堵封。应放置冷却再开锅，以免灰化

五、实训思考

（1）实训中各药炮制目的是什么？

（2）实训中，你煅制的饮片质量如何？若不满意，原因何在？

（3）煅制三法各有何特点？分别适合于哪类药材？

六、实训测试

表 5 – 148

测试项目	重点测试内容	测 试 标 准	标准分值	测试得分
过程测试	准备工作	洁净和检查工具，准备工作到位	10	
	操作步骤	严格操作流程，操作过程没有大的失误	15	
	技术把握	程度把握是否适当，成品是否合格	20	
	创新训练	能主动查阅资料，尝试新的炮制方法	10	

续上表

测试项目	重点测试内容	测试标准	标准分值	测试得分
结果测试	意外事件	整个操作过程中，没有发生器具损坏及不安全事件	5	
	分组讨论	能找出本组操作中存在的问题，找到合理的解决方法	10	
	炮制程度	几种药物从颜色、质地等外观上都达到了炮制标准	10	
	场地清理	能及时清洗实验器具，清理桌面，药物归类放置	5	
	实训报告	报告字迹工整，条理清晰，结果准确，分析透彻	15	

目标检测题

一、单项选择题

1. 白矾的化学成分是（　　）。

A. 含水硫酸铝钾　B. 碳酸钙　C. 硅酸盐　D. 硫酸亚铁

2. 下列矿物药可使用煅法炮制的是（　　）。

A. 炉甘石　B. 雄黄　C. 滑石　D. 朱砂

3. 明煅法的操作特点是（　　）。

A. 一次性煅透，中间不得停火

B. 煅至红透，趁热放入水中，反复操作

C. 高温煅至黑色

D. 容器加盖煅制

4. 磁石的主要成分和煅淬时用的辅料是（　　）。

A. 碳酸锌　醋　B. 四氧化三铁　醋

C. 三氧化二铁　醋　D. 四氧化三铁　水

5. 自然铜的化学成分是（　　）。

A. 铜　B. 氧化铜　C. 氧化亚铜　D. 二硫化铁

6. 煅炭后具有凉血止血功效的药物是（　　）。

A. 棕榈　B. 荷叶　C. 灯心　D. 干漆

E. 血余炭

7. 血余炭能缩短凝血时间，与下列哪些离子有关（　　）。

A. 钙、钠　B. 钠、铁　C. 铁、锌　D. 钙、铁

E. 锌、钠

8. 煅制白矾温度不宜超过（　　）。

A. 200℃　B. 230℃　C. 260℃　D. 315℃

E. 350℃

9. 用煅淬法炮制的药物是（　　）。

A. 明矾　B. 赭石　C. 血余炭　D. 石决明

E. 干漆

10．经煅后失去结晶水的药材是（　　）。
A．石决明　　B．明矾　　C．自然铜　　D．赭石
E．干漆

二、多项选择题

1．药材使用扣锅煅技术炮制的目的是（　　）。
A．使药物质地酥脆，易于粉碎和煎出有效成分
B．增强和产生止血作用
C．改变药的物理化性质，增强疗效
D．降低毒性和刺激性

2．需要采用扣锅煅法（闷煅）的药材有（　　）。
A．石膏　　B．血余炭　　C．蜂房　　D．白矾

3．煅淬法常用的淬液有（　　）。
A．醋　　B．酒　　C．药汁　　D．水
E．盐水

4．关于闷煅法叙述正确的是（　　）。
A．煅烧时应随时用湿盐泥封堵两锅相接处
B．防止空气进入
C．煅后应放至完全冷却后开锅
D．煅锅内药料不宜装满
E．可用观察扣锅底部米或纸变为深黄色或滴水即沸的方法来判断

5．关于煅淬法叙述正确的是（　　）。
A．将药物按明煅法煅至红透，立即投入规定的液体辅料中冷却的方法
B．将药物在高温缺氧条件下煅烧成炭的方法
C．利于有效成分煎出
D．常用的辅料为醋、酒、药汁等
E．使药物质地酥脆，易于粉碎

三、简答题

1．什么是明煅法？其法有哪些注意事项？
2．请至少列出灯心草的三种炮制方法，说明各炮制方法有何作用。

第四节　中药饮片蒸、煮、燀制技术

一、蒸制技术

将净选或切制后的药物加辅料或不加辅料装入蒸制容器内隔水加热，用蒸汽蒸透或至规定程度的方法，称为蒸法。其中不加辅料者为清蒸法，加辅料者为加辅料蒸法。直接利用流通蒸汽蒸制者称为“直接蒸法”，置密闭容器内，隔水蒸制者，称为“间接蒸法”，又称为炖法。

（一）蒸制的作用

1．改变药物性能，扩大用药范围
如地黄生品性寒，清热凉血，蒸制后药性由寒转温，功效由清变补。

2. 减少副作用

如大黄生用气味重浊，走而不守，直达下焦，泻下作用峻烈，易伤胃气，酒蒸后泻下作用缓和，能减轻腹痛等副作用。黄精生用刺激咽喉，蒸后刺激性消失。

3. 保存药效，利于贮存

如黄芩蒸后破坏了酶类，利于保存苷类有效成分。桑螵蛸蒸后杀死虫卵，便于贮存。

4. 便于软化切片

如木瓜质地坚硬，用水浸润不易渗入。天麻含糖类较多，久泡易损失有效成分。采用蒸制软化切片的方法软化效果好，效率较高，饮片外表美观，容易干燥。

（二）蒸制的操作方法

取净药物，大小分档，质地坚硬者蒸前可适当用水浸润 1 ~2 小时以加速蒸的效果。加液体辅料蒸者，可利用该辅料润透药物，然后将洗净润透或拌匀辅料后润透的药物，置笼屉或铜罐等蒸制容器内，隔水加热至所需程度时取出。蒸制的时间一般视药物而不同，可以是几十分钟，或几小时，长者可达数十小时，有的还要求反复蒸制（如九蒸九晒）。

（三）成品质量规律

具滋补作用的药物：色泽黑润，内无生心。如熟地黄、女贞子、山茱萸、五味子、黄精、肉苁蓉、何首乌等。

1. 难以软化的药物

蒸透或变软能切。如黄芩、木瓜、人参、天麻等。

2. 便于贮存的药物

如桑螵蛸，呈深黄棕色或黄褐色，手指挤压不冒浆液。

3. 有毒的药物

如藤黄，呈黄褐色，表面粗糙，断面显蜡样光泽。

成品未蒸透者不得超过 3%，含水分不得超过 13%。

（四）注意事项

（1）蒸前要将药物大小分档，使蒸制的药物程度均匀一致。质坚硬者可适当先用水浸润 1 ~2 小时以保障蒸制效果。

（2）需加液体辅料蒸的药物，应将辅料与药物拌匀，待辅料被药物吸尽后再蒸制，蒸制结束后，若容器内有剩余的液体辅料，应将药物晾晒至 4 ~6 成干后再拌入剩余液汁，使之吸尽后再进行干燥。

（3）蒸制时一般先用武火，“圆气”后改用文火，保持锅内有足够的蒸汽。但在非密闭容器中酒蒸时，要先用文火，以防酒液快速挥发。

（4）蒸制药物的时间应根据药物的性质和炮制目的而定。时间过短达不到蒸制目的，过久会影响药效，有些药物还可能“上水”，难以干燥。需长时间蒸制的药物应不断添加沸水，或者通入稳定的水蒸气，以免蒸汽中断，影响药物质量，并安排专人值班，以确保安全。“直接蒸法”是从“圆气”开始计时，“间接蒸法”（炖法）是从水沸开始计时。

黄　芩

huangqin

【来源】本品为唇形科植物黄芩 *Scutellaria baicalensis* Georgi 的干燥根。

【采收加工】春、秋二季采挖，除去须根和泥沙，晒后撞去粗皮，晒干。

【生产工艺】

1. 黄芩片

取原药材，除去杂质，置沸水中煮 10 分钟，取出，闷透，切薄片，干燥；或蒸半小时，取出，切

薄片，干燥（注意避免曝晒）。（《中国药典》）

2. 酒黄芩

取净黄芩片，加黄酒拌匀，闷透，置炒制容器内，用文火炒至深黄色，取出放凉，干燥。（《中国药典》）

每 100 kg 黄芩片用黄酒 10 kg。

3. 黄芩炭

取净黄芩片，置炒制容器内，用武火炒至表面黑褐色（或焦黑色，内部黄褐色），喷淋清水少许，灭尽火星，取出放凉。（《全国中药炮制规范》《广东省中药饮片炮制规范》）

【工艺要点】

（1）严格按照操作规程操作。

（2）洗黄芩药材应用抢水洗，净黄芩药材干燥时应注意避免曝晒。

（3）酒黄芩要求炒至表面呈深黄色，或略带焦斑，微有酒香气。

（4）黄芩炭炒前和炒后都要进行净选，使其符合净度标准；加热温度稍低，成品要保持原片型；如出现火星过多，要及时喷淋适量清水熄灭火星，防止燃烧，失去存性；出锅后，要及时摊开晾凉，待散尽余热和湿气，检查无复燃可能，再贮存。

【质量控制】

表 5－149　黄芩产品质量控制指标

品名	性状	检测项目
黄芩药材	圆锥形，扭曲，长 8～25 cm，直径 1～3 cm。表面棕黄色或深黄色，有稀疏的疣状细根痕，上部较粗糙，有扭曲的纵皱纹或不规则的网纹，下部有顺纹和细皱纹。质硬而脆，易折断，断面黄色，中心红棕色；老根中心呈枯朽状或中空，暗棕色或棕黑色。气微，味苦 栽培品较细长，多有分枝。表面浅黄棕色，外皮紧贴，纵皱纹较细腻。断面黄色或浅黄色，略呈角质样。味微苦	水分：≤12.0% 总灰分：≤6.0% 浸出物（稀乙醇热浸）：≥40.0% 含量测定：黄芩苷 $C_{21}H_{18}O_{11}$ ≥9.0%
黄芩片	类圆形或不规则形薄片。外表皮黄棕色或棕褐色。切面黄棕色或黄绿色，具放射状纹理	含量测定：黄芩苷 $C_{21}H_{18}O_{11}$ ≥8.0%
酒黄芩	形如黄芩片，略带焦斑，微有酒香气	含量测定：黄芩苷 $C_{21}H_{18}O_{11}$ ≥8.0%
黄芩炭	形如黄芩片，呈黑褐色，有焦炭气	无

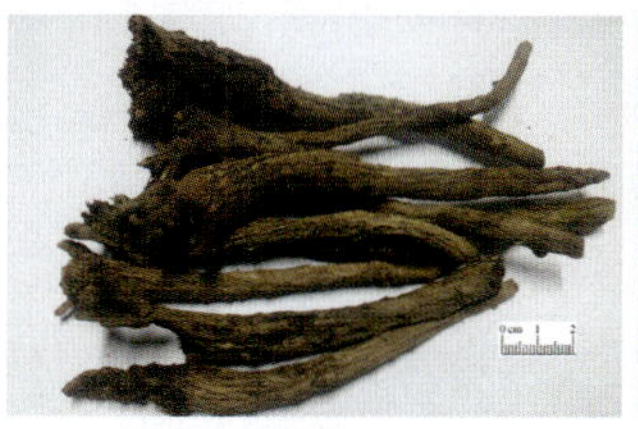

（a）黄芩药材

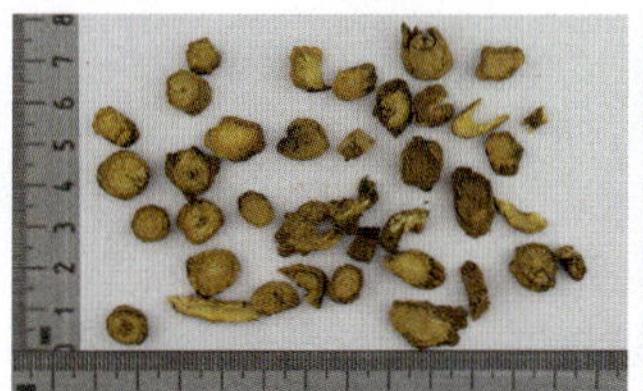

（b）黄芩片

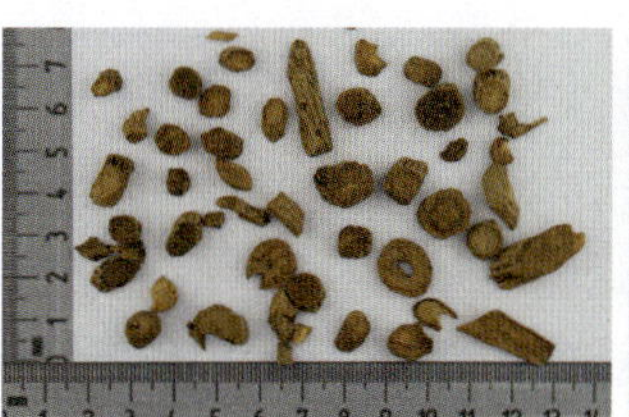

（c）酒黄芩

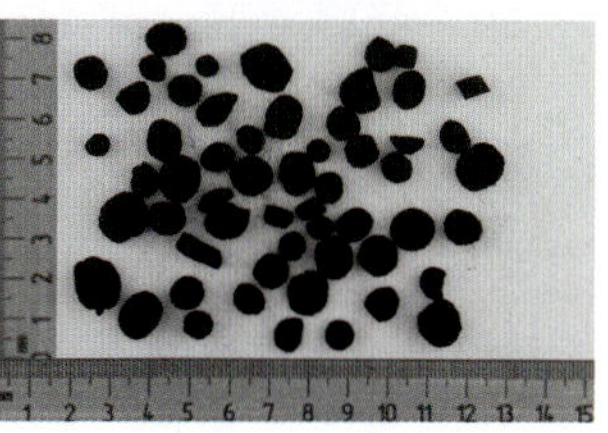

（d）黄芩炭

图 5－71

【炮制作用】

表 5－150　黄芩饮片功效与应用

品名	性味归经	炮制作用
黄芩片	苦，寒。归肺、胆、脾、大肠、小肠经	清热燥湿，泻火解毒，止血，安胎

续上表

品名	性味归经	炮制作用
酒黄芩	苦，寒。归肺、胆、脾、大肠、小肠经	缓和黄芩苦寒之性，以免伤害脾阳；又可引药入血分，借酒向上升腾和外行之力，用于上焦肺热及四肢肌表之湿热
黄芩炭		具有清热止血作用

【贮藏】置通风干燥处，防潮。

课堂互动

黄芩为什么不能用水浸泡清洗或软化？

知识拓展

1. 炮制历史

始载于《神农本草经》，历代尚有酒炒、炒焦、姜汁炒、土炒、醋炒、米泔浸法等，近代有清蒸、清水煮、酒炙、酒洗、酒蒸、酒煮、蜜炙、姜炙、炒黄、炒焦和炒炭等法。现行主要用清蒸、清水煮、酒炙和炒炭法。

2. 炮制作用研究

黄芩主要含有黄芩苷、汉黄芩苷等黄酮类化合物，也是其主要活性成分。实验表明，黄芩采用冷水进行软化处理后，所含的黄芩苷酶和汉黄芩苷酶在适宜的条件下，可使黄芩苷和汉黄芩苷水解生成相应的苷元。而黄芩苷元不溶于水，易沉积在黄芩表面，容易被氧化，生成绿色的醌类衍生物。药理实验表明，水解后形成的这些醌类化合物无抗菌作用。因此黄芩饮片变绿，势必影响其疗效。通过蒸制或沸水煮后，可利用高温即可杀酶保苷，保留了活性成分，又可使药物软化，便于切片。

3. 炮制工艺研究

有实验表明，黄芩蒸后，测得其所含的黄芩苷和汉黄芩苷为 14.2%，煮后则为 12.51%，可见蒸法优于煮法；酒黄芩的最佳炮制条件为：加酒量 10%，温度 120℃，加热 10 分钟。

4. 传说

李时珍生于明朝嘉靖年间，自幼聪明伶俐，好学上进。可是在李时珍 16 岁时，他突患急病，咳嗽不止，并且久治不愈。随着病情加剧，他每日吐痰碗余，烦渴引饮，骨蒸劳热，六脉浮洪，虽服用柴胡、麦冬、荆芥、竹沥等解表退热、润肺清心、清热化痰之剂却并无效果。方圆百里的名医都束手无策，认为其已无药可救。眼看时珍生命危在旦夕。

正在李时珍的父母悲伤绝望之际，村子里来了一位从远方云游到此的道士，这位道人白发长髯，仙风道骨。闻言道人专治疑难杂症，时珍的父母急忙把道人请到家中给他看病。道士给时珍号了脉象后，捋捋长髯说："不妨，不妨，此病只需服用黄芩 30 g，加水两盅，煎至一盅，服用半月即可痊愈。"时珍的父母半信半疑地按方煎药。奇迹出现了。半月之后，时珍身热全退，痰多咳嗽的症状也消失了，身体逐渐恢复健康。一味黄芩居然起到了立竿见影的治疗效果。

李时珍深感中国医学的神奇，更对这位身怀绝技的道士钦佩不已，从此，便跟随道人刻苦钻研医学，读遍历代医书，踏遍高山大川。功夫不负有心人，李时珍终于在医学上取得了巨大的成就，成为医林一代宗师。在他编著的《本草纲目》中，李时珍对救了他性命的黄芩这味中药倍加推崇，称之为"药中肯綮，如鼓应桴，医中之妙，有如此哉"！

人 参
renshen

【来源】本品为五加科植物人参 *Panax ginseng* C. A. Mey. 的干燥根和根茎。

【采收加工】多于秋季采挖，洗净经晒干或烘干。

【生产工艺】

1. 人参片

取人参原药材，洗净，润透，切薄片，干燥，或用时粉碎、捣碎。(《中国药典》)

2. 红参

取人参原药材（栽培品），洗净，蒸制后，干燥即得红参。用时润透（蒸软或稍浸后烤软），切薄片，干燥，或用时粉碎或捣碎。(《中国药典》)

【工艺要点】严格按照操作规程操作。

【质量控制】

表 5－151 人参产品质量控制指标

品名	性状	检测项目
人参药材	主根呈纺锤形或圆柱形，长 3～15 cm，直径 1～2 cm。表面灰黄色，上部或全体有疏浅断续的粗横纹及明显的纵皱，下部有支根 2～3 条，并着生多数细长的须根，须根上常有不明显的细小疣状突出。根茎（芦头）长 1～4 cm，直径 0.3～1.5 cm，多拘挛而弯曲，具不定根（艼）和稀疏的凹窝状茎痕（芦碗）。质较硬，断面淡黄白色，显粉性，形成层环纹棕黄色，皮部有黄棕色的点状树脂道及放射状裂隙。香气特异，味微苦、甘。 或主根多与根茎近等长或较短，呈圆柱形、菱角形或人字形，长 1～6 cm。表面灰黄色，具纵皱纹，上部或中下部有环纹。支根多为 2～3 条，须根少而细长，清晰不乱，有较明显的疣状突起。根茎细长，少数粗短，中上部具稀疏或密集而深陷的茎痕。不定根较细，多下垂	水分：≤12.0% 总灰分：≤5.0% 农药残留量：总六六六≤0.2 mg/kg；总滴滴涕≤0.2 mg/kg；五氯硝基苯≤0.1 mg/kg；六氯苯≤0.1 mg/kg；七氯≤0.05 mg/kg；艾氏剂≤0.05 mg/kg；氯丹≤0.1 mg/kg 含量测定：人参皂苷 Rg_1（$C_{42}H_{72}O_{14}$）和人参皂苷 Re（$C_{48}H_{82}O_{18}$）的总量≥0.30%；人参皂苷 Rb_1（$C_{54}H_{92}O_{23}$）≥0.20%
人参片	圆形或类圆形薄片，外表皮灰黄色，切面淡黄白色或类白色，显粉性，形成层环纹棕黄色，皮部有黄棕色的点状树脂道及放射性裂隙。体轻，质脆。香气特异，味微苦、甘	含量测定：人参皂苷 Rg_1（$C_{42}H_{72}O_{14}$）和人参皂苷 Re（$C_{48}H_{82}O_{18}$）的总量≥0.27%；人参皂苷 Rb_1（$C_{54}H_{92}O_{23}$）≥0.18%
红参	主根呈纺锤形、圆柱形或扁方柱形，长 3～10 cm，直径 1～2 cm。表面半透明，红棕色，偶有不透明的暗黄褐色斑块，具纵沟、皱纹及细根痕；上部有时具断续的不明显环纹；下部有 2～3 条扭曲交叉的支根，并带弯曲的须根或仅具须根残迹。根茎（芦头）长 1～2 cm，上有数个凹窝状茎痕（芦碗），有的带有 1～2 条完整或折断的不定根（艼）。质硬而脆，断面平坦，角质样。气微香而特异，味甘、微苦	水分：≤12.0% 总灰分：≤5.0% 含量测定：人参皂苷 Rg_1（$C_{42}H_{72}O_{14}$）和人参皂苷 Re（$C_{48}H_{82}O_{18}$）的总量≥0.25%；人参皂苷 Rb_1（$C_{54}H_{92}O_{23}$）≥0.20%
红参片	类圆形或椭圆形薄片，外表皮红棕色，半透明。切面平坦，角质样。质硬而脆。气微香而特异，味甘、微苦	含量测定：人参皂苷 Rg_1（$C_{42}H_{72}O_{14}$）和人参皂苷 Re（$C_{48}H_{82}O_{18}$）的总量≥0.22%；人参皂苷 Rb_1（$C_{54}H_{92}O_{23}$）≥0.18%

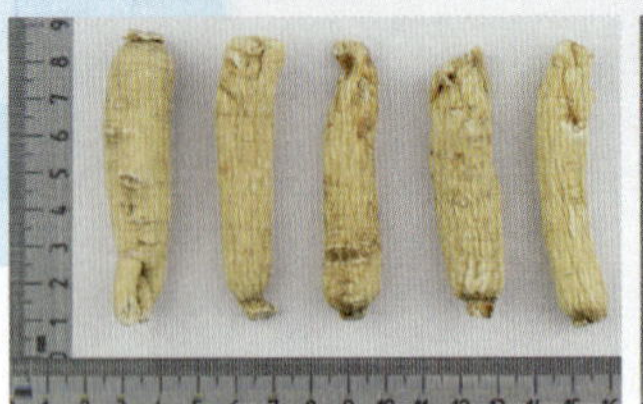
(a) 生晒参

(b) 人参片

(c) 红参

(d) 红参片

图 5－72

【炮制作用】

表 5－152 人参饮片功效与应用

品名	性味归经	炮制作用
人参片	甘、微苦，微温。归脾、肺、心、肾经	偏于补气生津，复脉固脱，补益脾肺
红参片	甘、微苦，温。归脾、肺、心、肾经	味甘而厚，性偏温，以温补见长，具有大补元气，复脉固脱，益气摄血的功效

【贮藏】置阴凉干燥处，密闭保存，防蛀。

课堂互动

人参炮制成红参后，性状和疗效主要发生了哪些变化？

知识拓展

1. 炮制历史

南北朝刘宋时代有去芦头；唐代有细锉和切制的方法；宋代有焙、微炒、去芦、蒸、黄泥裹煨等方法；元代有蜜炙法；明代有生碾为末、盐炒、酒浸、人乳制等方法；清代又增加了药汁制；近代有清蒸切、润切、焙熟蒸切、烘切、糖制等法。现主要用清蒸切、润切等法。

2. 炮制作用研究

人参芦头所含人参总皂苷比人参根中高 2 倍以上，目前的实验研究和临床实践均证明人参芦头无催吐的作用，且人参芦头占整个人参根重量的 12%～15%，现代炮制均不去芦头。

人参在蒸制过程中，所含的酶可被破坏，防止人参皂苷的水解导致药效降低或丧失。因此，人参进行加热处理是非常有必要的。同样，生晒参在加工时，失去了大部分水分，其水解酶的活性也受到抑制，便于活性成分的保留和药物贮藏。

人参中含有 30 余种人参皂苷、蛋白质、酶类、多肽类、氨基酸、糖类、有机酸、生物碱、萜类、脂类、挥发油等成分。实验表明，生晒参、红参、白参（去掉表皮的人参）、冻干参所含的成分在种类和数量上都有所不同，这也导致了不同炮制品中药理作用的差异。麦芽酚是红参的特有成分之一，有显著的抗氧化作用；在抗肝毒活性、增强动物活动能力、对循环系统的作用强度、抗利尿作用等方面红参均强于生晒参，而在抗疲劳、降压等方面生晒参强于红参。

3. 临床应用

该品能大补元气，复脉固脱，为拯危救脱要药。适用于因大汗、大泻、大失血或大病、久病所致元气虚极欲脱，气短神疲，脉微欲绝的重危症候（元气虚脱症）。单用有效，如独参汤（《景岳全书》）。若气虚欲脱兼见汗出，四肢逆冷者，应与回阳救逆之附子同用，以补气固脱与回阳救逆，如参附汤（《正体类要》）。若气虚欲脱兼见汗出身暖，渴喜冷饮，舌红干燥者，该品常与麦冬、五味子配伍，兼能生津，以补气养阴。

木　　瓜

mugua

【来源】本品为蔷薇科植物贴梗海棠 *Chaenomeles speciosa*（Sweet）Nakai 的干燥近成熟果实。

【采收加工】夏、秋二季果实绿黄时采收，置沸水中烫至外皮灰白色，对半纵剖，晒干。

【生产工艺】

木瓜片：取原药材，洗净，润透或蒸透后切薄片，晒干。(《中国药典》)

【工艺要点】

（1）严格按照操作规程操作。

（2）木瓜质地坚硬，水分不易渗入，软化时久泡则损失有效成分。蒸制软化后便于切片，且片形美观，易于干燥。

【质量控制】

表 5－153　木瓜产品质量控制指标

品名	性状	检测项目
木瓜药材	长圆形，多纵剖成两半，长 4～9 cm，宽 2～5 cm，厚 1～2.5 cm。外表面紫红色或红棕色，有不规则的深皱纹；剖面边缘向内卷曲，果肉红棕色，中心部分凹陷，棕黄色；种子扁长三角形，多脱落。质坚硬。气微清香，味酸	水分：≤15.0% 总灰分：≤5.0% 酸度：pH＝3.0～4.0 浸出物（乙醇热浸）：≥15.0% 含量测定：齐墩果酸（$C_{30}H_{48}O_3$）和熊果酸（$C_{30}H_{48}O_3$）的总量≥0.50%
木瓜片	类月牙形薄片。外表紫红色或棕红色，有不规则的深皱纹。切面棕红色。气微清香，味酸	水分：≤15.0% 总灰分：≤5.0% 酸度：pH＝3.0～4.0

（a）木瓜药材

（b）木瓜片

图 5－73

【炮制作用】

表 5－154　木瓜饮片功效与应用

品名	性味归经	炮制作用
木瓜片	酸，温。归肝、脾经	舒筋活络，和胃化湿

【贮藏】置阴凉干燥处，防潮，防蛀。

课堂互动

炮制木瓜时为什么要蒸透？

知识拓展

1. 炮制历史

木瓜炮制首见于南北朝《雷公炮炙论》，用的是乳汁拌蒸的方法；宋代有蒸制、酒浸焙干等方法；明代有辰砂附子制、酒洗、炒等方法；清代有酒炒、姜汁炒等方法；近代和现行主要用润切、清蒸切、炒制等法。

2. 炮制作用

木瓜水润或蒸制，主要是为了软化药材，便于切片，其作用基本相同，偏于舒筋除痹。

3. 炮制研究

木瓜含有黄酮类、皂苷、鞣质、还原糖、蔗糖、苹果酸、果胶酸、抗坏血酸、酒石酸、氨基酸等多种成分。研究表明，总黄酮含量从高到低为炒木瓜、蒸木瓜、生木瓜，说明加热处理对木瓜总黄酮含量有显著的影响。

天　麻

tianma

【来源】本品为兰科植物天麻 *Gastrodia elata* Bl. 的干燥块茎。

【采收加工】立冬后至次年清明前采挖，立即洗净，蒸透，敞开低温干燥。

【生产工艺】

1. 天麻片

取原药材，洗净，润透或蒸软，切薄片，干燥。(《中国药典》)

2. 姜天麻

取生姜榨取姜汁，姜渣煎汤，兑入姜汁，趁热将原个天麻放入姜汁汤内，闷润，至吸尽姜汤汁，隔水蒸 3 ~ 4 小时，取出，切薄片，置干燥设备内干燥。取出，摊凉。(《广东省中药饮片炮制规范》)

每 100 kg 净天麻，用生姜 10 kg。

【工艺要点】

(1) 严格按照操作规程操作。

(2) 操作时，锅要预热，搅拌要均匀。

(3) 出锅后，要散尽余热和水汽，再收藏。

【质量控制】

表 5 - 155　天麻产品质量控制指标

品名	性状	检测项目
天麻药材	椭圆形或长条形，略扁，皱缩而稍弯曲，长 3 ~ 15 cm，宽 1.5 ~ 6 cm，厚 0.5 ~ 2 cm。表面黄白色至黄棕色，有纵皱纹及由潜伏芽排列而成的横环纹多轮，有时可见棕褐色菌索。顶端有红棕色至深棕色鹦嘴状的芽或残留茎基；另端有圆脐形疤痕。质坚硬，不易折断，断面较平坦，黄白色至淡棕色，角质样。气微，味甘	水分：≤15.0% 总灰分：≤4.5% 二氧化硫残留量：≤400 mg/kg 浸出物（稀乙醇热浸）：≥15.0% 含量测定：天麻素（$C_{13}H_{18}O_7$）和对羟基苯甲醇（$C_7H_8O_2$）的总量≥0.25%
天麻片	不规则的薄片。外表皮淡黄色至黄棕色，有时可见点状排成的横环纹。切面黄白色至淡棕色。角质样，半透明。气微，味甘	水分：≤12.0% 总灰分：≤4.5% 二氧化硫残留量：≤400 mg/kg 浸出物（稀乙醇热浸）：≥15.0% 含量测定：天麻素（$C_{13}H_{18}O_7$）和对羟基苯甲酸（$C_7H_8O_2$）的总量≥0.25%

续上表

品名	性状	检测项目
姜天麻	纵切薄片。表面淡黄白色至淡棕黄色，角质样，光亮，半透明，有光泽，质脆，断面平坦。气特异，微有姜辣味	水分：≤15.0% 总灰分：≤3.0% 酸不溶性灰分：≤0.5% 含量测定：天麻素（$C_{13}H_{18}O_7$）≥0.20%

（a）天麻药材

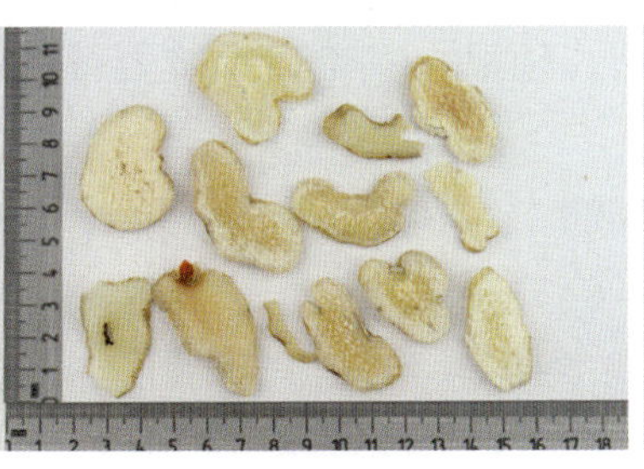
（b）天麻片

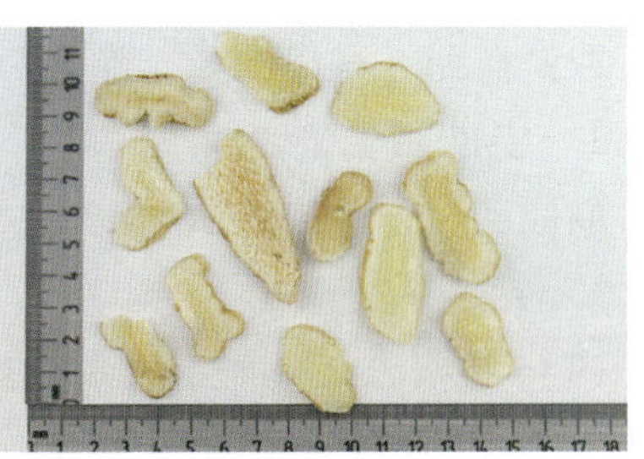
（c）姜天麻

图 5－74

【炮制作用】

表 5－156　天麻饮片功效与应用

品名	性味归经	炮制作用
天麻片	甘，平。归肝经	息风止痉，平抑肝阳，祛风通络。净制使便于入药，蒸制便于软化切片，同时可破坏酶的活性，利于保存苷类成分
姜天麻		抑制其寒性，增强疗效，降低毒性

【贮藏】置通风干燥处，防蛀。

课堂互动

炮制姜天麻的姜汁该如何制备?

知识拓展

1. 炮制历史

炮制首见于南北朝《雷公炮炙论》，有药汁制法；唐代有酒浸法；宋代增加有微炒、酒浸炒、面裹煨等法；明、清时代又增加有麸炒、焙制、酒洗后焙干、火煅、蒸制、姜制等法；近代有清蒸切、润切、清炒、麸炒、姜制、煨制等法。现行主要用清蒸切、清炒、麸炒法、姜汁制。

2. 炮制研究

天麻经蒸制加工和干燥加工都能使主要成分天麻素（即天麻苷）显著增加，苷元相应减少。说明上述炮制方法对提高和保证天麻质量是有意义的。另有实验比较蒸切、润切、烘切天麻饮片中天麻素的含量，结果表明，蒸切片含量最高，润切片次之，烘切片最低，且水、醇浸出物都以蒸切片最高，综合得之，天麻炮制加工以蒸制后切片为好。

3. 新技术应用

有研究表明，将天麻洗净后润 5 小时，常压，100℃蒸 80 分钟的软化方法较好，适于大量生产。

地　黄
dihuang

【来源】本品为玄参科植物地黄 *Rehmannia glutinosa* Libosch. 的新鲜或干燥块根。

【采收加工】秋季采挖，除去芦头、须根及泥沙，鲜用；或将地黄缓缓烘焙至约八成干。前者习称“鲜地黄”，后者习称“生地黄”。

【生产工艺】

1. 鲜地黄

取鲜药材，洗净泥土，除去芦头、须根。(《全国中药炮制规范》)

2. 生地黄

取原药材，除去杂质，洗净，闷润，切厚片，干燥。(《中国药典》)

3. 熟地黄

(1) 酒炖法：取净生地黄，加黄酒拌匀，置适宜容器内，密闭，隔水加热或用蒸气加热，至酒被完全吸尽，取出，晾晒至外皮黏液稍干时，切厚片或块，干燥。(《中国药典》)

(2) 清蒸法：取净生地黄，置适宜容器内，用蒸汽加热（隔水蒸）至黑润，取出，晒至约八成干时，切厚片或块，干燥。(《中国药典》)

4. 地黄炭

取生地黄片置炒制容器内，用武火炒至发泡鼓起，表面焦黑色，内部焦褐色，喷淋清水少许，灭尽火星，取出，摊凉。或再用文火炒至水汽溢尽，取出，晾凉。(《广东省中药饮片炮制规范》)

5. 熟地黄炭

取熟地黄片置炒制容器内，用武火炒至发泡鼓起，表面炭黑色、内部焦黑色，喷淋清水少许，灭尽火星，取出，摊凉。或再用文火炒至水汽溢尽，取出，摊凉。(《广东省中药饮片炮制规范》)

【工艺要点】

(1) 严格按照操作规程操作。

(2) 辅料用量：每 100 kg 生地黄，用黄酒 30 ~ 50 kg。

(3) 酒炖法，晾晒至外皮黏液稍干时，切厚片；清蒸法，晒至约八成干时，切厚片。

(4) 炒炭时如出现火星过多，要及时喷淋适量清水熄灭火星，防止燃烧，失去存性；出锅后，要及时摊开晾凉，待散尽余热和湿气，检查无复燃可能，再贮存。

【质量控制】

表 5 - 157　地黄产品质量控制指标

品名	性状	检测项目
鲜地黄	纺锤形或条状，长 8 ~ 24 cm，直径 2 ~ 9 cm。外皮薄，表面浅红黄色，具弯曲的纵皱纹、芽痕、横长皮孔样突起及不规则疤痕。肉质，易断，断面皮部淡黄白色，可见橘红色油点，木部黄白色，导管呈放射状排列。气微，味微甜、微苦	无
生地黄药材	多呈不规则的团块状或长圆形，中间膨大，两端稍细，有的细小，长条状，稍扁而扭曲，长 6 ~ 12 cm，直径 2 ~ 6 cm。表面棕黑色或棕灰色，极皱缩，具不规则的横曲纹。体重，质较软而韧，不易折断，断面棕黑色或乌黑色，有光泽，具黏性。气微，味微甜	水分：≤15.0% 总灰分：≤8.0% 酸不溶性灰分：≤3.0% 浸出物（冷浸法）：≥65.0% 含量测定：梓醇（$C_{15}H_{22}O_{10}$）≥0.20%； 毛蕊花糖苷（$C_{29}H_{36}O_{15}$）≥0.020%
生地黄	类圆形或不规则的厚片。外表皮棕黑色或棕灰色，极皱缩，具不规则的横曲纹。切面棕黑色或乌黑色，有光泽，具黏性。气微，味微甜	

续上表

品名	性状	检测项目
酒炖熟地黄	不规则的块片、碎块，大小、厚薄不一。表面乌黑色，有光泽，黏性大。质柔软而带韧性，不易折断，断面乌黑色，有光泽。气微，味甜	水分、总灰分、酸不溶性灰分、浸出物同药材 含量测定：毛蕊花糖苷（$C_{29}H_{36}O_{15}$）≥0.020%
清蒸熟地黄		
生地炭	不规则厚片，直径2~6 cm。表面乌黑色，焦脆。体轻质松鼓胀，中心部呈焦褐色至棕黑色，并有蜂窝状裂隙。气微香，有焦苦味	水分：≤13.0% 总灰分：≤6.0% 酸不溶性灰分：≤2.0% 浸出物（冷浸法）：≥45.0%
熟地炭	不规则块片、碎块，大小、厚薄不一。外表面乌黑色，有光泽，黏性大。切面乌黑色。质柔软而带韧性。气微，味甜。表面焦黑而光亮，质脆，味甜，微苦涩	水分：≤15.0% 总灰分：≤10.0% 酸不溶性灰分：≤2.0% 浸出物（冷浸法）：≥45.0%

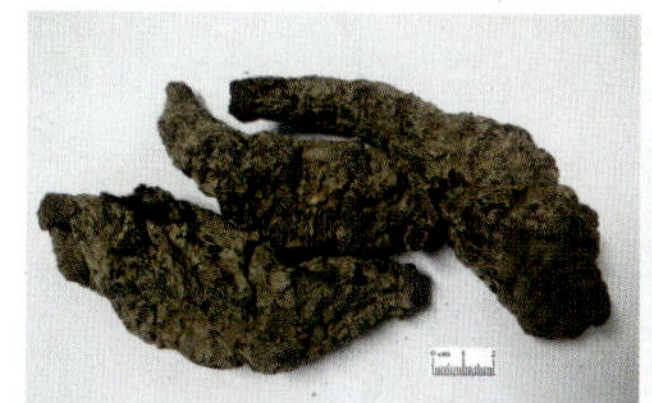
（a）生地黄药材

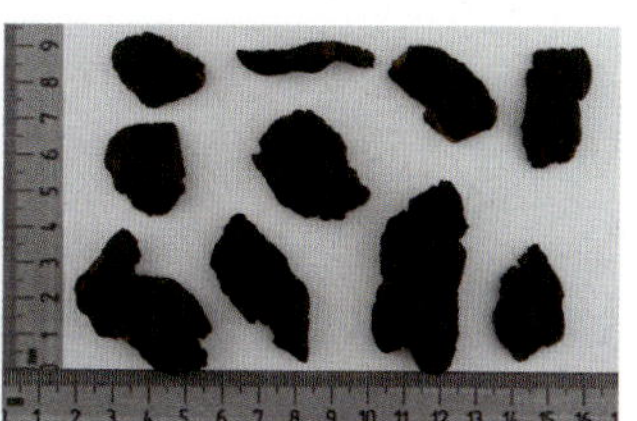
（b）生地黄

（c）生地炭

（d）熟地黄

图5-75

【炮制作用】

表5-158　地黄饮片功效与应用

品名	性味归经	炮制作用
鲜地黄	甘、苦，寒。归心、肝、肾经	清热生津，凉血，止血
生地黄	甘，寒。归心、肝、肾经	清热凉血，养阴生津
酒炖熟地黄	甘，微温。归肝、肾经	药性由寒转温，功能由清转补。酒蒸，主补阴血，借酒力行散，起到行药势，通血脉作用，更有利于补血，并使之补而不腻
清蒸熟地黄		药性由寒转温，功能由清转补。补血滋阴，益精填髓。但质厚味浓，滋腻碍脾
生地炭	甘、苦，微寒。归心、肝、肾经	入血分，增强凉血止血作用
熟地炭	甘，微温。归肝、肾经	温性增强，增强补血止血作用

【贮藏】鲜地黄埋在沙土中，防冻；生地黄置通风干燥处，防霉，防蛀；熟地黄置通风干燥处。

熟地黄有几种常见的炮制方法？炮制的作用分别是什么？

知识拓展

1. 炮制历史

汉代有蒸后绞汁法；南北朝刘宋时代有蒸后拌酒再蒸的方法；唐代有多次蒸制、熬制、蜜煎等方法；宋代有醋炒、姜汁炒、九蒸等方法；元代有酒拌炒、酒煮、盐水炒等方法；明代增加了盐煨浸炒、酒与砂仁九蒸九曝、姜酒拌炒等方法；近代有清蒸、酒蒸、炒炭、砂仁黄酒蒸等法。现主要用酒蒸、清蒸、炒炭等法。

2. 炮制研究

地黄主含环烯醚萜、单萜及其苷类成分，主要有梓醇、二氢梓醇、益母草苷、地黄苷等，其次为糖类，还含有多种氨基酸、有机酸及微量元素。地黄炮制后，梓醇的含量明显降低，从高到低依次为生地黄、酒炖熟地黄、清蒸熟地黄、生地黄炭、熟地黄炭。另外，鲜地黄采收后直接冷冻干燥，其梓醇含量较高，而经过冷冻干燥贮藏、自然阴干、晒干等干燥后，梓醇含量均有不同程度降低。

生地含有多种糖类成分，在加工成熟地黄的过程中，由于长时间加热蒸闷，部分多糖和低聚糖可水解转化为单糖，单糖含量熟地较生地高 2 倍以上。单糖类成分在体内易于吸收，可达到更好的疗效。

3. 炮制新技术

采用高压蒸制法制备熟地黄，生产周期短、燃料消耗少、污染小、效率高。“热压”对药物穿透力强，受热快，如加压蒸制 4 小时，药材质量达到传统的“黑如漆、亮如油、甜如饴”的标准，且 5－羟基糠醛的含量在 0.2% ~0.3% 之间。

山茱萸

shanzhuyu

【来源】本品为山茱萸科植物山茱萸 *Cornus officinalis* Sieb. et Zucc. 的干燥成熟果肉。

【采收加工】秋末冬初果皮变红时采收果实，用文火烘或置沸水中略烫后，及时除去果核，干燥。

【生产工艺】

1. 山萸肉

取原药材，除去杂质和残留果核，洗净，干燥。(《中国药典》)

2. 酒萸肉

取黄酒淋入净山萸肉拌匀，置罐内或适宜容器内，密闭，待酒被吸尽，隔水蒸或用蒸气加热，炖至酒被吸尽。或置蒸制容器内，蒸至酒被吸尽，山萸肉色变黑润时，取出，干燥。(《中国药典》)

3. 蒸山萸肉

取净山萸肉，置蒸制容器内，先用武火加热，“圆气”后改用文火，至外皮呈紫黑色，熄火后闷过夜，取出干燥。(《全国中药炮制规范》)

【工艺要点】

(1) 严格按照操作规程操作。

(2) 辅料用量：每 100 kg 山萸肉，用黄酒 20 kg。

(3) 圆气是指蒸制药物时，水蒸气从容器内大量溢出的现象。

【质量控制】

表 5－159　山茱萸产品质量控制指标

品名	性状	检测项目
山茱萸药材	不规则的片状或囊状，长 1～1.5 cm，宽 0.5～1 cm。表面紫红色至紫黑色，皱缩，有光泽。顶端有的有圆形宿萼痕，基部有果梗痕。质柔软。气微，味酸、涩、微苦	杂质（果核、果梗）：≤3% 水分：≤16.0% 总灰分：≤6.0% 浸出物（冷浸法）：≥50.0% 含量测定：莫诺苷（$C_{17}H_{26}O_{11}$）和马钱苷（$C_{17}H_{26}O_{10}$）的总量≥1.20%
山萸肉	同药材，去除果核、果梗	水分、总灰分、含量测定同药材
酒萸肉	形如山茱萸，表面紫黑色或黑色，质滋润柔软。微有酒香气	水分、总灰分、浸出物同药材 含量测定：莫诺苷（$C_{17}H_{26}O_{11}$）和马钱苷（$C_{17}H_{26}O_{10}$）的总量≥0.70%
蒸山萸肉	表面紫黑色，质滋润柔软	无

（a）山萸肉

（b）酒萸肉

（c）蒸山萸肉

图 5－76

【炮制作用】

表 5－160　山茱萸饮片功效与应用

品名	性味归经	炮制作用
山萸肉	酸、涩，微温。归肝、肾经	补益肝肾，收涩固脱
酒萸肉		增强补肝肾作用，强于蒸山萸肉
蒸山萸肉		增强补肝肾作用

【贮藏】置干燥处，防蛀。

课堂互动

请你查找资料找出山茱萸不同炮制品中主要成分含量的变化情况。

知识拓展

1. 炮制历史

南北朝刘宋时代有熬制法；宋代有麸炒、酒浸取肉、微炒、焙制等方法；元代有微烧、酒蒸的方法；明代有酒浸去核、酒蒸、蒸制等法；清代有酒浸、酒洗、盐炒、酒浸蒸等方法；近代有清蒸、酒炖、酒蒸、醋蒸、醋拌润等法。现主要用清蒸、酒炖、酒蒸等法。

2. 炮制作用

山茱萸性味酸、涩，微温。归肝、肾经。生山茱萸长于敛汗固脱。酒山萸肉和蒸山萸肉经过了蒸制，补肝肾作用增强，酒蒸品比清蒸品更强。

3. 炮制研究

山茱萸主要含山茱萸苷、皂苷、鞣质、熊果酸、没食子酸、苹果酸、酒石酸、维生素A等。

4. 新技术应用

取净山茱萸与黄酒拌匀，待酒被吸尽后，置卧式消毒锅内升温升压，待压力与温度达到要求（110℃，压力49 kPa），持续1.5小时，关闭蒸汽，取出摊凉，干燥后及时收藏。

何首乌

heshouwu

【来源】本品为蓼科植物何首乌 *Polygonum multi florum* Thunb. 的干燥块根。

【采收加工】秋、冬二季叶枯萎时采挖，削去两端，洗净，个大的切成块，干燥。

【生产工艺】

1. 何首乌

取原药材，除去杂质，洗净，稍浸，润透，切厚片或块，干燥。(《中国药典》)

2. 制首乌

（1）取生首乌片或块，用黑豆汁拌匀，润湿，置非铁质蒸制容器内，密闭，炖至汁液被吸尽。(《中国药典》)

（2）取生首乌片或块，用黑豆汁拌匀后蒸或清蒸，蒸至内外均呈棕褐色时，取出，干燥。(《中国药典》)

【工艺要点】

（1）严格按照操作规程操作。

（2）辅料用量：每100 kg净何首乌片或块，用黑豆10 kg。

（3）黑豆汁制法：取黑豆10 kg，加水适量，煮约4小时，熬汁约15 kg，豆渣再加水煮约3小时，熬汁约10 kg，合并得黑豆汁约25 kg。

【质量控制】

表5-161　何首乌产品质量控制指标

品名	性状	检测项目
何首乌药材	团块状或不规则纺锤形，长6~15 cm，直径4~12 cm。表面红棕色或红褐色，皱缩不平，有浅沟，并有横长皮孔样突起和细根痕。体重，质坚实，不易折断，断面浅黄棕色或浅红棕色，显粉性，皮部有4~11个类圆形异型维管束环列，形成云锦状花纹，中央木部较大，有的呈木心。气微，味微苦而甘涩	水分：≤10.0% 总灰分：≤5.0% 含量测定：2，3，5，4'-四羟基二苯乙烯-2-O-β-D-葡萄糖苷（$C_{20}H_{22}O_9$）≥1.0%；结合蒽醌以大黄素（$C_{15}H_{10}O_5$）和大黄素甲醚（$C_{16}H_{12}O_5$）的总量计≥0.10%
何首乌	不规则的厚片或块。外表皮红棕色或红褐色，皱缩不平，有浅沟，并有横长皮孔样突起及细根痕。切面浅黄棕色或浅红棕色，显粉性；横切面有的皮部可见云锦状花纹，中央木部较大，有的呈木心。气微，味微苦而甘涩	水分、总灰分、二苯乙烯苷含量测定同药材 含量测定：结合蒽醌以大黄素（$C_{15}H_{10}O_5$）和大黄素甲醚（$C_{16}H_{12}O_5$）的总量≥0.05%
制何首乌	不规则皱缩状的块片，厚约1 cm。表面黑褐色或棕褐色，凹凸不平。质坚硬，断面角质样，棕褐色或黑色。气微，味微甘而苦涩	水分：≤12.0% 总灰分：≤9.0% 浸出物（乙醇热浸）：≥5.0% 含量测定：2，3，5，4'-四羟基二苯乙烯-2-O-β-D-葡萄糖苷（$C_{20}H_{22}O_9$）≥0.70%；游离蒽醌以大黄素（$C_{15}H_{10}O_5$）和大黄素甲醚（$C_{16}H_{12}O_5$）的总量≥0.10%

（a）何首乌药材

（b）何首乌

（c）制何首乌

（d）黑豆

图 5－77

【炮制作用】

表 5－162　何首乌饮片功效与应用

品名	性味归经	炮制作用
何首乌	苦、甘、涩，微温。归肝、心、肾经	解毒，消痈，截疟，润肠通便
制何首乌		补肝肾，益精血，乌须发，强筋骨；消除滑肠致泻作用

【贮藏】置干燥处，防蛀。

课堂互动

黑豆汁如何制作？请你查找资料找出何首乌用黑豆汁炮制前后主要成分含量的变化情况。

知识拓展

1. 炮制历史

唐代有黑豆蒸、醋煮、水煮、酒煮等方法；宋代增加了单蒸、米泔水浸后九蒸九曝、生姜甘草制、牛膝制等方法；金元时期有米泔黑豆甘草同制的方法；近代有黑豆汁蒸、黑豆汁炖、熟地汁蒸、黑豆生姜汁蒸、清蒸等法。现行主要用黑豆汁蒸、黑豆汁炖、清蒸法。

2. 炮制作用

何首乌性味苦、甘、涩，温。归肝、心、肾经。生首乌苦泄性平兼发散，具有解毒、消痈、润肠通便的功能。制首乌味甘厚则性转温，增强了补肝肾、益精血、乌须发、强筋骨的功能，同时消除了生首乌滑肠致泻的作用。

3. 炮制研究

何首乌蒸制后游离蒽醌增加，致泻作用减弱，卵磷脂、总糖及还原糖的含量增加，滋补作用增强。

4. 新技术应用

对沿用至今的何首乌与黑豆汁拌蒸法，实验表明蒸 32 小时制品的颜色乌黑发亮，外观质量最好，炮制后发霉情况相应减少。

二、煮制技术

将净选或切制后的药物加辅料（固体辅料需先捣碎）或不加辅料放入锅内，加适量清水共煮的方法，称为煮法。

煮法包括清水煮法和加辅料煮法。加辅料煮法所用的辅料种类较多，主要有甘草汁煮和豆腐煮。

(一) 煮制的作用

1. 消除或降低药物的毒副作用

降低毒性，以煮法最为理想，传统有“水煮三沸，百毒俱消”之说。如川乌、草乌生品有毒，经清水煮制后毒性显著降低。硫黄经豆腐煮、吴茱萸经甘草汁煮，都能降低毒性。

2. 改变药性，增强药效

如远志用甘草汁煮可减其燥性，增强安神益智作用。

3. 清洁药物

如珍珠、玛瑙经豆腐煮后可去其油腻，便于服用。

(二) 煮制的操作方法

1. 清水煮

取净药材浸泡至内无干心，置适宜容器内，加水煮沸至内无白心，取出切片，如乌头。或将净药材投入煮沸的锅内，煮至一定程度，取出，闷润至内外一致时，切片，如黄芩。

2. 甘草汁煮

取净药材和适量的甘草汁拌匀，置适宜容器内，用文火加热，煮至汤液被吸尽，取出，干燥，如甘草汁煮远志。

3. 豆腐煮

取净药材放置于豆腐中，置适宜容器内，加水没过豆腐，煮至规定程度，取出放凉，除去豆腐。

(三) 成品质量规律

1. 有毒的药物

内无白心，口尝微有麻舌感。如川乌、草乌。

2. 豆腐煮的药物

煮后豆腐呈蜂窝状，如珍珠、玛瑙。豆腐变墨绿色，如硫黄。

3. 甘草汁煮的药物

煮后颜色加深，味变甜。如远志、吴茱萸、巴戟天。

(四) 注意事项

(1) 药物煮制前，要大小分档，分别炮制。

(2) 注意掌握加水量。加水量的多少根据药物的性质、炮制方法、炮制目的而定。药物煮的时间长者用水宜多，短者用水宜少。加液体辅料煮的药物，加水量应控制适宜，保证药透汁尽，加水过多，药透汁未尽，有损药效。加水量过少，则药煮不透，影响质量。如果煮制中途需加水时，宜加沸水。

(3) 注意掌握火力。一般先用武火煮至沸腾，再改用文火，保持微沸，否则水迅速蒸发，不易向药物组织内部渗透。

(4) 药物一般煮至汁液被吸尽，但有大毒的药物煮后剩余的少量汁液一般要弃去。

川乌
chuanwu

【来源】本品为毛茛科植物乌头 *Aconitum carmichaelii* Debx. 的干燥母根。

【采收加工】6 月下旬至 8 月上旬采挖，除去子根、须根及泥沙，晒干。

【生产工艺】

1. 生川乌

取原药材，拣净杂质，洗净灰屑，晒干，用时捣碎。(《中国药典》)

2. 制川乌

取净川乌，大小分档，用水浸泡至内无干心，取出，加水煮沸4～6小时（或蒸6～8小时），至取大个及实心者切开内无白心，口尝微有麻舌感时，取出，晾至六成干，切片，干燥。（《中国药典》）

【工艺要点】

（1）严格按照操作规程操作。

（2）制川乌时，加水煮沸4～6小时（或蒸6～8小时）后，取大个及实心者切开内无白心，口尝微有麻舌感时才取出。

（3）大小应该分档，使浸泡和煮制的时间一致。

（4）口尝微有麻舌感的检查方法是：切开后，从中心挖取100～150 mg，在舌前1/3处咀嚼半分钟，嚼后当时不麻舌，经2～3分钟出现麻舌感，舌麻时间维持20～30分钟才逐渐消失。

【质量控制】

表5－163　川乌产品质量控制指标

品名	性状	检测项目
川乌药材 生川乌	不规则的圆锥形，稍弯曲，顶端常有残茎，中部多向一侧膨大，长2～7.5 cm，直径1.2～2.5 cm。表面棕褐色或灰棕色，皱缩，有小瘤状侧根及子根脱离后的痕迹。质坚实，断面类白色或浅灰黄色，形成层环纹呈多角形。气微，味辛辣、麻舌	水分：≤12.0% 总灰分：≤9.0% 酸不溶灰分：≤2.0% 含量测定：乌头碱（$C_{34}H_{47}NO_{11}$）、次乌头碱（$C_{33}H_{45}NO_{10}$）和新乌头碱（$C_{33}H_{45}NO_{11}$）的总量应为0.050%～0.17%
制川乌	不规则或长三角形的片。表面黑褐色或黄褐色，有灰棕色形成层环纹。体轻，质脆，断面有光泽。气微，微有麻舌感	水分：≤11.0% 含量测定：双酯型生物碱以乌头碱（$C_{34}H_{47}NO_{11}$）、次乌头碱（$C_{33}H_{45}NO_{10}$）及新乌头碱（$C_{33}H_{45}NO_{11}$）的总量计≤0.040%；苯甲酰乌头原碱（$C_{32}H_{45}NO_{10}$）、苯甲酰次乌头原碱（$C_{31}H_{43}NO_{9}$）、苯甲酰新乌头原碱（$C_{31}H_{43}NO_{10}$）的总量应为0.070%～0.15%

（a）川乌药材

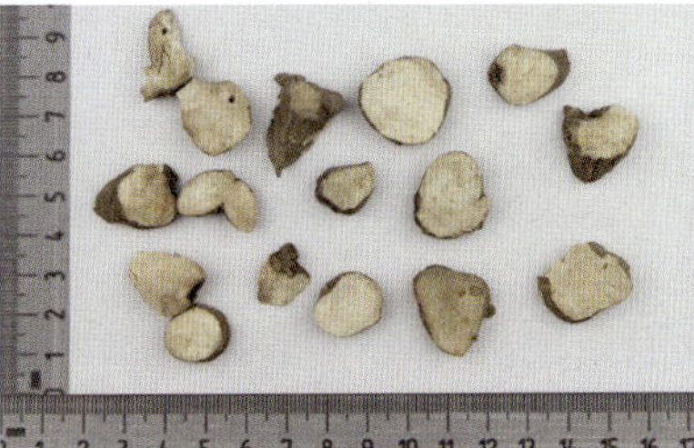

（b）生川乌

（c）制川乌

图5－78

【炮制作用】

表5－164　川乌饮片功效与应用

品名	性味归经	炮制作用
生川乌	辛、苦，热；有大毒。归心、肝、肾、脾经	祛风除湿，温经止痛，多外用
制川乌	辛、苦，热；有毒。归心、肝、肾、脾经	降低毒性，可供内服

【贮藏】置通风干燥处，防蛀。

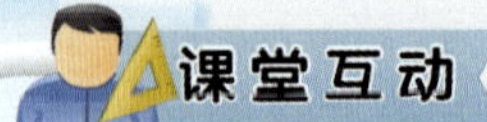

课堂互动

生川乌应如何储藏?

知识拓展

1. 炮制历史

汉代有灶灰火炮炙、蜜煮法；唐代有熬、烧作灰、火煨、米炒、醋煮等法；宋代增加了微炒、黑豆煮、酒浸、酒拌炒、盐炒、酒煮、黑豆同炒、煅存性、姜汁浸、童便浸后姜炒等方法；元代有土制法；明清时代又增加了酒和童便制、盐姜制、面炒制、蛤粉炒制、米泔浸、盐酒浸、酒醋浸；近代有清蒸、清水煮、黑豆甘草煮、生姜豆腐煮等法。现行主要用清水煮和清蒸法。

2. 炮制作用

川乌性味辛、苦、热，有大毒。归心、肝、肾、脾经。生川乌有大毒，多外用，以温经止痛为主。制川乌毒性降低，可供内服。

3. 炮制研究

川乌的主要成分是生物碱，其中双酯型乌头碱毒性最强，单酯型乌头碱毒性较小，乌头原碱毒性很弱或几乎无毒性。采取蒸、煮法炮制，可以使双酯型乌头碱水解为单酯型乌头碱，进一步水解为乌头原碱达到降低毒性的目的。

4. 新技术应用

有人以总生物碱和酯型生物碱含量为指标，比较川乌的不同炮制工艺。结果表明，以147 kPa（110～115℃）的压力蒸40分钟与药典法水煮6小时的含量接近，高压蒸150分钟与药典法常压蒸8小时含量基本一致。

草　乌

caowu

【来源】本品为毛茛科植物北乌头 *Aconitum kusnezoffii* Reichb. 的干燥块根。

【采收加工】秋季茎叶枯萎时采挖，除去须根和泥沙，干燥。

【生产工艺】

1. 生草乌

取原药材，除去杂质，洗净，干燥。(《中国药典》)

2. 制草乌

取净草乌，大小个分开，用水浸泡至内无干心，取出，加水煮至取大个切开内无白心、口尝微有麻舌感时，取出，晾至六成干后切薄片，干燥。(《中国药典》)

【工艺要点】

(1) 严格按照操作规程操作。

(2) 制草乌时，加水煮至取个大切开内无白心、口尝微有麻舌感时才取出。

(3) 大小应该分档，使浸泡和煮制的时间一致。

【质量控制】

表 5－165　草乌产品质量控制指标

<table>
<tr><th>品名</th><th>性状</th><th>检测项目</th></tr>
<tr><td>草乌药材</td><td rowspan="2">不规则长圆锥形，略弯曲，长 2～7 cm，直径 0.6～1.8 cm。顶端常有残茎和少数不定根残基，有的顶端一侧有一枯萎的芽，一侧有一圆形或扁圆形不定根残基。表面灰褐色或黑棕褐色，皱缩，有纵皱纹、点状须根痕及数个瘤状侧根。质硬，断面灰白色或暗灰色，有裂隙，形成层环纹多角形或类圆形，髓部较大或中空。气微，味辛辣、麻舌</td><td rowspan="2">杂质（残茎）：≤5%
水分：≤12.0%
总灰分：≤6.0%
含量测定：乌头碱（$C_{34}H_{47}NO_{11}$）、次乌头碱（$C_{33}H_{45}NO_{10}$）和新乌头碱（$C_{33}H_{45}NO_{11}$）的总量应为 0.10%～0.50%</td></tr>
<tr><td>生草乌</td></tr>
<tr><td>制草乌</td><td>不规则圆形或近三角形的片。表面黑褐色，有灰白色多角形形成层环和点状维管束，并有空隙，周边皱缩或弯曲。质脆。气微，味微辛辣，稍有麻舌感</td><td>水分：≤12.0%
含量测定：双酯型生物碱以乌头碱（$C_{34}H_{47}NO_{11}$）、次乌头碱（$C_{33}H_{45}NO_{10}$）和新乌头碱（$C_{33}H_{45}NO_{11}$）的总量≤0.040%；苯甲酰乌头原碱（$C_{32}H_{45}NO_{10}$）、苯甲酰次乌头原碱（$C_{31}H_{43}NO_{9}$）、苯甲酰新乌头原碱（$C_{31}H_{43}NO_{10}$）的总量应为 0.020%～0.070%</td></tr>
</table>

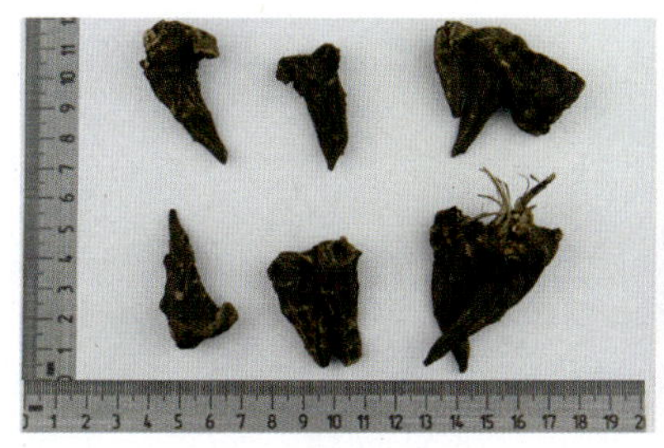

（a）生草乌

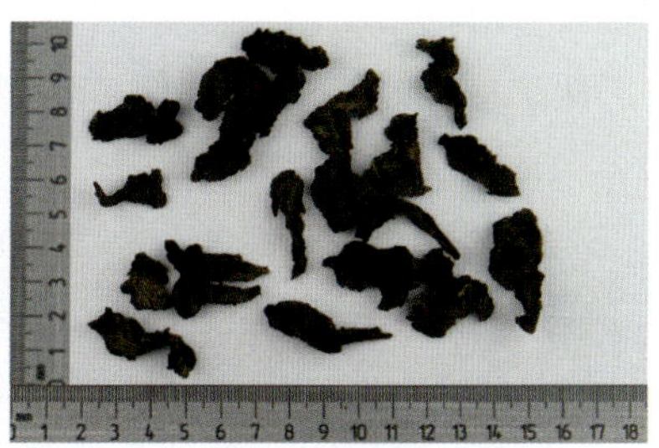

（b）制草乌

图 5－79

【炮制作用】

表 5－166　草乌饮片功效与应用

品名	性味归经	炮制作用
生草乌	辛、苦，热；有大毒。归心、肝、肾、脾经	祛风除湿，温经止痛，多外用
制草乌	辛、苦，热；有毒。归心、肝、肾、脾经	毒性降低，可供内服

【贮藏】置通风干燥处，防蛀。

课堂互动

哪类人群应慎用草乌？草乌不宜与哪些药材合用，请列出至少 10 种。

知识拓展

1. 炮制历史

唐代有姜汁煮、醋煮、山矾灰汁浸等法；元代有煨制法；明代增加了姜汁浸、醋炒、醋淬、醋浸、醋炙后麸炒、粟米炒、姜汁炒、酒淬、米泔浸后炒焦、酒煮等方法；清代又增加了绿豆同煮、面炒、面裹煨等方法，近代有清蒸、清水煮、黑豆甘草煮、生姜豆腐煮等法。现行主要用水浸漂后清水煮制。

2. 炮制作用

草乌性味辛、苦、热，有大毒。归心、肝、肾、脾经。具有祛风除湿，温经止痛的功能。生草乌有大毒，多外用，以祛寒止痛，消肿为主。制草乌毒性降低，可供内服，以祛风除湿，温经止痛力胜。

3. 炮制研究

草乌的主要成分为生物碱。采用容量分析法测定草乌炮制前后乌头碱和总生物碱的含量，结果表明，制草乌中毒性生物碱乌头碱的含量为生草乌的1/20，而总生物碱含量未见明显变化。

4. 新技术应用

研究表明，草乌润后加压蒸或常压蒸的炮制新工艺，其总生物碱的含量高于药典法制备的炮制品，而毒性成分酯型生物碱的下降接近药典法的炮制品。认为采用115℃，49 MPa，蒸2小时和蒸4小时的炮制方法为佳。

远　志
yuanzhi

【来源】本品为远志科植物远志 *Polygala tenuifolia* Willd. 或卵叶远志 *Polygala sibirica* L. 的干燥根。

【采收加工】春、秋二季采挖，除去须根和泥沙，晒干。

【生产工艺】

1. 远志

取原药材，除去杂质，略洗，润透。切段，干燥。（《中国药典》）

2. 制远志

取净远志段，加入适量的甘草汁，用文火加热，煮至汤液被吸尽，取出，干燥。（《中国药典》）

3. 蜜远志

取炼蜜，加适量冷开水稀释后，加入净远志中拌匀，闷至蜜被吸尽，置锅内，用文火炒至深棕黄色、不粘手时，取出，放凉。（《广东省中药饮片炮制规范》）

【工艺要点】

（1）严格按照操作规程操作。

（2）辅料用量：每100 kg净远志，用甘草6 kg；炼蜜25 kg。

（3）甘草汁制时，应采用文火加热，至甘草汁被吸尽为度。

【质量控制】

表5-167　远志产品质量控制指标

品名	性状	检测项目
远志药材	圆柱形，略弯曲，长3~15 cm，直径0.3~0.8 cm。表面灰黄色至灰棕色，有较密并深陷的横皱纹、纵皱纹及裂纹，老根的横皱纹较密更深陷，略呈结节状。质硬而脆，易折断，断面皮部棕黄色，木部黄白色，皮部易与木部剥离。气微，味苦、微辛，嚼之有刺喉感	水分：≤12.0% 总灰分：≤6.0% 黄曲霉毒素：黄曲霉毒素 B_1 ≤5 μg/kg，黄曲霉毒素 G_2、G_1、B_2、B_1 总计≤10 μg/kg 浸出物（70%乙醇热浸）：≥30.0% 含量测定：细叶远志皂苷（$C_{36}H_{56}O_{12}$）≥2.0%；远志呫酮Ⅲ（$C_{26}H_{28}O_{15}$）≥0.15%；3,6′-二芥子酰基蔗糖（$C_{36}H_{16}O_{17}$）≥0.50%
净远志段	圆柱形的段。外表皮灰黄色至灰棕色，有横皱纹。切面棕黄色，中空。气微，味苦、微辛，嚼之有刺喉感	

续上表

品名	性状	检测项目
制远志	形如远志段，表面黄棕色，味微甜	水分：≤12.0% 总灰分：≤6.0% 浸出物（70%乙醇热浸）：≥30.0% 酸不溶性灰分：≤3.0% 含量测定：细叶远志皂苷（$C_{36}H_{56}O_{12}$）≥2.0%；远志呫酮Ⅲ（$C_{26}H_{28}O_{15}$）≥0.10%；3，6′－二芥子酰基蔗糖（$C_{36}H_{16}O_{17}$）≥0.30%
蜜远志	显棕红色，稍带焦斑，有黏性，气焦香，味甜	无

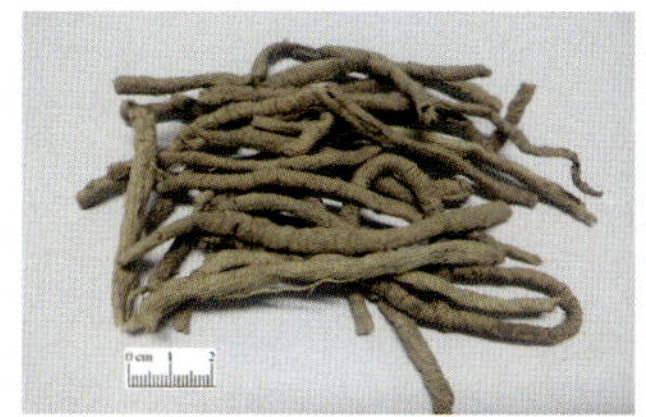
（a）远志药材

（b）远志段

（c）制远志

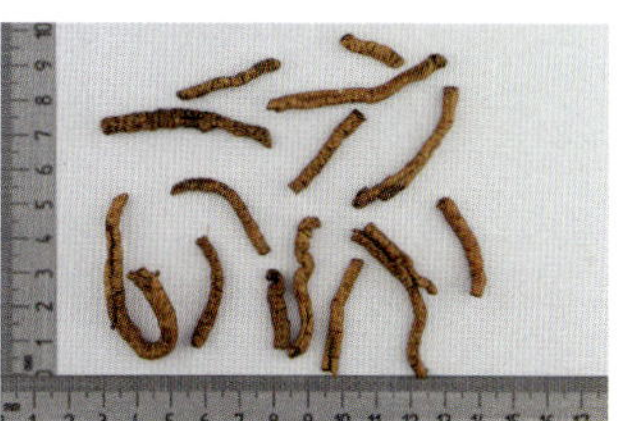
（d）蜜远志

图 5－80

【炮制作用】

表 5－168　远志饮片功效与应用

品名	性味归经	炮制作用
净远志段	苦、辛、温。归心、肾、肺经	安神益志，交通心肾，祛痰，消肿
制远志		缓和苦燥之性，消除刺喉感，增强安神益智作用
蜜远志		增强化痰止咳作用

【贮藏】置通风干燥处。

炮制制远志的甘草汁怎么配制，用甘草汁制有什么作用？炮制蜜远志需要的炼蜜如何炼制？

知识拓展

1. 炮制历史

南齐时代有去心用的方法；南北朝刘宋时代提出去心，用熟甘草汤浸，此法沿用至今；宋代增加了炒黄、甘草煮、生姜汁炒、酒浸、焙制、酒蒸、姜汁腌、酒蒸炒等方法；近代有甘草汁煮、甘草汁浸、蜜制、炒、麸炒等方法。现行主要用甘草汁煮、蜜炙等方法。

2. 炮制作用

远志性味苦、辛、温。归心、肾、肺经。生远志刺激咽喉，多外用，以消肿为主。制远志缓和了苦燥之性，又消除了刺喉感，以安神益智为主。蜜远志化痰止咳的作用增强。

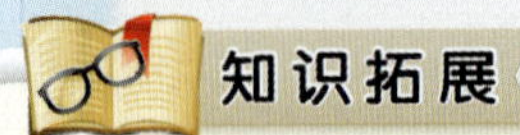

知识拓展

3. 炮制研究

远志主要含三萜皂苷类，包括远志皂苷 A、B、C、D、E、F、G。研究表明，生品与炙品在药理和层析结果上无显著差别，临床上多用蜜炙、甘草汁炙远志，其目的是减轻对胃肠道的刺激作用。

4. 知识拓展

对远志加工方法进行现代研究，结果表明，远志皮与其木心的化学成分种类相同。远志皮的祛痰作用、抗惊厥作用、溶血作用及急性毒性均强于远志木心。鉴于带心远志的毒性和溶血作用均小于远志皮，而且镇静作用强，祛痰作用亦不减弱，并且抽去木心费工费时，因此，远志去心没有必要。

5. 甘草汁制法

先将甘草片置锅内加适量水煎煮两次，过滤，合并滤液，弃去残渣，再将甘草汁浓缩至相当于甘草的 10 倍量。

6. 炼蜜的制备

将蜂蜜置锅内，文火加热至沸，趁热除去死蜂、杂质及浮沫后，再用文火继续熬炼，炼至颜色稍深、黏度增强时即得。

巴　戟　天

bajitian

【来源】本品为茜草科植物巴戟天 *Morinda officinalis* How 的干燥根。

【采收加工】全年均可采挖，洗净，除去须根，晒至六七成干，轻轻捶扁，晒干。

【生产工艺】

1. 巴戟天

取原药材，除去杂质。(《中国药典》)

2. 巴戟肉

取净巴戟天，置蒸制容器内蒸透，趁热除去木心。或用水润透后除去木心，切段，干燥后及时收藏。(《中国药典》)

3. 盐巴戟天

取净巴戟天，用盐水拌匀，置蒸制容器内蒸透，趁热除去木心，切段，干燥。(《中国药典》)

每 100 kg 净巴戟天，用盐 2 kg。

4. 制巴戟天

取甘草，捣碎，加水煎汤，去渣，加入净巴戟天拌匀置锅内，用文火煮透，甘草汁基本煮干。取出，趁热除去木心，切段，干燥。(《中国药典》)

每 100 kg 净巴戟天，用甘草 6 kg。

5. 酒巴戟天

取除去木心的净巴戟天，加入定量酒拌匀，闷润，待酒被吸收后，置炒制容器内，用文火加热，炒干，取出摊凉，筛去碎屑。(《广东省中药饮片炮制规范》)

每 100 kg 巴戟天，用黄酒 10 kg。

【工艺要点】严格按照操作规程操作。

【质量控制】

表 5－169　巴戟天产品质量控制指标

品名	性状	检测项目
巴戟天药材	扁圆柱形，略弯曲，长短不等，直径 0.5～2 cm。表面灰黄色或暗灰色，具纵纹和横裂纹，有的皮部横向断离露出木部；质韧，断面皮部厚，紫色或淡紫色，易与木部剥离；木部坚硬，黄棕色或黄白色，直径 1～5 mm。气微，味甘而微涩	水分：≤15.0% 总灰分：≤6.0% 浸出物（冷浸法）：≥50.0% 含量测定：耐斯糖（$C_{24}H_{42}O_{21}$）≥2.0%
巴戟天		
巴戟肉	扁圆柱形短段或不规则块。表面灰黄色或暗灰色，具纵纹和横裂纹。切面皮部厚，紫色或淡紫色，中空。气微，味甘而微涩	
盐巴戟天		水分、浸出物、含量测定同药材
制巴戟天		同药材
酒巴戟天	扁圆柱形或圆柱形，中空，略弯曲，长 1～4 cm，直径 0.5～1.5 cm。外表皮灰黄色至黄棕色，具纵纹及横裂纹。切面皮肉厚，淡紫色或紫色。质韧。具酒气，味甘而涩	水分、总灰分、浸出物同药材 酸不溶性灰分：≤0.8%

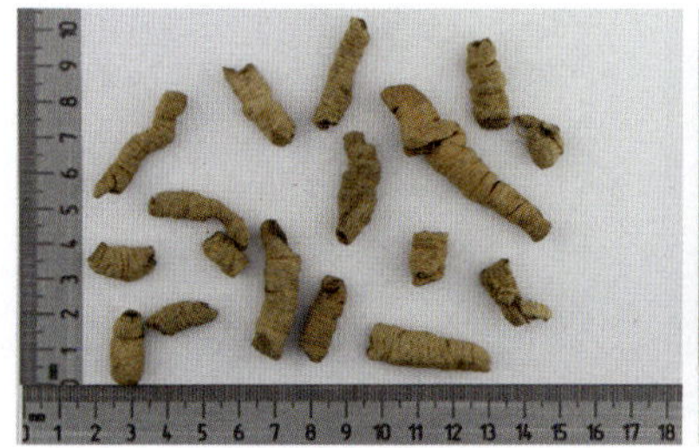

（a）巴戟肉　（b）盐巴戟天

（c）制巴戟天

图 5－81

【炮制作用】

表 5－170　巴戟天饮片功效与应用

品名	性味归经	炮制作用
巴戟天	甘、辛，微温。归肾、肝经	补肾阳，强筋骨，祛风湿
巴戟肉		去除非药用部分
盐巴戟天		引药入肾，增强补肾助阳作用
制巴戟天		甘味更浓，增强补益作用，补肾助阳，益气养血
酒巴戟天		增强温肾壮阳，强筋骨，祛风湿作用

【贮藏】置通风干燥处，防霉，防蛀。

课堂互动

巴戟天不同炮制品的作用有何不同？酒巴戟天所用的酒可以改为白酒吗？为什么？

知识拓展

1. 炮制历史

南北朝刘宋时期有枸杞、酒、菊花制法；宋代有酒煮、糯米同炒、酒焙、面炒、盐汤浸等方法；元代有酒炒法；明代增加了酒浸、油炒、火炮、炒制、盐水煮、甘草汤浸、枸杞汤浸、盐水泡、甘草汤炒、甘草汁煮等方法；近代及现行有清蒸去心、盐水拌蒸、甘草汁煮、盐炙等方法。

2. 炮制作用

巴戟天性味甘、辛、微温。归肾、肝经。生巴戟天味辛而温，以补肝肾，祛风湿力强。盐巴戟天专入肾，温而不燥，增强了补肾助阳的作用，久服无伤阴之弊。制巴戟天甘味更浓，补益作用增强，能补肾助阳，益气养血。

3. 炮制研究

根皮中有毒元素铅较木心含量低，铁、锰、锌等16种微量元素含量较木心为多，特别是与中医“肾”、心血管和造血机能密切的锌、锰、铁、铬等元素在根皮中含量较高。

4. 知识拓展

研究结果表明，巴戟天根皮和木心所含化学成分存在很大差异。所以巴戟天去木心是合理的。

珍　　珠
zhenzhu

【来源】本品为珍珠贝科动物马氏珍珠贝 *Pteria martensii*（Dunker）、蚌科动物三角帆蚌 *Hyriopsis cumingii*（Lea）或褶纹冠蚌 *Cristaria plicata*（Leach）等双壳类动物受刺激形成的珍珠。

【采收加工】全年均可采收，自动物体内取出，洗净，干燥。

【生产工艺】

1. 珍珠

取原药材，洗净，晾干。

2. 珍珠粉

取净珍珠，碾细，置适宜容器中，加入适量水共研成糊状，再加水，搅拌，倾出混悬液，残渣按上述方法反复操作数次，合并混悬液，静置，分取沉淀，干燥，研散。(《中国药典》)

3. 豆腐煮珍珠粉

取净珍珠，用纱布包好，加豆腐与水共煮约2小时，取出，洗净，碾细，置适宜容器中，加入适量水共研成糊状，再加水，搅拌，倾出混悬液，残渣按上述方法反复操作数次，合并混悬液，静置，分取沉淀，干燥，研散。

【工艺要点】

(1) 严格按照操作规程操作。

(2) 珍珠用水反复研磨至能入手纹为度。

(3) 留下的无法继续水飞的物质丢弃处理。

(4) 辅料用量：每100 kg净珍珠，用豆腐100 kg。

【质量控制】

表 5－171　珍珠产品质量控制指标

品名	性状	检测项目
珍珠药材	类球形、长圆形、卵圆形或棒形，直径 1.5～8 mm。表面类白色、浅粉红色、浅黄绿色或浅蓝色，半透明，光滑或微有凹凸，具特有的彩色光泽。质坚硬，破碎面显层纹。气微，味淡	酸不溶性灰分：≤4.0% 重金属及有害元素：铅≤5 mg/kg、镉≤0.3 mg/kg、砷≤2 mg/kg、汞≤0.2 mg/kg、铜≤20 mg/kg
珍珠粉	类白色。极细粉，在阳光照射下呈半透明，有光泽感	无
豆腐煮珍珠粉		

(a) 珍珠

(b) 珍珠粉

图 5－82

【炮制作用】

表 5－172　珍珠饮片功效与应用

品名	性味归经	炮制作用
珍珠粉	甘、咸，寒。归心、肝经	安神定惊，明目消翳，解毒生肌，润肤祛斑。水飞后成极细粉便于吸收
豆腐煮珍珠粉		豆腐煮去油污，便于服用

【贮藏】 密闭。

豆腐炮制珍珠有什么目的？

知识拓展

1. 炮制作用

珍珠质地坚硬，不溶于水，水飞后成极细粉便于吸收。豆腐具有较强的沉淀与吸附作用，与珍珠共制后可去除污物。

2. 炮制研究

通过水飞干燥后的干品珍珠粉目的是易于被人体胃吸收及外用易于透皮吸收。

3. 知识拓展

水飞后的珍珠粉干品再通过现代科技研制的气流粉碎技术，把干品珍珠粉放入粉碎机中，开机后用风力吸取其粉尘，未被吸取的粉尘再次回转粉碎。因为所得粉尘细度比按国标规定的极细粉（通称超细）还要细，称为超微粉。

三、焯制技术

将净药材置多量沸水中，浸煮短暂时间，取出，分离种皮的方法，称为焯法。一般需除去或分离种皮的种子类药材多用焯法。

（一）焯制的作用

1. 除去或分离种皮

如苦杏仁、桃仁的种皮是非药用部位。白扁豆的种皮（扁豆衣）偏于祛暑化湿，扁豆仁偏于健脾化湿，传统有分开药用的。

2. 保存药物的有效成分

如苦杏仁焯制，既能除去非药用的种皮，又能破坏苦杏仁酶而保存苦杏仁苷。

（二）焯制的操作方法

先将多量的清水加热至沸，再把药物（或药物连同具孔盛器）投入沸水中，翻动片刻（5～10 分钟），烫至种皮由皱缩至膨胀，易于挤脱时，快速捞出，放冷水中稍浸，凉后取出。搓开种皮与种仁，晒干，通过簸、筛除去或分离种皮。

（三）成品质量规律

种仁乳白色或类白色，无种皮。如苦杏仁、桃仁、白扁豆等。

（四）注意事项

1. 水量要大，以保证水温

一般为药材量的 10 倍，若水量过少，投入药物后，水温迅速降低，酶不能很快灭活。且药物在温水中时间太长，使苷类成分酶解或水解，影响药效。

2. 时间不宜过长

药物加热时间以 5～10 分钟为宜，以免时间过长，有效成分损失。

3. 去皮后的种仁，宜当天晒干或低温干燥

否则易泛油，变黄，影响成品质量。

苦　杏　仁
kuxingren

【来源】本品为蔷薇科植物山杏 *Prunus armeniaca* L. var. ansu Maxim.、西伯利亚杏 *Prunus sibirica* L.、东北杏 *Prunus mandshurica*（Maxim.）Koehne 或杏 *Prunus armeniaca* L. 的干燥成熟种子。

【采收加工】夏季采收成熟果实，除去果肉和核壳，取出种子，晒干。

【生产工艺】

1. 苦杏仁

取原药材，除去杂质，用时捣碎。

2. 焯苦杏仁

取净苦杏仁，置 10 倍量的沸水中略煮，至外皮微膨胀时，捞出，用凉水稍浸，取出。搓开种皮与种仁，干燥，筛或簸去种皮，用时捣碎。（《中国药典》）

3. 炒苦杏仁

取焯苦杏仁，置温度适宜的热锅内，用文火炒至表面黄色时，取出放凉，用时捣碎。（《中国药典》）

4. 苦杏仁霜

取焯苦杏仁，碾成泥状，用压榨机压榨去油或用粗草纸包裹反复压榨去油尽，碾细，过筛。

【工艺要点】

（1）严格按照操作规程操作。

（2）焯苦杏仁时，用水量是10倍量的沸水，稍微煮一下，至外皮膨胀即可。

（3）炒苦杏仁需置于热锅中，文火慢炒至黄色。

（4）制苦杏仁霜可用压榨机去油，也可用粗草纸包裹反复去油，压榨至油尽，粉末较为干爽即可。

【质量控制】

表5－173　苦杏仁产品质量控制指标

品名	性状	检测项目
苦杏仁药材	扁心形，长1～1.9 cm，宽0.8～1.5 cm，厚0.5～0.8 cm。表面黄棕色至深棕色，一端尖，另端钝圆，肥厚，左右不对称，尖端一侧有短线形种脐，圆端合点处向上具多数深棕色的脉纹。种皮薄，子叶2，乳白色，富油性。气微，味苦	过氧化值：≤0.11 含量测定：苦杏仁苷（$C_{20}H_{27}NO_{11}$）≥3.0%
苦杏仁		
焯苦杏仁	扁心形。表面乳白色或黄白色，一端尖，另端钝圆，肥厚，左右不对称，富油性。有特异的香气，味苦	过氧化值：≤0.11 含量测定：苦杏仁苷（$C_{20}H_{27}NO_{11}$）≥2.4%
炒苦杏仁	形如焯苦杏仁，表面黄色至棕黄色，微带焦斑。有香气，味苦	过氧化值：≤0.11 含量测定：苦杏仁苷（$C_{20}H_{27}NO_{11}$）≥2.1%
苦杏仁霜	呈黄白色粉末状，具有特殊气味	无

（a）苦杏仁　（b）焯苦杏仁

（c）炒苦杏仁

图5－83

【炮制作用】

表5－174　苦杏仁饮片功效与应用

品名	性味归经	炮制作用
苦杏仁	苦，微温；有小毒。归肺、大肠经	降气止咳平喘，润肠通便
焯苦杏仁		便于去种皮，杀酶保苷
炒苦杏仁		增强温散肺寒作用，并可去小毒
苦杏仁霜	无	增强宣降肺气作用，减弱润燥作用

【贮藏】置阴凉干燥处，防蛀。

苦杏仁为什么要炮制，不同炮制品的作用为什么会发生变化？

知识拓展

1. 炮制历史

汉代有熬制和“去皮尖炒”的方法；唐代有熬、烧黑、酥制、油制、麸炒等方法；元代有焙法；清代有姜制、盐制、酒浸、面裹煨后去油、便炒、制霜、烧存性、醋制等方法；近代有𬌗制、炒制、蒸法、制霜、制饼、麸炒、蜜制、甘草制等方法。现主要用𬌗制、炒制、制霜等法。

2. 炮制作用

苦杏仁性味苦、微温、有小毒。归肺、大肠经。苦杏仁性微温质润，长于润肺止咳，润肠通便。炒苦杏仁性温，长于温散肺寒，并可去小毒。苦杏仁霜去除了脂肪油，润燥作用显著减弱，无滑肠之虑，宣降肺气之力较强。

3. 炮制研究

苦杏仁主要含苦杏仁苷、脂肪油。苦杏仁经加热炮制后，可以杀酶保苷，使苦杏仁苷在体内胃酸的作用下，缓慢水解，产生适量的氢氰酸，只起镇咳作用而不致引起中毒。

4. 新技术应用

实验研究表明，苦杏仁皮、肉中所含有效成分苦杏仁苷的量几乎一致，且种皮中微量元素含量比种仁高。说明苦杏仁炮制可不去皮，既可减少脱皮这一烦琐工序，节省大量药材，又可增加临床疗效。

桃　仁
taoren

【来源】本品为蔷薇科植物桃 *Prunus persica*（L.）Batsch 或山桃 *Prunus davidiana*（Carr.）Franch. 的干燥成熟种子。

【采收加工】果实成熟后采收，除去果肉和核壳，取出种子，晒干。

【生产工艺】

1. 桃仁

取原药材，除去杂质。用时捣碎。(《中国药典》)

2. 𬌗桃仁

取净桃仁，置沸水中加热烫至外皮微膨胀时，捞出，用凉水稍浸，取出。搓开种皮与种仁，干燥，筛或簸去种皮，用时捣碎。(《中国药典》)

3. 炒桃仁

取𬌗桃仁，置温度适宜的热锅内，用文火炒至表面黄色时，取出，放凉，用时捣碎。(《中国药典》)

【工艺要点】

(1) 严格按照操作规程操作。

(2) 𬌗桃仁时，用沸水稍微煮一下，至外皮膨胀即可。

(3) 炒桃仁需置于热锅中，文火慢炒至黄色。

【质量控制】

表 5-175　桃仁产品质量控制指标

品名	性状	检测项目
桃仁药材	扁长卵形，长 1.2 ~ 1.8 cm，宽 0.8 ~ 1.2 cm，厚 0.2 ~ 0.4 cm。表面黄棕色至红棕色，密布颗粒状突起。一端尖，中部膨大，另端钝圆稍偏斜，边缘较薄。尖端一侧有短线形种脐，圆端有颜色略深不甚明显的合点，自合点处散出多数纵向维管束。种皮薄，子叶 2，类白色，富油性。气微，味微苦	酸值：≤10.0 羰基值：≤11.0 黄曲霉毒素：每 1 000 g 含黄曲霉毒素 B_1 不得过 5 μg，含黄曲霉毒素 G_2、黄曲霉毒素 G_1、黄曲霉毒素 B_2 和黄曲霉毒素 B_1 的总量不得超过 10 μg 含量测定：苦杏仁苷（$C_{20}H_{27}NO_{11}$）≥ 2.0%
山桃仁药材	类卵圆形，较小而肥厚，长约 0.9 cm，宽约 0.7 cm，厚约 0.5 cm	
桃仁		
山桃仁		
燀桃仁	扁长卵形，长 1.2 ~ 1.8 cm，宽 0.8 ~ 1.2 cm，厚 0.2 ~ 0.4 cm。表面浅黄白色，一端尖，中部膨大，另端钝圆稍偏斜，边缘较薄。子叶 2，富油性。气微香，味微苦	酸值、羰基值、黄曲霉毒素同桃仁药材 含量测定：苦杏仁苷（$C_{20}H_{27}NO_{11}$）≥ 1.5%
燀山桃仁	类卵圆形，较小而肥厚，长约 1 cm，宽约 0.7 cm，厚约 0.5 cm	
炒桃仁	扁长卵形，长 1.2 ~ 1.8 cm，宽 0.8 ~ 1.2 cm，厚 0.2 ~ 0.4 cm。表面黄色至棕黄色，可见焦斑。一端尖，中部膨大，另端钝圆稍偏斜，边缘较薄。子叶 2，富油性。气微香，味微苦	酸值、羰基值、黄曲霉毒素同桃仁药材 含量测定：苦杏仁苷（$C_{20}H_{27}NO_{11}$）≥ 1.6%
炒山桃仁	2 枚子叶多分离，完整者呈类卵圆形，较小而肥厚。长约 1 cm，宽约 0.7 cm，厚约 0.5 cm	

（a）桃仁药材

（b）燀桃仁

（c）炒桃仁

图 5-84

【炮制作用】

表 5-176　桃仁饮片功效与应用

品名	性味归经	炮制作用
桃仁	苦、甘，平。归心、肝、大肠经	活血祛瘀，润肠通便，止咳平喘
山桃仁		
燀桃仁		利于有效成分的溶出，提高疗效，去除非药用部分
燀山桃仁		
炒桃仁		增强润燥和血作用
炒山桃仁		

【贮藏】置阴凉干燥处，防蛀。

课堂互动

桃仁不同炮制品各有什么作用？

知识拓展

1. 炮制历史

汉代有熬制和“去皮尖炒”的方法；明代有吴茱萸炒、酒制、烧存性、“水浸去皮，焙”等方法；清代有干漆炒、童便酒炒、制炭、去皮尖炒等方法；近代有燀制和炒制、炒焦、麸炒、蜜炙、制霜、甘草水煮等方法。现主要用燀法和炒法。

2. 炮制作用

桃仁性味苦、甘、平。归心、肝、大肠经。生桃仁以活血祛瘀力强。燀桃仁去皮又利于有效成分的溶出，提高疗效。其作用与生桃仁基本一致。炒桃仁偏于润燥和血。

3. 炮制研究

桃仁主要含苦杏仁苷、挥发油、脂肪油、蛋白质等。桃仁不粉碎，直接煎煮，水溶性浸出物的含量依次减少：燀桃仁、炒桃仁、带皮桃仁、生桃仁。说明燀制去皮可显著提高其水溶性成分的溶出，提高疗效。

白扁豆
baibiandou

【来源】本品为豆科植物扁豆 *Dolichos lablab* L. 的干燥成熟种子。

【采收加工】秋、冬二季采收成熟果实，晒干，取出种子，再晒干。

【生产工艺】

1. 白扁豆

取原药材，除去杂质，用时捣碎。(《中国药典》)

2. 炒扁豆

取白扁豆置锅内，用文火加热，炒至微黄色具焦斑，有香气溢出，取出放凉。(《中国药典》)

3. 土炒白扁豆

取灶心土细粉，置炒制容器内，用武火加热，加入净白扁豆，炒至表面挂土色，微显焦黄色，取出，筛去土粉，摊凉。(《广东省中药饮片炮制规范》)

4. 麸炒白扁豆

先将炒制容器加热至撒入麦麸即刻烟起，随即投入白扁豆，迅速翻炒，至白扁豆外皮呈深黄色时，取出，筛去麦麸，放凉。(《广东省中药饮片炮制规范》)

5. 扁豆衣

取净扁豆置沸水中，稍煮至皮软后，放冷水中稍泡，取出，搓开种皮与仁，干燥，筛取种皮。

【工艺要点】

(1) 严格按照操作规程操作。

(2) 辅料用量：每 100 kg 白扁豆，用灶心土 20 kg；每 100 kg 白扁豆，用麦麸 10 kg。

(3) 炒扁豆需置于热锅中，文火慢炒至黄色，略有焦斑。

【质量控制】

表 5－177　白扁豆产品质量控制指标

品名	性状	检测项目
白扁豆药材	扁椭圆形或扁卵圆形，长 8～13 mm，宽 6～9 mm，厚约 7 mm。表面淡黄白色或淡黄色，平滑，略有光泽，一侧边缘有隆起的白色眉状种阜。质坚硬。种皮薄而脆，子叶 2，肥厚，黄白色。气微，味淡，嚼之有豆腥气	水分：≤14.0%
白扁豆		
炒白扁豆	形如白扁豆，炒后表面微黄色，略具焦斑，有香气	无
土炒白扁豆	扁椭圆形或扁卵圆形，长 8～13 mm，宽 6～9 mm，厚约 7 mm。表面土黄色至砖红色，具焦斑，一侧边缘有隆起的白色眉状种阜。质坚硬。种皮薄而脆，子叶 2，肥厚，黄白色。气微，味淡，嚼之有豆腥气味	水分：≤11.0% 总灰分：≤5.0% 酸不溶性灰分：≤0.5% 浸出物（稀乙醇热浸）：≥12.0%
麸炒白扁豆	扁椭圆形或扁卵圆形，长 8～13 mm，宽 6～9 mm，厚约 7 mm。表面黄色，具焦斑，一侧边缘有隆起的白色眉状种阜。质坚硬，种皮薄而脆，子叶 2，肥厚，黄白色。具麦麸香气，味淡，嚼之有豆醒气味	水分≤8.0% 总灰分≤5.0% 浸出物（稀乙醇热浸）：≥11.0%
扁豆衣	囊壳状、凹陷或蜷缩成不规则瓢片状，长约 1 cm，厚不超过1 mm。表面光滑，乳白色或淡黄白色，有的可见种阜，完整的种阜半月形，类白色。质硬韧，体轻。气微，味淡	无

（a）白扁豆

（b）炒白扁豆

（c）扁豆衣

图 5－85

【炮制作用】

表 5－178　白扁豆饮片功效与应用

品名	性味归经	炮制作用
白扁豆	甘，微温。归脾、胃经	健脾化湿，和中消暑
炒白扁豆		增强健脾止泻作用
土炒白扁豆		增强健脾止泻作用
麸炒白扁豆		增强健脾止泻作用
扁豆衣		健脾和胃，消暑化湿

【贮藏】置干燥处，防蛀。

土炒白扁豆所用的灶心土是什么来源？扁豆衣和扁豆仁各有什么功效？

知识拓展

1. 炮制历史

宋代有炒、焙、蒸、炮、姜汁炒法；元代出现煮、去皮的方法；明代有连皮炒熟，水浸法去皮；清代增加了炒黑、同陈皮炒、配制的方法。现在主要的炮制方法有燀法和炒法。

2. 炮制作用

白扁豆味甘，性微温。归脾、胃经。健脾化湿、和中消暑。扁豆生用消暑、化湿力强。用于暑湿和消渴。燀制是为了分离不同的药用部位，增加药用品种。扁豆衣气味俱弱，健脾作用较弱，偏于祛湿化暑。炒扁豆性微温，偏于健脾止泻。用于脾虚泄泻，白带过多。

3. 炮制研究

白扁豆主含蛋白质、脂肪、碳水化合物、血细胞凝集素 A 和 B、磷脂、豆甾醇、钙、磷、铁、锌等多种成分。白扁豆磷脂组分主要是磷脂酰胆碱，含量 70% 以上，其次为磷脂酰乙醇胺，约 20%。炒扁豆总磷脂含量减少 6.5% ~9.4%。磷脂酰胆碱百分比减少 18% ~25%，其他组分百分比略有增高。一般认为血细胞凝集素 A 是生扁豆的毒性成分，凝集素 B 可用于水，有抗胰蛋白酶活性作用，加压蒸汽消毒或煮沸 1 小时，活力损失 86% ~94%，因此，加热处理能降低毒性。

实训八　水火共制技术

一、实训目的

（1）熟悉并掌握药物蒸、煮、燀法的操作程序及注意事项。
（2）了解可倾式蒸煮锅的性能，准确把握药物炒制的火力。
（3）准确判断各种药物炮制的火候。

二、实训器材

1. 实训设备

可倾式蒸煮锅、煤气灶、蒸锅、刷子、盛药器具、电子秤。

2. 实训材料

黄芩、何首乌、苦杏仁、甘草。

三、实训内容及步骤

（一）准备工作

（1）检查实验工具是否完备，蒸煮锅、排气扇工作是否正常。将要炮制的药物筛去碎屑、杂质，药物大小、粗细分档备用。检查蒸煮锅、盛药器具是否洁净，必要时进行清洁，放置在煤气灶上。

（2）将 10 kg 黑豆，加 4 倍量水，煮约 4 小时，先用武火，沸腾后用小火，保持沸腾状态，煎汁约

15 kg，再将豆渣加 2 倍量水煮约 3 小时，熬汁约 10 kg，将两次汁液合并得 25 kg 黑豆汁备用（实验时可根据何首乌的药量确定黑豆的用量）。

（3）将分档后的药物置洁净的容器内，按要求加入一定量的辅料或水与药物拌匀，润透。用黄酒润制药物时需加盖密闭。

（二）实训过程

1．蒸法

分直接蒸法和间接蒸法。采用直接蒸法炮制药物时，将分档后的药物置笼屉上直接蒸制到一定程度。

采用间接蒸法炮制药物时，将分档后的药物加辅料（或水）润透，或与辅料拌匀后置蒸制容器内（鞣质类成分含量高的药物置非铁质容器内）隔水加热。先用武火蒸，待“圆气”后改用小火（在非密闭容器中酒蒸时，要先用文火），保持锅内有足够的蒸气，将药物蒸制到所需程度后，待锅内温度与室温接近时开锅，将药物置洁净的容器内，清洗蒸锅和其他容器。

（1）蒸黄芩。取黄芩，除去杂质，洗净，大小分档后置蒸制容器内隔水加热，“圆气”再蒸 30 分钟，待软化后取出，趁热切薄片。干燥。或将净黄芩置沸水中煮 10 分钟，取出，闷 8～12 小时，当内外湿度一致时，切薄片，干燥。观察色泽变化。

成品性状：类圆形或不规则形薄片，周边黄棕色至棕褐色；片面黄棕色或黄绿色，有放射状纹理，中心部分多有枯朽状的棕色圆心；质硬而脆，气微，味苦。

（2）制首乌。将净何首乌片置适宜容器内，用一定量的黑豆汁（黑豆汁制法见下）拌匀，再装入砂锅中，锅口密闭，隔水加热。先用武火加热，蒸至“圆气”后改用文火，蒸至汁液被吸尽，药物呈棕褐色时，取出放凉，出罐，干燥。每 100 kg 何首乌用黑豆 10 kg。

成品性状：本品表面呈棕黑色，质坚硬，断面角质样棕褐色或黑色。味微甘。

2．煮法

煮法分为清水煮和加辅料煮两种方法。

加辅料煮：采用加辅料煮法炮制药物时，将分档后的药物加药汁或醋拌匀，再加水没过药面，先用武火煮沸，再改用文火煮至药汁被吸尽，取出，切片或直接入药，根据药物性质干燥，将药物置洁净的容器内，清洗蒸锅和其他容器。

制远志。先将甘草片置锅内加适量水煎煮 2 次，过滤，合并滤液，弃去残渣，再将甘草汁浓缩至相当于甘草的 10 倍量时，将净远志投入锅内，加热煮沸，改用文火，保持微沸，并经常翻动，至甘草汁被吸尽，略干，取出干燥。远志每 100 kg 用甘草 6 kg。

成品性状：远志为小圆筒形结节状小段，有横皱纹。质脆，易折断，断面黄白色。气微，味苦微辛，嚼之有刺喉感。制远志味略甜，嚼之无刺喉感。

3．燀法

采用燀法炮制药物时，将 10 倍于药量的清水加热至沸，将药物连同带孔盛器，一齐投入沸水中加热。煮烫 5～10 分钟，至种皮微膨胀，易于挤脱时立即取出，浸漂于冷水中浸泡片刻，捞起后搓开种皮与种仁。清洗蒸锅和其他容器，晒干后簸去或筛取种皮，将净种仁置洁净的容器内。

燀苦杏仁。将 10 倍于药量的水烧开后，将苦杏仁置漏勺中于沸水中煮烫 5 分钟，至种皮鼓起后，立即放冷水中稍浸，搓开种皮与种仁。晒干后簸去或筛取种皮，将净种仁置洁净的容器内。

（三）场地清理

实训结束后，将炮制好的药物置于洁净的聚乙烯包装袋内，密封后贮藏，清洁煤气灶和其他实训器具，将实训室打扫干净，关闭水、电、气、门、窗。

四、实训提示

表 5－179

序号	实训关键环节	提示内容
1	工具是否洁净	蒸锅、器具和其他工具洁净后才可以进行炮制
2	黑豆汁制备	掌握黑豆汁制备的火力使用、煎煮时间与次数、黑豆汁的量
3	辅料	掌握辅料的用量、闷润的时间
4	火力把握	根据药物水火共制技术的要求，掌握火的燃烧强度，蒸法先用武火蒸，待“圆气”后改用小火，煮法武火煮沸后，改用文火煮
5	火候把握	准确把握药物蒸制到所需程度
6	药物出锅	待锅内温度与室温接近时开锅，干燥

五、实训思考

（1）用液体辅料拌蒸的药物为什么要待辅料被吸尽后再蒸制？
（2）焯苦杏仁时要注意哪三要素？

六、实训测试

表 5－180

测试项目	重点测试内容	测试标准	标准分值	测试得分
过程测试	准备工作	洁净和检查工具，准备工作到位	10	
	操作步骤	严格操作流程，操作过程没有大的失误	15	
	辅料的制备与用量	黑豆汁制备正确，辅料用量及闷润时间正确	10	
	火力	蒸、煮、焯法火力使用得当	10	
	创新训练	能主动查阅资料，尝试新的水火共制方法	10	
结果测试	意外事件	整个操作过程中，没有发生器具损坏及不安全事件	5	
	分组讨论	能找出本组操作中存在的问题，找到合理的解决方法	10	
	炮制程度	几种药物从颜色、质地等外观上都达到了炮制标准	10	
	场地清理	能及时清洗实验器具，清理桌面，药物归类放置	5	
	实训报告	报告字迹工整，条理清晰，结果准备，分析透彻	15	

目标检测题

一、单项选择题

1. 以下蒸制后可以杀酶保苷，便于软化切片的是（　　）。

A. 木瓜　　B. 天麻　　C. 黄精　　D. 何首乌

2. 川乌煮制后毒性降低，其主要原因是（ ）。
A. 炮制后乌头原碱类成分分解破坏
B. 炮制后苯甲酰单酯型乌头碱类成分分解破坏
C. 炮制后双酯型乌头碱类成分分解破坏
D. 炮制后乌头原碱类成分含量升高
3. 白扁豆燀制的目的是（ ）。
A. 在保存药物有效成分的前提下，除去非药用部位
B. 增强健脾止泻作用
C. 保存药效，利于贮存
D. 分离不同药用部位，增加药用品种
4. 为增强何首乌补肝肾、益精血、乌须发、强筋骨的作用，何首乌炮制时采用的辅料是（ ）。
A. 醋 B. 盐 C. 豆腐 D. 黑豆汁
5. 苦杏仁燀制的最佳条件是（ ）。
A. 10 倍量沸水，加热 5 分钟 B. 5 倍量沸水，加热 10 分钟
C. 10 倍量清水，投药加热 5 分钟 D. 15 倍量沸水，加热 2 分钟
E. 10 倍量沸水，加热 10 分钟
6. 药物蒸后便于保存的是（ ）。
A. 何首乌 B. 黄芩 C. 木瓜 D. 大黄
E. 地黄
7. 滋阴补血，益精填髓宜用（ ）。
A. 鲜地黄 B. 生地黄 C. 熟地黄 D. 生地炭
E. 熟地炭
8. 珍珠豆腐煮可以（ ）。
A. 增强疗效 B. 减少副作用 C. 降低毒性 D. 洁净药物
9. 先用豆腐一大块，平铺于盘内，中间挖一不透底的槽，将药材放入，再用豆腐盖严，置于笼屉内，隔水加热，蒸至溶化，取出，冷却凝固，去豆腐晒干。下列（ ）采用此炮制方法。
A. 斑蝥 B. 草乌 C. 藤黄 D. 川乌

二、多项选择题

1. 药物蒸制的作用是（ ）。
A. 便于保存 B. 利于切制
C. 改变药性，产生新的功效 D. 增强疗效
E. 矫臭矫味
2. 乌头炮制降毒的机理是（ ）。
A. 总生物碱含量降低 B. 双酯型生物碱水解
C. 双酯型生物碱分解 D. 脂肪酰基取代了 C_8-OH 的乙酰基，生成脂碱
E. 总生物碱含量升高
3. 苦杏仁炮制的目的是（ ）。
A. 除去非药用部位 B. 便于煎出有效成分
C. 杀酶保苷 D. 促进苦杏仁苷水解
E. 提高氢氰酸含量
4. 熟地黄炮制可采用（ ）。
A. 清蒸 B. 黑豆汁蒸 C. 酒蒸 D. 醋蒸
E. 酒醋合蒸

5. 川乌炮制的基本过程为（　　）。

A. 净川乌分档，用水浸泡至内无干心

B. 净川乌分档，用水浸漂至内无干心

C. 用水煮或蒸至内无白心，口尝微有麻舌感

D. 用甘草、干姜水煮至无白心，口尝微有麻舌感

三、简答题

1. 简述地黄的炮制规格及其作用特点。

2. 黄芩为什么要加热软化?

第五节　中药饮片发酵、发芽、制霜技术

一、中药饮片发酵技术

经净制或处理后的药物，在一定的温度和湿度条件下，由于霉菌和酶的催化分解作用使其发泡、生衣的方法称为发酵技术。

（一）发酵目的

（1）改变原有性能，产生新的治疗作用，扩大用药品种。如六神曲、红曲等。

（2）增强疗效。如半夏曲等。

（二）发酵条件

药物发酵的过程是微生物新陈代谢的过程，因此只要满足其生长的繁殖条件才能保证发酵品的质量。主要条件如下：

1. 菌种

主要利用空气中的微生物进行自然发酵，有时会因菌种不纯，影响发酵质量。

2. 培养基

主要为水、含氮物质、含碳物质和无机盐类等，为菌种的生长繁殖提供良好的营养条件。

3. 温度

一般发酵的最佳温度为30~37℃。温度太高则菌种老化甚至死亡，不能发酵；温度过低，菌种繁殖慢，不利于发酵，甚至不能发酵。

4. 湿度

一般发酵的相对湿度应控制在70%~80%。湿度太高，则药料发黏，且易生虫霉烂，造成药物发暗；过分干燥，则药物易散不能成形。经验以“握之成团，指间可见水迹，放下轻击则碎”为宜。

5. 其他方面

在pH值4~7.6，有充足的氧或二氧化碳条件下进行。

（三）操作方法

根据不同品种，采用不同方法进行加工处理后，再置适宜的环境中进行发酵。常用的方法有药料与面粉混合发酵，如六神曲。在发酵时应注意以下几方面。

（1）原料在发酵前应进行杀菌、杀虫处理，以免杂菌感染，影响发酵品质量。

（2）发酵过程必须一次完成，不能中断或停顿。

（3）温度和湿度对发酵速度影响很大，要满足发酵所需的条件。

（四）品质要求

发酵品以曲块表面霉衣为黄白色、内部有斑点为佳，同时具有酵香气味。无霉味、酸败味，不应出现黑色。发酵制品含水量不得过13%，含药屑、杂质不得超过1%。

六　神　曲

liushenqü

【来源】本品为苦杏仁、赤小豆、鲜青蒿、鲜苍耳草、鲜辣蓼等中药加入面粉（或麦麸）混合后，经发酵而成的曲剂。

【生产工艺】

1. 六神曲

取面粉100 kg，杏仁、赤小豆各4 kg，鲜青蒿、鲜辣蓼、鲜苍耳草各7 kg。将杏仁、赤小豆碾成细粉，与面粉混匀。加入鲜青蒿、鲜辣蓼、鲜苍耳草的混合药汁（药汁占原药量的20%～25%），与药料搅拌均匀，并制成以手握成团、掷之即散的粗颗粒软材，置木制模具中压制成扁方块（长33 cm，宽20 cm，厚6.66 cm，神曲干后重约1 kg）。用鲜苘麻叶（或粗纸）包严，放入箱内，按品字形堆放。一般室温30～37℃，经4～6天即可发酵。待药料表面生出黄白色霉衣时取出，除去苘麻叶，切成小方块，干燥。（《全国中药炮制规范》）

2. 炒神曲

取麦麸皮均匀撒于热锅内，待烟起，将神曲小方块倒入，快速翻炒至神曲表面呈深黄色，取出，筛去麸皮，放凉。或用清炒法，炒至棕黄色。（《全国中药炮制规范》）

每100 kg神曲，用麸皮10 kg。

3. 焦神曲

将神曲块投入热锅内，用文火加热，不断翻炒，至表面呈焦褐色，内部微黄色，有焦香气时，取出，摊开放凉。（《全国中药炮制规范》）

【工艺要点】严格按照操作规程操作。

【质量控制】

表5－181　六神曲产品质量控制指标

品名	性状	检测项目
六神曲	立方形小块状，表面灰黄色，粗糙，质脆易断，微有香气	无
炒神曲	表面黄色，偶有焦斑，质坚脆，有麸香气	
焦神曲	表面焦黄色，内部微黄色，有焦香气	

（a）六神曲

（b）炒神曲

（c）焦神曲

图5－86

【炮制作用】

表 5-182 六神曲饮片功效与应用

品名	性味归经	炮制作用
六神曲	味甘、辛、性温。归脾、胃经	健脾开胃，有发散作用
炒神曲		增强醒脾和胃作用
焦神曲		增强消食化积作用

【贮藏】置干燥处，防蛀。

课堂互动

六神曲含哪几种原料？请查找资料对比六神曲和广东神曲有何区别？

知识拓展

1. 炮制历史

汉代即有曲的记载，南北朝时有焙制法；唐代有微炒制、炒黄法；宋代有火炮法、半夏共炒制法；元代有煨制；明、清时代增加了枣肉制、酒制、煮制、制炭等炮制方法。现今主要炮制方法有麸炒、炒焦等。

2. 炮制作用

神曲味甘、辛、性温。归脾、胃经。生品健脾开胃，并有发散作用，常用于感冒食滞。麸炒后产生甘香气味，以醒脾和胃为主，用于食积停滞、脘腹胀满、不思饮食等证。炒焦后长于消食化积，以治食积泄泻为主。

3. 炮制研究

神曲中含有酵母菌，其成分含有挥发油、苷类、脂肪油及维生素 B 等。临床研究证实神曲炒后健脾消食，炒焦后治食积的作用效果较好。

4. 新技术应用

对六神曲发酵工艺的研究认为，规模化生产采用单一菌种定向发酵，以麦麸为发酵营养源制备的六神曲，发酵周期短，效果好，成本低，消化酶含量高，而且质量稳定。

淡 豆 豉

dandouchi

【来源】本品为豆科植物大豆 *Glycine max*（L.）Merr. 的成熟种子的发酵加工品。

【生产工艺】

取桑叶、青蒿各 70~100 g，加水煎煮，滤过，煎液拌入净大豆 1 000 g 中，待吸尽后，蒸透，取出，稍晾，再置容器内，用煎过的桑叶、青蒿渣覆盖，闷使发酵至黄衣上遍时，取出，除去药渣，洗净，置容器内再闷 15~20 天，至充分发酵、香气溢出时，取出，略蒸，干燥，即得。(《中国药典》)

大豆每 100 kg，用桑叶、青蒿各 7~10 kg。

【工艺要点】

（1）严格按照操作规程操作。

（2）制淡豆豉时，净大豆 1 000 g，用桑叶、青蒿各 70~100 g，第一次发酵采用桑叶、青蒿渣覆盖，至长满黄衣为度；第二次发酵应闷 15~20 天，充分发酵。

【质量控制】

表 5-183　淡豆豉产品质量控制指标

品名	性状	检测项目
淡豆豉	椭圆形，略扁，长 0.6～1 cm，直径 0.5～0.7 cm。表面黑色，皱缩不平。质柔软，断面棕黑色。气香，味微甘	无

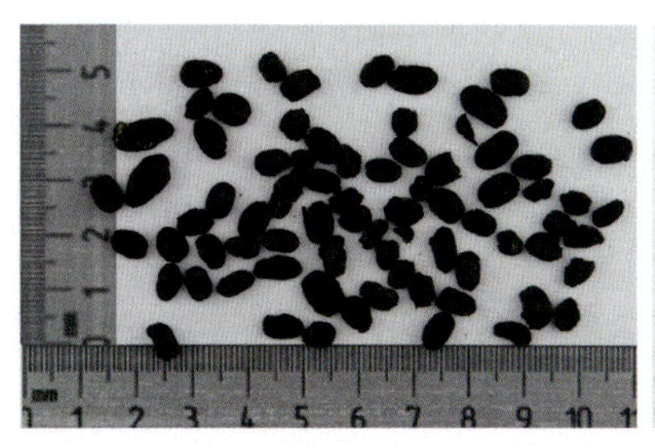

（a）淡豆豉

（b）黑大豆

图 5-87

【炮制作用】

表 5-184　淡豆豉饮片功效与应用

品名	性味归经	炮制作用
淡豆豉	苦、辛，凉。归肺、胃经	解表、除烦，宣发郁热

【贮藏】置通风干燥处，防蛀。

课堂互动

淡豆豉炮制主要用于治疗哪些疾病?

知识拓展

1. 炮制历史

晋朝有烧制、熬制；唐代有炒制令香、清酒渍制、九蒸九曝、醋蒸制等炮制法；宋代增加了炒焦法；明代有了盐醋拌蒸法；清代新增清蒸法，酒浸制。此时，其炮制方法已达 10 余种。

2. 化学成分

本品含脂肪、蛋白质和酶类等成分。含蛋白质 19.5%，脂肪 6.9%，碳水化合物 25%，维生素 B_1 0.07 mg/100 g，维生素 B_2 0.34 mg/100 g，菸酸 2.4 mg/100 g；另含钙、铁、磷盐、氨基酸以及酶。

3. 药理作用

淡豆豉有微弱的发汗作用，并有健胃、助消化作用。

二、中药饮片发芽技术

将净选后的新鲜成熟的果实或种子，在一定的温度或湿度条件下，促使萌发幼芽的方法称为发芽技术。

（一）发芽目的

通过发芽，淀粉被分解为糊精、葡萄糖及果糖，蛋白质被分解为氨基酸，脂肪被分解为甘油和脂肪酸，并产生各种消化酶、维生素，使其具有新的功效，扩大用药品种。

（二）发芽条件及注意事项

（1）一般发芽温度为18～25℃，浸渍后含水量控制在42%～45%为宜。

（2）必须选用新鲜成熟的种子或果实，在发芽前应测定发芽率，应该在85%以上。

（3）种子的浸泡时间应依气候、环境而定，一般春、秋季宜浸泡4～6小时，冬季8小时，夏季4小时。

（4）适当避光并选择有充足氧气、通风良好的场地或容器进行发芽。

（5）先长须根而后生芽，不能把须根误认为是芽。以芽长至0.5～1 cm为标准，发芽过长则影响药效。

（6）在发芽过程中，要勤加检查、淋水，以保持所需湿度，并防止发热霉烂。

（三）操作方法

选择新鲜、粒大、饱满、无病虫害、色泽鲜艳的种子或果实，用清水浸泡适度，捞出，置于能透气漏水的容器中，或已垫好竹席的地面上，用湿物盖严，每日喷淋清水2～3次，保持湿润，经2～3天即可萌发幼芽，待幼芽长出0.5～1 cm时，取出干燥。

（四）品质要求

（1）发芽制品芽长一般应为0.5～1 cm，出芽率不得少于85%。

（2）成品含水分不超过13%，含药屑、杂质不超过1%。

麦　芽
maiya

【来源】本品为禾本科植物大麦 *Hordeum vulgare* L. 的成熟果实经发芽干燥的炮制加工品。

【采收加工】将麦粒用水浸泡后，保持适宜温、湿度，待幼芽长至约5 mm时，晒干或低温干燥。

【生产工艺】

1. 麦芽

将麦粒用水浸泡后，保持适宜温、湿度，待幼芽长至约5 mm时，晒干或低温干燥。（《中国药典》）

2. 炒麦芽

取净麦芽，置热锅内，用文火加热，不断翻动，炒至表面棕黄色，取出放凉。（《中国药典》）

3. 麸炒麦芽

取麸皮置热锅内，待冒烟时，加入净麦芽，用文火炒至表面呈黄色，取出，筛去麸皮，摊晾。（《广东省中药饮片炮制规范》）

每100 kg净麦芽，用麸皮10 kg。

4. 焦麦芽

取净麦芽，置热锅内，用中火加热，不断翻动，炒至表面焦褐色，取出放凉，筛去灰屑。（《中国药典》）

【工艺要点】

（1）严格按照操作规程操作。

（2）制麦芽时，应先将麦粒浸泡，发芽容器应能排水，避免麦粒泡烂，保持麦粒湿润发芽。

（3）炒麦芽需置于热锅中，文火不断翻炒至外表棕黄色，鼓起并有香气。

（4）制焦麦芽需置于热锅中，中火不断翻炒至外表焦褐色，鼓起并有焦香气。

【质量控制】

表 5－185　麦芽产品质量控制指标

品名	性状	检测项目
麦芽药材	梭形，长 8～12 mm，直径 3～4 mm。表面淡黄色，背面为外稃包围，具 5 脉；腹面为内稃包围。除去内外稃后，腹面有 1 条纵沟；基部胚根处生出幼芽及须根，幼芽长披针状条形，长约 5 mm。须根数条，纤细而弯曲。质硬，断面白色，粉性。气微，味微甘	水分：≤13.0% 总灰分：≤5.0% 出芽率：≥85% 黄曲霉毒素：本品每 1 000 g 含黄曲霉毒素 B_1 不超过 5 μg，黄曲霉毒素 G_2、黄曲霉毒素 G_1、黄曲霉毒素 B_2 和黄曲霉毒素 B_1 总量不超过 10 μg
炒麦芽	形如麦芽，表面棕黄色，偶有焦斑。有香气，味微苦	水分：≤12.0% 总灰分：≤4.0%
麸炒麦芽	梭形，长 8～12 mm，直径 3～4 mm。表面黄色，背面为外稃包围，具 5 脉；腹面为内稃包围。除去内外稃后，腹面有 1 条纵沟，有的基部可见残留胚根。质硬脆，断面黄白色，粉性。有麦麸香气，味微甘	水分：≤9.0% 总灰分：≤4.0% 浸出物（稀乙醇热浸）：≥12.0%
焦麦芽	形如麦芽，表面有裂隙，表面焦褐色或焦黄色，有焦香气	水分：≤10.0% 总灰分：≤4.0%

（a）麦芽　　（b）炒麦芽

（c）焦麦芽

图 5－88

【炮制作用】

表 5－186　麦芽饮片功效与应用

品名	性味归经	炮制作用
麦芽	甘，平。归脾、胃经	行气消食，健脾开胃，回乳消胀
炒麦芽		偏温而气香，具有行气、消食、回乳之功
麸炒麦芽		增强开胃消食的作用，并能回乳
焦麦芽		增强消食化滞、止泻的作用

【贮藏】置通风干燥处，防蛀。

课堂互动

麦芽与谷芽的功效有何异同？

知识拓展

1．炮制历史

晋代有熬制法；唐、宋代有微炒、炒黄、微炒黄等炮制方法；元代有焙法；明代有巴豆炒、发芽、炒熟、煨等炮制方法；清代增加了炒焦、炒黑的炮制方法。现在主要炮制方法有炒黄、炒焦等。

2．化学成分

麦芽主要含α－淀粉酶及β－淀粉酶（amylase）、催化酶（catalyticase）、过氧化异构酶（peroxidisomerase）等。另含大麦芽碱（hordenine），大麦芽胍碱（hordatine）A、B，腺嘌呤（ade－nine），胆碱（choline），蛋白质，氨基酸，维生素B、D、E，细胞色素（cytochrome）C。尚含白栝楼碱（candici－ne）。

3．炮制研究

以麦芽炮制时的炒制温度、炒制时间、翻炒频率为考察因素，用正交试验设计安排实验，以炒制品合格率、麦黄酮含量、总黄酮含量为考察指标，采用综合评分法对测定结果进行分析。认为麦芽最佳机械炒制工艺：炒制温度为200℃，炒制时间20分钟，每分钟翻炒12次。

4．炮制作用

麦芽味甘，性平。归脾、胃经。具有消食和胃、疏肝通乳的功能。临床用于消化不良，乳汁郁积，乳癖。炒后偏温而气香，具有行气、消食、回乳之功。临床用于饮食停滞。炒焦后性偏温而味甘微涩，增强了消食化滞、止泻的作用。

5．新技术应用

检验发芽率的简便方法为将麦粒煮沸30分钟，如外皮颜色不变，即能发芽，颜色变暗者，则不能发芽。

三、中药饮片制霜技术

药物经过去油制成松散粉末，或经过渗透析出细小结晶，或用其他方法制成细粉或粉渣的方法，称为制霜法。制霜法适合于种子类、矿物类、植物类及某些动物角质类药物。

（一）制霜的目的

（1）药物通过制霜后，可除去油中的有毒物质，降低毒性，缓和药性，如巴豆、千金子。

（2）消除副作用，便于粉碎和服用，如柏子仁、瓜蒌子。

（3）制造出新药，增强疗效，如西瓜霜、柿霜。

（4）使药物纯净，如砒霜、百草霜。

（5）能缓和药性，综合利用，扩大药源，如鹿角霜。

（二）制霜法的分类

制霜法根据操作方法不同分为：①去油制霜技术，如千金子、巴豆；②渗析制霜技术，如西瓜霜，又称风化成霜；③升华制霜技术，如信石；④煎煮制霜技术，如鹿角霜；等。

1．去油制霜技术

将药物种仁碾成泥状，经过适当加热，压榨去油，制成松散粉末的方法，称为去油制霜技术。

（1）去油制霜的目的。

①降低毒性，缓和药性，如巴豆、千金子、木鳖子、大风子等有毒，泻下作用猛烈，去油制霜后可降低毒性，缓和泻下作用，保证临床用药安全有效。

②消除滑肠副作用，如柏子仁，其内含柏子仁油，具有滑肠通便之功，体虚便溏患者不宜用，制成霜后，除去了大部分油分，可降低滑肠的副作用。

（2）操作方法。

取原药材去外壳取仁，碾成细末或捣烂如泥，用吸油纸包裹（多层），蒸热或烘干或曝晒后压榨，反复换纸，吸去油至松散成粉，不再黏结。

（3）成品质量。

制霜品为松散的粉末状，呈乳白色、白色或灰白色、淡黄色。其中巴豆霜和千金子霜的含油量应控制在18%～20%之间。

（4）注意事项。

①药物加热所含油脂易于渗出，故去油制霜时多加热或放置热处，趁热压榨去油。

②去油时，应反复压榨至药物松散成粉不再黏结成饼为度。

③要勤换吸油纸，以尽快吸去油质，缩短炮制时间。

④有毒药物去油制霜用过的布或纸要及时烧毁，使用的器具应清洗干净，以免误作他用，引起中毒，注意防护。

巴　豆
badou

【来源】本品为大戟科植物巴豆 *Croton tiglium* L. 的干燥成熟果实。

【采收加工】秋季果实成熟时采收，堆置2～3天，摊开，干燥。

【生产工艺】

1．生巴豆

取原药材，除去杂质，浸湿后用稠米汤或稠面汤拌匀，置日光下曝晒或烘裂，搓去皮，取净仁。（《全国中药炮制规范》）

2．巴豆霜

（1）压榨去油：取净巴豆仁，碾如泥状，里层用纸，外层用布包严，蒸热，用压榨器榨去油，如此反复数次，至药物松散成粉，不再黏结成饼为度。少量者，可将巴豆仁碾成泥，用数层吸油纸包裹，放热炉台上，受热后，反复压榨换纸，达到上述要求为度。（《中国药典》《全国中药炮制规范》）

（2）稀释法：取净巴豆仁研烂后，测定脂肪油含量，加适量淀粉，使脂肪油含量符合规定（巴豆霜中脂肪油含量应为18.0%～20.0%），混匀，即得。（《中国药典》）

【工艺要点】

（1）严格按照操作规程操作。

（2）生巴豆有剧毒，为防止中毒，操作时应戴手套及口罩防护。

（3）工作结束时，要用冷水洗涤裸露部位，如局部出现红斑、红肿或有灼热感、瘙痒等皮炎症状时，可用绿豆、防风、甘草煎汤内服。

（4）制霜要用加热法，既利于油质外溢，又可以破坏巴豆毒素。巴豆应研烂如泥，用吸油纸时要勤换纸，以使油充分渗在纸上。用过的布或纸应立即烧毁，以免误用。

【质量控制】

表 5－187　巴豆产品质量控制指标

品名	性状	检测项目
巴豆药材	卵圆形，一般具三棱，长 1.8～2.2 cm，直径 1.4～2 cm。表面灰黄色或稍深，粗糙，有纵线 6 条，顶端平截，基部有果梗痕。破开果壳，可见 3 室，每室含种子 1 粒。种子呈略扁的椭圆形，长 1.2～1.5 cm，直径 0.7～0.9 cm，表面棕色或灰棕色，一端有小点状的种脐和种阜的疤痕，另端有微凹的合点，其间有隆起的种脊；外种皮薄而脆，内种皮呈白色薄膜；种仁黄白色，油质。气微，味辛辣	水分：≤12.0% 总灰分：≤5.0% 含量测定：脂肪油≥22.0%；巴豆苷（$C_{10}H_{13}N_5O_5$）≥0.80%
巴豆	略扁的椭圆形，长 1.0～1.5 cm，直径 0.6～0.8 cm。黄白色，油质。无臭，味辛辣	无
巴豆霜	为粒度均匀、疏松的淡黄色粉末，显油性	水分：≤12.0% 总灰分：≤7.0% 含量测定：脂肪油应为 18.0%～20.0%；巴豆苷（$C_{10}H_{13}N_5O_5$）≥0.80%

（a）巴豆药材

（b）巴豆

（c）巴豆霜

图 5－89

【炮制作用】

表 5－188　巴豆饮片功效与应用

品名	性味归经	炮制作用
巴豆	辛，热；有大毒。归胃、大肠经	外用蚀疮。用于恶疮疥癣，疣痣
巴豆霜		峻下冷积，逐水退肿，豁痰利咽；外用蚀疮

【贮藏】置阴凉干燥处。

课堂互动

误食巴豆会有怎样的后果？误食后该如何解毒和抢救？

知识拓展

1. 炮制历史

汉代有去皮心；唐代有去皮心膜；宋代有纸煨、面煨等法；明代对巴豆的用法和炮制方法更趋多样，有麸炒、醋煮、烧存性、制霜等法。现内服均制霜用。《中国药典》2015 年版载有生巴豆和巴豆霜两种炮制品。

2. 炮制作用

巴豆有大毒，生用仅外用蚀疮，炒后毒性稍减。去油制霜后，能降低毒性，缓和其泻下作用。

3. 炮制研究

巴豆中的巴豆油（34%～57%）分解后产生的巴豆油酸及所含的少量树脂，能刺激肠蠕动引起剧烈腹泻，外用可引起皮肤发红、发泡甚至坏死。口服半滴至一滴即能产生口腔、咽及胃灼热感，服用20滴即可致死。通过加热去油制霜后，巴豆油含量下降，巴豆毒素凝固变性，从而达到降低毒性及缓和其泻下作用的目的。

4. 新技术应用

统制霜法含油量不易控制，稀释法制霜则未经加热处理。在稀释以前采用炒黄法或蒸法热处理巴豆仁，或在稀释前于110℃烘烤2小时，既保持了传统巴豆霜的特色，又便于控制含油量。

2. 渗析制霜技术

药物通过物料析出细小结晶的方法，称为渗析制霜技术。目的是制造新药，扩大用药品种，增强疗效。如西瓜霜。

西　瓜　霜
xiguashuang

【来源】本品为葫芦科植物西瓜 *Citrullus lanatus*（Thunb.）Matsumu. et Nakai 的成熟新鲜果实与芒硝经加工制成。

【生产工艺】

西瓜析霜：取新鲜西瓜，沿蒂头切一厚片作顶盖，挖出部分瓜瓤，将芒硝填入瓜内，盖上顶盖，用竹签插牢，用碗或碟托住，悬挂于阴凉通风处。待西瓜表面析出白霜时，随时刮下，直至无白霜析出为止，晾干。(《全国中药炮制规范》)

【工艺要点】

（1）严格按照操作规程操作。

（2）辅料用量：每100 kg西瓜，用芒硝15 kg。

（3）宜在秋季气候凉爽干燥季节制备，夏季湿度大时难以得到结晶。

（4）选用西瓜不宜过大过熟，使之能承受填入的芒硝而缓缓从瓜体析出结晶。

（5）瓦罐中装西瓜不得过满，一般堆放至罐容量的4/5。以免芒硝与西瓜作用后，汁液溢出罐外。

（6）要将瓦罐和西瓜悬挂于阴凉通风处，以利析霜。

（7）析出的结晶，用毛刷轻轻刷下，应随析随刷，以免影响结晶的继续析出。

（8）用西瓜析霜，瓜皮易被芒硝腐蚀，出霜时间短暂，影响出霜量。

【质量控制】

表5-189　西瓜霜产品质量控制指标

品名	性状	检测项目
西瓜霜	类白色至黄白色的结晶性粉末。气微、味咸	重金属：≤10 mg/kg 砷盐：≤10 mg/kg 含量测定：硫酸钠（Na_2SO_4）≥90.0%

（a）西瓜

（b）西瓜霜

（c）芒硝

图 5－90

【炮制作用】

表 5－190　西瓜霜饮片功效与应用

品名	性味归经	炮制作用
西瓜霜	咸，寒。归肺、胃、大肠经	清热泻火，消肿止痛

【贮藏】密封，置干燥处。

课堂互动

请你试一试查找资料，自制西瓜霜。

知识拓展

1．炮制历史

清代有朴硝西瓜制霜的炮制方法。现制霜用。

2．炮制作用

西瓜霜性味咸、寒。归心、胃、大肠经。具有清热泻火，消肿止痛的功能。西瓜能清热解暑，芒硝能清热泻火，制成西瓜霜后，两药起到协同作用，增强清热泻火之功，并使药物更纯洁。

3．炮制研究

西瓜霜主要成分为 Na_2SO_4。含有 9 种无机元素和 18 种氨基酸，其中 7 种为人体必需的氨基酸。

4．新技术应用

西瓜霜制法烦琐，产量低。改进工艺为：取天然硝酸钾、硝酸钠，加热水溶解，滤过。滤液加萝卜 20%，煮沸 30 分钟，滤过。滤液加西瓜 40%，煮沸，滤过。滤液活性炭 1% 煮沸，以布氏滤器加滑石粉助滤，滤液经垂熔滤器过滤至澄明，减压蒸发浓缩，放冷析晶，结晶经风化后，按处方规定量加入冰片，过 100～110 目筛。此法质量稳定，生产周期短，不受季节、气候、环境的限制，产量提高数十倍，适宜工业化生产。

3．升华制霜技术

药物经过高温加工处理，升华成结晶或细粉的方法，称为升华制霜技术。目的是纯净药物，如砒霜。

信　石

xinshi

【来源】本品为氧化物类矿物砷华、硫化物类矿物毒砂或雄黄等含砷矿物加工制成。商品有红信石、白信石两种。

【采收加工】采挖后，除去杂石及泥沙。

【生产工艺】

1. 信石

取原药材，除去杂质，碾细。（《全国中药炮制规范》）

2. 砒霜

取净信石，置煅锅内，上置一口径较小的锅，两锅接合处先用湿草纸再用盐泥封固，上压重物，盖锅底上贴一白纸条或放几粒大米。用武火加热，煅至白纸或大米成老黄色时，离火，待凉后，收集盖锅上的结晶。（《全国中药炮制规范》）

【工艺要点】

（1）严格按照操作规程操作。

（2）药量为锅容量的1/3～2/3。

（3）待封堵的盐泥半干时再煅烧，煅烧中若有气体或浓烟从锅缝中喷出应立即用盐泥封堵，以防药物跑出中毒。

（4）煅烧后，应放冷后再开锅，以免中毒。

（5）判断信石是否煅透的方法，除观察米和纸的颜色外，还可以滴水于盖锅底部即沸的方法来判断。

【质量控制】

表5－191　信石产品质量控制指标

<table>
<tr><th>品名</th><th>性状</th><th>检测项目</th></tr>
<tr><td>信石药材</td><td rowspan="2">不规则碎块状，断面具灰、黄、白、红、肉红等颜色，白色和肉红色部分为透明，灰色则不透明，具玻璃样或绢丝样光泽，质脆易碎、气无</td><td rowspan="3">无</td></tr>
<tr><td>信石</td></tr>
<tr><td>砒霜</td><td>白色结晶或粉末</td></tr>
</table>

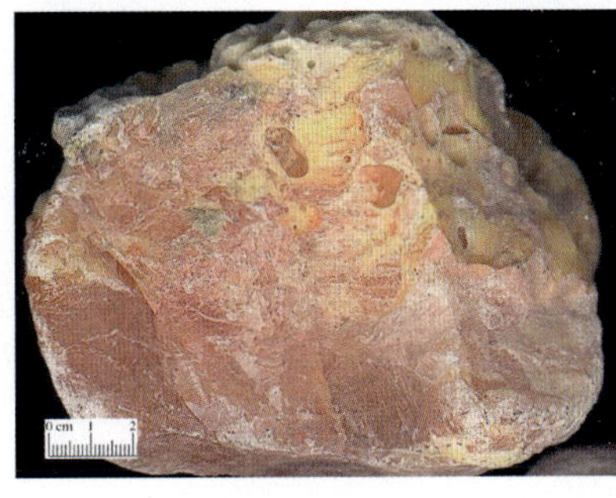
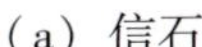

（a）信石

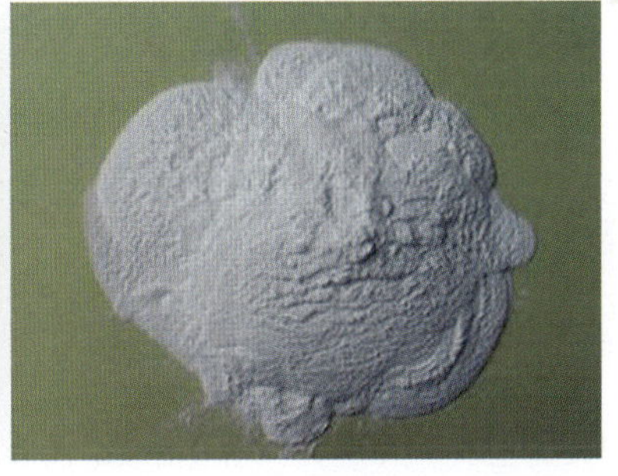

（b）砒霜

图5－91

【炮制作用】

表5－192　信石饮片功效与应用

<table>
<tr><th>品名</th><th>性味归经</th><th>炮制作用</th></tr>
<tr><td>信石</td><td rowspan="2">酸、辛，大热，有大毒。归脾、肺、胃、大肠经</td><td>祛痰、截虐、杀虫、蚀腐肉</td></tr>
<tr><td>砒霜</td><td>药性更纯，增强毒性</td></tr>
</table>

【贮藏】密闭专柜，置阴凉干燥处。

课堂互动

信石有哪几种原料来源，请你查找资料找出砒霜的现代药理作用。

知识拓展

1. 炮制历史

南北朝刘宋时代有砒霜；宋代有萝卜、灯心制霜、白矾制霜、萝卜制霜等法；明代有醋与甘草制、酸浆水制、煅制、硝石制、锡制、煨制等炮制方法；清代有酒制、豆腐制、铅制、红枣制等。现有面煨、豆腐制、扣锅煅、制霜等法。《中国药典》2015 年版未收载该药。

2. 炮制作用

信石性味酸、辛，大热，有大毒。归脾、肺、胃、大肠经。具有祛痰、截虐、杀虫、蚀腐肉的功能。生砒石内服用于寒痰哮喘、疟疾、休息痢；外治瘰疬、癣疮、溃疡腐肉不脱。制砒霜药性更纯，毒性更大。内服可祛痰截疟平喘，外用具有蚀疮、祛腐、杀虫之功能。

3. 炮制研究

砒石以砷华（As_2O_3）为主，常混有云母、石英等矿物。天然样品尚含 Ag、Co、Ni、Sb 等成分，人工制品的混入成分取决于原料矿物。红砒（粉红色者）尚含少量硫化砷，药用以红砒为主。白砒（白色者）为较纯的氧化砷，少见。制霜后产品更纯，毒性更大。

4. 煎煮制霜技术

药物经过水煮熬胶之后，得到白色角块的方法，称为煎煮制霜技术。目的是缓和药性，综合利用副产品，扩大药源。如鹿角霜。

鹿 角 霜
lujiaoshuang

【来源】本品为鹿角熬制鹿角胶后的角块。

【采收加工】春、秋二季生产，将骨化角熬去胶质，取出角块，干燥。

【生产工艺】

鹿角胶：取已经骨化的鹿角锯段，漂泡洗净，分次水煎，除去水煎液后剩余的角块，干燥，用时捣碎。(《中国药典》)

【工艺要点】

(1) 严格按照操作规程操作。

(2) 原药材应使用已经骨化了的鹿角。

(3) 热水熬胶后取骨渣，水煎液熬制鹿角胶。

【质量控制】

表 5－193　鹿角霜产品质量控制指标

品名	性状	检测项目
鹿角霜	长圆柱形或不规则的块状，大小不一。表面灰白色，显粉性，常具纵棱，偶见灰色或灰棕色斑点。体轻，质酥，断面外层较致密，白色或灰白色，内层有蜂窝状小孔，灰褐色或灰黄色。有吸湿性。气微，味淡，嚼之有粘牙感	水分：≤8.0%

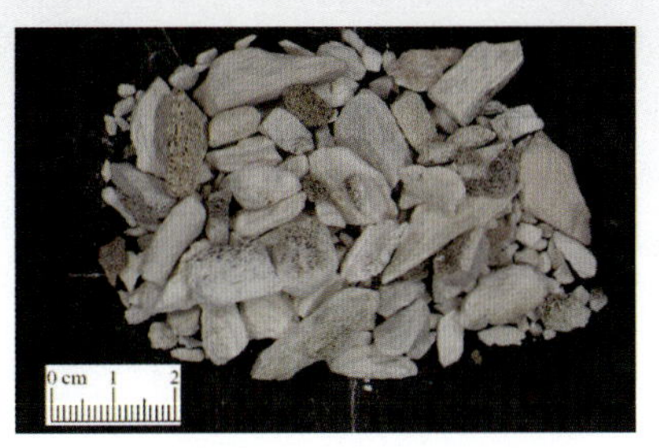

图 5－92 鹿角霜

【炮制作用】

表 5－194 鹿角霜饮片功效与应用

品名	性味归经	炮制作用
鹿角霜	咸、涩，温。归肝、肾经	温肾助阳，收敛止血

【贮藏】 置干燥处。

鹿角霜与鹿角胶的制作方法是什么？两者功效有何区别？

知识拓展

1. 炮制历史

晋代载有烧灰；唐代有烧制、炙制、熬制、炒制、酒制等方法；宋代有浆水制、牛乳制、大麦制、酥制、醋磨、煅制等方法；明代出现了蜜制、炼霜熬膏、龟板制的记载；清代有制霜、酥油酒制、煎胶等炮制方法。现其炮制方法有十余种。

2. 化学成分

鹿角霜主要成分为磷酸钙、碳酸钙、氮化物及胶质等。另含天冬氨酸（aspartic acid）、苏氨酸（threonine）、丝氨酸（serine）、谷氨酸（glutamic acid）、脯氨酸（proline）、甘氨酸（glycine）、丙氨酸（alanine）、缬氨酸（valine）、异亮氨酸（isoleucine）、亮氨酸（leucine）、苯丙氨酸（phenylalanine）、赖氨酸（lysine）、组氨酸（histidine）、精氨酸（arbvginine）等174种氨基酸。从多毛鹿角的正丁醇提取物中分得次黄嘌呤（hypoxanthine）、尿嘧啶（uracil）、尿素（urea）和肌酸酐（creatinine）。

3. 炮制研究

《本草便读》中述，鹿角胶、鹿角霜，性味功用与鹿茸相近，但少壮衰老不同，然总不外乎血肉有情之品。能温补督脉，添精益血。如精血不足，而可受腻补，则用胶；若仅阳虚而不受滋腻者，则用霜可也。

目标检测题

一、单项选择题

1. 发酵法的相对湿度为（　　）。

A. 50%～60%　　B. 60%～70%　　C. 70%～80%　　D. 80%～90%

2. 巴豆制霜后，《中国药典》2015年版规定其脂肪油含量应控制在（　　）。

A. 34%～57%　　B. 18.0%～20.0%　　C. 50%以上　　D. 未作明确规定

3. 关于发酵法的质量要求中错误的是（　　）。

A. 气味芳香　　B. 无霉味、酸败味　　C. 曲块表面霉衣黄白色

D. 曲块内部有斑点　　E. 曲块黑色为佳

4. 用于制备西瓜霜的药物除成熟的西瓜外还有（　　）。

A. 石膏　　B. 滑石　　C. 白矾　　D. 芒硝

E. 硼砂

5. 消食化积力强，以治食积泄泻为主的药物是（　　）。

A. 麸炒神曲　　B. 米炒神曲　　C. 土炒神曲　　D. 神曲

E. 焦神曲

二、多项选择题

1. 发酵技术必须具备的条件是（　　）。

A. 菌种　　B. 营养物质　　C. 温度　　D. 相对湿度

E. 隔绝氧气

2. 巴豆制霜压榨时，加热的目的是（　　）。

A. 易出油　　B. 产生新物质　　C. 可使毒蛋白变性　　D. 降低毒性

E. 增强疗效

3. 以下哪些药物去油制霜可降低毒性，缓和泻下作用（　　）。

A. 巴豆　　B. 柏子仁　　C. 千金子　　D. 木鳖子

4. 巴豆制霜时应注意（　　）。

A. 操作时应当做好劳动保护　　B. 工作结束后用冷水洗涤裸露部位

C. 压榨时加热　　D. 用过的纸和布立即烧毁

E. 制成的巴豆霜按毒剧药物管理

三、简答题

1. 发酵的主要目的是什么？

2. 何为制霜技术？有哪些方法？

3. 解释去油制霜的含义，去油制霜时应注意些什么？

4. 简述巴豆霜的成品质量及炮制作用。

第六节　中药饮片复制技术

复制法的历史很长，早在唐代某些药物就有了复制方法与工艺。本法的特点是用多种辅料或多种工序共同处理药材。现在的复制法与传统方法比较，其辅料种类、用量及工艺程序均有所改变。目前，复制法主要用于天南星、半夏、白附子等有毒中药的炮制。

（一）炮制目的

（1）降低或消除药物的毒性。如半夏，用甘草、明矾、皂角、石灰、生姜等制后均可降低毒性。

（2）改变药性。如天南星，用胆汁制后其性味由辛温变为苦凉，其作用亦发生了变化。

（3）增强疗效。如白附子，用鲜姜、白矾制后增强了祛风逐痰的功效。

（4）矫臭矫味。如紫河车，用酒制后除去了腥臭气味，便于服用。

（二）操作方法

复制法没有统一的方法，具体方法和辅料的选择可视药物而定。一般将净选后的药物置一定容器

内，加入一种或数种辅料，按工艺程序，或浸、泡、漂，或蒸、煮，或数法共用，反复炮制达到规定的质量要求为度。

（三）注意事项

本法操作方法复杂，辅料品种较多，炮制一般需较长时间，故应注意：

（1）时间可选择在春、秋季，避免出现“化缸”。

（2）地点应选择在阴凉处，避免暴晒，以免腐烂。

（3）如要加热处理，火力要均匀，水量要多，以免糊汤，并可加入适量明矾防腐。

半　夏
banxia

【来源】本品为天南星科植物半夏 *Pinellia ternata*（Thunb.）Breit. 的干燥块茎。

【采收加工】夏、秋二季采挖，洗净，除去外皮和须根，晒干。

【生产工艺】

1. 生半夏

取原药材，除去杂质，洗净，干燥，用时捣碎。(《中国药典》)

2. 法半夏

取净半夏，大小分开，用水浸泡至内无干心，取出。另取甘草适量，加水煎煮两次，合并煎液，倒入用适量水制成的石灰液中，搅匀，加入上述已浸透的半夏，浸泡。每日搅拌 1～2 次，并保持浸液 pH 值 12 以上，至剖面黄色均匀。口尝微有麻舌感时，取出，洗净，阴干或烘干，即得。（《中国药典》）

3. 姜半夏

取净半夏，大小分开，用水浸泡至内无干心时，取出，另取生姜切片煎汤，加白矾与半夏共煮透，取出，晾干，或晾至半干，干燥；或切薄片，干燥。(《中国药典》)

4. 清半夏

取净半夏，大小分开，用 8% 白矾溶液浸泡至内无干心，口尝微有麻舌感，取出，洗净，切厚片，干燥。(《中国药典》)

【工艺要点】

（1）严格按照操作规程操作。

（2）甘草石灰液制作方法：取甘草适量，加水煎煮两次，合并煎液，倒入用适量石灰水配置的石灰液中，搅匀即得。

（3）辅料用量：每 100 kg 净半夏，法半夏用甘草 15 kg，生石灰 10 kg；姜半夏用生姜 25 kg，白矾 12.5 kg；清半夏用白矾 20 kg。

【质量控制】

表 5－195　半夏产品质量控制指标

品名	性状	检测项目
半夏药材	类球形，有的稍偏斜，直径 1～1.5 cm。表面白色或浅黄色，顶端有凹陷的茎痕，周围密布麻点状根痕；下面钝圆，较光滑。质坚实，断面洁白，富粉性。气微，味辛辣、麻舌而刺喉	水分：≤14.0% 总灰分：≤4.0% 浸出物（冷浸法）：≥9.0% 含量测定：含总酸以琥珀酸（$C_4H_6O_4$）计≥0.25%
生半夏		

续上表

品名	性状	检测项目
法半夏	类球形或破碎成不规则颗粒状。表面淡黄白色、黄色或棕黄色。质较松脆或硬脆，断面黄色或淡黄色，颗粒者质稍硬脆。气微，味淡略甘、微有麻舌感	水分：≤13.0% 总灰分：≤9.0% 浸出物（冷浸法）：≥5.0%
姜半夏	片状、不规则颗粒状成类球形。表面棕色至棕褐色。质硬脆，断面淡黄棕色，常具角质样光泽。气微香，味淡、微有麻舌感，嚼之略粘牙	水分：≤13.0% 总灰分：≤7.5% 白矾限量：含白矾以含水硫酸铝钾［$KAl(SO_4)_2 \cdot 12H_2O$］计≤8.5% 浸出物（冷浸法）：≥10.0%
清半夏	椭圆形、类圆形或不规则的片。切面淡灰色至灰白色，可见灰白色点状或短线状维管束迹，有的残留栓皮处下方显淡紫红色斑纹。质脆，易折断，断面略呈角质样。气微，味微涩、微有麻舌感	水分：≤13.0% 总灰分：≤4.0% 白矾限量：含白矾以含水硫酸铝钾［$KAl(SO_4)_2 \cdot 12H_2O$］计≤10.0% 浸出物（冷浸法）：≥7.0% 含量测定：含总酸以琥珀酸（$C_4H_6O_4$）计≥0.30%

（a）生半夏

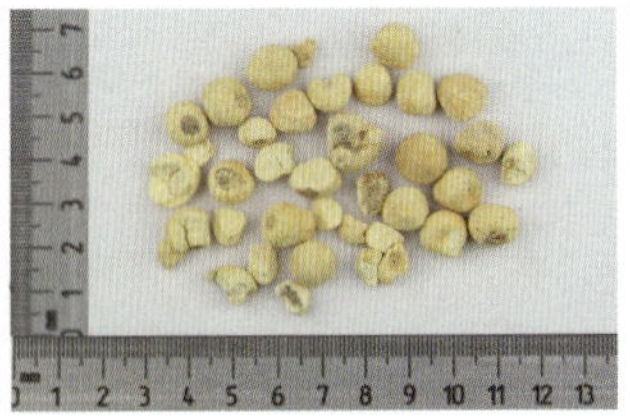
（b）法半夏

（c）姜半夏

（d）清半夏

图 5－93

【炮制作用】

表 5－196　半夏饮片功效与应用

品名	性味归经	炮制作用
生半夏	辛、温；有毒。归脾、胃、肺经	燥湿化痰，降逆止呕，消痞散结
法半夏	辛，温。归脾、胃、肺经	降低毒性，缓和药性，消除副作用。法半夏偏于祛寒痰，同时具有调和脾胃的作用，用于痰多咳喘、痰饮眩悸
姜半夏		姜半夏增强降逆止呕作用，以温中化痰、降逆止呕为主，用于痰饮呕吐、胸脘痞闷
清半夏		清半夏增强化痰功能，以燥湿化痰为主。多用于湿痰咳嗽，痰热内结，风痰吐逆，痰涎凝聚，咯吐不出

【贮藏】置通风干燥处，防蛀。

半夏中毒有何症状？哪些服用方法易导致中毒？中毒剂量是多少？

1. 炮制历史

汉、唐时代有治半夏、汤洗、姜制、水煮制等法；宋代有麸炒、姜汁浸炒、制曲等法；明代增加了吴茱萸制、姜制、竹沥制、甘草制、制炭等；清代增加了姜与桑叶及盐制、皂荚白矾制、姜汁青盐制等炮制方法。

2. 炮制研究

半夏中含刺激性苷及其苷元高龙胆酸，又含3，4－二羟基苯甲醛，后者有强烈的辛辣味。近年有学者研究认为，半夏刺激咽喉的副作用系草酸钙针晶所致。据报道，半夏不同炮制品中总生物碱含量从多到少的顺序依次为：生半夏、法半夏、姜半夏、清半夏。家兔眼结膜及小鼠腹腔刺激性实验均表明，生半夏刺激性最强，炮制后可不同程度地降低其刺激强度，刺激性从大到小程度依次为：生半夏、姜浸半夏、姜矾半夏、矾半夏、姜汁煮半夏。

3. 新技术应用

法半夏新工艺：将半夏以清水浸泡1天至透，加入石灰、甘草混悬液浸制，每日腌拌1～2次，浸2～3天，至口尝微有麻辣感，切面黄色均匀为度，再用清水洗净石灰，干燥即得。

天　南　星
tiannanxing

【来源】本品为天南星科植物天南星 *Arisaema erubescens*（Wall.）Schott、异叶天南星 *Arisaema heterophyllum* Bl. 或东北天南星 *Arisaema amurense* Maxim. 的干燥块茎。

【采收加工】秋、冬二季茎叶枯萎时采挖，除去须根及外皮，干燥。

【生产工艺】

1. 生天南星

取原药材，除去杂质，洗净，干燥。（《中国药典》）

2. 制天南星

取净天南星，按大小分别用清水浸泡，每日换水2～3次，如起白沫时，换水后加白矾（每100 kg天南星，加白矾2 kg），泡1天后，再进行换水，至切开口尝微有麻舌感时取出。将生姜片、白矾置锅内加适量水煮沸后，倒入天南星共煮至无干心时取出，除去姜片，晾至四至成干，切薄片，干燥。（《中国药典》）

3. 胆南星

取制天南星细粉，加入净胆汁（或胆膏粉及适量清水）拌匀，蒸60分钟至透，取出放凉，制成小块，干燥。另取生天南星粉，加入净胆汁（或胆膏粉及适量清水）拌匀，放温暖处，发酵5～7天后，再连续蒸或隔水炖9昼夜，每隔2小时搅拌一次，除去腥臭气，至呈黑色浸膏状，口尝无麻味为度，取出，晾干，再蒸软，趁热切成小块。（《全国中药炮制规范》）

【工艺要点】

（1）严格按照操作规程操作。

（2）辅料用量：制天南星，每100 kg天南星，用生姜、白矾各12.5 kg；制胆南星，每100 kg制天南星细粉，用牛（或猪、羊）胆汁400 kg（胆膏粉40 kg）。

【质量控制】

表 5-197 天南星产品质量控制指标

品名	性状	检测项目
天南星药材	扁球形，高 1~2 cm，直径 1.5~6.5 cm。表面类白色或淡棕色，较光滑，顶端有凹陷的茎痕，周围有麻点状根痕，有的块茎周边有小扁球状侧芽。质坚硬，不易破碎，断面不平坦，白色，粉性。气微辛，味麻辣	水分：≤15.0% 总灰分：≤5.0% 浸出物（稀乙醇热浸）：≥9.0% 含量测定：含总黄酮以芹菜素（$C_{15}H_{10}O_5$）计≥0.050%
生天南星		
制天南星	类圆形或不规则形的薄片。黄色或淡棕色，质脆易碎，断面角质状。气微，味涩，微麻	水分：≤12.0% 总灰分：≤4.0% 白矾限量：含白矾以含水硫酸铝钾［$KAl(SO_4)_2 \cdot 12H_2O$］计≤12.0% 含量测定：含总黄酮以芹菜素（$C_{15}H_{10}O_5$）计≥0.050%
胆南星	方块状或圆柱状。棕黄色、灰棕色或棕黑色。质硬。气微腥，味苦	无

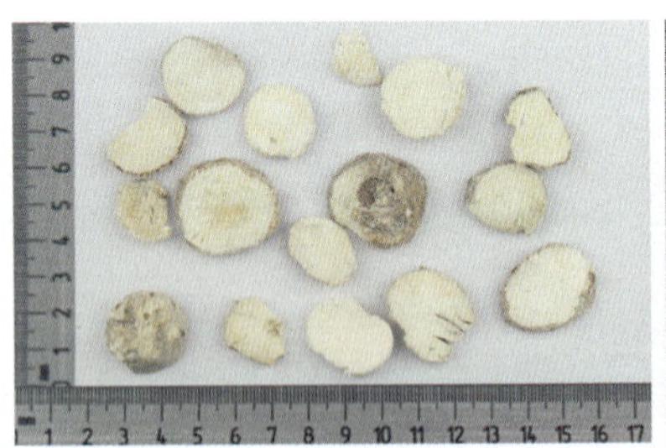

（a）生天南星　（b）制天南星

（c）胆南星

图 5-94

【炮制作用】

表 5-198 天南星饮片功效与应用

品名	性味归经	炮制作用
生天南星	苦、辛，温；有毒。归肺、肝、脾经	散结消肿。多外用，内服宜慎
制天南星		毒性降低，燥湿化痰作用增强
胆南星	苦、微辛，凉。归肺、肝、脾经	胆南星毒性降低，其燥烈之性缓和，药性由温转凉，味由辛转苦，作用由温化寒痰转为清化热痰

【贮藏】置通风干燥处，防霉、防蛀。

课堂互动

关于天南星中毒的报道有哪些？发生中毒反应后应采取哪些措施？

知识拓展

1. 炮制历史

唐代有石灰炒黄、面裹煨、姜汁浸等方法；宋代增加了黄酒炒、生姜拌炒、羊胆汁制等方法；金元有九蒸九晒、皂角水浸等方法；明代有蜜制、酒制、生姜制、白矾汤泡去毒水等方法；

清代有胆南星制法、南星曲制法等方法。

2. 炮制作用研究

天南星含有生物碱、三萜皂苷、安息香酸、海韭菜苷等。研究表明其所含的生物碱可能是天南星的有毒成分。药理实验证明炮制后，天南星毒性和刺激性明显降低。

3. 炮制新技术应用

天南星生片经8%白矾水溶液闷润后加热加压60分钟，即可使麻醉性消失，而且水浸出物含量大大提高。胆南星采用直接拌和法、用浓缩胆汁和白酒等拌制或蒸制而后烘干的方法，缩短了时间，并可保证胆汁中胆酸含量。

白　附　子

baifuzi

【来源】本品为天南星科植物独角莲 *Typhonium giganteum* Engl. 的干燥块茎。

【采收加工】秋季采挖，除去须根和外皮，晒干。

【生产工艺】

1. 生白附子

取原药材，除去杂质，洗净，干燥即得。(《中国药典》)

2. 制白附子

取净白附子，大小分开，浸泡，每日换水2~3次，数日后如起白沫，换水后加白矾（每100 kg白附子，加白矾2 kg），泡1日后再换水，至切开口尝微有麻舌感时取出。将生姜片、白矾粉置锅内加适量水，煮沸后，倒入白附子共煮至无白心，捞出，除去生姜片，晾至六七成干，切厚片，干燥。(《中国药典》)

【工艺要点】

（1）严格按照操作规程操作。

（2）辅料用量：制白附子，每100 kg白附子，用生姜、白矾各12.5 kg。

【质量控制】

表5-199　白附子产品质量控制指标

品名	性状	检测项目
白附子药材	椭圆形或卵圆形，长2~5 cm，直径1~3 cm。表面白色至黄白色，略粗糙，有环纹及须根痕，顶端有茎痕或芽痕。质坚硬，断面白色，粉性。气微，味淡、麻辣刺舌	水分：≤15.0% 总灰分：≤4.0% 浸出物（70%乙醇热浸）：≥7.0%
生白附子		
制白附子	类圆形或椭圆形厚片，外表皮淡棕色，切面黄色，角质。味淡，微有麻舌感	水分：≤13.0% 总灰分：≤4.0% 浸出物（稀乙醇热浸）：≥15.0%

（a）白附子药材

（b）生白附子片

（c）制白附子

图5-95

【炮制作用】

表 5-200　白附子饮片功效与应用

品名	性味归经	炮制作用
生白附子	辛，温；有毒。归胃、肝经	一般多外用，内服宜慎。祛风痰，定惊搐，解毒散结，止痛
制白附子		毒性降低，清除麻辣味，能增强祛风痰作用

【贮藏】置通风干燥处，防蛀。

课堂互动

白附子的主要成分是什么？请查找文献了解炮制前后主要成分的变化情况。

知识拓展

1. 炮制历史

宋代载有生姜汁拌炒、米泔浸焙、酒浸炒、酒煮炒、醋拌炒、面包煨等；明代增加了水浸后炒黄、湿纸裹煨、面裹或湿纸包火煨炮用、爆裂等；清代又增加了童便酒炒、姜汁蒸等。现在主要炮制方法有生姜与白矾制等。

2. 炮制研究

白附子含有皂苷、生物碱、胆碱、尿嘧啶、肌醇、β-谷甾醇、β-谷甾醇-D-葡萄糖苷、亚油酸等。药理实验证明白附子炮制后，可使其药效在与生品一致的情况下，使其毒性降低。

附　　子
fuzi

【来源】本品为毛茛科植物乌头 *Aconitum carmichaelii* Debx. 的子根加工品。

【采收加工】6 月下旬至 8 月上旬采挖，除去母根、须根及泥沙，习称“泥附子”，加工成不同规格。

【生产工艺】

1. 盐附子

选个大、均匀的泥附子，洗净，浸入胆巴的水溶液中，过夜。再加食盐，继续浸泡，每日取出晒晾，并逐渐延长晒晾时间，直至附子表面出现大量结晶盐粒（盐霜），体质变硬为止。（《中国药典》）

2. 黑顺片（黑附片）

取泥附子，按大小分别洗净，浸入胆巴的水溶液中数日，连同浸液煮至透心。捞出，水漂，纵切成约 0.5 cm 的片，再用清水浸漂，用调色液使附片染成浓茶色，取出，蒸到出现油面光泽后，烘至半干，再晒干或继续烘干。（《中国药典》）

3. 白附片

选大小均匀的泥附子，洗净，浸入胆巴的水溶液中数日，连同浸液煮至透心，捞出，剥去外皮，纵切成约 3 mm 的厚片，用清水浸漂，取出，蒸透，晒干。（《中国药典》）

4. 淡附片

取净盐附子，用清水浸漂，每日换水 2~3 次，至盐分漂尽，与甘草、黑豆加水共煮至透心，切开后口尝无麻舌感时，取出，除去甘草、黑豆，切薄片，干燥。（《中国药典》）

5. 炮附片

取砂置锅内，用武火炒热，加入净附片，拌炒至鼓起并微变色，取出，筛去砂，放凉。（《中国药典》）

【工艺要点】

(1) 严格按照操作规程操作。

(2) 辅料用量：制淡附片，每 100 kg 盐附子，用甘草 5 kg、黑豆 10 kg。

(3) 炒炮附片时应先将砂子用武火炒至滑利。

(4) 炮制盐附子、黑顺片和白附片时，应选用个头大小均匀的附子。

【质量控制】

表 5－201 附子产品质量控制指标

品名	性状	检测项目
盐附子	圆锥形，长 4～7 cm，直径 3～5 cm。表面灰黑色，被盐霜，顶端有凹陷的芽痕，周围有瘤状突起的支根或支根痕。体重，横切面灰褐色，可见充满盐霜的小空隙和多角形形成层环纹，环纹内侧导管束排列不整齐。气微，味咸而麻，刺舌	水分：≤15.0% 双酯型生物碱：含双酯型生物碱以新乌头碱（$C_{33}H_{45}NO_{11}$）、次乌头碱（$C_{33}H_{45}NO_{10}$）和乌头碱（$C_{34}H_{47}NO_{11}$）的总量计≤0.020% 含量测定：含苯甲酰新乌头原碱（$C_{31}H_{43}NO_{10}$）、苯甲酰乌头原碱（$C_{32}H_{45}NO_{10}$）和苯甲酰次乌头原碱（$C_{31}H_{43}NO_{9}$）的总量≥0.010%
黑顺片	纵切片，上宽下窄，长 1.7～5 cm，宽 0.9～3 cm，厚 0.2～0.5 cm。外皮黑褐色，切面暗黄色，油润具光泽，半透明状，并有纵向导管束。质硬而脆，断面角质样。气微，味淡	
白附片	无外皮，黄白色，半透明，厚约 0.3 cm	
淡附片	纵切片，上宽下窄，长 1.7～5 cm，宽 0.9～3 cm，厚 0.2～0.5 cm。外皮褐色。切面褐色，半透明，有纵向导管束。质硬，断面角质样。气微，味淡，口尝无麻舌感	双酯型生物碱：含双酯型生物碱以新乌头碱（$C_{33}H_{45}NO_{11}$）、次乌头碱（$C_{33}H_{45}NO_{10}$）和乌头碱（$C_{34}H_{47}NO_{11}$）的总量计≤0.010% 水分、含量测定同盐附子
炮附片	形如黑顺片或白附片，表面鼓起黄棕色，质松脆。气微，味淡	水分、双酯型生物碱同盐附子

(a) 附子

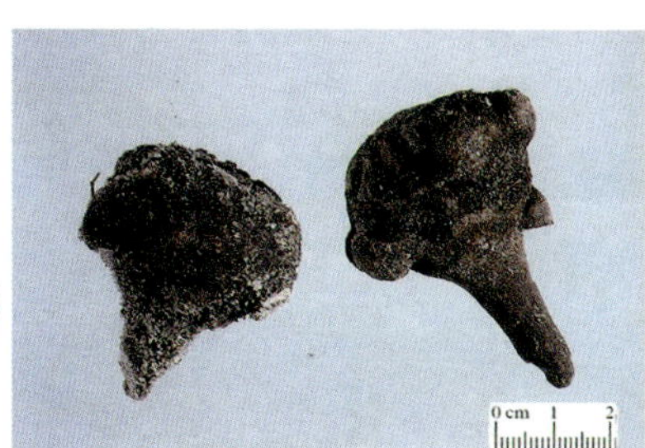

(b) 盐附子

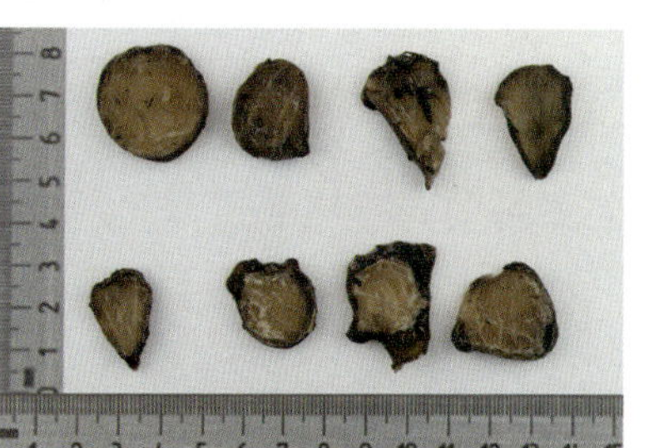

(c) 黑顺片

(d) 白附片

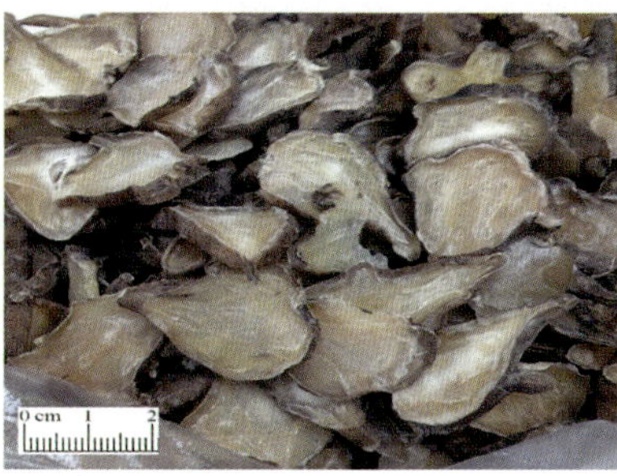

(e) 淡附片

(f) 炮附片

图 5－96

【炮制作用】

表 5－202　附子饮片功效与应用

品名	性味归经	炮制作用
盐附子	无	生品有毒，多外用。盐附子防止药物腐烂，利于贮存
黑顺片	辛、甘，大热；有毒。归心、肾、脾经	回阳救逆，补火助阳，散寒止痛。毒性降低，可直接入药
白附片		
淡附片		长于回阳救逆，散寒止痛
炮附片		以温肾暖脾为主

【贮藏】盐附子需密闭，置阴凉干燥处；黑顺片及白附片置干燥处，防潮。

课堂互动

附子不同炮制品各有什么功能主治?

知识拓展

1. 炮制历史

汉代首载有火炮法；晋代有炒炭法；南北朝刘宋时代有用东流水并黑豆浸，唐代有蜜炙、纸裹煨；宋代有水浸、醋浸、醋炙、黑豆青盐制、浆水制、黄连制、姜制、盐制等；明代有地黄制、甘草汤炒、童便制等；清代有甘草防风童便同制法。现在主要的炮制方法有盐制、漂制、蒸制、煮制、砂炒和甘草黑豆制等。

2. 炮制作用研究

附子的毒性成分是二萜双酯类生物碱，炮制后毒性明显降低，其减毒机理与川乌类同。《中国药典》2015 年版对附子所含的乌头碱有限量规定。

3. 炮制新技术应用

运用现代微波干燥技术，研制出了质量好、毒性低、疗效高的微波炮附子。急性毒性试验表明，各类附子毒性从大到小依次为：生附子、白附片、香港炮附子、微波炮附子。

紫　河　车
ziheche

【来源】本品为健康人的干燥胎盘。

【采收加工】将新鲜胎盘除去羊膜及脐带，反复冲洗至去尽血液，加适量花椒、黄酒蒸或置沸水中略煮后，干燥。

【生产工艺】

紫河车：取原药材，除去灰屑，砸成小块或碾成细粉。(《全国中药炮制规范》)

【工艺要点】

(1) 严格按照操作规程操作。

(2) 新鲜胎盘一定要反复冲洗至没有血液。

【质量控制】

表 5 - 203　紫河车产品质量控制指标

品名	性状	检测项目
紫河车药材	圆形或碟状椭圆形，直径 9 ~ 15 cm，厚薄不一。黄色或黄棕色，一面凹凸不平，有不规则沟纹，另一面较平滑，常附有残余的脐带，其四周有细血管。质硬脆，有腥气	无
紫河车	不规则的碎块状，黄色或棕黄色，质硬而脆。有腥气。粉末为黄棕色	

(a) 紫河车药材

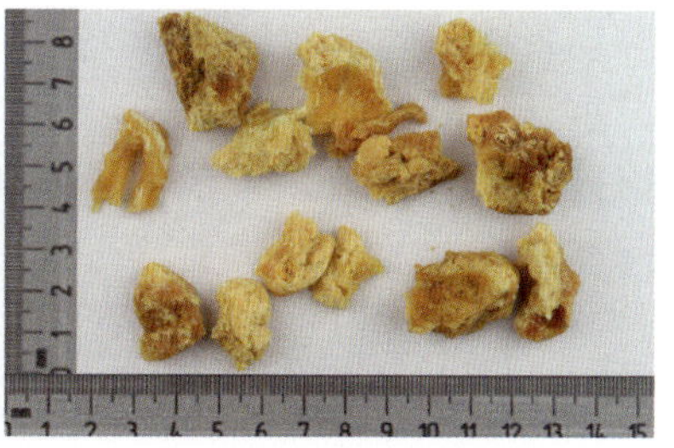

(b) 紫河车

图 5 - 97

【炮制作用】

表 5 - 204　紫河车饮片功效与应用

品名	性味归经	炮制作用
紫河车	甘、咸，温。归肺、肝、肾经	补肾益精，益气养血。炮制可除去腥臭味，便于服用，并使其质地酥脆，便于粉碎，增强疗效

【贮藏】置干燥处，防蛀。

课堂互动

紫河车含有哪些主要成分，有什么功能主治?

知识拓展

1. 炮制历史

宋代有煅制、黑豆制、煨制、酒煮等炮制方法；明代增加了米泔煮、烘熟、酒蒸、清蒸、酒醋洗、猪肚蒸、乳香酒蒸、烘制等炮制方法；清代尚有白矾、姜与酒同制法。此时，其炮制方法有十余种。

2. 名字由来

紫河车，为健康产妇娩出之胎盘。《本草纲目》释其名谓："天地之先，阴阳之祖，乾坤之始，胚胎将兆，九九数足，胎儿则乘而载之，遨游于西天佛国，南海仙山，飘荡于蓬莱仙境，万里天河，故称之为河车。"母体娩出时为红色，稍放置即转紫色，因此，入药时称为"紫河车"。

3. 历史传说

据史料记载，中国历史上最早将人体胎盘作为保健养生用物的当首推在 2000 年前统一中国的秦始皇，公元前 219 年，40 岁的秦始皇沿渤海湾东行，巡视京都海疆，寻找长生不老之药。找遍天下长生不老得到的处方，竟是胎盘。秦始皇便将其推崇为长生不老药。

4. 现代研究

紫河车属于组织生物制剂，原材料虽然取自健康产妇的胎盘，但该制剂中可能会有一些不易检测到的病原微生物。例如，有人报道青岛市各大医院正在使用的不同厂家或批号的人血丙种球蛋白和胎盘球蛋白5支中，抗HCV阳性者4支，占80%，且均呈强阳性反应，所以国家对之有一定的控制政策。这就使胎盘制剂的推广与应用受到一定限制。以上事实，就要求我们从胎盘中提取抗病毒有效成分，通过分子生物学技术将其分离、克隆，生产出一种新型的抗病毒药物。这将大大克服组织生物制剂的弊端。

5. 炮制新技术应用

将新鲜胎盘除去羊膜及脐带，洗净附着的血液，挑破表面和血管，反复冲洗浸漂至洗净血液为度。然后把胎盘置砂锅内加花椒10 g与水共煮，至煮沸后加黄酒10 g，2～3分钟后把胎盘捞出，冲洗干净，重新置砂锅内，加入枸杞子、熟地、黄芪50 g同煮后的药汁中，煮至胎盘漂浮为度，取出，撑开晾去水，放入瓷盘内，置105℃左右的干燥箱中干燥10～12小时，取出，喷洒黄酒50 g，再置80℃左右的干燥箱中干燥，至本品呈黄棕色取出，研细，装入胶囊，贮藏干燥处保存。

目标检测题

一、单项选择题

1. 取净半夏用水浸泡，取出；取甘草煎汤，再将生石灰投入汤中搅拌，略沉淀，取上清液，将已浸泡的半夏投入其中，浸泡4～5日，保持pH值12以上，至药物变黄，切开内无白心时，口尝微有麻舌感，捞出，冲洗干净，阴干即得。该炮制所得半夏是（　　）。

A. 清半夏　　B. 法半夏　　C. 生半夏　　D. 姜半夏

2. 下列说法正确的是（　　）。

A. 附子即是白附子

B. 白附片即是白附子

C. 附子是毛茛科多年生草本植物乌头块根上所附生的子根，白附子是天南星科多年生草本植物独角莲的块茎

D. 附子和白附子功效基本相同

3. 半夏味辛性温有毒，具有化痰止咳、消肿散结的功效，若需增强其健脾温胃、燥湿化痰的作用，应将其炮制为（　　）。

A. 姜半夏　　B. 清半夏　　C. 半夏曲　　D. 法半夏

4. 炮制姜半夏的辅料用量（　　）。

A. 每100 kg药物加生姜25 kg，白矾12.5 kg

B. 每100 kg药物加生姜12.5 kg，白矾25 kg

C. 每100 kg药物加生姜15 kg，白矾2.5 kg

D. 每100 kg药物加生姜20 kg，白矾10.5 kg

二、多项选择题

1. 下列药物常采用复制法炮制的是（　　）。

A. 半夏　　B. 天南星　　C. 附子　　D. 白附子

2. 生天南星味苦辛性温，具有燥湿化痰、祛风解痉等作用，胆汁炮制后性味和作用发生改变的是（　　）。

A. 由温化寒痰转为清化热痰　　B. 燥湿化痰作用增强

C. 味由辛转苦　　D. 药性由温转凉

3. 可采用白矾进行炮制的药材是（　　）。

A. 麻黄　　B. 半夏　　C. 天南星　　D. 白附子

三、简答题

1. 复制的主要目的是什么？

2. 复制法有何注意事项？

第七节　中药饮片煨制技术

将药物用湿面或湿纸包裹，置于加热的滑石粉中，或将药物直接置于加热的麦麸中，或将药物铺摊在吸油纸上，层层隔纸加热，以除去部分油脂，这些炮制方法统称煨制技术。其目的是：除去药物中部分挥发油及刺激性成分，从而降低其副作用，缓和药性，增强疗效。

滑石粉煨、麸煨与滑石粉烫和麸炒有所相似。其主要区别是煨法辅料用量大，受热程度低，一般用文火，受热时间长，翻动的频率也低，其目的主要是为了降低药物中油质含量，增强固涩止泻作用。另外麸煨法多是将麦麸和药物同置锅内加热，而麸炒法是先将麦麸撒入热锅内，冒烟后投入药物拌炒。

肉　豆　蔻
roudoukou

【来源】本品为肉豆蔻科植物肉豆蔻 *Myristica fragrans* Houtt. 的干燥种仁。

【生产工艺】

1. 肉豆蔻

取原药材，除去杂质，洗净，干燥。（《中国药典》）

2. 煨肉豆蔻

取净肉豆蔻，用湿草纸逐粒包裹 3～4 层，置炭火中，煨至纸烧焦，取出，去掉残纸及灰，摊凉；或用武火炒至外皮变黑，取出，摊凉。（《广东省中药炮制规范》）

3. 麸煨肉豆蔻

取净豆蔻，加入麸皮，麸煨温度 150～160℃，约 15 分钟，至麸皮呈焦黄色，肉豆蔻呈棕褐色，表面有裂隙时取出，筛去麸皮，放凉。用时捣碎。（《中国药典》）

4. 滑石粉煨肉豆蔻

取净面粉，加适量水拌匀，做成团块，压成薄片，将净肉豆蔻逐个包裹，或用清水将肉豆蔻表面湿润后，如水泛丸法包裹面粉 3～4 层，稍晾，倒入已炒热的滑石粉或砂中，用文火加热，适当翻动，煨至面皮呈焦黄色并透出香气时，取出，筛去滑石粉或砂子，剥去面皮，放凉。用时捣碎。（《全国中药炮制规范》）

【工艺要点】

（1）严格按照操作规程操作。

（2）煨制时火力不宜过大，使油质渐渐渗入辅料内。

（3）辅料用量：制麸煨肉豆蔻，每 100 kg 肉豆蔻，用麸皮 40 kg；滑石粉煨肉豆蔻，每 100 kg 肉豆蔻，用面粉 50 kg、滑石粉 50 kg。

【质量控制】

表 5-205 肉豆蔻产品质量控制指标

品名	性状	检测项目
肉豆蔻药材	卵圆形或椭圆形，长 2~3 cm，直径 1.5~2.5 cm。表面灰棕色或灰黄色，有时外被白粉（石灰粉末）。全体有浅色纵行沟纹和不规则网状沟纹。种脐位于宽端，呈浅色圆形突起，合点呈暗凹陷。种脊呈纵沟状，连接两端。质坚，断面显棕黄色相杂的大理石花纹，宽端可见干燥皱缩的胚，富油性。气香浓烈，味辛	水分：≤10.0% 黄曲霉毒素：每 1 000 g 含黄曲霉毒素 B_1 不超过 5 μg，含黄曲霉毒素 G_2、黄曲霉毒素 G_1、黄曲霉毒素 B_2 和黄曲霉毒素 B_1 的总量不超过 10 μg 含量测定：含挥发油≥6.0%（mL/g）；含去氢二异丁香酚（$C_{20}H_{22}O_4$）≥0.10%
肉豆蔻		
煨肉豆蔻	形如肉豆蔻，表面焦黑色或棕褐色	无
麸煨肉豆蔻	形如肉豆蔻，表面为棕褐色，有裂隙。气香，味辛	水分、黄曲霉毒素同药材 含量测定：含挥发油≥4.0%（mL/g）；含去氢二异丁香酚（$C_{20}H_{22}O_4$）≥0.080%
滑石粉煨肉豆蔻	形如肉豆蔻，表面棕黄色或淡棕色，显油润。香气更浓郁，味辛辣	无

（a）肉豆蔻药材

（b）肉豆蔻

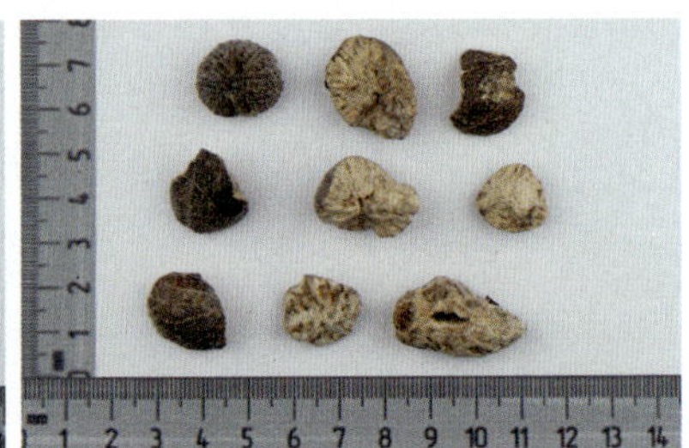

（c）煨肉豆蔻

图 5-98

【炮制作用】

表 5-206 肉豆蔻饮片功效与应用

品名	性味归经	炮制作用
肉豆蔻	辛，温。归脾、胃、大肠经	生品辛温气香，长于暖胃消食、下气止呕。服用过量可致中毒，产生幻觉，故多制用
煨肉豆蔻		煨后能去部分油，减少辛烈性，增强止呕吐及泄泻作用
麸煨肉豆蔻		
滑石粉煨肉豆蔻		

【贮藏】置阴凉干燥处，防蛀。

课堂互动

煨肉豆蔻有几种方法？哪种方法较常用？

知识拓展

1. 炮制历史

南北朝刘宋时代有糯米作粉裹于煻灰中炮；宋代有面裹煨、醋面裹煨，还增加了湿纸煨、生姜汁和面裹煨、炒黄、粟米炒、煨等；明代多用糯米裹煨或面裹煨熟，增加了麸炒煨熟去皮、醋浸、取霜等；清代增加了面包捶去油、炮煨去油、面煨、研去油等。现在主要有麦麸煨、滑石粉煨、面裹煨等炮制方法。

2. 炮制作用研究

研究表明，各种煨制品均可除去部分脂肪油和挥发油，挥发油较生品约减少20%，且颜色加深，相对密度增大，旋光度减少，折光率有所改变，其中肉豆蔻醚通常减少30%以上，其降低程度与炮制温度和时间密切相关。研究表明，肉豆蔻醚是肉豆蔻产生毒性和副作用的成分之一。而煨后甲基丁香酚和甲基异丁香酚含量明显增加，使得止泻作用增强。

3. 炮制新技术应用

实验表明，面裹煨以170～190℃、20分钟为宜，麦麸煨以130～150℃、20分钟为宜，滑石粉煨以140～160℃、20分钟为宜。

诃　　子
hezi

【来源】本品为使君子科植物诃子 *Terminalia chebula* Retz. 或绒毛诃子 *Terminalia chebula* Retz. var. *tomentella* Kurt. 的干燥成熟果实。

【采收加工】秋、冬二季果实成熟时采收，除去杂质，晒干。

【生产工艺】

1. 诃子

取原药材，除去杂质，洗净，干燥，用时打碎。(《中国药典》)

2. 诃子肉

取净诃子，稍浸，闷润，去核，干燥。(《中国药典》)

3. 炒诃子肉

取净诃子肉置锅内，用文火加热，炒至深黄色，取出放凉。(《全国中药炮制规范》)

4. 煨诃子

取净诃子，用湿草纸逐个包裹3～4层，置炭火中煨至纸烧焦，取出，去掉残纸及灰，摊凉；或用武火炒至外皮松泡，取出，摊凉。(《广东省中药炮制规范》)

【工艺要点】

(1) 严格按照操作规程操作。

(2) 诃子肉用清水浸泡3～5小时，捞出，闷润至软。

(3) 炒诃子肉需用文火加热。

(4) 煨诃子用武火炒至有焦味。

【质量控制】

表 5－207　诃子产品质量控制指标

品名	性状	检测项目
诃子药材	长圆形或卵圆形，长 2～4 cm，直径 2～2.5 cm。表面黄棕色或暗棕色，略具光泽，有 5～6 条纵棱线和不规则的皱纹，基部有圆形果梗痕。质坚实。果肉厚 0.2～0.4 cm，黄棕色或黄褐色。果核长 1.5～2.5 cm，直径 1～1.5 cm，浅黄色，粗糙，坚硬。种子狭长纺锤形，长约 1 cm，直径 0.2～0.4 cm，种皮黄棕色，子叶 2，白色，相互重叠卷旋。气微，味酸涩后甜	水分：≤13.0% 总灰分：≤5.0% 浸出物（冷浸法）：≥30.0%
诃子		
诃子肉	不规则粒块状，肉厚 2～4 mm，深褐色或黄褐色。稍有酸气，味酸涩而后甜	无
炒诃子肉	形如诃子肉，表面深黄色。质坚脆易碎。断面黄褐色。微有香气，味涩	
煨诃子	形如诃子，身松，呈褐色或黑色，有焦味	

（a）诃子

（b）煨诃子

图 5－99

【炮制作用】

表 5－208　诃子饮片功效与应用

品名	性味归经	炮制作用
诃子	苦、酸、涩，平。归肺、大肠经	涩肠止泻，敛肺止咳，降火利咽
诃子肉		性略偏凉，去核后增强收敛止泻作用
炒诃子肉		加强涩性，并增强温胃止泻的作用
煨诃子		

【贮藏】置干燥处。

课堂互动

诃子药用的时候一般都去核，为什么？

知识拓展

1．炮制历史

南北朝刘宋时代用酒浸蒸的方法；唐代有去核煨、熬制、炮去核，“酥炙令黄”“蒸去核焙”等法；宋代有面裹火炮熟、面裹煨、湿纸裹煨、熬制、酒制、姜制等炮制方法；元代则“湿纸裹，炮，取皮用”；明代有麸炒去核、麸炒黑、煅烧、醋浸、烧灰、面裹煨熟、蒸去核焙、酒浸蒸等法。清代有烧灰、酒蒸、煨等方法。

2. 炮制化学研究

诃子含鞣质 30% ~40%，嫩果较成熟果实含鞣质高，其鞣质含量种仁最低，诃子肉最高，全诃子不同炮制品均较生品含量高。诃子肉和核鞣质含量差异很大，去核果肉比全果含鞣质高，发现两者有明显差异，而且核占果实的 50%，因此诃子入药前去核十分必要。诃子的常用剂量应指诃子肉。由于诃子核作用很弱，而且占的比例也较大，若连核用，则必须加大剂量，且应打碎，否则作用差，疗效不佳。

3. 炮制作用研究

据研究诃子不同炮制品中没食子酸的含量从高到低为：煨诃子、炒诃子、生诃子；生诃子中番泻苷 A 的含量最高，其他诃子炮制品经加热炮制后番泻苷 A 含量均有不同程度的下降。说明诃子炮制后可增加涩性及固肠止泻作用。

粉　葛
fenge

【来源】本品为豆科植物甘葛藤 *Pueraria thomsonii* Benth. 的干燥根。

【采收加工】秋、冬二季采挖，除去外皮，稍干，截段或再纵切两半或斜切成厚片，干燥。

【生产工艺】

1. 粉葛片

取原药材，除去杂质，洗净，润透，切厚片或切块，干燥。(《中国药典》)

2. 麸炒粉葛

先将炒制容器加热，至撒入麸皮即刻烟起，随即投入粉葛片，不断使麸皮盖住粉葛片，至表面呈焦黄色，取出，筛去麸皮，放凉。(《广东省中药饮片炮制规范》)

每 100 kg 粉葛片，用麦麸 30 kg。

3. 煨粉葛

取净粉葛片，每片用湿纸包裹 3 层，埋入热灰中，煨至湿纸焦黑时，取出，刷净。(《广东省中药炮制规范》)

【工艺要点】

(1) 严格按照操作规程操作。

(2) 麸炒先放麸皮炒起烟，再放粉葛片。

(3) 煨粉葛湿纸包裹要均匀，避免厚薄不一。

【质量控制】

表 5 - 209　粉葛产品质量控制指标

品名	性状	检测项目
粉葛药材	圆柱形、类纺锤形或半圆柱形，长 12 ~ 15 cm，直径 4 ~ 8 cm；有的为纵切或斜切的厚片，大小不一。表面黄白色或淡棕色，未去外皮的呈灰棕色。体重，质硬，富粉性，横切面可见由纤维形成的浅棕色同心性环纹，纵切面可见由纤维形成的数条纵纹。气微，味微甜	水分：≤14.0% 总灰分：≤5.0% 二氧化硫残留量：≤400 mg/kg 浸出物（70% 乙醇热浸）：≥10.0% 含量测定：葛根素（$C_{21}H_{20}O_9$）≥0.30%
粉葛片	不规则的厚片或立方块状。外表面黄白色或淡棕色。切面黄白色，横切面有时可见由纤维形成的浅棕色同心性环纹，纵切面可见由纤维形成的数条纵纹。体重，质硬，富粉性。气微，味微甜	水分：≤12.0% 总灰分、二氧化硫残留量、浸出物、含量测定同药材

续上表

品名	性状	检测项目
麸炒粉葛	形如粉葛片，表面微黄色、米黄色或深黄色。体重，质硬，粉性。气香，味微甜	水分、总灰分、含量测定同药材 酸不溶性灰分：≤1.0% 浸出物（70%乙醇热浸）：≥13.0%
煨粉葛	形如粉葛片，呈深黄色，气微香	无

（a）粉葛药材（鲜品）

（b）粉葛药材（干品）

（c）粉葛饮片

图 5－100

【炮制作用】

表 5－210　粉葛饮片功效与应用

品名	性味归经	炮制作用
粉葛片	甘、辛，凉。归脾、胃经	解肌退热、生津止咳、透疹，升阳止泻，通经活络，解酒毒
麸炒粉葛		偏于止泻
煨粉葛		煨后减轻发汗作用

【贮藏】置通风干燥处，防蛀。

药典已将葛根和粉葛分开收录，请查找资料找出两者性状和功能主治有何异同？

知识拓展

1. 炮制历史

唐代有蒸制；宋代有醋制、去心微炙、焙制；元代增加了炒制；明代出现了炙黄、微炒、干煮、炒黑；清代有煨制等。现在主要炮制方法有煨制（湿纸煨、麸煨）等。

2. 炮制研究

粉葛主含黄酮类成分葛根素、大豆苷等。研究表明粉葛经麸煨制后，水煎液中有效成分总黄酮、葛根素的含量均高于生品。采用 HPLC 法测定粉葛炮制品中葛根素含量从高到低为：醋炙品、炒黄品、麸煨品、米汤煨品、生品、炒炭品。

3. 新技术应用

有研究提出用烘法代替煨法。其烘制最佳工艺为：每 10 g 粉葛，用 4 g 麦麸（加 1.6 mL 水），在 165℃条件下烘 40 分钟。

木　　香
muxiang

【来源】本品为菊科植物木香 *Aucklandia lappa* Decne. 的干燥根。

【采收加工】秋、冬二季采挖，除去泥沙和须根，切段，大的再纵剖成瓣，干燥后撞去粗皮。

【生产工艺】

1. 木香片

取原药材，除去杂质，洗净，润透或蒸透后切薄片，晒干。(《中国药典》)

2. 煨木香

取未经干燥的木香片，置铁丝匾中，用一层草纸，一层木香片，间隔平铺数层，置炉火旁或烘干室内，烘煨至木香中所含的挥发油渗至纸上，取出，放凉。(《中国药典》《全国中药炮制规范》)

【工艺要点】

(1) 严格按照操作规程操作。

(2) 木香片与草纸应捆扎结实，压紧。

(3) 使用文火煨制，避免高温挥发油流失。

【质量控制】

表 5-211　木香产品质量控制指标

品名	性状	检测项目
木香药材	圆柱形或半圆柱形，长 5~10 cm，直径 0.5~5 cm。表面黄棕色至灰褐色，有明显的皱纹、纵沟及侧根痕。质坚，不易折断，断面灰褐色至暗褐色，周边灰黄色或浅棕黄色，形成层环棕色，有放射状纹理及散在的褐色点状油室。气香特异，味微苦	总灰分：≤4.0% 含量测定：含木香烃内酯（$C_{15}H_{20}O_2$）和去氢木香内酯（$C_{15}H_{18}O_2$）的总量≥1.8%
木香片	类圆形或不规则的厚片。外表皮黄棕色至灰褐色，有纵皱纹。切面棕黄色至棕褐色，中部有明显菊花心状的放射纹理，形成层环棕色，褐色油点（油室）散在。气香特异，味微苦	水分：≤14.0% 总灰分：≤4.0% 浸出物（乙醇热浸）：≥12.0% 含量测定：含木香烃内酯（$C_{15}H_{20}O_2$）和去氢木香内酯（$C_{15}H_{18}O_2$）的总量≥1.5%
煨木香	形如木香片。气微香，味微苦	无

(a) 木香药材

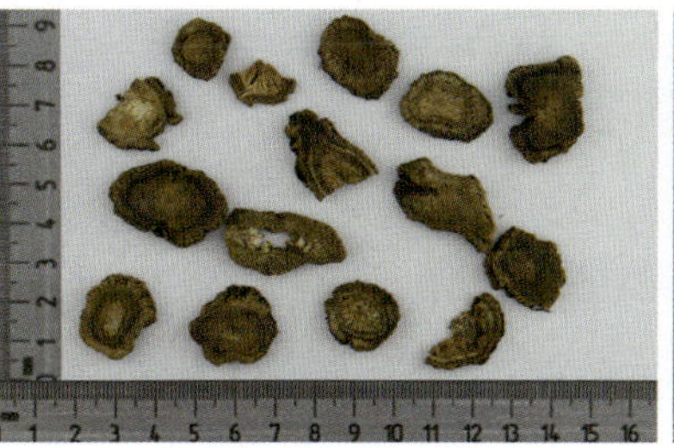
(b) 木香片

(c) 煨木香

图 5-101

【炮制作用】

表 5-212　木香饮片功效与应用

品名	性味归经	炮制作用
木香片	辛、苦，温。归脾、胃、大肠、三焦、胆经	行气止痛，健脾消食
煨木香		除去油质，减少燥性，适用于阴虚体弱患者，增强实肠止泻的功能

【贮藏】置干燥处，防潮。

课堂互动

请查找资料，了解传统木香煨制还有什么方法？

知识拓展

1. 炮制历史

宋代始载有"炙微赤，锉""面裹煨熟""湿纸裹煨，至纸干为度，去纸细锉""炮""吴茱萸炒"；明代有"黄连一两为粗末，将木香浸水一升，慢火煮水尽，去黄连不用，切，焙干""水研用""用陈酒浸过一宿"；清代有"酒磨""姜汁磨不见火""蒸用"等炮制方法记述。

2. 炮制研究

采用清炒、麸炒、麸煨、纸煨等方法炮制木香，除清炒外，麸炒、麸煨、纸煨等炮制法均使木香挥发油含量显著降低。木香挥发油中的主要化学成分，生品 29 种，清炒品 33 种，麸炒品 32 种，麸煨品 34 种，纸煨品 33 种，分别占挥发油总量的 93.14%、94.96%、93.78%、89.42%、92.79%。炮制使木香挥发油组分发生了很大改变，某些成分消失，如 α-水芹烯；新生成多种挥发性组分，如 α-紫罗兰酮、α-石竹烯、β-倍半水芹烯及 α-长叶松烯等，麸煨品中还生成了名贵香料成分橙花叔醇，很多成分如榄香烯、二氢-α-紫罗兰酮、β-石竹烯等的含量增加；麸炒、麸煨、纸煨均使木香中的去氢木香内酯、木香烃内酯等倍半萜内酯的含量降低。结论：作为香料原料，木香麸煨品更佳；而木香清炒品更宜用于健胃消食、治疗胃脘胀痛。

3. 炮制新技术应用

报道采用正交试验法优选麸煨木香最佳炮制工艺为：100 kg 木香片加 30 kg 麦麸，在 110～120℃下煨制 10 分钟。

实训九　煨制技术

一、实训目的

（1）掌握烘焙、煨制、水飞、干馏的成品规格及程序。

（2）明确所实训药物的炮制方法、炮制品规格、炮制作用。

二、实训设备及材料

1. 实训设备

烘箱、烧杯、电炉、锅、磁铁、刷子、盛药器具、天平、乳钵、量筒。

2. 实训材料

肉豆蔻、面粉、麸皮、滑石粉等。

三、实训内容及步骤

（一）准备

（1）将要炮制的药物除去碎屑、杂质备用。

（2）将药物大小、粗细分档备用。

（二）实训操作

煨制肉豆蔻：

（1）取面粉加适量水揉成面团，压成薄片，将净肉豆蔻逐个包裹，或将肉豆蔻表面用水湿润，如水泛丸法包裹面粉 3～4 层，稍晾，倒入已炒热的滑石粉或砂中，用文火加热，适当翻动，煨至面皮呈焦黄色并逸出香气时，取出，筛去滑石粉或砂，晾凉，剥去面皮。用时捣碎。每 100 kg 净肉豆蔻，用面粉 50 kg、滑石粉 50 kg。

（2）将麸皮和肉豆蔻同置锅内用文火加热并适当翻动，至麸皮呈焦黄色，肉豆蔻呈褐棕色时取出，筛去麸皮，晾凉，用时捣碎。每 100 kg 净肉豆蔻，用麸皮 40 kg。

（3）将滑石粉置锅内，加热炒至灵活状态，投入肉豆蔻，翻埋至肉豆蔻呈焦黄色，并有香气飘逸时取出，筛去滑石粉，晾凉，用时捣碎。每 100 kg 净肉豆蔻，用滑石粉 50 kg。

（三）清场

实训结束后，将炮制好的药物置洁净的聚乙烯包装袋内，密封后贮藏，清洁煤气灶和其他实训器具，将实训室打扫干净，关闭水、电、门、窗。

四、实训提示

表 5－213

序号	实训关键环节	提示内容
1	煨肉豆蔻	面皮厚度 2～3 mm，翻煨至面皮焦黄色
2	火力	煨制火力不宜过大，使油质逐渐渗入辅料

五、实训思考

（1）木香如何炮制？

（2）列表说明各种实训药材的炮制方法、辅料用量、炮制时的关键环节、成品规格及该法的不足之处，并对炮制品是否合格进行分析。

六、实训测试

表 5-214

测试项目	重点测试内容	测试标准	标准分值	测试得分
过程测试	准备工作	洁净和检查工具，准备工作到位	10	
	操作步骤	严格操作流程，操作过程没有大的失误	15	
	操作流程	能严格按照要求操作，未出现违反操作流程现象	10	
	火力把握	在煨制操作中，能准确把握火力	10	
	创新训练	能主动查阅资料，尝试新的炮制方法	10	
结果测试	意外事件	整个操作过程中，没有发生器具损坏及不安全事件	5	
	分组讨论	能找出本组操作中存在的问题，找到合理的解决方法	10	
	炮制程度	几种药物从颜色、质地等外观上都达到了炮制标准	10	
	场地清理	能及时清洗实验器具，清理桌面，药物归类放置	5	
	实训报告	报告字迹工整，条理清晰，结果准备，分析透彻	15	

目标检测题

一、单项选择题

1. 采用纸煨方法的药物是（　　）。

A. 肉豆蔻　　B. 木香　　C. 诃子　　D. 干姜　　E. 花椒

2. 粉葛煨后（　　）。

A. 多用于湿热泻痢、脾虚泄泻　　B. 总黄酮含量降低

C. 多用于热病口渴、麻疹等证　　D. 增强发散之性

3. 煨木香应采用（　　）。

A. 文火　　B. 武火　　C. 先文火后武火　　D. 先武火后文火

二、多项选择题

1. 肉豆蔻可采用以下哪几种煨法（　　）。

A. 麦麸煨　　B. 面裹煨　　C. 纸裹煨　　D. 滑石粉煨

2. 煨制肉豆蔻的作用是（　　）。

A. 除去部分油质，免于滑肠　　B. 除尽肉豆蔻醚，减小刺激性

C. 挥发油含量降低　　D. 挥发油理化性质改变

E. 增强固肠止泻

3. 可采用煨法炮制的药物有（　　）。

A. 诃子　　B. 葛根　　C. 木香　　D. 肉豆蔻　　E. 瓜蒌

三、简答题

1. 煨制的目的是什么?

2. 麸煨与麸炒有何不同?

第八节　中药饮片干馏技术

将药物置于容器内，以火烤灼，使产生汁液的方法称为干馏技术。其目的是制备有别于原药材的干馏物，以适合临床需要。

干馏法温度一般较高，多在120～450℃，如蛋黄油在280℃左右，竹沥油在350～400℃，豆类等干馏物一般在400～450℃制成。药料由于高热处理，产生了复杂的质的变化，形成了新的化合物，如鲜竹、木材、米糠干馏所得的化合物是以不含氮的酸性、酚性物质为主要成分，如己酸、辛酸、庚酸、壬酸、癸酸、愈创木酚等。含蛋白质的动、植物药（鸡蛋黄、大豆、黑豆）干馏所得的化合物则以含氮碱性物质为主，如海尔满（Harman）和吡啶类、卟啉类的衍生物。他们都有抗过敏、抗真菌的作用。

干馏的操作方法简单地说是以火烤灼药料，第一种是以沙浴加热，在干馏器上部收集冷凝的液状物，如豆类等干馏；第二种是在容器的周围加热，在下面收采液状物，如竹沥油等；第三种是用武火加热制备油状物，如蛋黄油。

竹　沥
zhuli

【来源】本品为禾本科植物淡竹 *Phyllostachys glauca* McClure 的嫩茎用火烤灼而流出的汁液。

【生产工艺】

1．竹沥药材的制备

取鲜嫩淡竹茎，锯成50 cm长度小段，劈开，去掉竹节，洗净，装入坛内，装满后坛口朝下，架起，坛的底面和四周用锯末和劈柴围严，坛口下置一盛器，点燃锯末和劈柴，竹片受热后即有汁液流出，滴注于盛器，直至竹中汁液流尽为止。取出竹液，即得。（《本草纲目》）

2．竹沥

取鲜竹沥汁，用纱布过滤。（《广东省中药炮制规范》）

【工艺要点】

（1）严格按照操作规程操作。

（2）应采用文火加热，避免液体蒸发或竹茎燃烧。

【质量控制】

表5－215　竹沥产品质量控制指标

品名	性状	检测项目
竹沥药材	青黄色或黄棕色浓稠汁液，具烟熏气，味苦微甜	无
竹沥		

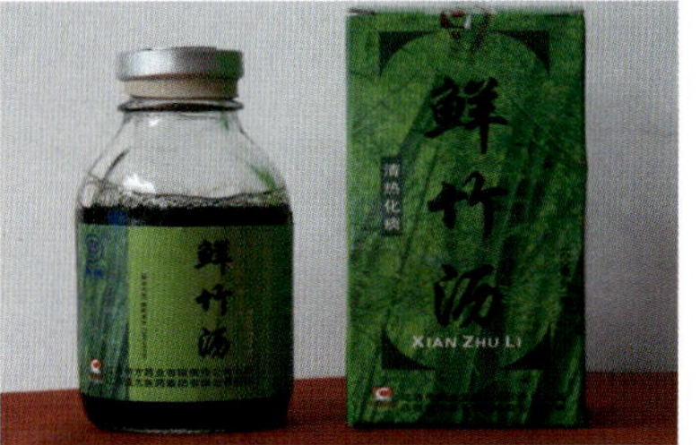

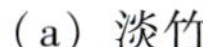

（a）淡竹　　（b）竹沥

图5－102

【炮制作用】

表 5－216　竹沥饮片功效与应用

品名	性味归经	炮制作用
竹沥药材	味苦微甘，性寒。归肺、胃经	对热咳痰稠，最具卓效
竹沥		

【贮藏】本品应临用时制，不宜久存。

课堂互动

在市场上可见到哪些中成药药味中含有竹沥？

知识拓展

1. 炮制历史

汉代称“竹汁”；梁代始有“竹沥”的记载；唐代首次出现竹沥制备方法；宋代有用新（堇）竹烧取；明代新增加了竹段装瓶倒悬炭火围逼制竹沥。现在主要的炮制方法有干馏法。

2. 炮制研究

竹沥的水溶性成分主要为天门冬氨酸、谷氨酸、丝氨酸等 13 种氨基酸；醚提取液含愈创木酚、甲酚、苯酚、苯甲酸、水杨酸等。研究表明竹材在干馏时，120℃左右开始，350～400℃热分解最盛，450℃以上逐渐减少。烧制鲜竹沥的时间一年之中以秋、冬季为好；秋、冬两季相比，冬季比秋季好；在一天 24 小时内，以 18 时至次日 9 时时间段内烧制为好。药理实验表明，竹沥对白色葡萄球菌、枯草杆菌、大肠杆菌及伤寒杆菌等有较强的抗菌作用。

3. 炮制新技术应用

渗漉法：选同一批淡竹适当粉碎后，称取淡竹粗粉。用 60% 乙醇适当润湿后，分次装入渗漉筒中，盖层滤纸，上压碎玻片，然后加入相同溶媒使淡竹粉全部浸没并留有 2～3 cm 液层，浸泡 18 小时后用 60% 乙醇，以每分钟 0. 4 mL 的流速渗漉，收集渗滤液回收乙醇至无醇味，抽滤。利用渗漉法所得的竹沥量较传统烧制法有所增加，收得率高出 10 倍左右。

回流提取法：取淡竹粗粉于圆底烧瓶中用 70% 乙醇浸泡 60 分钟后，于水浴上回流提取 2 次，溶媒用量均为 500 mL，提取时间均为 2 小时。所用时间短，有效成分愈创木酚转移率高，易于工业化操作。

蛋　黄　油

danhuangyou

【来源】本品为雉科动物家鸡 *Gallus gallus domesticus* Brisson 鲜卵的卵黄提取物。

【生产工艺】

蛋黄油：鸡蛋煮熟后，单取蛋黄置锅内，以文火加热，待除尽水分后，改用武火熬制，直至蛋黄油出尽为止，滤尽蛋黄油，装瓶。（宋《急救仙方》）

【工艺要点】

（1）严格按照操作规程操作。

（2）干馏蛋黄油时，先以文火加热，水分蒸发后再用武火。

（3）制作时油烟较多，须打开抽油烟机或开窗。

【质量控制】

表 5－217　蛋黄油产品质量控制指标

品名	性状	检测项目
蛋黄油	黑色的油状物，香味浓郁	无

（a）蛋黄

（b）蛋黄油

（c）蛋黄油（成药）

图 5－103

【炮制作用】

表 5－218　蛋黄油饮片功效与应用

品名	性味归经	炮制作用
蛋黄油	甘，平。归脾经	清热润肤、消炎止痛、收敛生肌和保护疮面

【贮藏】置阴凉干燥处。

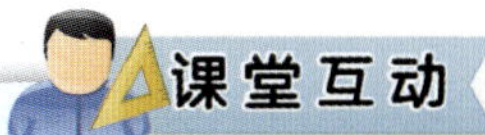

课堂互动

蛋黄油有何功能主治?

知识拓展

蛋黄油功能主治：具有生肌长皮、消肿止痛、敛疮收口的作用，现代临床可用于烫伤、湿疹、疮疡、瘘管窦道、皮肤皲裂、口腔溃疡、眼炎（结膜炎、睑缘炎）、中耳炎、鼻窦炎、阴道炎、龟头炎及小儿百日咳、消化不良、夏季腹泻和结核病、溃疡病的辅助治疗等。此油既可单用又可配调他药，内服或外用。《本草品汇精要》谓“鸡子黄炒取油，服之去小儿惊热，下痢及痰热，主百病”即是内服的用法。

实训十　干馏技术

一、实训目的

（1）掌握干馏的成品规格及程序。

（2）明确所实训药物的炮制方法、炮制品规格、炮制作用。

二、实训设备及材料

1. 实训设备

烧杯、电炉、锅、盛药器具、天平、乳钵、量筒。

2. 实训材料

鸡蛋等。

三、实训内容及步骤

（一）准备

准备新鲜鸡蛋备用。

（二）实训操作

制作蛋黄油：取鲜蛋，煮熟，去壳取蛋黄，至蒸发皿中弄碎，文火加热，并不时翻动，待水分蒸发后再开武火，直至蛋黄澄焦黑色，有油馏出为止，过滤即得。

成品性状：为油状液体，具青黄色荧光。

（三）清场

实训结束后，将炮制好的药物置密封瓶内贮藏，清洁煤气灶和其他实训器具将实训室打扫干净，关闭水、电、门、窗。

四、实训提示

表 5－219

序号	实训关键环节	提示内容
1	干馏	鸡蛋要新鲜、熬油时注意火力控制

五、实训思考

黑豆馏油怎么制作？

六、实训测试

表 5－220

测试项目	重点测试内容	测试标准	标准分值	测试得分
过程测试	准备工作	洁净和检查工具，准备工作到位	10	
	操作步骤	严格操作流程，操作过程没有大的失误	15	
	操作流程	能严格按照要求操作，未出现违反操作流程现象	10	
	火力把握	在干馏法操作中，能准确把握火力	10	
	创新训练	能主动查阅资料，尝试新的炮制方法	10	
结果测试	意外事件	整个操作过程中，没有发生器具损坏及不安全事件	5	
	分组讨论	能找出本组操作中存在的问题，找到合理的解决方法	10	
	炮制程度	几种药物从颜色、质地等外观上都达到了炮制标准	10	

续上表

测试项目	重点测试内容	测试标准	标准分值	测试得分
结果测试	场地清理	能及时清洗实验器具，清理桌面，药物归类放置	5	
	实训报告	报告字迹工整，条理清晰，结果准备，分析透彻	15	

目标检测题

一、单项选择题

1. 竹沥是淡竹的（　　）。

A. 竹茎中的液体　　B. 嫩茎用火烤灼产生的液体

C. 全竹用火烤灼产生的液体　　D. 叶子煎煮后的液体

2. 蛋黄油是通过哪种方法获得的（　　）。

A. 蒸馏　　B. 煮制　　C. 熬制　　D. 油炙

二、多项选择题

以下制备过程中使用干馏技术的是（　　）。

A. 蛋黄油　　B. 竹沥　　C. 麻油　　D. 黑豆馏油

第九节　中药饮片其他生产技术

一、烘焙技术

将药物用文火直接或间接加热，使之充分干燥的技术，称为烘焙技术。该法包括烘和焙两种操作方法。烘是将药物置于近火处或利用烘箱、干燥室等设备，使药物所含水分徐徐蒸发，从而使药物充分干燥的技术。焙则是将净选后的药物置于金属容器或锅内，用文火进行短时间加热，并不断翻动，焙至药物颜色加深，质地酥脆为度。

烘焙技术不同于炒制技术，一定要用文火，并要勤加翻动，以免药物焦化。

虻　虫

mengchong

【来源】本品为虻科昆虫复带虻 *Tabanus bivittatus Matsumura* 的雌虫干燥全体。

【采收加工】夏秋捕捉雌虫，用线穿起，晒干或阴干。

【生产工艺】

1. 虻虫

取原药材，除去杂质，筛去泥屑，去掉足翅。（《广东省中药炮制规范》）

2. 焙虻虫

先将锅加热，放入净虻虫，用文火焙至黄褐色或棕褐色，质地酥脆时取出，放凉。(《广东省中药炮制规范》)

3. 米炒虻虫

取净虻虫与米置锅内，用文火加热，拌炒至米呈深黄色，取出，筛去米粒，放凉。(《全国中药炮制规范》)

【工艺要点】

(1) 严格按照操作规程操作。

(2) 虻虫的足翅为非药用部位，净选时剔除。

(3) 焙制虻虫应采用文火焙。

(4) 辅料用量：米炒虻虫，每 100 kg 虻虫，用米 20 kg。

【质量控制】

表 5－221　虻虫产品质量控制指标

品名	性状	检测项目
虻虫	椭圆形，头部呈棕黑色，有光泽，有凸出的两眼及长形的吸吻；背部黑棕色，有光泽，腹部黄褐色，有横纹节；质脆易破碎。有臭气、味苦咸	无
焙虻虫	形如虻虫，表面色泽加深	
米炒虻虫		

(a) 虻虫

(b) 虻虫饮片

图 5－104

【炮制作用】

表 5－222　虻虫饮片功效与应用

品名	性味归经	炮制作用
虻虫	味苦，性微寒，有小毒。归肝经	生品腥味较强，破血力猛，并有致腹泻的作用，故很少生用
焙虻虫		降低毒性和减弱其腥臭气味和致泻的副作用，便于粉碎
米炒虻虫		

【贮藏】密闭，置干燥处。

虻虫除了复带虻还有哪些来源？

知识拓展

1. 炮制历史

汉代载有“熬，去足翅”法；唐代有去足翅熬；宋代有炒黄、去翅足、炒黑、糯米炒等；元、明代有麸炒、去足翅焙用；清代增加了炙法。现在主要的炮制方法有去足翅焙干或米炒等。

2. 药理研究

虻虫有提高小白鼠耐缺氧的作用；能扩张兔耳血管而增加血流量；有加强离体蛙心收缩力的作用；对脑下垂体后叶所致的急性心肌缺血有一定改善作用。

蜈　蚣

wugong

【来源】本品为蜈蚣科动物少棘巨蜈蚣 *Scolopendra subspinipes mutilans* L. Koch 的干燥体。

【采收加工】春、夏二季捕捉，用竹片插入头尾，绷直，干燥。

【生产工艺】

1. 蜈蚣

取原药材，除去竹片及头足，用时剪成小段。(《全国中药炮制规范》)

2. 焙蜈蚣

取净蜈蚣，去竹片，洗净，用文火焙至微黄，质地酥脆时取出，放凉剪断或研成细粉。(《中国药典》)

【工艺要点】

(1) 严格按照操作规程操作。

(2) 焙制蜈蚣时，微火焙黄，避免大火炒焦。

【质量控制】

表 5－223　蜈蚣产品质量控制指标

品名	性状	检测项目
蜈蚣药材	扁平长条形，长 9～15 cm，宽 0.5～1 cm。由头部和躯干部组成，全体共 22 个环节。头部暗红色或红褐色，略有光泽，有头板覆盖，头板近圆形，前端稍突出，两侧贴有颚肢 1 对，前端两侧有触角 1 对。躯干部第一背板与头板同色，其余 20 个背板为棕绿色或墨绿色，具光泽，自第四背板至第二十背板上常有两条纵沟线；腹部淡黄色或棕黄色，皱缩；自第二节起，每节两侧有步足 1 对；步足黄色或红褐色，偶有黄白色，呈弯钩形，最末一对步足尾状，故又称尾足，易脱落。质脆，断面有裂隙。气微腥，有特殊刺鼻的臭气，味辛、微咸	水分：≤15.0% 总灰分：≤5.0% 黄曲霉毒素：每 1 000 g 含黄曲霉毒素 B_1 不超过 5 μg，含黄曲霉毒素 G_2、黄曲霉毒素 G_1、黄曲霉毒素 B_2 和黄曲霉毒素 B_1 的总量不超过 10 μg 浸出物（稀乙醇热浸）：≥20.0%
蜈蚣	扁平状的小段，背部棕绿色或墨绿色，有光泽，腹部棕黄色或淡黄色；质脆。具有特殊的刺鼻腥味，味辛而微咸	
焙蜈蚣	焙后呈棕褐色或黑褐色，有焦腥气	黄曲霉毒素：同药材

（a）蜈蚣药材　　（b）蜈蚣

图 5－105

【炮制作用】

表 5－224　蜈蚣饮片功效与应用

品名	性味归经	炮制作用
蜈蚣	辛，温；有毒。归肝经	生品有毒，气味腥臭，多外用
焙蜈蚣		降低毒性，矫臭矫味，并使其干燥酥脆，便于粉碎

【贮藏】置干燥处，防霉，防蛀。

课堂互动

哪类人群不能用蜈蚣？为什么？

知识拓展

1. 炮制历史

炮制最早见于南北朝刘宋时期；晋代有“烧”；唐代有“赤头者炙”法；宋代有“去头足炙”、木粉制、酒浸、姜制、薄荷叶裹煨熟、羊酥制、焙制等；明代有酒焙、炒制、葱制、醋制、火炮存性；清代有“炙黄，去头足”、煅制、荷叶包裹煨、鱼鳔制等。现在主要的炮制方法有焙制等。

2. 炮制作用研究

蜈蚣含有两种类似蜂毒的毒性成分，即组织胺样物质及溶血蛋白质，具有溶血作用，能引起过敏性休克。少量能兴奋心肌，大量能使心脏麻痹，并能抑制呼吸中枢。经焙后既能矫味，使之酥脆，便于服用和粉碎，又能破坏其毒性物质，降低毒性。传统认为头、去足毒性大，历代用蜈蚣有去头、去足的习惯。现在通过研究认为，蜈蚣使用，应以全体入药。

二、提净技术

某些矿物药，特别是一些可溶性无机盐类药物，经过溶解、过滤、除净杂质后，再进行重结晶，以进一步纯净药物，这种方法称为提净技术。

（一）提净的目的

（1）使药物纯净，提高疗效。

（2）缓和药性。

（3）降低毒性。

（二）操作方法

根据药物的不同性质，常用的提净技术有两种。

1．降温结晶（冷结晶）

将药物与辅料加水共煮后，滤过杂质，将滤液置阴凉处，使之冷却重新结晶，如芒硝。

2．蒸发结晶（热结晶）

将药物先适当粉碎，加适量水加热溶化后，滤去杂质，将滤液置于搪瓷盆中，加入定量米醋，再将容器隔水加热，使液面析出结晶物，随析随捞取，至析尽为止。或将原液与醋共煮后，滤去杂质，将滤液加热蒸发至一定体积后再使之自然干燥，如硇砂。

芒　　硝
mangxiao

【来源】本品为硫酸盐类矿物芒硝族芒硝，经加工精制而成的结晶体。主含含水硫酸钠（$Na_2SO_4 \cdot 10H_2O$）。

【生产工艺】

1．芒硝

取适量鲜萝卜，洗净，切成片，置锅中，加适量水煮透，捞出萝卜，再投入适量芒硝原药材（朴硝）共煮，至全部溶化，取出过滤或澄清以后取上清液，放阴凉处。待结晶大部分析出，捞出晶体，置避风处适当干燥即得。母液经浓缩放凉后可继续析出结晶，直至不再析出结晶为止。（《全国中药炮制规范》）

2．玄明粉

取净芒硝用纸或适宜包材包裹，悬挂于通风处，使其风化，全部成洁白的粉末。（《全国中药炮制规范》）

【工艺要点】

（1）严格按照操作规程操作。

（2）提净加水量要适宜，以免影响结晶。

（3）母液经浓缩放凉后可继续析出结晶，直至不再析出结晶为止。

（4）辅料用量：制芒硝，每 100 kg 原药材，用萝卜 20 kg。

【质量控制】

表 5－225　芒硝产品质量控制指标

品名	性状	检测项目
芒硝	棱柱状、长方形或不规则块状及粒状。无色透明或类白色半透明。质脆，易碎，断面呈玻璃样光泽。气微，味咸	干燥失重：减失重量应为 51.0%～57.0% 重金属：≤百万分之十 砷盐：≤百万分之十 含量测定：含硫酸钠（Na_2SO_4）≥99.0%
玄明粉	白色粉末。气微，味咸。有引湿性	重金属：≤20 mg/kg 砷盐：≤20 mg/kg 含量测定：含硫酸钠（Na_2SO_4）≥99.0%

（a）芒硝

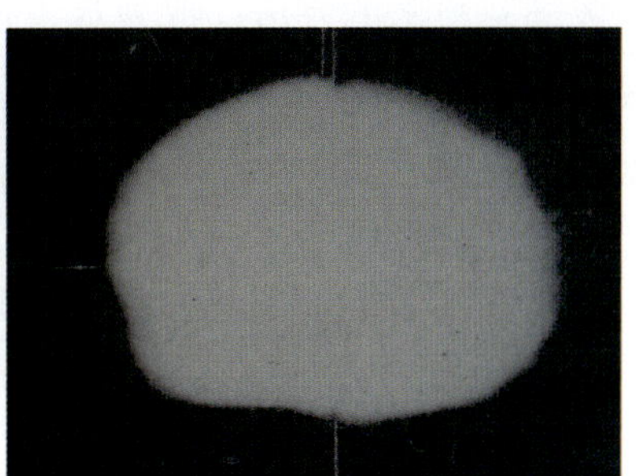

（b）玄明粉

图 5－106

【炮制作用】

表 5-226　芒硝饮片功效与应用

品名	性味归经	炮制作用
芒硝	咸、苦，寒。归胃、大肠经	提高其纯净度，同时缓和其咸寒之性，并借萝卜消积滞，化痰热，下气，宽中作用，以增强芒硝润燥软坚，消导，下气通便之功
玄明粉	咸、苦，寒。归胃、大肠经	质地纯净，其性能较芒硝缓和

【贮藏】芒硝密闭，在30℃以下保存，防风化；玄明粉密封，防潮。

芒硝提净中用萝卜同煮有何目的?

知识拓展

1. 炮制历史

汉代有炼法；晋代有熬制；南北朝已有精制操作；唐代增加了煮制、蒸制；宋代增加了烧制、炒制；明代出现了把芒硝制成玄明粉和风化硝的记载，明代有火炮、萝卜制、豆腐制、甘草制及加萝卜、冬瓜和甘草共煮；清代多采用辅料（豆腐、萝卜、甘草）合制。现在主要有朴硝与萝卜共煮后，去渣重结晶。

2. 炮制作用研究

芒硝具有泻下作用是由于硫酸根离子，不易被肠壁吸收，留存于肠内形成高渗溶液，使肠道保持大量水分，扩张肠道，引起肠蠕动增强，将稀释的粪便排出。经研究发现，芒硝经萝卜提净后，萝卜中的 Zn、Mn、Fe 等进入了芒硝，成为炮制后芒硝的组成成分，同时萝卜也吸收了 Cu、Pb、Cr，从而降低了对人体健康不利的成分含量，所以朴硝提净后有一定的解毒作用。

3. 炮制新技术应用

将芒硝澄清液置于冰箱内，6 小时后芒硝析出结晶，倒出未结晶液，置冰箱内继续析晶，至无结晶为止。此法结晶收得率可高达 88%。值得推广。

在制作芒硝时应注意：温度控制在 32.4℃，药物溶解度最大，最佳结晶温度在 0℃、2～4℃和 10～15℃三种说法，还有待进一步研究。

三、水飞技术

某些不溶于水的矿物药，利用粗细粉末在水中悬浮性不同，将不溶于水的矿物、贝壳类药物经反复研磨，而分离制备极细腻粉末的方法，成为水飞技术。

（一）水飞的目的

（1）去除杂质，洁净药物，如雄黄。

（2）使药物质地细腻，便于内服和外用，提高其生物利用度，如朱砂。

（3）防止药物在研磨过程中粉尘飞扬，污染环境。

（4）除去药物中可溶于水的毒性物质，如砷、汞等。

（二）操作方法

将药物适当破碎，置乳钵中或其他适宜容器内，加入适量清水，研磨成糊状，再加多量水搅拌，粗粉即下沉，立即倾出混悬液，下沉的粗粒再行研磨，如此反复操作，至研细为止。最后将不能混悬的杂质弃去。将前后倾出的混悬液合并并静置，待沉淀后，倾去上面的清水，将干燥沉淀物研磨成极细粉末即得。

（三）注意事项

（1）在研磨过程中，水量宜少。

（2）搅拌混悬时加水量宜大，以除去溶解度小的有毒物质或杂质。

（3）操作时温度不宜过高，以晾干为宜。

（4）朱砂和雄黄粉碎要忌铁器，并要注意温度。

朱　砂

zhusha

【来源】本品为硫化物类矿物辰砂族辰砂，主含硫化汞（HgS）。

【采收加工】采挖后，选取纯净者，用磁铁吸净含铁的杂质，再用水淘去杂石和泥沙。

【生产工艺】

1. 朱砂

取原药材，除去杂质。(《中国药典》)

2. 朱砂粉

取原药材，用磁铁吸去铁屑，置乳钵内，加少量清水研磨成糊状，然后加多量清水搅拌，稍停，倾去混悬液。下沉的粗粉再按上法反复操作多次，直至手捻细腻，无亮星为止，弃去杂质。将取得的混悬液合并，静置，倾去上清液，取沉淀物，晾干或40℃以下干燥，研散。(《中国药典》)

【工艺要点】

（1）严格按照操作规程操作。

（2）在研磨过程中，水量宜少。

（3）搅拌混悬时加水量宜大，以除去溶解度小的有毒物质或杂质。

（4）朱砂粉碎要忌铁器。

（5）朱砂粉干燥时需控制温度，以晾干为宜，以免高温发生化学反应。

【质量控制】

表 2－227　朱砂产品质量控制指标

品名	性状	检测项目
朱砂	粒状或块状集合体，呈颗粒状或块片状。鲜红色或暗红色，条痕红色至褐红色，具光泽。体重，质脆，片状者易破碎，粉末状者有闪烁的光泽。气微，味淡	含量测定：含硫化汞（HgS）≥96.0%
朱砂粉	朱红色极细粉末，体轻，以手指撮之无粒状物，以磁铁吸之，无铁末。气微，味淡	含量测定：含硫化汞（HgS）≥98.0%

（a）朱砂

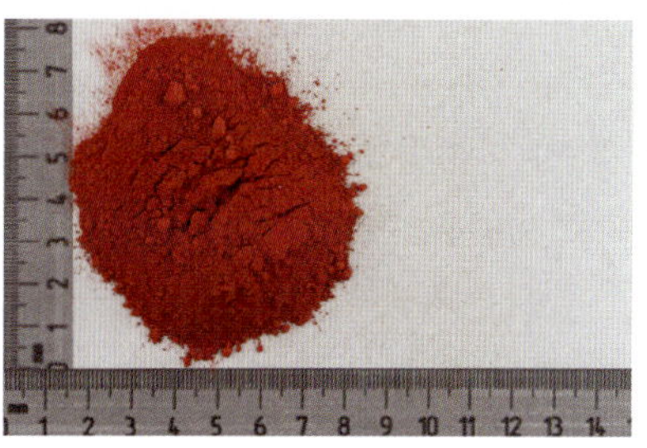

（b）朱砂粉

图 5－107

【炮制作用】

表5-228 朱砂饮片功效与应用

品名	性味归经	炮制作用
朱砂	甘，微寒；有毒。归心经	无
朱砂粉		清心镇惊，安神，明目，解毒。经水飞后使药物纯净、细腻，便于制剂及服用，降低毒性

【贮藏】置干燥处。

朱砂水飞的作用是什么？

1. 炮制历史

南北朝有用甘草、紫背天葵、五方草同制法、“研”法；唐代有去杂石及炼制；宋代有“以新汲水浓磨汁”，细研，水飞过，“与蛇黄同研水飞”，荞麦灰煮，“以酽醋浸”，用黄松节酒煮、蜜木瓜蒸等；元代有先以磁石引去铁屑，次用水乳钵内细杵，取浮者飞过净器中澄清，去上余水，如此法一般精制见朱砂尽干用；明、清有蒸，黄芪、当归煮熟，椒红煮，荔枝壳水煮，麻黄水煮，炒制，酒蒸，煨制，甘草煮等。

2. 炮制研究

朱砂中主要成分为硫化汞（HgS），尚含有游离汞和可溶性汞盐等杂质，可溶性汞盐的毒性极大，为朱砂中的主要毒性成分。水飞后可使朱砂中的游离汞和可溶性汞盐含量下降，同时也降低了铅、铁等金属的含量，从而降低毒性，使药物洁净细腻，便于内服。

3. 炮制新技术应用

采用两步球磨水漂法，可提高生产效率，保证朱砂质量。即用磁铁吸去铁屑，置球磨机中磨成90～100目细粉，然后加水适量，湿法球磨成140目细粉，再用两倍水漂15次以上，取出晾干或低温干燥。

雄　黄

xionghuang

【来源】本品为硫化物类矿物雄黄族雄黄，主含二硫化二砷（As_2S_2）。

【采收加工】采挖后，除去杂质。

【生产工艺】

1. 雄黄

取原药材，除去杂质。(《中国药典》)

2. 雄黄粉

取净雄黄，置乳钵内，加少量清水研磨成糊状，再加水，搅拌，倾出混悬液。残渣再按上法反复操作多次，合并混悬液，静置，分取沉淀，晾干，研散。(《中国药典》)

【工艺要点】

(1) 严格按照操作规程操作。

(2) 在研磨过程中，水量宜少。

(3) 搅拌混悬时加水量宜大，以除去溶解度小的有毒物质或杂质。

(4) 雄黄粉碎要忌铁器。

（5）雄黄粉干燥时需控制温度，以晾干为宜，以免高温发生化学反应。

【质量控制】

表 5 – 229　雄黄产品质量控制指标

品名	性状	检测项目
雄黄	块状或粒状集合体，呈不规则块状。深红色或橙红色，条痕淡橘红色，晶面有金刚石样光泽。质脆，易碎，断面具树脂样光泽。微有特异的臭气，味淡。精矿粉为粉末状或粉末集合体，质松脆，手捏即成粉，橙黄色，无光泽	含量测定：含砷量以二硫化二砷（As_2S_2）计 ≥90.0%
雄黄粉	极细腻的粉状，橙红色，质重，气特异而刺鼻，味淡	

（a）雄黄

（b）雄黄粉

图 5 – 108

【炮制作用】

表 5 – 230　雄黄饮片功效与应用

品名	性味归经	炮制作用
雄黄	辛，温；有毒。归肝、大肠经	无
雄黄粉		解毒杀虫，燥湿祛痰，截疟

【贮藏】置干燥处，密闭。

课堂互动

雄黄干燥时为何要控制温度不宜过高？雄黄中毒有何临床表现？湖南雄黄矿区居民严重砷中毒，大量患癌死亡的事例说明了什么问题？

知识拓展

1. 炮制历史

汉代有“炼”；梁代有醋制；南北朝有药制：甘草、紫背天葵、地胆、碧棱花制；唐代有油煮、烧制、煨制、熬制；宋代有醋煮，萝卜、醋煮、桃叶制；明、清尚有蜜煎，“脂裹蒸”“松脂制”“白萝卜蒸”“竹筒蒸”等炮制方法。今多采用水飞。

2. 炮制研究

水飞法炮制后的雄黄游离砷量及其他金属元素含量均略有降低，但如雄黄质差者，虽经炮制，仍不能减少有害于人体的金属元素，As_2S_2 含量亦无明显增加，此类质次的雄黄不宜供药用。雄黄在空气中受热，当温度上升到 180℃ 以上，至 220 ~ 250℃ 时，雄黄大量转化生成 As_2O_3，毒性增加，故雄黄不能加热炮制。干研法炮制雄黄不能减少其中 As_2O_3 含量，水飞法则可明显降低可溶性砷的量，且用水量越大，成品中 As_2O_3 含量越低，增加洗涤次数，提高水温、减少雄黄粉粒度，均可提高洗除 As_2O_3 效果。

目标检测题

一、单项选择题

1. 雄黄为矿物药，主要含有（　　），炮制时一般采用（　　）方法。

A. 硫化砷　干法粉碎　　B. 氧化铁　水飞

C. 硫化砷　水飞　　D. 硫化汞　水飞

2. 焙虻虫（　　）。

A. 减低毒性　　B. 增强致泻作用

C. 增强破血逐瘀作用　　D. 味甘

3. 关于焙蜈蚣说法错误的是（　　）。

A. 毒性降低　　B. 腥臭降低

C. 干燥酥脆，便于粉碎　　D. 多外用

4. 芒硝提净使用以下哪个辅料（　　）。

A. 每 100 kg 朴硝，用萝卜 10 kg　　B. 每 100 kg 朴硝，用萝卜 20 kg

C. 每 100 kg 朴硝，用萝卜 30 kg　　D. 每 100 kg 朴硝，用萝卜 50 kg

二、多项选择题

1. 关于朱砂的炮制方法描述正确的是（　　）。

A. 水飞后朱砂应晾干　　B. 杂质的主要成分为游离汞

C. 研磨水飞法毒性最小　　D. 水飞朱砂时应忌用铁器

E. 朱砂水飞时洗涤次数越多游离汞的含量越低

2. 使用水飞技术炮制的药物是（　　）。

A. 朱砂　　B. 滑石　　C. 雄黄　　D. 赭石

E. 自然铜

三、简答题

1. 水飞技术的目的是什么？

2. 水飞技术操作过程中有什么注意事项？

第六章　新型中药饮片生产技术

传统中药饮片是指在中医药理论指导下，将中药材经净选、切制和炮炙等过程制成的一定规格的饮片，不经过任何溶剂提取、浓缩、制粒等工序。临床使用能因时、因地、因人对处方中药物和药量进行灵活化裁和加减，显示了极强的生命力。但传统中药饮片有一些不足之处，如服用前需临时煎煮，使用和携带不方便；原药材来源不一，质量良莠不齐；某些饮片又厚又大，药物有效成分煎出率低，药材利用率低，浪费资源；部分药材外形、气味欠佳等等。

新型中药饮片的开发主要有三个途径。一是不改变传统饮片的外观和使用，在包装方面进行了创新，如中药饮片的小包装；二是仅改变传统饮片的外观形态，本着提高饮片的利用率的目的，将传统饮片进一步深加工，生产成为颗粒饮片、破壁饮片、超微粉饮片等；三是改变了传统饮片的外观和使用方式，本着患者服用方便的目的，将传统药材或饮片进行深加工，生产成配方颗粒饮片。

中药饮片小包装的生产技术主要体现在产品包装环节，引入了高效快捷的分剂量包装设备，如多头秤，生产技术原理为同时多个称斗称量，通过电脑控制设定包装重量规格，由称斗中进行自动加料和配对，在一定误差范围内选择最小误差的加料和称斗，下料，包装。如果配对不成功，则通过筛除通道取消称量，重新进行配料称量配对。

颗粒饮片的生产过程是在传统饮片的生产过程增加破碎设备或者反复切制，干燥后进行固定颗粒大小的筛分，从而形成品相均匀的颗粒。颗粒饮片的优点是比传统饮片破碎程度高，有利于有效成分的溶出，易于煎煮；由于是相对均匀的颗粒状，还有便于包装的优点。缺点是破碎过程中破坏了饮片的完整外观，不利于产品的鉴别，此外破碎过程产生了较大的损耗，即颗粒成品的收率低，最终产品的成本加大。

超微粉饮片、破壁饮片是基于使患者不用通过煎煮，能够更快捷更充分地利用饮片资源。将传统饮片进行深度加工，利用特殊的粉碎生产设备进行生产，使其变成极细粉末，在水中形成可直接服用的混悬液，即超微粉饮片。而破壁饮片是利用球磨设备将饮片粉碎到细胞壁破损的程度，破壁理论认为破壁后的饮片能更快速地溶出有效成分，使人体更充分地吸收，起到起效快、充分吸收的目的。粉末状的饮片同样存在无法进行性状鉴别的问题。

配方颗粒饮片的原理是单味药材经过煎煮、过滤、浓缩、干燥后制成颗粒，折算成饮片的重量进行使用。使用时按医生的处方进行调配，混合冲服。它比传统中药饮片的优势在于：一免煎，二计量小，三方便携带。缺点是单味煎煮得到成分可能与复方煎煮得到的成分不同，导致治疗效果有差异。配方颗粒饮片生产可用先进的颗粒剂生产设备，生产工艺中主要以水煮方式，对于挥发性成分可以先提取挥发油，在干燥制粒的时候加入挥发油混合后再包装。单味配方颗粒是被行业管理部门认可并在市场上较大范围推广的新型中药，配方颗粒又叫科学中药、免煎中药，最初源于日、韩等国，再传至我国。它是将单味药材炮制加工后，根据中药理化性质选用适当的溶媒，经现代工业提取、浓缩、干燥、制粒组成。虽然使用方便，便于配伍，但一方面在工业中提取了单味中药的所有活性成分，浓缩干燥过程中需要加热，药材中不稳定的成分有可能损失；另一方面中药复方药理作用并非单味药材中有效成分的累加，它还包括了在煎煮过程中药物成分间发生吸附、沉淀、助溶引起成分含量的改变，以及药物成分间水解、氧化、还原作用产生的新物质。因此，单味中药成分提取后的简单混合是否等同于传统煎煮尚不肯定。

农本方中药配方颗粒是中药的一种新剂型，是按 GMP 制药标准把中药进行提取浓缩，加工成浓缩的中药颗粒，培力企业是中国国内取得中药配方颗粒生产批文的六家企业之一，同时也是唯一的一家外商企业，从 1998 年开始在香港进行销售推广，现为香港的政府医院中医主要选用产品。成功地解决了中药配方颗粒易受潮、结块的技术难题。特别设计的 200 g 专用药瓶，亦保证了日常使用量与保质期的平衡，保证了颗粒的性状稳定，存储方便，一举解决了中药房仓储条件高、管理复杂的难题，广受药房人员欢迎，也成为香港 400 多家中医诊所专用。农本方是一个项目包括农本方中药配方颗粒和农本方模块化中药房，使得农本方充分还原传统中医的精髓。农本方中药配方颗粒包括 580 个品种，覆盖了全部的临床常用品种和一些地方性常用药材，满足临床用药需求。农本方模块化中药房是为农本方中药配方颗粒量身打造，专门为中药配方颗粒的储藏、调配、药房管理而设计的一套现代化的中药房。模块药房能处理中医师的处方，将处方中的中药配方颗粒进行调配、混合和分包。患者拿到手的不再是大包大包的分开的中药饮片，而是混合均匀、开水冲服即可、一次一包的分装好的小包颗粒。

图 6-1　农本方药房

图 6-2　农本方专用瓶

《中国药典》2015 年版已经取消了直接口服饮片的概念，国家食品药品监督管理总局曾发文回复袋泡包装的颗粒饮片不允许作为普通饮片，应纳入袋泡茶制剂范畴。

以上几种新型中药饮片，经过多年的发展，中药配方颗粒一枝独秀，2012 年《广东省中药配方颗粒标准》（第一册）正式颁布，共收载中药配方颗粒 102 个，2017 年 6 月，广东省食品药品监督管理局发布《广东省中药配方颗粒试点生产申报指南》意味着广东省在全国率先开放配方颗粒生产，而此前，全国只有六家试点企业。可以想见，配方颗粒会成为众多药企开发的目标，2006 年中药配方颗粒市场规模仅 2.28 亿元，2013 年市场规模高达 42 亿元，复合增长率高达 51.6%。因此，本节着重对配方颗粒的生产技术做一介绍。

一、中药配方颗粒的特点

“中药配方颗粒”是指用现代科技手段，利用中药制剂的浸提法，选用适当的溶媒和程序，将中药饮片中的可溶性有效成分浸出，再经浓缩干燥、造粒，制成纯中药配方颗粒。实行单味定量包装，供药剂人员遵临床医嘱随证处方，按规定剂量调配给患者直接服用。中药配方颗粒不再需要煎煮，可以将各味配方颗粒混合即冲即服。改变了中医药数千年来中药汤剂必须将处方饮片加水煎煮才能服用的传统，将中医药的传统汤剂转变成一种既快捷简单又方便卫生的有效剂型，是中药汤剂改革的一种成功尝试。

中药配方颗粒开发研究的目的，不是为了替代中药饮片，而是适应市场需求，是对中药饮片的补充。

使用中药配方颗粒的优点：

(1) 十多年来，经数亿人次的临床应用实验证明中药配方颗粒冲剂的疗效与中药饮片煎煮的汤剂基本相符，亦未出现不良反应。

（2）中药配方颗粒采用工厂化大生产优于传统煎煮，可确保中药疗效。中药配方颗粒在工厂的机械化生产中，可根据各单味中药的性质，以其在不同温度、时间、pH 值等条件下，提取的有效成分含量最高为标准，采用先进的生产设备和稳定的生产工艺，制成配方颗粒。患者可直接服用，避免了传统药剂需由患者自己煎煮，通常由于人们对加水量、浸泡时间、煎煮时间、先煎后下等不甚明了或操作不当，致使影响汤剂疗效。

（3）有利于中药的质量控制并确保疗效。中药配方颗粒由国家卫生行政部门指定的药厂生产。从药材产地采购、运输、贮存，都有严格的鉴定、验收等一套管理制度。从原药材制成配方颗粒，制定有相应的炮制、生产、工艺、质量标准及检测方法，并制定了原药材与颗粒两者之间的用量换算关系，因而质量完全处于掌控之中。随着市场的拓展，需求增加，制药厂可根据气候、环境等条件选择地道药材生长的环境，拥有自己的中药栽培、种植基地，形成符合 GAP、GMP 的从种植、养护、采收、贮运、炮制加工到机械化生产配方颗粒的一条龙，这样产品质量更为稳定、疗效更有保障，生产成本将大为降低，与饮片煎煮汤剂在价格上更有竞争优势。而饮片质量的控制相对较困难，以致假冒伪劣的中药饮片充斥市场，对广大患者健康造成很大危害。

（4）提高中药材利用率，便于保管与调配。中药配方颗粒，采用铝箔袋包装，体积小，重量轻，不易吸潮，包装袋上标明了与原生药的换算关系，调配方便、卫生快捷、便于保管。传统中药饮片方剂用手抓秤称量易带来药品污染及剂量误差。中药饮片贮藏保管不当会出现泛油、变色、虫蛀、霉变等质量问题，造成药材很大浪费。

（5）有利于传统的中医药学走出国门为全世界所接受。中国国人已习惯数千年来用中药饮片汤剂治病，但近来出现的“验方不治病”现象正是反映了饮片质量不稳定、不可控，甚至出现饮片造假。质量可控的中药配方颗粒的应用将使问题迎刃而解。随着我国经济发展，人们生活节奏的加快，也确实需要一种方便、快捷的中药利用方法，中药配方颗粒应运而生。

绝大多数外国人对中医药是陌生的，但中医药确实在不少方面优于西医药，中药作为一种纯天然药物，少毒性，更适于人体的调理吸收的优越性也确实吸引着外国人。但中药饮片质量的不确定性与不可控，以及中药饮片汤剂煎煮的操作不方便，不易携带又使他们望而却步，致使作为中医药发源地的中国在世界中药市场仅占很少份额，安全、高效、质量稳定、可控的中药配方颗粒的应用将打破中国在世界中药市场的局面，中医药必将展现其应有的魅力为世界所接受。

二、中药配方颗粒的名称沿革

按《中国药典》定义，颗粒剂是指药材的提取物与适宜的辅料或部分药材细粉混匀，制成的干燥颗粒状剂型。《中国药典》1990 年版将颗粒剂称为“冲剂”，而《中国药典》1995 年版则称为“颗粒剂（冲剂）”，两者含义相同。《中国药典》2015 年版则保留“颗粒剂”取消了“冲剂”的副名。颗粒剂为具体一定粒度的颗粒状制剂，分为可溶颗粒、混悬颗粒和泡腾颗粒。

20 世纪 50 年代初期，广东的邱晨波教授等发起过关于浓缩颗粒研制及相应质量标准的研究，因为各方面时机不成熟未能成功，这是中药配方颗粒标准研究的探讨阶段。

安徽陆泽俭教授等在 20 世纪 80 年代从事该项工作，积累了不少品种的实验依据，但因条件限制未能投入生产。“七五”期间，江西中医学院周异群教授等完成 101 味单味中药颗粒工艺小试，并组方进行共、分煎药理、化学、临床、质量标准等方面研究，获得专家鉴定。中药配方颗粒质量标准研究进入了实验室阶段。

20 世纪 80 年代末，江苏江阴的中医药人员在总结前人经验、教训的基础上，对国内外浓缩颗粒的工艺、设备、质量标准、生产管理、市场等方面展开了历时 3 年的调研，于 1992 年正式成立“江阴天江药业有限公司”，作为首批中药饮片改革厂家，专门从事中药配方颗粒产业化及其质量标准的研究。1994 年“天江药业”取得药品生产合格证、许可证，成为首批有合法身份从事中药配方颗粒研制的生产厂家，同年“天江牌”中药配方颗粒进入市场，该单位与 3 年后也获得此产品生产合格证、许可证的“广东一方”在 1996 年下旬共同承担国家中医药管理局关于中药配方颗粒的重点重大课题，此后两家单位携手进行中药配方颗粒质量标准的研究。至2002年，应国家药品监督管理局的要求，两家共完成400味中药配方颗粒质量标准及生产工艺，其中“天江药业”的实际生产品种已达600味左右。这是中药配方颗粒质量标准研究史上率先获得的研究成果并上报国家药品监督管理局，标志着此项工作将进入产业化阶段。

在此期间针对中药配方颗粒这一新剂型曾出现过诸如“单味中药浓缩颗粒”“免煎饮片”“中药精制颗粒”“颗粒饮片”“免煎汤剂”……多种名称，2001年国家药品监督管理局将其统一命名为“中药配方颗粒”。2006年国家药品监督管理局和国家中医药管理局联合组织专家及有关部门负责人，对“中药配方颗粒”的名称及管理问题又进行了多次研讨和论证，最终确定“中药配方颗粒”是指单味中药饮片，经提取浓缩制成的颗粒，故其不能单独使用，只供中医临床配制处方用，应与一般的颗粒剂区别开来。从行业管理的角度促进和确保“中药配方颗粒”研究项目由科学研究阶段向科学化、合法化、规模化和生产化方向过渡，并最终实现“中药配方颗粒”的法制管理，即按照最新版《中华人民共和国药品管理法》的有关规定，将其纳入饮片批准文号管理。

“中药配方颗粒”的诞生完善了中药的结构体系，“中药配方颗粒”进入市场后将可能打破中药三大项（即中药材、中药饮片、中成药）“三足鼎立”的格局，成为中药产业的第四大支柱。

三、中药配方颗粒在国外及地区发展情况

日本、韩国以及中国台湾地区在20世纪70年代便研制中药颗粒剂。中药配方颗粒在中国台湾地区被称为“科学中药”或“浓缩中药”。在台湾地区，有单味的中药浓缩颗粒也有复方的中药浓缩颗粒共有数百种，单味的可作为复方的加减调配处方用。

在日本因掌握中医药理论辨证论治的汉方医生不多，故大多使用中医的复方颗粒剂，并以传统经典方命名组方。自20世纪80年代以来日本以中国验方制成的汉方颗粒剂发展加快，首次将颗粒剂列为国民健康保险基金的使用范围，规定使用此类药品的患者，其费用可由国家健康保险基金支付，他们现在很少应用中药饮片，不少制颗粒剂的中药原材料采购自我国各省的道地中药材。津村顺天堂、森下仁丹株式会社、内由和汉药株式会社等研制生产多种中药浓缩剂用以代替汤剂。多数汉方药厂的骨干剂型即为汉方颗粒剂。目前约有2/3的日本医生在临床中应用颗粒剂，很多日本人欢迎此类剂型。日本在浓缩颗粒的开发研究领域取得了瞩目的成就，研究的复方中药浓缩颗粒剂有200余种，单味中药浓缩颗粒也有200余种，根据临床随证配方，产品销往欧洲等地。

韩国的中药浓缩颗粒剂使用于20世纪90年代初，到90年代中期，已发展到300多个品种，并将其列入健康保险用药范围。

由我国自主研制生产的中药配方防潮颗粒于2005年8月29日正式运往英国，这是我国首批出口欧盟市场的中药颗粒，从而结束了中国作为传统中草药大国，没有中药颗粒出口欧盟的历史，同时还出口北美及东南亚地区。

四、中药配方颗粒制作工艺

（一）水溶性颗粒剂的制作

水溶性颗粒剂加水后应能完全溶解呈澄清溶液，无焦屑等杂质。其工艺过程可分为：提取、精制、制粒、干燥、整粒、质量检查、包装等步骤。

1. 提取

因中药含有效成分的不同及对颗粒剂溶解性的要求不同。应采用不同的溶剂和方法进行提取。多数药物用煎煮法提取，也有用渗漉法、浸渍法及回流法提取。含挥发油的药材还可用“双提法”。

煎煮法是将药材加工成片或段，或粗末，按煎煮法常规进行煎煮。滤过，合并滤液，静置澄清，或用离心方法除去悬浮性杂质后，采用低温蒸发浓缩至稠膏状备用。

2. 精制

将上述经浓缩至一定浓度的稠膏，除另有规定外，加入等量95%乙醇，充分混合均匀，静置冷藏

12 小时以上，滤过，滤液回收乙醇后，再继续浓缩至稠膏状，相对密度为 1.30 ~ 1.35（50 ~ 60℃），或继续烘成干浸膏备用。

3. 制粒

将上述稠膏或干膏细粉加入规定量的水溶性赋形剂，混匀，用适当浓度的乙醇适量制软材，软材通过颗粒机一号筛（12 ~ 14 目）制成颗粒。以真空干燥的干浸膏（或内含部分水溶性赋形剂）直接通过颗粒机碎成颗粒。也有以提取浓缩液喷雾干燥成颗粒。

水溶性颗粒剂的赋形剂主要是蔗糖和糊精。蔗糖应选择白砂糖，用前 60℃干燥 1 ~ 2 小时，粉碎，过四号筛得糖粉，密封贮藏，以提高吸水率。颗粒剂也有应用乳糖为赋形剂，但价贵。

糖粉用量，应视膏中所含药物成分的性质及膏中含水量而定，一般稠膏和糖粉的比例为 1∶2 ~ 4，为了减少糖粉的用量，可酌用部分高溶性糊精。赋形剂的总用量一般不超过稠膏量的 5 倍。

4. 干燥

将上述制得的湿颗粒需迅速干燥，放置过久湿粒易结块或变形。干燥温度一般以 60 ~ 80℃为宜。干燥温度应逐渐上升，否则颗粒的表面干燥过快，易结成一层硬壳而影响内部水分的蒸发；且颗粒中的糖粉骤遇高温时熔化，使颗粒变得坚硬；尤其是糖粉与柠檬酸共存时，温度稍高更易黏结成块。

颗粒的干燥程度，一般应控制水分在 2% 以内。生产中常用的干燥设备有烘箱、烘房、沸腾干燥床、振动式远红外干燥机等。

5. 整粒

湿粒用各种干燥设备干燥后，可能有结块粘连等，需再通过摇摆式颗粒机一号筛（12 ~ 14 目），使大颗粒磨碎，再通过四号筛（60 目）除去细小颗粒和细粉。筛下的细小颗粒和细粉可重新制粒，或并入下次同一批药粉中制粒。

颗粒剂处方中若含芳香挥发性成分，一般宜溶于适量乙醇中，用雾化器均匀地喷洒在干燥的颗粒上，然后密封放置一定时间，待穿透均匀吸收后方可进行包装。

6. 包装

颗粒剂含有浸膏和蔗糖，极易吸潮溶化，故应密封包装和干燥贮藏。目前多用复合铝塑袋分装，不易透湿、透气，贮藏期内一般不会出现吸潮、软化现象。颗粒剂包装一般用自动包装机，将待包装颗粒加入贮料斗中，包装袋薄膜卷放在薄膜支架上，经过导向辊、制袋导槽，薄膜对折后纵向热合封口，再横向热合封口，定量的颗粒剂导入袋中后，在另一头横向热合封口，包装机下部切刀切断相连的包装袋进入集料器。包装袋的下料长度（切断长度），由光电探头调节控制，小包装的包装量则由料盘内的可调贮料杯调节控制。

（二）混悬性颗粒剂的制法

混悬性颗粒剂是将方中部分药材提取制成稠膏，另一部分药材粉碎成极细粉加入制成的颗粒剂，用水冲后不能完全溶解，而是混悬性液体。这类颗粒剂应用较少，当处方中含挥发性或热敏性成分药材量较多，且是主要药物，将这部分药材粉碎成极细粉加入，药物既起治疗作用，又是赋形剂，可节省其他赋形剂，减低成本。

其制法为将含挥发性、热敏性或淀粉较多的药材粉碎成细粉，过六号筛备用；一般性药材，以水为溶剂，煎煮提取，煎液浓缩至稠膏备用；将稠膏与药材细粉及糖粉适量混匀，制成软材，然后再通过一号筛（12 ~ 14 目）制成湿颗粒，在 60℃以下干燥，干颗粒再通过一号筛整粒，分装，即得。

（三）泡腾性颗粒剂的制法

泡腾性颗粒剂是利用有机酸与弱碱遇水作用产生 CO_2 气体，使药液产生气泡呈泡腾状态的一种颗粒剂。由于酸与碱中和反应，产生 CO_2，使颗粒疏松，崩裂，具速溶性，同时，CO_2 溶水后呈酸性，能刺激味蕾，因而可达到矫味的作用，若再配有甜味剂和芳香剂，可以得到碳酸饮料的风味。常用的有机酸有枸橼酸、酒石酸等，弱碱有碳酸氢钠、碳酸钠等。

其制法为将方药按一般水溶性颗粒剂提取、精制得稠膏或干浸膏粉，分成两份。一份中加入有机酸制成酸性颗粒，干燥，备用；另一份中加入弱碱制成碱性颗粒，干燥，备用；将酸性与碱性颗粒混匀，包装，即得。

配方颗粒的质量应该按照《中国药典》2015 年版第一部颗粒剂项下的规定，依据第四部相关检验方法检测。

目标检测题

1. 常见的新型中药饮片有哪些？
2. 创新型中药饮片最大的缺点是什么？

第七章　中药饮片储藏保管运输技术

中药饮片的储藏保管，就是在储藏过程中，以保证中药饮片质量为目的，对中药饮片进行科学保管和维护工作。中药饮片储藏不仅是保持它的数量，更重要的是保持它的质量。而中药饮片的保管维护就是防止中药饮片发生质变的一系列措施，它是中药饮片储藏工作中不可缺少的环节。随着科学技术的进步，国家监管力度的加强，中药饮片储藏保管技术与传统方法相比有了很大的不同。

中药（含中成药）在运输、贮藏过程中，由于管理不当，在外界条件和自身性质的相互作用下，会逐渐发生物理或化学变化，出现虫蛀、发霉、变色、变味、泛油等现象，直接影响中药的质量和疗效，这种现象称为中药品质变异现象。

面对新的形势，要从根本上解决中药材和中药饮片储藏保管和运输技术，保证中药产业链的安全，必须要从国家层面整体、统一出台应对措施，才可以从根本上解决问题。可喜的是，2015 年商务部办公厅印发了《关于加快推进中药材现代物流体系建设指导意见的通知》（以下简称《通知》）。《通知》要求各地商务主管部门推动建立中药材现代物流体系，提出建设中药材产地加工基地、规范中药材包装等五项任务，有望促进中药材流通现代化，提升中药材质量安全保障能力。此次《通知》明确了到 2020 年初步形成采收、产地加工、包装、仓储和运输一体化的中药材现代物流体系的总体目标，并提出了六项主要任务。①建设中药材产地加工基地。推进适合产地加工的中药材品种产地加工集约化，逐步改变中药材分散、粗放的产地加工方式。鼓励有条件的中药材经营企业、中药饮片与制药企业、第三方物流企业等市场主体，根据国家相关标准与中药材特性，建设集约化、规模化的产地加工基地，提升中药材品质。②规范中药材包装。使用符合国家相关标准的包装材料、包装方式与包装标识，切实转变中药材无包装、滥包装、无标识的局面。中药材产地加工基地应当承担中药材的包装责任，引导药农和中药材专业合作社在产地加工基地实行统一规范包装，采用现代信息技术手段，在包装标识中记录中药材种植、交易主体与中药材质量等相关信息，形成中药材流通追溯体系的信息源头。③建设集中仓储配送网络。根据国家相关规范和标准，建设中药材标准化、规模化仓库，逐步改变中药材分散储存、民宅储存的落后状况。④推广应用现代物流管理与技术。推广应用符合国家相关标准的中药材干燥、包装、搬运、装卸等方面的机械设备，改变中药材人背肩扛、手工操作的现状，提高中药材物流的机械化水平；推广应用仓储管理系统（WMS）及条形码、二维码、无线射频识别等技术，对各环节的信息实施电子化管理；消除磷化铝熏蒸现象，按照安全环保与节约的原则，根据各类中药材的特性，推广应用气调养护、低温养护等先进适用的储存养护技术和方法，保障中药材的品质与安全。⑤完善中药材专业市场的配套物流服务功能。根据全国中药材仓储配送体系的总体要求与专业交易、电子商务的物流需求，配套建设规模化仓库设施，完善物流服务功能，推动解决中药材专业市场配套仓储设施缺乏及分散落后的问题。⑥做强做大中药材仓储物流企业。鼓励中药材仓储物流企业立足中药材物流需求，建设规模化仓库，提供产地加工包装、质量检测、储存养护与运输配送等一体化物流服务，逐步改变单一出租仓库的粗放经营状况。发挥市场机制作用，鼓励通过收购、合并、参股等多种兼并重组的方式，实现中药材物流的跨区域、规模化、集约化经营。

此外，为实现以上目标和任务，《通知》提出四项保障措施：一是加强规划引导与政策支持，争取在中药材集约化产地加工基地、社会化仓储基地建设方面提供土地、资金、融资支持；二是尽快形成覆盖中药材物流全过程的标准体系；三是推行中药材仓储质量认证制度，确保从事中药材公共仓储服务的企业具备相应的储存条件；四是充分发挥相关行业协会在中药材标准制订与宣传贯彻、人才培训、专业咨询等方面的积极作用。可以相信，中药材的运输储藏保管真正解决后，中药饮片也会同步解决。下图为中药材原料库房和中药饮片库房。

图7-1　中药材原料库

图7-2　中药饮片库

一、常见的变异现象

（一）虫蛀

虫蛀指昆虫侵入中药内部所引起的破坏作用。虫蛀使药材出现空洞、破碎，被排泄物污染，甚至完全蛀成粉状，严重影响中药疗效，以致不能药用。造成虫蛀的原因大致有两方面，一是外界因素。中药材在采收时已被污染，如果实、种子、根及根茎上已寄生有害虫的卵或幼虫，即田间害虫被带入仓库。净选加工时未能彻底杀灭或清除害虫或卵，贮藏容器或包装材料不洁净，仓库或周围环境不卫生，切制后饮片中残留碎屑太多，适宜的温度和湿度。害虫适宜生长的温度为18～35℃，湿度大于70%。二是药物本身因素，中药内含有养料可供害虫的生长。

一般含淀粉、糖类、脂肪、蛋白质等类药物最易虫蛀。容易生虫的药物有：党参、人参、当归、冬虫夏草、南沙参、北沙参、独活、白芷、防风、板蓝根、生地、枸杞、鹿茸、菊花、金银花、红花、蕲蛇、黄柏、甘草、蒲黄、山药、天花粉、桔梗、灵芝、猪苓、茯苓、僵蚕、蜈蚣、何首乌、苦参、赤芍、延胡索、升麻、大黄、柴胡、黄芪、贝母、莪术等。

（二）发霉

发霉又称霉变，是霉菌在中药表面或内部的滋生现象，中药表面附着的霉菌在适宜的温度（20～35℃），湿度（相对湿度75%以上或中药含水量超过15%）和足够的营养条件下，进行生长繁殖，分泌的酶溶蚀药材组织，以致中药有效成分发生变化而失效。

中药霉变的起因是由于大气中存在着许多真菌孢子，当其落在中药表面后，在适当的温度和湿度下即萌发为菌丝，从而分泌出酶来溶蚀药材的组织，并促使中药有效成分的破坏，失去药用价值。

一般含脂肪、蛋白质、糖类、维生素、水分多的药材，最易发霉。容易发霉的药物有：天门冬、独活、玉竹、怀牛膝、黄精、白果、大枣、大青叶、蛤蚧、人参、党参、五味子、红花、金银花、白鲜皮、川楝皮、青皮、葛根、栀子、地龙、当归、紫菀、大小蓟等。

（三）变色

变色是炮制品固有色泽发生了变化，变色的主要原因是中药所含化学成分不很稳定（如含酚羟基成分），或由于酶的作用而发生氧化、聚合、水解等反应而产生新的有色物质，使中药变色。

中药变色范围很广，严格来说各类药在流通过程中，色泽总是在不断地变化，只是有的不甚明显罢了。而药一旦遭受发热生霉泛油之后，就会产生不同程度的变色，这种现象比较普遍。尤其是一些色泽鲜艳的中药，如玫瑰花、月季花、梅花、款冬花、腊梅花、扁豆花、菊花、代代花、红花、山茶花、金银花、槐花（米）、莲须、莲子心、橘络、佛手片、通草、麻黄等。其中又以玫瑰花、款冬花、扁豆花、莲须、佛手片等最易变色。

（四）气味散失

气味散失是指一些中药含有易挥发的成分（如含挥发油等），因贮藏保管不当而造成挥散损失，使得中药的气味发生改变的现象。中药的气味是中药质量好坏的重要标志之一，由于挥散走失使其有效成分减少，气味发生变化，而导致疗效的降低或丧失。中药的味，分为口味和气味。容易气味散失的药物有：藿香、紫苏、薄荷、佩兰、荆芥、细辛、肉桂、花椒、月季花、玫瑰花、吴茱萸、茴香、丁香、檀香、沉香、厚朴、独活、当归等。

（五）泛油

中药泛油又称走油或浸油，是指某些含油中药的油质溢于中药表面的现象。

1. 泛油的原因

（1）中药本身的性质。中药在贮藏过程中是否走油，其中药本身的性质，仍是起决定作用的因素。一般含脂肪油较多的种子类中药，如柏子仁、桃仁、郁李仁、苦杏仁等；含黏液质、糖质较多的中药，如麦冬、天冬、黄精、枸杞子等，都容易走油，故在贮藏这类中药时应特别注意做好防止走油的工作。

（2）温、湿度的影响。温度高时，中药中的油性物质很容易外溢，故对易走油的中药不宜用火烘烤，只能晾晒，以免受高温后走油。含油的种子在贮藏期间本身也要进行呼吸，当内含的水在一定限度之下时，其呼吸作用是极微弱的（可以忽略），若含水过高，其呼吸作用也增强起来，并放出大量的热量，加上中药的包装堆积，热量无法散去，导致走油变质。因此，这些中药必须防潮、防热，宜置阴凉干燥处存放。

（3）贮藏保管不善。由于贮藏保管不当，使易走油的中药（特别是种子类中药）受到重压，而使内含的油分外溢，形成走油。同时，这些含油脂的中药由于贮藏和加工处理不当，平时又忽视检查，则会产生一种特殊的、令人不快的哈喇气味，通常称为“酸败”。中药养护中常常由于氧化酸败原因引起泛油的有以下几种类型：①含有植物油脂的中药，由于油脂受光照，长期与空气中的氧气接触，高温影响，其油质会逐渐被氧化，产生有机化学反应，造成油质分解，从而色泽加深，气味变异。②含有黏液质的中药吸湿性强，经过受湿热的过程，在氧化作用促使下，中药中的糖及糖酸类物质被分解，产生了糖醛和其他的类似化合物，从而出现颜色变深，质地变软，糖分外渗，手拿有黏腻感。③动物类中药的泛油，主要由于动物体内的脂肪、蛋白质等被氧化后，产生有机化学反应，由氧化物再分解成为有异味的醛酮类物质，而具有强烈的“哈喇”气味。④贮藏年限的影响，有些中药当贮藏时期较久后，其内含的某些成分会产生自然变化，或由于长期接触空气而产生变色、走油等变质现象，如天冬等，这类药物不宜久藏。

2. 容易泛油的药材

（1）富含油脂的饮片。如柏子仁、当归等。这些饮片受热后，所含油脂逐渐被氧化、分解，使油脂渗透外表，颜色加深，具有油哈气味。

（2）富含糖分、黏液质的饮片。如天门冬，党参等。受热受潮后，所含糖及糖酸类物质氧化分解，产生糖醛和类似化合物，使颜色变深，质地变软，糖质外渗，表面发黏，但无油哈气。

（3）富含蛋白质、脂肪的动物药饮片。如狗肾、九香虫等受潮受热后，蛋白质、脂肪被氧化分解，颜色加深外表呈油哈气味。

（六）风化

风化是指某些含结晶水的矿物类药物，与干燥空气接触，日久逐渐脱水而成为粉末状态的现象。

风化了的药物由于失去了结晶水，成分结构发生了改变，其质量和药性也随之改变。易风化的药物有芒硝、白矾、绿矾、胆矾、硼砂等。

（七）潮解溶化

潮解溶化是指固体药物吸收潮湿空气中的水分，并在湿热气候影响下，其外部慢慢溶化成液体状态的现象。如硇砂、青盐、芒硝、昆布、海藻、全蝎、盐附子等。

（八）粘连

粘连是指某些熔点比较低的固体树脂类药物及一些胶类药物，受热或受潮后粘连成结块的现象。如乳香、没药、芦荟、儿茶、阿胶、鹿角胶、黄明胶等。

（九）挥发

挥发是指某些含挥发油的药物，因受空气和温度的影响及贮存日久，使挥发油散失失去油润，产生干枯或破裂的现象。如肉桂、沉香、厚朴等。

（十）腐烂

腐烂是指某些鲜活药物，因受温度和空气中微生物的影响，引起发热，使微生物繁殖和活动加快，导致腐烂的现象。如鲜生地、鲜生姜、鲜芦根、鲜石斛、鲜茅根、鲜菖蒲等。

二、造成变异的自然因素

（一）气象因素

1. 空气

炮制品在贮藏过程中，总要与空气接触。空气是氮、氧、氢、二氧化碳、臭氧、水蒸气和惰性气体的混合物，其中氧和臭氧是氧化剂，对药物的变异起着重要的作用，能使某些药物中的挥发油、脂肪油、糖类等成分氧化、酸败、分解，引起“泛油”，使花类药物变色，气味散失。也能氧化矿物类药物，如使灵磁石变为呆磁石。

药物经炮制加工制成饮片，改变了原药材的形状，饮片与空气的接触面积较原药材大，更容易发生泛油、虫蛀、霉变、变色等变异现象。因此，饮片一般不宜久贮，贮存时应包装存放，避免与空气接触。

2. 温度

药物在贮藏过程中，外界气温的改变，对药物变质速度有很大的影响。一般来说，药物的成分在常温（15～20℃）条件下是比较稳定的，但随着温度的升高，则物理、化学和生物的变化均可加速。若温度过高，能促使药材的水分蒸发，其含水量和重量下降。同时加速氧化、水解等化学反应，造成变色、气味散失、挥发、泛油、粘连、干枯等变异现象。但是温度过低，对某些新鲜的药物如鲜石斛、鲜芦根等，或某些含水量较多的药物，也会发生有害的影响。

3. 湿度

湿度是影响饮片变异的一个极重要因素。它不仅可引起药物的物理、化学变化，而且能导致微生物的繁殖及害虫的生长。一般饮片的绝对含水量应控制在7%～13%之间。贮存时要求空气的相对湿度在60%～70%之间。若相对湿度超过70%，含淀粉、黏液质、糖类等成分的饮片会吸收空气中的水分而发生霉变。含盐类矿物药会在潮湿空气影响下潮解、溶化。蜜炙药物在潮湿空气影响下会吸湿、粘连，盐炙类药物容易吸收空气中水分而潮解溶化。若相对湿度低于60%，饮片的含水量又易逐渐下降，含结晶水的药物会失去结晶水而风化。

4. 日光

日光的直接或间接照射，会导致饮片变色、气味散失、挥发、风化、泛油，从而影响饮片的质量。如红花、玫瑰花、月季花等花类药物，常经日光照射，不仅色泽渐渐变暗，而且变脆，引起散瓣。薄荷、当归、川芎等芳香挥发性成分的药物，常经日光照射，不仅使药物变色，而且使挥发油散失，降

低质量。

（二）生物因素

1. 霉菌

霉菌的生长繁殖深受环境因素的影响，一般室温在20～35℃之间，相对湿度在75%以上，霉菌极易生长繁殖，从而溶蚀药物组织，使之发霉、腐烂变质而失效。尤以含营养物质的饮片，如淡豆豉、瓜蒌、肉苁蓉等，极易感染霉菌而发霉，腐烂变质。

2. 虫害

药物害虫的发育和蔓延，是根据环境内部的温度、空气的相对湿度以及药材的成分和含水量而定。一般而论，温度在18～35℃之间，饮片的含水量在13%以上，空气的相对湿度在70%以上，最适宜害虫的生长繁殖。若饮片的含水量超过13%，尤其是含蛋白质、淀粉、油脂、糖类的炮制品最易被虫蛀，如蕲蛇、泽泻、党参、芡实、莲子等。所以饮片入库贮存，一定要充分干燥，密闭保管或密封保管。另外，仓鼠在贮存保管过程中，可盗食、污染药物，传播病毒和致病菌，破坏包装和建筑物，历来是中药贮存时防治的对象之一。

三、中药饮片贮藏保管技术

分析了中药饮片在贮藏保管中常发生的变质现象，为了预防饮片变异，常采用以下中药饮片贮藏保管方法。

（一）干燥处理储藏

中药饮片储藏过程中可能受气候和储存环境的影响，发生吸潮的现象。因此针对吸潮的中药饮片就要进行干燥养护后再储藏保管。干燥处理的方法很多，主要分为传统的和现代的两大类，常用的有以下四种处理方法。

1. 晾晒处理

根据药品生产企业GMP管理规定，中药饮片生产过程的晾晒应具备防雨、防虫、防鸟、防交叉污染等措施。一般在晾晒棚里操作。根据药材的具体情况，选择通风晾干或晒干处理。晾晒一次不能达到目的的，可以连续晾晒2～3次，使之干燥均匀。晾晒时间还要根据药材类别、片型等进行综合考虑。晾晒处理方法简便、经济，不耗能源，适用范围广。

2. 烘干处理

烘干处理是利用人工加温，使中药饮片超过安全范围的水分蒸发，达到防虫、防霉的目的。烘干温度一般控制在80℃以下，挥发性成分的药材烘干温度控制在60℃以下。烘干的热源可以从传统的无烟煤、木炭到现代的蒸汽、电热等。由于无烟煤和木炭易产生灰尘，现代化生产不建议采用，避免污染。

3. 远红外线干燥处理

远红外线是比红外线辐射波长更长的电磁波，它的辐射能量被物体急剧吸收，并使其分子、原子运动加强，温度增高，从而达到迅速干燥的目的。远红外线干燥的设备操作简便、安全，中药饮片干燥不污染环境。但对于一些片型太厚的中药饮片，不易吸收远红外线，干燥效果较差。

4. 微波干燥处理

微波就是一种高频电磁波。微波干燥实际上是一种感应加热和介质加热，药材中的水分和脂肪等能不同程度地吸收微波能量，并将它转变为热量，迅速升温干燥。微波干燥具有干燥速度快、时间短，加热均匀，热效率高，并具有杀虫灭菌的作用。但是对于含脂肪油成分较高的药材，可能产生不良影响。

（二）密封储藏

密封储藏是一种能隔湿、避光、防止质变的储藏方法，密封储藏适用于水分含量在安全范围内的中药饮片。根据设备主要分为容器密封和库房密封。

1. 容器密封储藏

容器密封适用于所有中药饮片的储存，特别是贵细、易变质的药材。首先要注意容器的密封性能，要严密无孔，不漏气渗湿而且清洁、干燥，才能盛药。其次要根据储藏中药饮片的性质，选择适宜的容器，如高温条件易引起质变的中药，可用铝制容器，易变色的中药不宜用玻璃或塑料容器。根据容器的性能以及储藏中药饮片的性质，以适当的方法密封。经常取用的容器不宜密封过严，以免取药不便。开封取药后必须立即密封，避免吸潮引起质变。

2. 库房密封储藏

从传统的容器密封储藏到现代库房密封储藏，是中药储藏历史的一大进步。库房密封储藏就是将整个库房全部加以密封，只留一个大门供进出，这样减少库外温湿度的影响。密封库内是可多种中药饮片储藏的，要以正常水分含量接近的同类中药饮片，储藏于同一库房内。不可以高水分中药饮片和低水分中药饮片同库混藏，防止高水分向低水分转移，从而影响安全储藏。

（三）吸潮养护

吸潮养护是指在密封条件下，用吸潮剂或吸潮机械吸潮，是防治中药饮片质变的有效方法之一。吸潮养护的密封方法与密封储藏相同，但它是用于超安全水分的环境为主。

1. 吸潮剂吸潮养护

凡能吸取密封空间或中药饮片一定水分的物质，称为吸潮剂。中药储藏常用的吸潮剂有生石灰、氯化钙、硅胶、钙镁吸潮剂等。传统的一些吸潮剂，如木炭、草木灰。炭灰，稻糠、干沙等由于容易造成中药饮片污染，现多不再采用。若要使用，必须有防污染措施。

吸潮剂的使用方法，一是将吸潮剂盛于容器内，放于库房各处和货垛旁边或下面。二是将吸潮剂放入密封容器底层，将中药饮片放在吸潮剂上面。三是将盛有吸潮剂的布袋或纸袋，插入密封的货垛中，此法操作不当会造成污染，慎用。

无论何种吸潮剂，当其吸潮后，自身也会发生变化，吸潮性能逐渐减弱。发现吸潮剂失去吸潮性能后应及时处理。氯化钙、硅胶等具有再生功能，经过适当处理后，可重复使用。

2. 机械吸潮养护

机械吸潮养护法适用于具有相当密封性能的库房，不适用于容器密封。库房密封性能差，湿空气不断侵入，会导致吸潮作用被抵消或降低。目前常用的吸潮设备为空气去湿机。去湿机接上电源即可工作，库房内的水分不断被凝结成水滴而排出，干燥空气加热后送入库房。缺点是去湿机工作过程中可能导致库内温度上升，因此，对于对温度要求高的品种，注意去湿机工作时的环境温度上升情况，注意及时停机。

（四）对抗储藏

对抗储藏，就是利用不同种类的中药饮片所含成分或物理性能之间的差异，将两种以上的中药饮片储藏在一起。产生相互对抗，达到互不生虫、不发霉、不泛油、不变色的目的。这是中药饮片传统的特殊储藏方法，早在明代的《本草蒙筌》中就有记载。由于具有简便、适用、成本低等优点，至今仍是很宝贵的操作经验。但对于目前各种规范制度来说，传统的对抗储藏会产生交叉污染和串味等风险，慢慢地会被淘汰。而在大型库房内，在防止交叉污染的措施足够的条件下采用对抗储藏方法，能大幅降低仓库的养护成本。

（五）化学药剂养护

中药储藏适用化学药剂养护；在传统方法中只有硫黄一种。应用现代的化学药剂养护中药的历史很短，是从20世纪50年代后期，从粮食部门引入氯化苦、磷化氢等农药防治仓虫开始的。由于它们杀虫效果好、速度快，省时省力，因此在中药饮片的储藏养护中很快被推广使用。

随着现在科学技术的发展，人们对环境保护、生态平衡、致癌物质等研究越来越深入，在实践中逐渐认识到化学药剂的种种弊病，如不同程度的留存残留、污染环境、损害保管人员的健康和害虫产

生抗药性等。作为防病治病的中药饮片，更应加以重视。国务院在加强医药管理的有关决定中指出“禁止使用影响药材疗效的农药、化肥”。目前中药储藏除硫黄外，其他化学试剂或农药均已停止使用。另外，探索低氧低药量养护取得了较好的效果。

（六）物理养护

1. 气调养护

气调，是“空气组成的调整管理”的简称，就是人为地将空气中的氧气、二氧化碳、氮气等调节到适宜的比例。用这种方法对中药饮片进行的养护，叫作“气调养护”，国外简称“CA 贮藏”。

现代气调技术，从 20 世纪 70 年代初期开始用于中药储藏，80 年代正式推广应用。气调养护，由于将中药饮片置于密闭的容积内，对影响饮片质变的空气成分加以控制，认为造成低氧或高二氧化碳的状态，使害虫不能再入侵和产生，原有害虫死亡，微生物和饮片的呼吸受到抑制，加之密闭阻隔了湿气，更防止了氧化、受潮、生霉、虫蛀等质变的发生，所以能使饮片质量在储藏过程中保持稳定。这种养护方法就其作用的性质来看，是生态条件的改变与控制，因而气调养护又属于生态学养护方法的范畴。目前中药气调主要有机械降氧、充氮降氧和充二氧化碳降氧三种方法。

（1）机械降氧。就是在密封条件下，将容器或库房内的空气抽出，使之达到一定的负压状态，从而使容器或库内含氧量降低到 8% 以下，达到防虫杀虫的目的。

注意事项：第一是密封性一定要好，这是气调养护的基础。第二是养护对象要控制水分，水分高的容易引起其他质变。第三是高温高湿季节采用此法养护效果不好。第四是管理上要经常查漏，观测气温、湿度变化和养护效果。如果发现达不到养护目标，要适时采用其他养护方法进行结合养护，避免造成损失。

（2）充氮降氧。当含氧量降到 8% 以下时，能有效地防虫，含氧量降低到 2% 以下时，能有效杀死幼虫、蛹、成虫。要求温度在 25～28℃之间，持续低氧状态 15～30 天。

缺点：对容器或库房的结构要求有一定的承压能力。作用时间较长，不便实际工作的运行。

（3）充二氧化碳降氧。当二氧化碳浓度达到 40% 以上时，真菌生长受到较大的抑制，害虫很快死亡，药材呼吸显著降低。因此对防霉、杀虫，防止泛油，变色和变味等都能起到良好效果，是中药储藏较为理想的气调养护方法之一。

2. 降温养护

降低储藏环境的温度，对中药饮片的质量稳定有非常好的效果。一般仓库环境在 20℃以下，能有效地控制发霉、虫蛀。对于已经虫蛀的中药，置于零下 10℃的环境下 7～10 天，能有效地杀死成虫、蛹及虫卵。降温养护对已经霉变或泛油、变色等质变的药材没有效果。

总之，中药饮片的贮存与保管必须根据中药的品种、存量、季节及设备条件等，因地制宜地采用各种科学的保管方法，坚持“以防为主，防治结合”的原则，以保证用药的安全有效。

目标检测题

一、单项选择题

1. 药物受潮后，在适宜温度下造成霉菌滋生和繁殖，在药物表面布满菌丝的现象为（　　）。

A. 虫蛀　　B. 发霉　　C. 变色　　D. 风化

2. 一般炮制品的含水量宜控制在（　　）。

A. 2%～5%　　B. 3%～7%　　C. 7%～13%　　D. 15%～17%

3. 对于有效成分不清楚的炮制品，常用何法判定质量（　　）。

A. 测定浸出物含量　B. 测定含水量　C. 测定灰分　D. 色泽

4. 当气温较高时，含脂肪油多的饮片就易出现（　　）。

A. 风化　B. 粘连　C. 挥发　D. 泛油

5. 当气温较高时，含挥发油多的饮片就出现（　　）。

A. 潮解　B. 泛油　C. 挥发　D. 腐烂

6. 容易变色的药材，如花类、全草、叶类等应贮于（　　）。

A. 光线充足的容器　B. 敞口容器　C. 阴凉处　D. 避光密闭容器

二、多项选择题

1. 属于对抗同贮法的药对有（　　）。

A. 丹皮和泽泻　B. 蕲蛇和大蒜　C. 全蝎与花椒　D. 柏籽仁和白矾

E. 白花蛇和花椒

2. 中药炮制品在贮藏过程中发生虫蛀、发霉、泛油、变色变味等变异现象，主要与哪些自然因素有关（　　）。

A. 空气　B. 日光　C. 温度　D. 包装

E. 湿度

3. 害虫适宜生长的温湿度为（　　）。

A. 温度 18～35℃　B. 温度小于 18℃

C. 湿度大于 70%　D. 湿度小于 70%

E. 温度大于 35℃

4. 容易粘连的药物有（　　）。

A. 红花　B. 乳香　C. 当归　D. 芦荟

E. 阿胶

三、简答题

1. 中药饮片具体的质量要求有哪些?

2. 引起中药饮片质量变异的因素有哪些?

3. 特殊药品的贮藏保管方法有哪些?

第八章　中药饮片灭菌技术

中药饮片一般是煎服用药，一般情况下是不要求灭菌的。部分中药饮片在临床使用时会要求灭菌，例如创伤面的用药。由于《中国药典》2015 年版已经取消了直接口服饮片，因此，对中药饮片灭菌的要求更少了。

目前行业内对中药饮片的灭菌技术常用的有微波干燥灭菌和辐照灭菌。

一、微波干燥灭菌

微波干燥实际上通过高频电磁波，感应加热和介质加热，药材中的水分和脂肪等能不同程度地吸收微波能量，并将其转变为热量，迅速升温干燥。微波干燥具有干燥速度快、时间短，加热均匀，热效率高，并具有杀虫灭菌的作用。但是对于含脂肪油成分较高的药材，可能产生不良影响。

二、辐照灭菌

辐照杀菌技术是利用射线的穿透性，杀死被照物表面或内部的各种微生物或昆虫，或者抑制某些生理活动的进程，起到延长贮藏保鲜时间的作用。电子束照射过的物品中不会残留有任何放射性，因此辐照灭菌技术能彻底解决虫害抗性、虫蛹难杀等常规防治存在的难题并能实现动态处理，给储藏和物流带来很大方便。

辐照灭菌的原理为：在辐照过程中，伽马射线穿透辐照货箱内的货物，作用于微生物，直接或间接破坏微生物的核糖核酸、蛋白质和酶，从而杀死微生物，起到消毒灭菌的作用。

药材中有效成分的辐解主要是水的间接作用引起的，含水量大时有效成分辐解会增大。已鉴定的辐解产物尚未发现对人体有毒，而且这些辐解产物在光解及原药材中也可以或多或少地存在。

注意事项：

（1）含有紫菀、锦灯笼、乳香、天竺黄和补骨脂一种（含一种）以上药材的中药辐照灭菌时，最大吸收剂量不得超过 3 kGy。

（2）含有秦艽、龙胆药材不得用辐照灭菌。

（3）辐照时尽量采用小包装辐照。首先，包装材料必须耐辐照；其次，样品的包装必须满足避免辐照后中药再次污染微生物的要求。

（4）控制中药的水分，以减少辐解产物的产生。

2015 年 11 月 9 日，国家食品药品监督管理总局发布了《中药辐照灭菌技术指导原则》，为中药饮片灭菌工作迈出了坚实步伐。全文见附录二。

药材、含生药原粉固体制剂通常含有或携带矿物质（无机物、硅酸盐等），当受到电离辐射（辐照）时，这些矿物质通过其结构空隙或杂质中的载体储存能量。当受到激发光刺激时，这些储存的能量会以光子的形式释放出来。

光释光鉴别法是根据释放光子数的多少来鉴别药材及含生药原粉固体制剂是否经过电离辐射。

（一）仪器与用具

（1）光刺激发光（PSL）系统：由脉冲激发光源（红外激发光源）、样品室、检测探头、光子计数系统及控制单元组成，如“SURRC PPSL辐照食品检测仪”。

（2）带盖皮氏皿（直径50 mm）。

（3）辐照源：用于校正PSL测定前，对样品进行一定剂量的辐照。辐照源为60 Co，辐照剂量为1 kGy；或为X射线辐照器（如CXR160型），辐照剂量为1 kGy。

（4）阴性/阳性参照物：辣椒粉，未辐照（0 kGy）与经辐照（8 kGy），用于检查和校正仪器。

（二）测定步骤

1. 供试品处理（避光操作）

（1）药材：将药材粉碎成细粉，混匀。通常取约2 g，称定，平铺于皮氏皿中，盖上盖子，以防灰尘，待测。

（2）中成药：将中成药研磨成细粉，对于难以研磨成细粉的样品，如大蜜丸，尽量弄成小颗粒，混匀。通常取约2 g，称定，平铺于皮氏皿中，盖上盖子，以防灰尘，待测。

2. 仪器校正

按以下顺序测定相应计数，以保证仪器状态正常。采集频率为1.0次/秒，采集时间为60秒。

（1）暗计数：无光刺激时测得样品室的光子计数率，应小于50。

（2）空容器计数：测定无样品的空皮氏皿PSL读数，应小于700，从而保证容器无污染。

（3）阴性参照物计数：称取未经辐照的辣椒粉参照物约2 g，称定，平铺于皮氏皿中，测得计数值，应小于700。

（4）阳性参照物计数：称取经辐照的辣椒粉参照物约2 g，称定，平铺于皮氏皿中，测得计数值，应大于5 000。

3. 供试品测定（避光操作）

（1）筛查PSL测定：取同一供试品3份，测定各自PSL值。

（2）校正PSL测定：筛查PSL测定后的样品，盖上皮氏皿盖子，以防样品的损失或污染，将该样品置于60 Co或X射线辐照器，经1 kGy剂量照射后，再次测定各自PSL值。

（3）*F*值计算：计算校正PSL值与相应筛查PSL值的比值，得到*F*值。

4. 结果判定

按照筛查PSL值和*F*值判别样品是否经过辐照处理（见表8－1）。如果3份供试品*F*值中有小于10也有大于10的情形出现，则再称取样品3份进行测定，以6份样品*F*值的平均值进行结果判定，以排除假阳性结果。

表8－1　判断标准

筛查PSL平均值	校正PSL值	*F*平均值	结果判定
<700	—	—	阴性
≥700	与筛查PSL接近	<10	阳性
	较筛查PSL有明显增加	≥10	阴性

（三）方法学验证

1. 方法适用性考察

采用辐照中药光释光鉴别法对不同产地或来源的3批以上药材及对应制备的经不同剂量（1 kGy、3 kGy、6 kGy和10 kGy）辐照处理的阳性样品进行测定，考察该鉴别方法的适用性。

2. 影响因素考察

考察辐照中药光释光鉴别法的影响因素，包括供试品处理（取样量、待测样品的粒度）、测定条件（采集时间）、校正辐照剂量，保证实验方法的准确性。

3. 精密度考察

（1）重复性。分别考察3批未经辐照处理和3批已经辐照处理的供试品，每批供试品分别称取6份进行测定，分别依据每份测定结果进行判定。阳性样品每批6份的判定结果应一致。

（2）重现性。实验结果在2家或以上实验室能够重现。

（四）注意事项

（1）本方法基于样品中所残留的矿物质进行测定，矿物质种类和数量影响方法的灵敏度。药材和含生药原粉的固体制剂通常有矿物质残留，故适用于本方法；全浸膏入药的固体制剂、半固体及液体制剂均经过提取，基本没有矿物质残留，故不适用本方法。

（2）样品处理成较细颗粒时，其矿物质可充分暴露，可提高含有较少矿物质或对辐照处理灵敏度低品种的检测灵敏度。对于难以磨成细粉的样品，其样品的处理具体见各品种项下。取样量为2 g时，基本上使不同药用部位、不同质地的样品完全覆盖于皮氏皿的底部，从而接受相同的光刺激表面积。不同品种的取样量具体见各品种项下，以使供试样品能完全覆盖于皮氏皿的底部、样品厚度2～4 mm为宜。

（3）样品推入样品槽测定时尽量保持平稳，防止样品粉末抖动；测定过程中应经常清理样品室抽屉内的粉尘，在测定了数批样品尤其是阳性样品后，取空皮氏皿或阴性参照物进行测定，应小于700。若空白读数稍微超过700，经清理后读数仍没降至700以下，可执行测定操作多次，残留粉尘经红外光多次激发，PSL读数逐渐下降，直至消除污染。当样品槽顶部污染了阳性样品，常规清理不能起效时，应卸下仪器底座对样品槽顶部的透光玻璃进行清理。

在卸下仪器底座对样品槽顶部的透光玻璃进行清理时，由于有光线进入了光电倍增管，暗计数值会非常大（正常要求小于50），建议放置过夜使暗计数达到50以下再使用。清理过程建议避光操作，对样品槽顶部透光玻璃的清理不宜经常进行。

（4）参考欧盟EN 13751标准中推荐草药和香料的阈值及根据大量中药材对不同辐照剂量敏感度的统计分析、稳定性考察结果等设定未被辐照样品的阈值（信号强度小于700计数/60秒）和F值（以10为界限区分未辐照样品与经辐照样品）。阈值及F值水平与仪器的灵敏度、样品接受光刺激的表面积（皮氏皿大小）、采集时间（60秒）和校正辐照剂量（1 kGy）具有相关性。

知识链接

中药需要什么样的现代化

中国女科学家屠呦呦获得2015年诺贝尔生理学或医学奖引发了一阵中医药热，也让舆论对中医药技术领域产生兴趣。无疑，屠呦呦的成功在某种程度上也是传统中医药获得认可的一种体现。然而，在实际中，中医药的处境并不如舆论场中那样风光，单就中药而言，其在现代化道路上艰难前行，前途依然不甚明朗。

1996年中国首次提出了“中医药国际化”发展目标，2002年《中药现代化发展纲要》明确指出，到2010年争取2～3个中药品种进入国际医药主流市场。

中国科学院院士、中国科学院上海药物研究所研究员陈凯先在接受《财经国家周刊》记者采访时表示，中药的现代化不是突然冒出来的，客观上一直有这样的需求，“用现代科学技术加深对传统中药的理解，了解它的物质基础，了解它的作用原理，这是中药现代化要做的事情”。

在陈凯先看来，传统中药存在两个“不清楚”：一个是作用物质不清楚，另一个是作用机理不清楚。它们带来的问题就是盲目，导致质量控制困难，“过去中药的质量控制是非常原始的，都是靠人的经验，无法保证质量和均一性。这也是中国中药国际化的大障碍”。

中药现代化不是一个明确的命题，但不论是中药还是化学药，都应该回归到药物的属性上，安全、有效、质量可控，即要问三个问题：哪些成分有效，这么多成分可靠安全吗？这么多成分可控吗？做中药要比做化学药要难，因为中药面临生产过程多成分、多参数、复杂体系控制技术的难题。

中国科学院院士陈竺表示认同“中医现代化就是要让中医讲现代的话”的观点，他认为，如果能将更多的中医典籍精华用公众能理解的现代学术语言表达，那么它必将为现代医学提供更多的治疗思想和方法手段。

中医药的现代化，就是在遵循中医理论指导的前提下，让更多、更新的现代科技手段为我所用，来说明中医药的有效性，使之获得疗效认可。中药亟须做剂型改革，别这么难喝，同时药效还不降低，要做到口感好、外观好、疗效好，为什么韩国、日本的中药贸易做得好，就是因为他们的工艺和质量好。

第九章　中药饮片质量控制技术

中药饮片的优劣，直接影响到用药安全有效，因此对中药饮片的质量要求至少要满足《中国药典》和各级炮制规范的要求，对中药饮片规定了形、色、气、味等外观指标，以及内在的药效成分或指标性成分的含量等要求，具体工作中要严格按照《中国药典》等的要求开展质量检测工作，并依据检测数据判定中药饮片质量是否合格的结论。

随着科学技术水平的发展，中药科研工作者正在研究探讨一个更加科学、系统、可操作性强、能真正反映中药内在质量的评价方法。中医理论十分强调中药的整体效应，重视诸个化学成分在药效上的协同作用。因此仅以中药内一两个有效成分作为定量、定性指标远不能从整体上反映中药的内在质量。由于中药化学成分的多样性和复杂性，还有许多药材不能确定其有效成分是什么，而且中医用药讲究配伍、随症加减，中药药效发挥不能为一两个化学成分所体现。例如：麻黄具发汗功能，可治哮喘且疗效明显，自古沿用至今；而从麻黄中提取的麻黄素治疗哮喘的效果却不如麻黄明显。还有人参皂苷的消除疲劳、强壮身体的功效远不如人参的效果显著。再如黄柏，我们可以规定它的小檗碱含量必须在1%以上，并同时含有木兰碱、巴马丁和药根碱，符合这一规定的药材不单是关黄柏、川黄柏，黄连也完全符合这一规定。但在临床上黄连是不能与黄柏等同使用的，因为黄柏和黄连在其他成分上还有差异，成分上的不同造成它们在功能主治和疗效特长的不同。因此，仅测定少数几种化学成分对于保证药材的质量是不够的。牛膝与野牛膝是两种中药，野牛膝为治疗咽炎、白喉等的清热解毒药，化学成分报道较多的为齐墩果酸。怀牛膝、引种怀牛膝、野牛膝中齐墩果酸的含量区别不大，由此可见仅用齐墩果酸一种成分作为牛膝的品质评价指标是没有特异性的。《中国药典》2015年版一部收载中药2 158种，其中药材和饮片618种、植物油脂和提取物47种，各品种项下有详细的质量检测方法，在具体工作和研究中，需要学会正确使用《中国药典》。图9－1、9－2分别为仪器分析室和试样处理室。

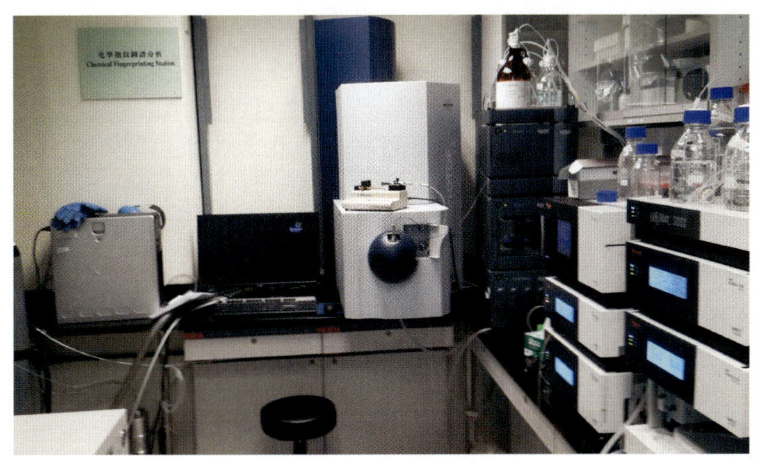

图9－1　仪器分析室

图9－2　试样处理室

药材和饮片取样法（0211）

药材和饮片取样法是指供检验用药材或饮片样品的取样方法。

取样时均应符合下列有关规定。

一、抽取样品前，应核对品名、产地、规格等级及包件式样，检查包装的完整性、清洁程度以及有无水迹、霉变或其他物质污染等情况，详细记录。凡有异常情况的包件，应单独检验并拍照。

二、从同批药材和饮片包件中抽取供检验用样品的原则：总包件数不足5件的，逐件取样；5～99件，随机抽5件取样；100～1 000件，按5%比例取样；超过1 000件的，超过部分按1%比例取样；贵重药材和饮片，不论包件多少均逐件取样。

三、每一包件至少在2～3个不同部位各取样品1份；包件大的应从10 cm以下的深处在不同部位分别抽取；对破碎的、粉末状的或大小在1 cm以下的药材和饮片，可用采样器（探子）抽取样品；对包件较大或个体较大的药材，可根据实际情况抽取有代表性的样品。每一包件的取样量：一般药材和饮片抽取100～500 g；粉末状药材和饮片抽取25～50 g；贵重药材和饮片抽取5～10 g。

四、将抽取的样品混匀，即为抽取样品总量。若抽取样品总量超过检验用量数倍时，可按四分法再取样，即将所有样品摊成正方形，依对角线画“×”，使分为四等份，取用对角两份；再如上操作，反复数次，直至最后剩余量能满足供检验用样品量。

五、最终抽取的供检验用样品量，一般不得少于检验所需用量的3倍，即1/3供实验室分析用，另1/3供复核用，其余1/3留样保存。

药材和饮片检定通则（0212）

药材和饮片的检定包括“性状”“鉴别”“检查”“浸出物测定”“含量测定”等。检定时应注意下列有关的各项规定。

一、检验样品的取样应按药材和饮片取样法（通则0211）的规定进行。

二、为了正确检验，必要时可用符合《中国药典》规定的相应标本作对照。

三、供试品如已破碎或粉碎，除“性状”“显微鉴别”项可不完全相同外，其他各项应符合规定。

四、“性状”是指药材和饮片的形状、大小、表面（色泽与特征）、质地、断面（折断面或切断面）及气味等特征。性状的观察方法主要用感官来进行，如眼看（较细小的可借助于扩大镜或体视显微镜）、手摸、鼻闻、口尝等方法。

1. 形状是指药材和饮片的外形。观察时一般不需预处理，如观察很皱缩的全草、叶或花类时，可先浸湿使软化后，展平，观察。观察某些果实、种子类时，如有必要可浸软后，取下果皮或种皮，以观察内部特征。

2. 大小是指药材和饮片的长短、粗细（直径）和厚薄。一般应测量较多的供试品，可允许有少量高于或低于规定的数值。测量时应用毫米刻度尺。对细小的种子或果实类，可将每10粒种子紧密排成一行，测量后求其平均值。测量时应用毫米刻度尺。

3. 表面是指在日光下观察药材和饮片的表面色泽（颜色及光泽度）；如用两种色调复合描述颜色时，以后一种色调为主，例如黄棕色，即以棕色为主；以及观察药材和饮片表面的光滑、粗糙、皮孔、皱纹、附属物等外观特征。观察时，供试品一般不作预处理。

4. 质地是指用手折断药材和饮片时的感官感觉。断面是指在日光下观察药材和饮片的断面色泽（颜色及光泽度），以及断面特征。如折断面不易观察到纹理，可削平后进行观察。

5. 气味是指药材和饮片的嗅感与味感。嗅感可直接嗅闻，或在折断、破碎或搓揉时进行。必要时可用热水湿润后检查。味感可取少量直接口尝，或加热水浸泡后尝浸出液。有毒药材和饮片如需尝味时，应注意防止中毒。

6. 药材和饮片不得有虫蛀、发霉及其他物质污染等异常现象。

五、“鉴别”是指检验药材和饮片真实性的方法，包括经验鉴别、显微鉴别、理化鉴别、聚合酶

链式反应法等。

1. 经验鉴别是指用简便易行的传统方法观察药材和饮片的颜色变化、浮沉情况以及爆鸣、色焰等特征。

2. 显微鉴别法是指用显微镜对药材和饮片的切片、粉末、解离组织或表面以及含有饮片粉末的制剂进行观察，并根据组织、细胞或内含物等特征进行相应鉴别的方法。照显微鉴别法（通则 2001）项下的方法制片观察。

3. 理化鉴别是指用化学或物理的方法，对药材和饮片中所含某些化学成分进行的鉴别试验。包括一般鉴别、光谱及色谱鉴别等方法。

（1）如用荧光法鉴别，将供试品（包括断面、浸出物等）或经酸、碱处理后，置紫外光灯下约 10 cm 处观察所产生的荧光。除另有规定外，紫外光灯的波长为 365 nm。

（2）如用微量升华法鉴别，取金属片或载玻片，置石棉网上，金属片或载玻片上放一高约 8 mm 的金属圈，圈内放置适量供试品粉末，圈上覆盖载玻片，在石棉网下用酒精灯缓缓加热，至粉末开始变焦，去火待冷，载玻片上有升华物凝集。将载玻片反转后，置显微镜下观察结晶形状、色泽，或取升华物加试液观察反应。

（3）如用光谱和色谱鉴别，常用的有紫外－可见分光光度法、红外分光光度法、薄层色谱法、高效液相色谱法、气相色谱法等。

4. 聚合酶链反应鉴别法是指通过比较药材、饮片的 DNA 差异来鉴别药材、饮片的方法。

六、“检查”是指对药材和饮片的纯净程度、可溶性物质、有害或有毒物质进行的限量检查，包括水分、灰分、杂质、毒性成分、重金属及有害元素、二氧化硫残留、农药残留、黄曲霉毒素等。

除另有规定外，饮片水分通常不超过 13%；药屑杂质通常不超过 3%；药材及饮片（矿物类除外）的二氧化硫残留量不超过 150 mg/kg。

七、“浸出物测定”是指用水或其他适宜的溶剂对药材和饮片中可溶性物质进行的测定。

八、“含量测定”是指用化学、物理或生物的方法，对供试品含有的有关成分进行检测。

【附注】（1）进行测定时，需粉碎的药材和饮片，应按正文标准项下规定的要求粉碎过筛，并注意混匀。

（2）检查和测定的方法按正文标准项下规定的方法或指定的有关通则方法进行。

（3）药材炮制项下仅规定除去杂质的炮制品，除另有规定外，应按药材标准检验。

一、外在质量

（一）净度

净度是指炮制品的纯净度，亦即炮制品中所含杂质及非药用部位的限度。炮制品应有一定的净度标准，以保证调配剂量的准确。饮片的“质”与“量”是影响临床疗效的主要因素。中药饮片不应夹带泥沙、灰屑、杂质、霉烂品、虫蛀品以及非药用部位。饮片中所含杂质，必须符合有关规定。如国家中医药管理局关于《中药饮片质量标准通则（试行）的通知规定》：根、根茎、藤木类药材，含药屑、杂质不得超过 2%；果实、种子类含药屑、杂质不得超过 3%；全草类含药屑、杂质不得超过 3% 等。

《中国药典》对某些药物所含杂质做了限量规定。如《中国药典》第四部 2301

1. 杂质检查法

药材和饮片中混存的杂质是指下列各类物质：

（1）来源与规定相同，但其性状或药用部位与规定不符的物质。

（2）来源与规定不同的物质。

（3）无机杂质，如砂石、泥块、尘土等。

2. 检查方法

（1）取适量的供试品，摊开，用肉眼或借助放大镜（5 ~ 10 倍）观察，将杂质拣出；如其中有可以筛分的杂质，则通过适当的筛，将杂质分出。

（2）将各类杂质分别称重，计算其在供试品中的含量（%）。

（二）片型及粉碎粒度

经挑选整理或经水处理后的药材，根据药物特征和炮制要求用手工或机械切制成一定规格的片型，使之便于调剂、炮制、干燥和贮藏。经切制成的饮片破碎后的碎屑多少也是检验饮片质量的标准之一，各种片型破碎后残留的碎屑都应有一定的限量规定。

1．片型

要符合《中华人民共和国药典》或《全国中药炮制规范》的规定。切制后的饮片应均匀、整齐，色泽鲜明，表面光洁，片面无机油污染，无整体，无长梗，无连刀片、掉边片、边缘卷曲等不合规格的饮片。切制后的饮片或经加工炮制后的饮片，其破碎后的药屑及经加工炮制造成的药屑或残留的辅料有一定的限量标准。

2．粉碎粒度

一些不宜切制的药物或医疗上有特殊需要的药物，经挑选整理或水处理后，用手工或机器粉碎成颗粒或粉末，便于煎煮或调剂。粉碎后的药物应粉粒均匀，无杂质，粉末的分等应符合《中国药典》要求。

（三）色泽

中药炮制对炮制品的色泽有特殊的要求。它的意义在于：其一，药材经炮制后应显其固有色泽。如黄芪饮片，表面显黄白色，内层有棕色环纹及放射状纹理（习称“菊花心”）。其二，通常在炮制操作中常以饮片表面或断面的色泽变化作为控制炮制程度的直观指标。如甘草，片面黄白色，经蜜炙后要求表面呈老黄色等。其三，饮片的色泽是反映其质量要求的一项指标。如熟地黄要求切面乌黑发亮，血余炭、棕榈炭要求表面乌黑而富有光泽，都是以色泽变化作为评价指标的。其四，炮制品色泽的不正常变化说明其内在质量的变异。白芍变红，红花变黄等，均说明药物内在成分已发生变化。故色泽的变异，不仅影响其外观，而且是内在质量变化的标志之一。

（四）包装检查

包装的目的是为了保护药物不受污染，便于贮存、运输和装卸。包装除应符合《中华人民共和国药品管理法》第六章的规定要求外，还应检查其是否完好无损，这对饮片在贮存、保管及运输过程中起着保质、保量的作用。

（五）气味

炮制品原有的气和味，与炮制品内在质量有着密切的关系，因此药物的气和味与治疗作用有一定的关系，往往也是鉴别品质的重要依据，如檀香的清香气、阿胶的浊臭气、桂枝的辛辣味等。炮制品虽经切制或炮炙，仍应具有原有的气和味，不应带异味，或气味散失变淡。另一方面，由于炮制过程中加热和加辅料的作用，外源性因素能导致药物气和味的改变。炮制品若是用酒、醋、盐、姜、蜜等辅料炮制，除具原有的气和味之外，还应带有所用辅料的气和味。如醋制品，应带有醋香气味；酒制品，应带有酒香气；盐制品，应带有咸味；麸炒品，应带有麦麸皮的焦香气等。

二、内在质量

（一）水分

水分是控制中药饮片质量的一个基本指标。控制中药饮片中的含水量在适宜的范围内，不仅可以防止霉败变质、虫蛀、有效成分分解或酶解，而且可保证配方剂量的准确。一般炮制品的含水量宜控制在7%～13%之间，但蜜炙品类不得超过15%，烫制后醋淬制品不得超过10%。

水分测定法（0832）

第一法：费休氏法

1. 容量滴定法

2. 恒电流库仑法

第二法：烘干法

第三法：减压干燥法

第四法：甲苯法

第五法：气相色谱法

（二）灰分

将干净而又无任何杂质的炮制品通过高热灰化，所得之灰分称“生理灰分”，同一品种之生理灰分往往在一定的范围内。所以测定炮制品之灰分的意义，在于通过对不挥发性无机盐的测试来鉴定和评价炮制品的质量和净度。同一炮制品，其灰分量应该相近，灰分超过正常值，说明其无机盐杂质的含量多，其原因可能是掺杂有外源性杂质，说明炮制品净度不符合要求。灰分低于正常值，应考虑炮制品的质量问题，是否有伪品或劣质品之嫌。因此，总灰分、酸不溶性灰分的测定，为炮制品的质量评价提供了有力的佐证。常见的无机物质为泥土、砂石等，值得注意的是炮制方法中有砂炒（烫）、蛤粉炒、土炒、滑石粉炒等，难免在成品中黏附有少量的无机物质，会造成灰分含量高于生品的结果，因此，可以通过反复测试和比较，客观地制定各类炮制品的灰分限量，这对炮制工艺和饮片质量都有一定意义。

灰分测定法（2302）

1. 总灰分测定法。测定用的供试品须粉碎，使能通过二号筛，混合均匀后，取供试品 2～3 g（如需测定酸不溶性灰分，可取供试品 3～5 g），置炽灼至恒重的坩埚中，称定重量（准确至 0.01 g），缓缓炽热，注意避免燃烧，至完全炭化时，逐渐升高温度至500～600℃，使完全灰化并至恒重。根据残渣重量，计算供试品中总灰分的含量（%）。如供试品不易灰化，可将坩埚放冷，加热水或 10% 硝酸铵溶液 2 mL，使残渣湿润，然后置水浴上蒸干，残渣照前法炽灼，至坩埚内容物完全灰化。

2. 酸不溶性灰分测定法。取上项所得的灰分，在坩埚中小心加入稀盐酸约 10 mL，用表面皿覆盖坩埚，置水浴上加热 10 分钟，表面皿用热水 5 mL 冲洗，洗液并入坩埚中，用无灰滤纸滤过，坩埚内的残渣用水洗于滤纸上，并洗涤至洗液不显氯化物反应为止。滤渣连同滤纸移置同一坩埚中，干燥，炽灼至恒重。根据残渣重量，计算供试品中酸不溶性灰分的含量（%）。

（三）浸出物

炮制品加入一定的溶媒后，经过浸润、渗透—解吸、溶解—扩散、置换等作用，炮制品中的某些成分（总体），包括有效成分会被提取出来。因此，测定浸出物的含量是表示其质量的一项指标。对于那些有效成分尚不完全清楚或尚无精确定量方法的炮制品，具有重要意义。根据炮制品中主要成分的性质和特点，通常选用不同性质的浸出溶媒，因此，浸出物的测定，主要分为三类，即水溶性浸出物、醇溶性浸出物和挥发性醚浸出物。

浸出物测定法（2201）

1. 水溶性浸出物测定法。测定用的供试品需粉碎，使能通过二号筛，并混合均匀。冷浸法。取供试品约 4 g，精密称定，置 250～300 mL 的锥形瓶中，精密加水 100 mL，密塞，冷浸，前 6 小时内时时振摇，再静置 18 小时，用干燥滤器迅速滤过，精密量取续滤液 20 mL，置已干燥至恒重的蒸发皿中，在水浴上蒸干后，于 105 ℃干燥 3 小时，置干燥器中冷却 30 分钟，迅速精密称定重量。除另有规定外，以干燥品计算供试品中水溶性浸出物的含量（%）。热浸法取供试品 2～4 g，精密称定，置 100～250 mL 的锥形瓶中，精密加水 50～100 mL，密塞，称定重量，静置 1 小时后，连接回流冷凝管，加热至沸腾，并保持微沸 1 小时。放冷后，取下锥形瓶，密塞，再称定重量，用水补足减失的重量，摇匀，用干燥滤器滤过，精密量取滤液 25 mL，置已干燥至恒重的蒸发皿中，在水浴上蒸干后，于 105℃ 干燥 3 小时，置干燥器中冷却 30 分钟，迅速精密称定重量。除另有规定外，以干燥品计算供试品中水溶性浸出物的含量（%）。

2. 醇溶性浸出物测定法。照水溶性浸出物测定法测定。除另有规定外，以各品种项下规定浓度的乙醇代替水为溶剂。

3. 挥发性醚浸出物测定法。取供试品（过四号筛）2～5 g，精密称定，置五氧化二磷干燥器中干燥 12 小时，置索氏提取器中，加乙醚适量，除另有规定外，加热回流 8 小时，取乙醚液，置干燥至恒重的蒸发皿中，放置，挥去乙醚，残渣置五氧化二磷干燥器中干燥 18 小时，精密称定，缓缓加热至 105℃，并于 105℃ 干燥至恒重。其减失重量即为挥发性醚浸出物的重量。

（四）显微及理化鉴别

（1）显微鉴别是指利用显微镜来观察饮片的组织结构或粉末中的组织、细胞、内含物等特征，以鉴别饮片的真伪、纯度，甚至质量。显微鉴别的方法主要分组织鉴别和粉末鉴别。

（2）理化鉴别是指用化学与物理的方法对饮片中所含某些化学成分进行的鉴别试验。通常只作定性实验，少数可作限量实验。理化鉴别主要包括：显色反应与沉淀反应、荧光鉴别、升华物鉴别及薄层色谱鉴别等。

在品种真伪鉴别方面除了常用的显微、薄层鉴别，增加了特征图谱、DNA 检测等手段。所有的中药饮片的质量检测，应以法定标准规定的项目为准，相应的方法均以现行版《中国药典》第四部收载的检测方法为准。

（五）有效成分

测定饮片中有效成分的含量，是评价饮片质量的常用方法。对于有效成分明确的中药饮片，应对有效成分或主要活性成分的含量有所规定，并制定相应的检测方法。测定方法按照《中国药典》2015 年版各药材及饮片项下的要求，依据第四部具体测定方法检测（常用仪器见图 9－3，图 9－4）。

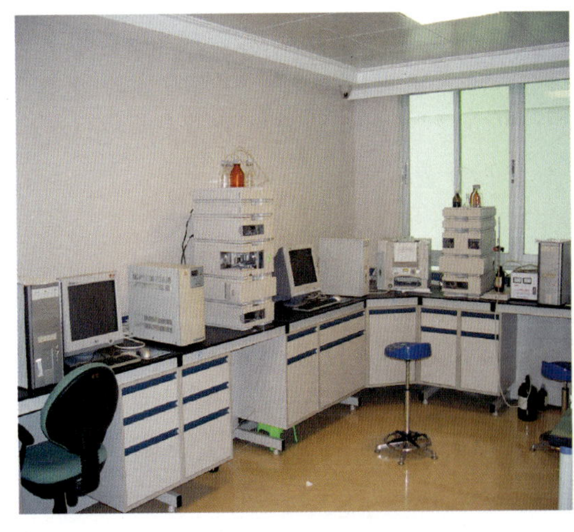

图 9－3　高效液相色谱仪

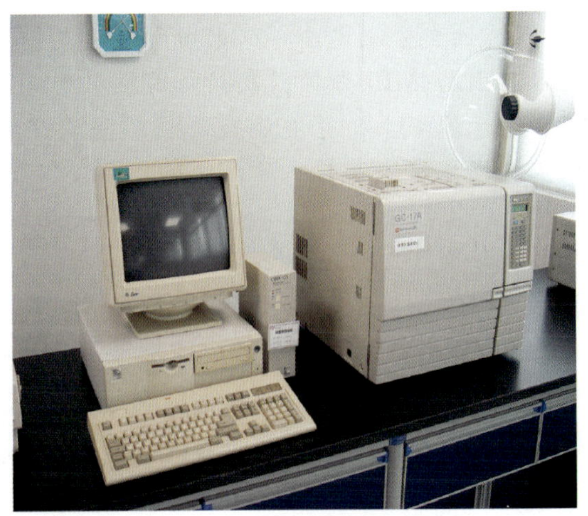

图 9－4　高效气相色谱仪

（六）有毒成分

中药既含有效成分，也可能含有毒成分。为了保证临床用药安全，对有毒药物建立有毒成分限量指标是必不可少的。有毒成分的限量指标一般包括：毒副作用成分含量、重金属含量、砷盐含量、农药残留量、二氧化硫残留量等。

对于中药的有毒成分，一方面通过炮制降低其含量，另一方面可通过炮制将其转化为无毒成分甚至是有效成分，从而达到安全有效的目的。某些中药其有毒成分亦即是其有效成分，《中国药典》2010年版对这类中药规定了含量和限量。如制川乌含酯型生物碱以乌头碱（$C_{34}H_{47}NO_{11}$）计不得超过0.15%；含生物碱以乌头碱（$C_{34}H_{47}NO_{11}$）计，不得少于0.20%。马钱子含士的宁（$C_{11}H_{22}N_2O_2$）应为1.20%～2.20%，含马钱子碱（$C_{23}H_{26}N_2O_4$）不得少于0.80%。巴豆霜含脂肪油应为18.0%～20.0%等。如在《中国药典》2015年版中增加了人参、西洋参22种农药残留的检测，还有海产品类饮片的重金属及其有害元素的检查，种子类饮片和动物类药材增加了黄曲霉毒素的检查等。

铅、镉、砷、汞、铜测定法（2321）《中国药典》规定有原子吸收分光光度法（AAS）和电感耦合等离子体质谱法（ICP－MS）。

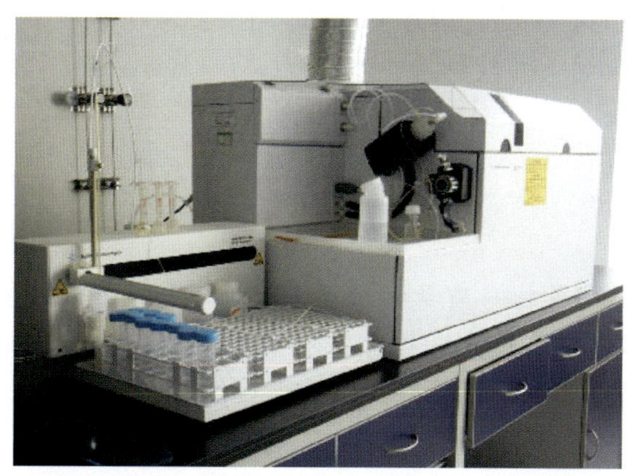

图9－5　电感耦合等离子体质谱法（ICP－MS）

二氧化硫残留量测定法（2331）

有以下规定：

第一法：酸碱滴定法

第二法：气相色谱法

第三法：离子色谱法等

农药残留量测定法（2341）

《中国药典》规定本方法系用气相色谱法（通则0521）和质谱法（通则0431）测定药材、饮片及制剂中部分农药残留量。除另有规定外，按下列方法测定。

第一法　有机氯类农药残留量测定法——色谱法

1. 9种有机氯类农药残留量测定法。

2. 22种有机氯类农药残留量测定法。

第二法　有机磷类农药残留量测定法——色谱法（可测12种）

第三法　拟除虫菊酯类农药残留量测定法——色谱法（可测3种）

第四法　农药多残留量测定法——质谱法

1. 气相色谱——串联质谱法（可测74种）。

2. 液相色谱——串联质谱法（可测153种）。

黄曲霉毒素测定（2351）

第一法　本法系用高效液相色谱法（通则0512）测定药材、饮片及制剂中的黄曲霉毒素（以黄曲霉毒素B_1、黄曲霉毒素B_2、黄曲霉毒素G_1和黄曲霉毒素G_2总量计）。

第二法　本法系用高效液相色谱——串联质谱法测定药材、饮片及制剂中的黄曲霉毒素（以黄曲

霉毒素 B_1、黄曲霉毒素 B_2、黄曲霉毒素 G_1和黄曲霉毒素 G_2 总量计)。

(七)卫生学检查

中药材在采集、加工、贮运过程中，均会受到杂菌的污染。因此，为了保证其质量，对饮片做卫生学检查也是必不可少的。主要对饮片中可能含有的致病菌、大肠杆菌、沙门菌、细菌总数、霉菌总数及活螨等做检查。

三、新技术、新方法

现行中药质量控制的基本模式是参照化学药品质量控制方法建立的。然而，中药成分十分复杂、药理作用广泛、大部分药效物质基础尚不清楚、大部分作用机制尚不明确，简单照搬化学药品的质量控制模式的局限性日益凸显。因此，如何建立既符合中药特点，又能为国际医药界所认可的质量标准体系，是当前中药现代化、国际化进程中亟待解决的难题，也是国内外中药研究者的研究重点。近年来，一些新思路、新方法的提出，极大地推动了中药质量控制研究的发展，如肖小河教授提出的“大质量观”中药质量控制方法、刘昌孝院士提出的“中药质量标志物(Q - markers)”的新概念。

具体有：

1. 基于“药材基原—物质基础—质量标志物—质控方法”层级递进的中药质量标准模式

刘昌孝等构建了基于“浓度 - 梯度定向剔除技术”的甘草化学物质基础研究方法，系统阐明了甘草中的化学成分；基于核磁共振技术阐明了丹红注射液中氨基酸、单糖、酚酸等成分。

2. 一测多评技术

中药药效发挥是由多个成分共同作用的结果，任何单一成分都无法全面表征中药的质量，多指标成分检测分析已成为中药质量控制的发展方向。如有研究者采用 UPLC - DAD - MS/MS 法鉴定 4 种血府逐瘀制剂中 28 个成分，并同时测定其中 12 个主要成分，结果表明，不同血府逐瘀汤剂型中各成分的量差异较大，为血府逐瘀汤不同制剂的质量控制研究提供了依据。

为进一步推进多指标成分测定法在中药质量控制中的研究，克服目前中药化学对照品分离难度大、分离成本高等问题，王智民等构建一测多评(quantitative analysis of multi - components by single - marker，QAMS)中药质量评价模式，通过测定一个易得、廉价、有效的成分，实现多成分(对照品难以获得或价格十分昂贵)同时测定。该方法一经提出，立即得到业内学者的认可，并广泛用于中药质量控制研究。基于 UPLC - DAD - MS/MS 技术，采用一测多评法测定复方丹参滴丸中 16 个主要成分，经系统方法学验证，与外标法测定结果比较，结果一致，证实所建方法可用于丹参滴丸质量控制研究。

3. 中药指纹图谱技术

基于指标成分测定的中药质量控制，只控制中药中某组分，忽略中药中多种成分、多种机制的协同作用，难以全面衡量中药的疗效和质量。由此推动了化学成分指纹图谱在中药定量分析中的应用和发展。中药指纹图谱(fingerprints of Chinese materia medica)系指中药经适当处理后，采用一定的分析手段，得到能够标示该中药特性的共有峰的图谱。因其具有“整体性”和“模糊性”基本属性，被广泛用于评价中药质量的均一性和稳定性。

中药质量是阻碍中药现代化、国际化的瓶颈之一，同时，也是实现中药现代化、国际化的钥匙。中药有别于化学药和生物制品，简单的化学或生物评价模式均无法全面反映中药的复杂性和整体性。多学科交叉综合评价模式势必会成为中药独特的质量评价方法。以药材基原为基础、物质基础研究为支撑、Q - markers 辨析为核心、质控方法为手段，构建符合中药特色的质量控制标准，可成为未来中药质量控制新模式。随着中药质量研究的深入、中药质量标准的日益完善，在不久的将来，一种既符合中药特点又能为国际社会接受的中药质量标准体系势必会打破当前中药质量体系的瓶颈，并引领中国主导中药质量标准的制定。

知识链接

随着科技的发展，特别是分析检测仪器和分析技术的发展，我国科研工作者不断探索更符合中药本身特色的质量控制方法，以往中药药效物质基础研究主要参照化学药品的方法，基于“活性导向分离/高通量筛选”，将中药整体逐渐拆分成单一组分或成分进行研究，割裂了中药中各成分间的关联性，不仅无法体现中药的作用特点，甚至还会出现“成分越明确、药效越微弱”的现象。因此，基于正品药材，深入研究物质基础，是开展 Q－markers 辨析研究的前提和基础。

知识拓展

《中国药典》2015 年版凡例总则第六条规定：“正文所设各项规定是针对符合《药品生产质量管理规范》（GMP）的产品而言。任何违反 GMP 或有未经批准添加物质所生产的药品，即使符合《中国药典》或按照《中国药典》没有检出其添加物质或相关杂质，亦不能认为其符合规定。”以前版本的《中国药典》未作相应的描述，这充分说明药品生产的全过程都要进行规范化管理，否则产品不得出厂销售。如果制药企业没有按照 GMP 的要求组织生产，生产的全过程达不到“质量保证”，不管样品抽检是否合格，都应将这样生产出来的药品视作伪劣药品。

附录一　全国四大炮制帮派饮片欣赏

樟帮炮制饮片 1－5

尿泡马钱子

木通不见边

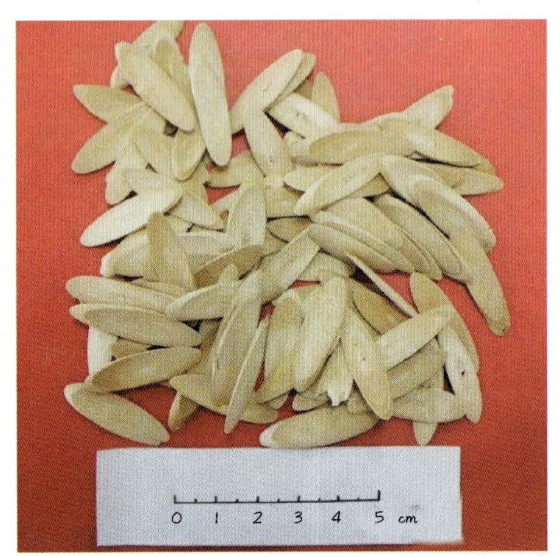

桑枝瓜子片

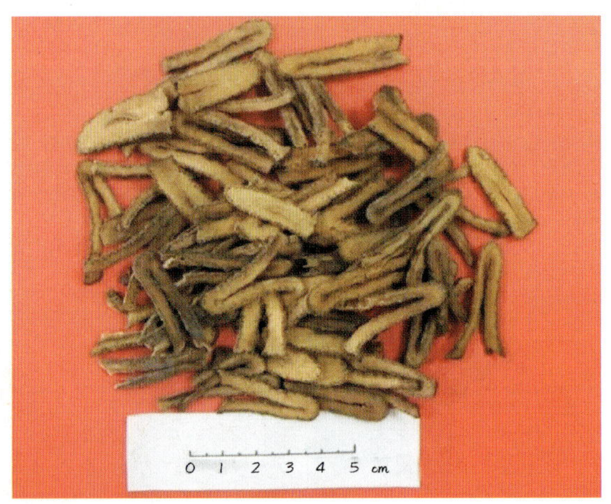

枳壳凤眼片

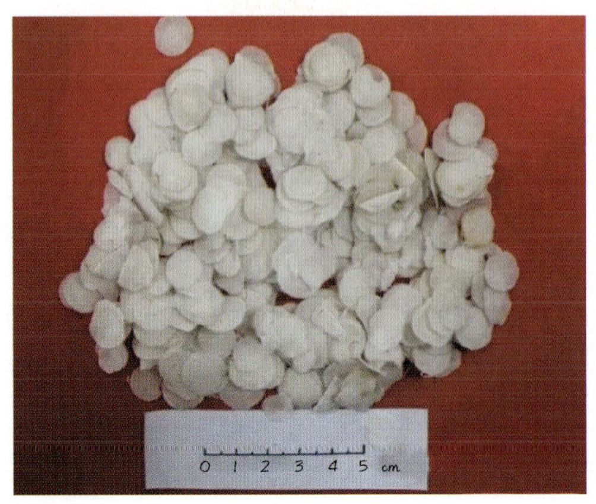

白芍飞上天

建昌帮炮制饮片 6－10

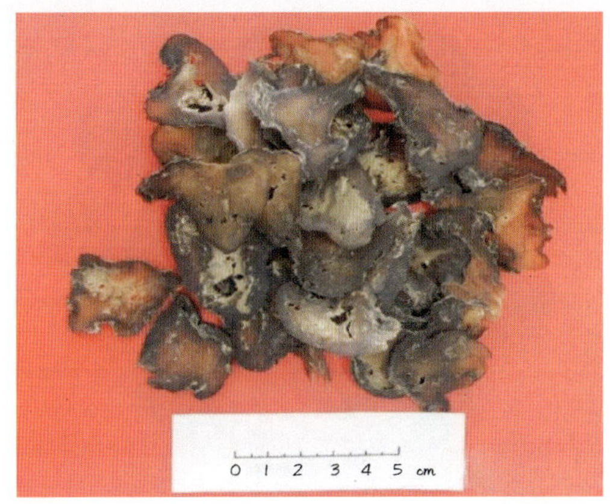

建昌煨附子

建昌炆熟地

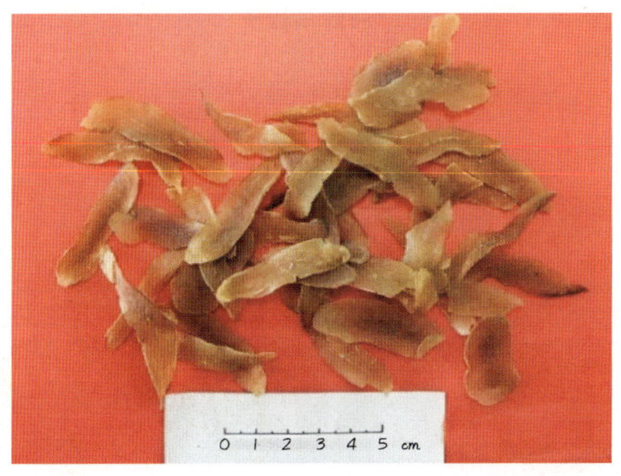

建昌明天麻

四制香附米

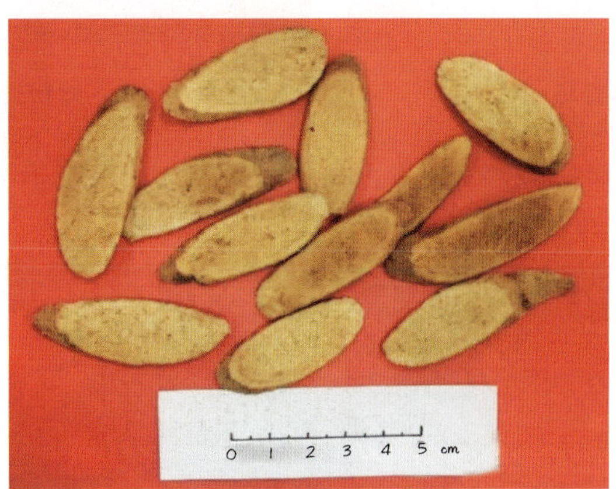

谷糠炒白芍

京帮炮制饮片 11－15

朱砂炙远志

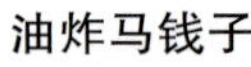

油炸马钱子

酒制何首乌

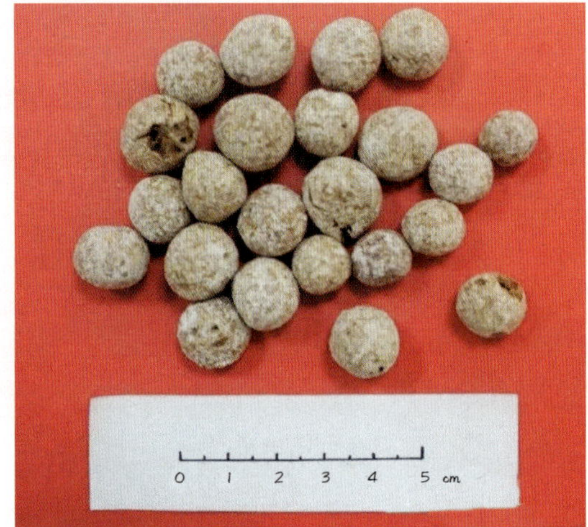

蛤粉烫阿胶

醋炒艾叶炭

川帮炮制饮片 16－20

盐制巴戟天

蒲黄炒阿胶

蜜炙马兜铃

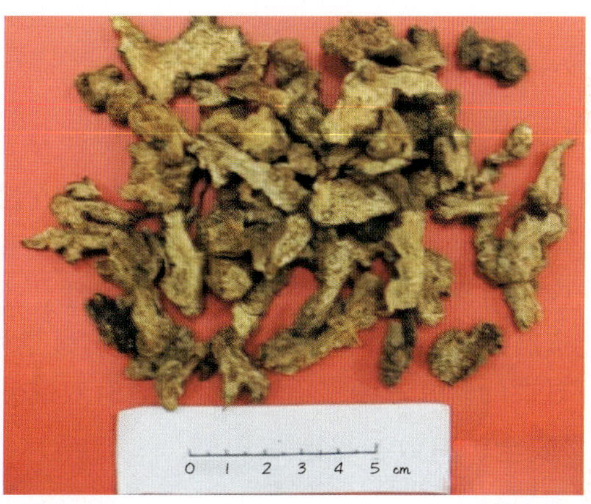

米泔水苍术

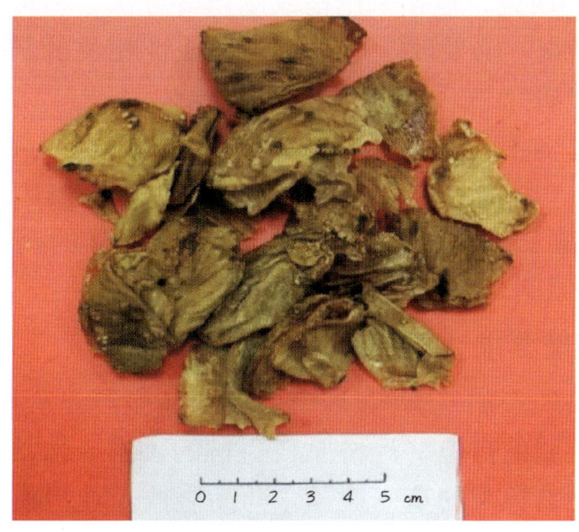

醋炒鸡内金

附录二　中药辐照灭菌技术指导原则

一、概述

为指导和规范辐照技术在中药灭菌中的正确应用，保证中药的安全性、有效性，特制定本指导原则。

本指导原则的辐照灭菌是指利用 γ 射线或是以电子加速器产生的高能电子束或转换成的射线杀灭微生物的过程，作为药品生产过程中降低药品微生物负载的一种辅助手段。

本指导原则包括中药辐照灭菌基本原则及要求、辐照装置、辐照剂量和辐照检测等内容，适用于采用辐照灭菌的中药新药及灭菌方法变更为辐照灭菌的已上市中药。

二、基本原则及要求

（一）“必要、科学、合理”原则

中药采用辐照灭菌应充分说明其必要性，该方法应是在其他常用灭菌方法无法满足要求的情况下而采用，且不得重复照射。申请人需要对产品研发和生产、产品性质等有全面和准确的了解。如采用辐照灭菌，应针对辐照灭菌对产品质量、稳定性、生物学性质等方面影响进行全面研究和评估，通过提供的研究资料说明采用辐照灭菌的必要性、科学性和合理性。如处方药味含有结构不稳定成分的，应进行有针对性的研究，考察辐照灭菌前后有效成分或指标成分的变化情况。

（二）“安全、有效、稳定”原则

中药采用辐照灭菌应以不影响原料或制剂的安全性、有效性及稳定性为原则。需要通过一定的研究工作考察和评估辐照灭菌对中药安全性、有效性及稳定性的影响。

（1）应进行辐照前后的对比研究，包括采用指纹图谱等方法，尽可能全面地反映辐照灭菌前后药品所含成分种类或含量的变化情况。必要时，应采用与适应证相关的药效指标，比较辐照灭菌前后药品有效性的差异，或开展安全性研究。

（2）对于毒性饮片或处方中含有毒性饮片的半成品，若采用辐照灭菌，应关注辐照灭菌对药品安全性的影响。

（3）已上市中成药变更灭菌工艺，如改用辐照灭菌前后样品的药用物质基础发生改变的，应按“已上市中药变更研究技术指导原则（一）”的相应要求进行研究。

（三）严格执行 GMP 的管理要求

辐照灭菌技术不能替代药品生产的 GMP 管理，中药药品生产过程中必须严格执行 GMP 规范，各个生产环节应设置降低微生物负载的措施，严格原料药材的挑选、清洁、炮制等加工环节，不应当将采用辐照灭菌作为降低药品微生物负载的唯一途径。药品生产企业应制定灭菌过程控制文件，包括每一灭菌批的灭菌过程参数记录及包含产品名称、批号、含水量、初始含菌量、辐照灭菌后含菌量、包装材质、包装规格等在内的样品记录，灭菌记录应可追溯到中药产品的每一生产批。

三、辐照装置

应选择按中华人民共和国国务院令（第 449 号）《放射性同位素与射线装置安全和防护条例（2005）》验收、许可登记，且获得辐射安全许可证的辐照装置进行中药辐照灭菌。中药生产企业应加

强辐照单位审计，并要求辐照单位提供包括辐照产品名称、批号、堆积方式、辐照日期、辐照目的、吸收剂量率、辐照时间、总体平均剂量及保证剂量均匀分布的措施等在内的辐照产品记录。

适用于中药辐照的电离辐射有：① ^{60}Co 等放射性核素产生的 γ 射线；②电子加速器产生的能量低于 5 MeV 的 X 射线；③电子加速器产生的能量低于 10 MeV 的电子束。可采用静态辐照、动态辐照（包括动态步进辐照及产品流动辐照）等辐照方式。

四、辐照剂量

应分析产品特征，综合考虑处方组成、所含成分类别、微生物负载及抗性等情况，以及国内外的研究报道和实际生产中积累的数据，全面分析和评估辐照对药用物质基础、药物安全性和有效性的影响，确定拟采用的辐照剂量。

建议尽可能采用低剂量辐照灭菌，中药辐照剂量原则上不超过 10 kGy。紫菀、锦灯笼、乳香、天竺黄、补骨脂等原料药材、饮片、药粉，以及含有上述一种或多种原料的中药半成品或成品建议辐照剂量不超过 3 kGy。

龙胆、秦艽原料药材、饮片、药粉及含有龙胆、秦艽的半成品或成品不得辐照。

五、辐照检测

中药生产企业可根据品种的特点建立相应的辐照检测方法，对经辐照的原辅料、半成品进行辐照检测。对含有药材原粉的原料及半成品，若经过 1 kGy 或以上剂量辐照的鉴别，可参考采用光释光鉴别法（见附件）。

六、参考文献

1.《^{60}Co 辐射中药灭菌剂量标准》，卫药发〔1997〕第 38 号。

2. 国标：

GB 17568γ 辐照装置设计建造和使用规范

GB/T 25306 辐射加工用电子加速器工程通用规范

GB 16334γ 辐照装置食品加工实用剂量学导则

GB/T 18524 食品辐照通用技术要求

GB/T 16841 能量为 300 keV ~25 MeV 电子束辐射加工装置剂量学导则

GB 7718 预包装食品标签通则

GB/T 15446 辐射加工剂量学术语

参考文献

[1] 国家药典委员会. 中华人民共和国药典：一部，四部［M］. 北京：中国医药科技出版社，2015.

[2] 广东食品药品监督管理局. 广东中药饮片炮制规范：第一册［M］. 广州：广东科技出版社，2011.

[3] 中华人民共和国药政管理局. 全国中药炮制规范［M］. 北京：人民卫生出版社，1988.

[4] 龚千锋. 中药炮制学［M］. 9 版. 北京：中国中医药出版社，2012.

[5] 张中社. 中药炮制技术［M］. 北京：人民卫生出版社，2013.

[6] 王延年. 现代中药炮制技术［M］. 北京：人民军医出版社，2008.

各章目标检测题参考答案

第一章

一、单项选择题

1. B　2. C　3. B　4. C　5. A

二、多项选择题

1. ABCDE　2. CDE

三、略

第四章

一、单项选择题

1. C　2. D　3. B　4. D　5. B　6. C　7. A　8. C　9. B　10. D　11. B　12. B　13. B

二、多项选择题

1. ABCDE　2. ABDE　3. ABDE　4. ACDE　5. ABCE　6. ABCD　7. DE　8. BCE　9. BC　10. ABCDE　11. BCDE

三、略

第五章

第一节

一、单项选择题

1. B　2. A　3. B　4. D　5. E　6. D　7. D　8. E　9. E　10. B　11. C　12. B　13. B　14. D

二、多项选择题

1. ABE　2. ACDE　3. AB　4. BC　5. ABDE　6. BCDE　7. ABC　8. ABCDE　9. ABCDE　10. ABCE

三、略

四、略

第二节

一、单项选择题

1. A　2. D　3. A　4. B　5. B　6. A　7. B　8. D　9. C　10. B　11. C　12. B　13. C　14. B　15. D　16. B　17. A

二、多项选择题

1. ABCE　2. ABD　3. ABC　4. ABC　5. ABC　6. ABCDE　7. AC　8. ABC　9. ADE　10. ABCDE　11. AD　12. ABD　13. ABCE

第三节

一、单项选择题

1. A 2. A 3. A 4. B 5. D 6. C 7. D 8. C 9. B 10. B

二、多项选择题

1. BD 2. BC 3. ABCD 4. ABCDE 5. ACDE

三、略

第四节

一、单项选择题

1. B 2. C 3. D 4. D 5. A 6. B 7. C 8. D 9. C

二、多项选择题

1. ABCD 2. BCD 3. ABC 4. AC 5. AC

三、略

第五节

一、单项选择题

1. C 2. B 3. E 4. D 5. E

二、多项选择题

1. ABCD 2. ACD 3. ACD 4. ABCDE

三、略

第六节

一、单项选择题

1. B 2. C 3. C 4. A

二、多项选择题

1. ABCD 2. ACD 3. BCD

三、略

第七节

一、单项选择题

1. B 2. A 3. A

二、多项选择题

1. ABD 2. ABCDE 3. ABCD

三、略

第八节

一、单项选择题

1. B 2. C

二、多项选择题

ABD

第九节

一、单项选择题

1. C 2. A 3. D 4. B

二、多项选择题

1. ACD 2. ABC

三、略

第七章

一、单项选择题

1. B 2. C 3. A 4. D 5. C 6. D

二、多项选择题

1. ABCE 2. ABCE 3. AC 4. BDE

三、略